Anleitungen
für die chemische Laboratoriumspraxis

Band XXIII

Herausgegeben von

W. Fresenius, J. F. K. Huber, E. Pungor,
G. A. Rechnitz, W. Simon, G. Tölg und Th. S. West

Horst Wagner · Ewald Blasius (Hrsg.)

Praxis der elektrophoretischen Trennmethoden

Mit 141 Abbildungen und 42 Tabellen

Springer-Verlag
Berlin Heidelberg NewYork
London Paris Toyko

ISBN-13: 978-3-642-73623-0   e-ISBN-13: 978-3-642-73622-3
DOI: 10.1007/978-3-642-73622-3

CIP-Kurztitelaufnahme der Deutschen Bibliothek
Praxis der elektrophoretischen Trennmethoden / Horst Wagner ; Ewald Blasius
(Hrsg.). – Berlin ; Heidelberg ; New York ; London ; Paris ; Tokyo : Springer, 1989
(Anleitungen für die chemische Laboratoriumspraxis ; Bd. 23)
ISBN 3-540-19205-0 (Berlin...)
ISBN 0-387-19205-0 (New York...)
NE: Wagner, Horst [Hrsg.]; GT

Softcover reprint of the hardcover 1st edition 1989

Druck: Kutschbach, Berlin. Bindearbeiten: Lüderitz & Bauer, Berlin

2152/3020-543210 — Gedruckt auf säurefreiem Papier

Autorenverzeichnis

Dr. A. Görg, Technische Universität München, Allgemeine Lebensmitteltechnologie, 8050 Freising-Weihenstephan

Dr.-Ing. S. Günther, Technische Universität München, Allgemeine Lebensmitteltechnologie, 8050 Freising-Weihenstephan

Dipl.-Chem. S. Hoffstetter, Universität des Saarlandes, Fachrichtung Anorganische Analytik und Radiochemie, 6600 Saarbrücken

Professor Dr. Dr. J. Klose, Freie Universität Berlin, Universitätsklinikum Charlottenburg, Institut für Toxikologie und Embryonalpharmakologie, Garystraße 5, 1000 Berlin 33

Dr. R. Kuhn, derzeitige Adresse: Analytical Research and Development, Pharma Division, Sandoz Ltd, Basel, Schweiz

Prof. Dr. W. Postel, Technische Universität München, Allgemeine Lebensmitteltechnologie, 8050 Freising-Weihenstephan

Prof. Dr. G. M. Rothe, Johannes Gutenberg-Universität, Fachbereich 21 Biologie, Institut für Allgemeine Botanik, Postfach 39 80, 6500 Mainz

M. Schmid, Techn. Ass., Freie Universität Berlin. Universitätsklinikum Charlottenburg, Institut für Toxikologie und Embryonalpharmakologie, Garystraße 5, 1000 Berlin 33

Prof. Dr. H. Wagner, Universität des Saarlandes, Fachrichtung Anorganische Analytik und Radiochemie, 6600 Saarbrücken

Dr.-Ing. R. Westermeier, Technische Universität München, Allgemeine Lebensmitteltechnologie, 8050 Freising-Weihenstephan

Dr. K. Ziegler, Universität des Saarlandes, Fachrichtung Anorganische Analytik und Radiochemie, 6600 Saarbrücken

Vorwort

Dieser Band, entstanden durch die Zusammenarbeit verschiedener Autoren mit großer praktischer Erfahrung, ist ein wichtiger Beitrag zur Literatur über die Elektrophorese. Sein Hauptaugenmerk liegt auf den elektrophoretischen Methoden; es wird daher den Anfängern und Studenten als dringend benötigte Einführung dienen. Die große Themenbreite und die Güte der Darstellung machen das Werk auch zu einer wertvollen Referenz für erfahrene Praktiker.

Die Nützlichkeit der Elektrophorese für die Analyse komplexer Proteinmischungen wurde zum ersten Mal vor 50 Jahren durch Tiselius in seinen mit dem Nobelpreis ausgezeichneten Arbeiten demonstriert. Sein elegant konstruierter Apparat wurde jedoch bald durch viel einfachere und breiter anwendbare Methoden, wie Papier- oder Gelelektrophorese, ersetzt. Aus diesen Methoden entwickelten sich die Molekularsieb-, Disk-, SDS- und Immunelektrophorese und die isoelektrische Fokussierung. Alle diese Methoden arbeiteten mit einer hervorragenden Auflösung. Heutzutage ist die zweidimensionale Elektrophorese die ausgefeilteste Methode in der Proteinanalyse. Darüber hinaus hat sich die Gelelektrophorese vor kurzem als einzigartiges Werkzeug für die DNA-Sequenzierung erwiesen.

Das Verständnis der theoretischen Aspekte der Elektrophorese verdanken wir zu einem großen Teil den bahnbrechenden Arbeiten von Kohlrausch vor fast 100 Jahren. Die Prozesse sind jedoch zu komplex, um einer mathematisch-analytischen Lösung zugänglich zu sein. Die diesen Prozessen zu Grunde liegenden Transportgleichungen und chemischen Gleichgewichte lassen sich am besten durch eine Computersimulation verständlich machen. Einige elektrohydrodynamische Effekte sind nach wie vor zu einem großen Teil unbekannt und bilden gegenwärtig den Gegenstand aktiver Forschung.

Eine besondere Herausforderung in der modernen Biotechnologie ist die Anpassung der Elektrophorese an großtechnische Reinigungsverfahren. Die präparative Elektrophorese in Lösung geht noch auf die Zeit vor Tiselius zurück, das große Potential dieser Methoden ist jedoch bisher zum größten Teil unbemerkt geblieben. Nur wenige Zentren widmen sich der systematischen Forschung auf diesem Gebiet, München, Saarbrücken, Harwell und Tucson, um nur die wichtigsten zu nennen. In Lehre und Forschung muß noch viel Arbeit bewältigt werden.

Es ist daher offensichtlich, daß die Elektrophorese trotz ihres bewundernswürdigen Alters eine lebendige Wissenschaft und ein fruchtbarer Boden für innovative Forschung geblieben ist. Ihre Anwendungsbreite reicht von Ionen mit geringem Mole-

kulargewicht bis zu lebenden Zellen, ihren Organellen und sogar intakten Chromosomen. In der Tat wurden einige der wichtigsten elektrophoretischen Anwendungen
erst in den letzten beiden Jahrzehnten entwickelt, andere werden sich in allernäch-
ster Zukunft ergeben. Beispiele für das letztere sind die Elektrophorese im Mikrogra-
vitationsfeld einer Raumstation und die Sequenzierung des menschlichen Genoms.

Tucson, USA   Milan Bier
Oktober 1988

Inhaltsverzeichnis

Praxis der Papier-, Dünnschicht- bzw. Säulenelektrophorese und Anwendungsbeispiele aus dem Bereich der anorganischen Chemie

(K. Ziegler)

**Praxis der ultradünnschicht-isoelektrischen Fokussierung mit
Trägerampholyten und immobilisierten pH-Gradienten**

(A. Görg, W. Postel, S. Günther, R. Westermeier)

Praxis der zwei-dimensionalen Elektrophorese von Proteinen
(J. Klose, M. Schmid)

Praxis der präparativen Free-Flow-Elektrophorese
(H. Wagner, R. Kuhn, S. Hoffstetter)

Theorie der elektrischen Wanderung

H. Wagner, R. Kuhn, S. Hoffstetter

1 Einleitung

Allgemein bezeichnet man die Wanderung geladener Teilchen in Lösungen unter dem Einfluß eines elektrischen Feldes als *Elektrophorese*, wenn es sich um kolloidale oder hochmolekulare Teilchen handelt, bzw. als *Ionophorese* bei Vorliegen kleiner Ionen mit definierter Ladung. In der Literatur hat sich jedoch die Bezeichnung Elektrophorese als übergeordnet durchgesetzt. Daher wird im folgenden ausschließlich der Begriff Elektrophorese verwendet.

Aufgrund unterschiedlicher elektrophoretischer Beweglichkeiten und damit unterschiedlicher Wanderungsgeschwindigkeiten verschiedener Teilchen lassen sich Trennungen durchführen. Hierauf beruhen *Zonenelektrophorese*, *Methode der wandernden Grenzflächen* und *Isotachophorese*. Ausnahmen stellen die *isoelektrische Fokussierung* und die *Ionenfokussierung* dar, bei denen die Trennungen nach unterschiedlichen pI-Werten bzw. unterschiedlichen Komplexstabilitäten erfolgen.

2 Grundlagen

Unter dem Einfluß eines elektrischen Feldes kommt es in Lösungen zu einer Wanderung geladener Teilchen. Nach einer relativ kurzen Anfangsphase der Beschleunigung stellt sich eine konstante Wanderungsgeschwindigkeit ein, die von der treibenden Kraft und der Reibungskonstanten abhängt.

$$w^\pm = \frac{K}{R} \tag{1}$$

$w^\pm$ = Wanderungsgeschwindigkeit $[\text{cm} \cdot \text{s}^{-1}]$
K = treibende Kraft
R = Reibungskonstante

Die treibende Kraft läßt sich als Produkt aus Ladung und Feldstärke darstellen, wobei die Ladung ein Vielfaches der Elementarladung betragen kann.

$$K = z^\pm e_0 E \tag{2}$$

$z^\pm$ = Ladungszahl
e_0 = Elementarladung $[1{,}602 \cdot 10^{-19}\ \text{A} \cdot \text{s}]$
E = Feldstärke $[\text{V} \cdot \text{cm}^{-1}]$

Für die Reibungskonstante gilt bei kugelförmigen makroskopischen Körpern das Stokes-Gesetz.

$$R = 6\pi\eta r \tag{3}$$

η = dynamische Viskosität der Lösung $[\mathrm{N} \cdot \mathrm{s} \cdot \mathrm{cm}^{-2}]$
r = Stokes-Radius $[\mathrm{cm}]$
Setzt man die Gültigkeit des Stokes-Gesetzes auch für Ionen voraus, dann ist die elektrophoretische Wanderungsgeschwindigkeit

$$w^{\pm} = \frac{z^{\pm}e_0 E}{6\pi\eta r} \tag{4}$$

Dividiert man die Wanderungsgeschwindigkeit durch die Feldstärke, erhält man die Ionenbeweglichkeit.

$$u^{\pm} = \frac{w^{\pm}}{E} = \frac{z^{\pm}e_0}{6\pi\eta r} \tag{5}$$

$u^{\pm}$ = Ionenbeweglichkeit $[\mathrm{cm}^2 \cdot \mathrm{s}^{-1} \cdot \mathrm{V}^{-1}]$
Durch Multiplikation der Ionenbeweglichkeit mit dem Quotienten Faradaykonstante/Ladungszahl erhält man die tabellierten Ionenäquivalentleitfähigkeiten.

$$U^{\pm} = u^{\pm}F/z^{\pm} \tag{6}$$

$U^{\pm}$ = Ionenäquivalentleitfähigkeit $[\mathrm{cm}^2 \cdot \Omega^{-1} \cdot \mathrm{mol}^{-1}]$
F = Faradaykonstante $[96485\ \mathrm{A} \cdot \mathrm{s} \cdot \mathrm{mol}^{-1}]$

Außer den Ionen mit definierter Ladung können auch größere Teilchen durch Aufnahme oder Abgabe von Protonen oder durch Adsorption einfacher Ionen zu Ladungsträgern werden. Die Ladungszahl ergibt sich dann als Summe der negativen und positiven Ladungen, die das Teilchen trägt.

Eine Berechnung der Wanderungsgeschwindigkeit bzw. der Ionenbeweglichkeit nach den angegebenen Gleichungen ist nicht möglich, da noch zahlreiche weitere, rechnerisch schwierig zu erfassende Faktoren einen Einfluß auf die Ionenbeweglichkeit ausüben.

3 Einflüsse auf die Wanderungsgeschwindigkeit

Für die Wanderung der Teilchen im trägerfreien System sind sowohl die Eigenschaften des Teilchens, wie Größe, Ladung und Solvatation, als auch die Eigenschaften des Mediums, wie chemische Zusammensetzung, Ionenstärke, pH-Wert, Viskosität und Temperatur, sowie die Eigenschaften des elektrischen Feldes, wie Größe und Homogenität, maßgebend. Bei der Elektrophorese im stabilisierten System kommen noch der Einfluß des Trägermaterials, wie Oberflächeneigenschaften, Ausmaß und Richtung der Sogströmung, und elektroosmotische Vorgänge hinzu.

In freier Lösung erfolgt die Bestimmung der Ionenbeweglichkeit entweder durch Messung der Überführungszahlen oder gemäß der Methode der wandernden Grenzflächen. Auf Trägern läßt sich die Wanderungsgeschwindigkeit bzw. die Ionenbeweglichkeit unter Einhaltung reproduzierbarer Versuchsbedingungen ermitteln.

Die Einflüsse der verschiedenen Parameter auf die reale Wanderung der Ladungsträger im elektrischen Feld werden in den folgenden Unterkapiteln behandelt.

3.1 Eigenschaften des geladenen Teilchens

Bei den geladenen Teilchen handelt es sich entweder um Kationen bzw. Anionen mit definierter Ladung oder um größere Teilchen, z. B. Kolloide, die durch Adsorption einfacher Ionen, oder Eiweißstoffe, die durch Aufnahme bzw. Abgabe von Protonen zu Ladungsträgern werden. Eine zahlenmäßige Bestimmung der Ladung ist in den meisten Fällen nicht möglich, da sich in einer Lösung endlicher Konzentration die geladenen Teilchen aufgrund elektrostatischer Wechselwirkung mit einer Ionenwolke entgegengesetzter Ladung umgeben. Es bildet sich eine konzentrationsabhängige diffuse Doppelschicht aus, die bei der elektrophoretischen Wanderung mitgeschleppt wird. Die sich daraus ergebende Abschirmung der Ionenladung hat eine kleinere effektive Ladung zur Folge. Für die Wanderungsgeschwindigkeit ergibt sich dann statt Gleichung (4)

$$w^{\pm} = \frac{e_{\text{eff}}E}{6\pi\eta R} \tag{7}$$

e_{eff} = effektive Ladung $[\text{A} \cdot \text{s}]$
R = Gesamtradius $[\text{cm}]$

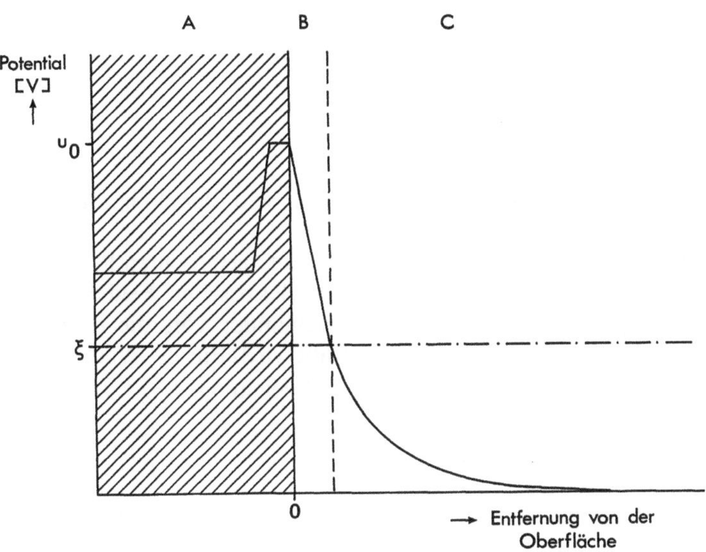

Abb. 1. Potentialverlauf vom Inneren eines Teilchens bis zur umgebenden Lösung (Doppelschicht nach Stern). *A* Festkörper, *B* starre Schicht — Doppelschicht nach Stern, *C* diffuse Schicht in der Lösung, u_0 Nernst-Potential, ζ Zetapotential

Die experimentell leicht zugänglichen kristallographischen Ionenradien stellen daher praktisch nur Richtwerte dar.

Bei Kolloiden wird die Ladung nur durch die an der Oberfläche adsorbierten Ladungsträger bestimmt. Man setzt deshalb zur Beschreibung der Wanderungsgeschwindigkeit von Kolloiden und speziell von Zellen und Zellbestandteilen anstelle der effektiven Ladung das Zetapotential ein, das man auch als Potential der diffusen Doppelschicht bezeichnen kann (Abb. 1).

Das Teilchen stellt man sich als Kugelkondensator vor, dessen Kapazität gegeben ist durch

$$C = \frac{Q}{\zeta} \tag{8}$$

Q = Ladung $[A \cdot s]$
ζ = Zetapotential $[V]$
Mit

$$C = r\varepsilon \tag{9}$$

r = Radius des Kugelkondensators $[cm]$
$\varepsilon = 4\pi\varepsilon_0\varepsilon_r$ = Dielektrizitätskonstante des Mediums $[A \cdot s \cdot V^{-1} \cdot cm^{-1}]$
erhält man unter Eliminierung von C

$$Q = \zeta\varepsilon r \tag{10}$$

Durch Einsetzen in Gleichung (4) ergibt sich dann die Abhängigkeit der Wanderungsgeschwindigkeit vom Zetapotential.

$$w^{\pm} = \frac{\zeta\varepsilon E}{6\pi\eta} \tag{11}$$

Damit ist die Wanderungsgeschwindigkeit unabhängig von der Form und der Größe der Kolloidteilchen.

Faßt man die Elektrophorese als eine Elektroosmose mit vertauschten Rollen auf, bei der die Flüssigkeit ruht und die Teilchen sich im elektrischen Feld bewegen, liegt eine Relativbewegung der beiden Phasen gegeneinander vor, die durch die elektrische Doppelschicht an der Phasengrenze beeinflußt wird. Für die Wanderungsgeschwindigkeit gilt dann die Helmholtz-Smoluchovski-Gleichung

$$w^{\pm} = \frac{\zeta\varepsilon E}{4\pi\eta} \tag{12}$$

Die unterschiedlichen Zahlenfaktoren in den beiden Gleichungen (11) und (12) lassen sich dadurch erklären, daß bei der Berechnung nach Hückel (Gl. 11) die Deformation des elektrischen Feldes durch die Teilchen nicht berücksichtigt wird.

3.2 Eigenschaften des Mediums

Die Wanderungsgeschwindigkeit bzw. die Ionenbeweglichkeit hängt in starkem Maße von der Zusammensetzung und der Ionenstärke, sowie der Viskosität und der Temperatur des Elektrolyten ab.

3.2.1 Einfluß der Ionenstärke

Die Ionenstärke einer Lösung ergibt sich nach Lewis und Randall aus der Konzentration und der Ladung aller Elektrolyte.

$$I = \frac{1}{2} \sum_{i=1}^{n} c_i \cdot z_i^2 \tag{13}$$

I = Ionenstärke [mol $\cdot$ l^{-1}]
z_i = Ladungszahl der i-ten Komponente
c_i = Konzentration [mol $\cdot$ l^{-1}] der i-ten Komponente
Sie wird oft als Maß für den Elektrolytanteil herangezogen, dagegen bezeichnet die Osmolarität den Gehalt an gelösten Stoffen, d. h. auch an Nichtelektrolyten.

Die Abnahme der Ionenbeweglichkeiten mit steigender Konzentration, die man auch bei starken Elektrolyten beobachtet, beruht auf der gegenseitigen elektrostatischen Beeinflussung der Ionen. Nach der Debyeschen Theorie bildet sich um jedes Ion eine Ionenatmosphäre entgegengesetzter Ladung aus. Der Radius dieser Ionenatmosphäre stellt ein Maß für die interionischen Wechselwirkungen eines Ions mit seiner Umgebung dar.

$$r_I = k \sqrt{\frac{\varepsilon_r T}{I}} \tag{14}$$

r_I = Radius der Ionenatmosphäre [cm]
k = 1,988 $\cdot$ 10^{-10} [mol$^{-0,5}$ $\cdot$ K$^{-0,5}$ $\cdot$ cm$^{-0,5}$]
ε_r = Dielektrizitätszahl des Lösungsmittels
T = Temperatur [K]
Die interionischen Wechselwirkungen sind umso geringer, je kleiner die Ionenstärke und je größer die Dielektrizitätszahl und die Temperatur sind.

Bei der Wanderung im elektrischen Feld wird die Ionenatmosphäre durch die gerichtete Bewegung des Zentralions ständig gestört. Durch Coulombkräfte kommt es innerhalb der sogenannten Relaxationszeit immer wieder zu einer Wiederherstellung der Ionenatmosphäre. Diese ständige Störung der Ionenatmosphäre hat zur Folge, daß die Ladungsdichte vor dem zu betrachtenden Ion geringer und dahinter etwas höher ist. Da die Ionenatmosphäre insgesamt wegen der Elektroneutralität eine dem wandernden Ion entgegengesetzte Ladung besitzt, kommt es zu einer elektrostatischen Bremswirkung und damit zu einer Herabsetzung der Wanderungsgeschwindigkeit.

Der elektrophoretische Effekt beruht darauf, daß die jeweils entgegengesetzt geladene Ionenatmosphäre im elektrischen Feld in entgegengesetzte Richtung zum betrachteten Ion wandert und dies auch zu einer Herabsetzung der Wanderungsgeschwindigkeit führt.

Aufgrund des elektrophoretischen und des Relaxationseffekts erhält man für die gesamte Konzentrationsabhängigkeit der Äquivalentleitfähigkeit die Erweiterung des von Kohlrausch empirisch ermittelten Quadratwurzelgesetzes.

Für starke 1:1-Elektrolyte gilt

$$\Lambda = \Lambda_\infty - k \sqrt{c} \tag{15}$$

$\Lambda \;\; = (U^+ + U^-) =$ Äquivalentleitfähigkeit [$cm^2 \cdot \Omega^{-1} \cdot mol^{-1}$]
$\Lambda_\infty =$ Äquivalentleitfähigkeit bei unendlicher Verdünnung
$k \;\;\; =$ empirische Konstante
$c \;\;\; =$ Konzentration des Elektrolyten [mol/l]
Nach der Debye-Hückel-Theorie ist k ein zweigliedriger Ausdruck und berücksichtigt den elektrophoretischen und den Relaxationseffekt.

Ein experimentelles Beispiel der Abhängigkeit der Beweglichkeit von der Ionenstärke zeigt Abb. 2.

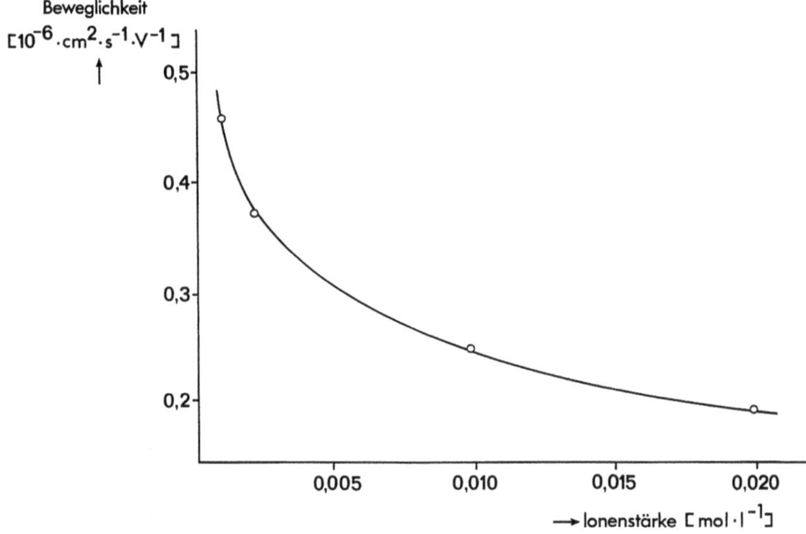

Abb. 2. Beweglichkeit von Leucin in Abhängigkeit von der Ionenstärke. Meßbedingungen: Kaliumhydrogenphthalatpuffer pH 4,2; Feldstärke = 15,7 V/cm; Temperatur = 23–24 °C; Trennzeit = 3 h
I. Mc. Donald, H. J., M. C. Urbin und M. B. Williamson; J. Coll. Sc. 6 (1951) 236

Die interionischen Wechselwirkungen spielen bei schwachen Elektrolyten eine geringere Rolle, da die Konzentrationsabhängigkeit des Dissoziationsgrades einen größeren Einfluß auf die Ionenbeweglichkeit hat.

3.2.2 Einfluß des pH-Wertes

Für starke Elektrolyte, die praktisch vollständig dissoziiert sind, besitzt in erster Näherung die Wasserstoffionenkonzentration keinen Einfluß auf die Ionenbeweglichkeit. Bei schwachen Säuren und Basen sowie bei Ampholyten dagegen sind die Ionenbeweglichkeiten eine Funktion des Dissoziationsgrades und damit auch des pH-Wertes.

$$u_N = u\alpha \tag{16}$$

u_N = Nettoionenbeweglichkeit $[cm^2 \cdot s^{-1} \cdot V^{-1}]$
u = Ionenbeweglichkeit bei vollständiger Dissoziation des schwachen Elektrolyten $[cm^2 \cdot s^{-1} \cdot V^{-1}]$
α = Dissoziationsgrad
Aus der Definition des Dissoziationsgrades ergibt sich für die Nettoionenbeweglichkeit z. B. des Anions einer schwachen einbasigen Säure HA

$$u_N^- = u^- \frac{c_{A^-}}{c_{HA} + c_{A^-}} \tag{17}$$

c_{A^-} = Konzentration des Anions A^- $[mol \cdot l^{-1}]$
c_{HA} = Konzentration an undissoziierter Säure HA $[mol \cdot l^{-1}]$

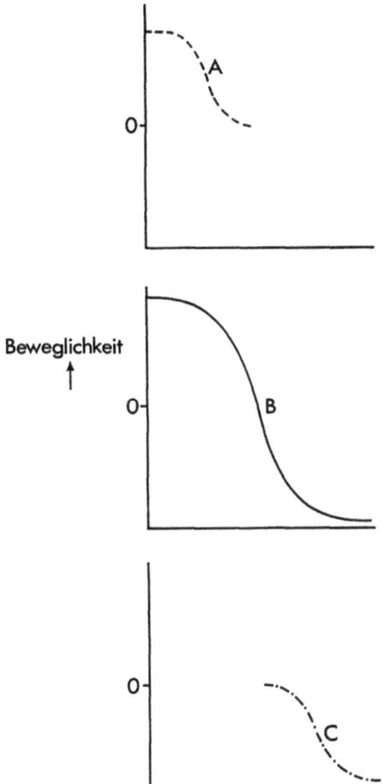

Abb. 3. pH-Abhängigkeit der Nettoionenbeweglichkeit, *A* schwache Säure, *B* Ampholyt, *C* schwache Base

Nach dem Massenwirkungsgesetz läßt sich dann die pH-Abhängigkeit der Nettoionenbeweglichkeit berechnen.

$$u_N = \overset{\bullet}{u} \frac{K_S}{K_S + c_{H^+}}$$

(18)

K_S = Dissoziationskonstante der schwachen Säure
c_{H^+} = Wasserstoffionenkonzentration
Bei graphischer Darstellung der Abhängigkeit der Nettoionenbeweglichkeit vom pH-
Wert erhält man die elektrophoretische Beweglichkeitskurve. Sie hat je nach Substanz
einen charakteristischen, meist S-förmigen Verlauf (Abb. 3).

Die Kurven zeigen, daß wesentliche Änderungen der Nettoionenbeweglichkeiten
in einem pH-Bereich von etwa 4 pH-Einheiten erfolgen. Er wird bei schwachen
Säuren bzw. schwachen Basen durch den pK-Wert und bei Ampholyten durch den
isoelektrischen Punkt festgelegt. Bei gleicher Ionenbeweglichkeit zweier Substanzen
drücken sich unterschiedliche Dissoziationskonstanten in einer Parallelverschiebung
der elektrophoretischen Beweglichkeitskurve in Abszissenrichtung aus. Für Trennungen sollte der pH-Wert des Elektrolyten so gewählt werden, daß die Differenz in
den Nettoionenbeweglichkeiten möglichst groß ist.

3.2.3 Einfluß der Komplexbildnerkonzentration

Bei Metallkationen führen Komplexbildungsreaktionen oft zu einer erheblichen
Änderung der Ladung und meist auch des Teilchenradius. Die resultierende Änderung der Ionenbeweglichkeit hängt von der Konzentration des Komplexbildners ab
und läßt sich mit dem Einfluß des pH-Wertes bei schwachen Elektrolyten bzw.
Ampholyten vergleichen. Kommt es zur Bildung ungeladener Komplexe bzw. liegen
bei einer bestimmten Komplexbildnerkonzentration gleiche Anteile an positiv und
negativ geladenen Teilchen im dynamischen Gleichgewicht vor, wandern die betref-
fenden Komponenten nicht im elektrischen Feld.

Dient ein schwacher Elektrolyt als Komplexbildner oder finden zusätzlich Hydro-
lysereaktionen der Teilchen statt, so ist die Komplexbildung auch noch vom pH-Wert
des Elektrolyten abhängig.

3.2.4 Einfluß der Temperatur

Die Temperatur beeinflußt besonders die Dielektrizitätskonstante und die Viskosität
des Lösungsmittels und damit die Wanderungsgeschwindigkeit. Die Viskosität nimmt
mit steigender Temperatur stark ab. Für viele Flüssigkeiten gilt mit guter Näherung

$$\eta = A\, e^{b/T}$$

(19)

A, b = empirische Konstanten
Der Temperatureinfluß auf die Dielektrizitätskonstante ist wesentlich komplexer,
und es fehlen daher genauere Untersuchungen über die Abhängigkeit der Wanderungsgeschwindigkeit von der Temperatur. Lediglich für einige Spezialfälle sind die Temperaturkoeffizienten der Leitfähigkeit von Lösungen bekannt. Allgemein bewirkt eine

Temperaturerhöhung von 1 K eine Zunahme der Wanderungsgeschwindigkeit von etwa 3 %.

Zusätze von Hilfsstoffen, wie z. B. Detergentien, oder von anderen Lösungsmitteln führen zur Änderung der Viskosität und der Dielektrizitätskonstanten und damit der Wanderungsgeschwindigkeit.

3.2.5 Einfluß des elektrischen Feldes

Legt man an zwei Elektroden eine Gleichspannung an, so ergibt sich bei gleichförmigem Querschnitt aus der Spannung und dem Abstand der beiden Elektroden die Feldstärke.

$$E = \frac{U}{l} \tag{20}$$

l = Abstand [cm] der Elektroden

Innerhalb der Zeit t wandert ein Kation die Strecke s (Abb. 4).

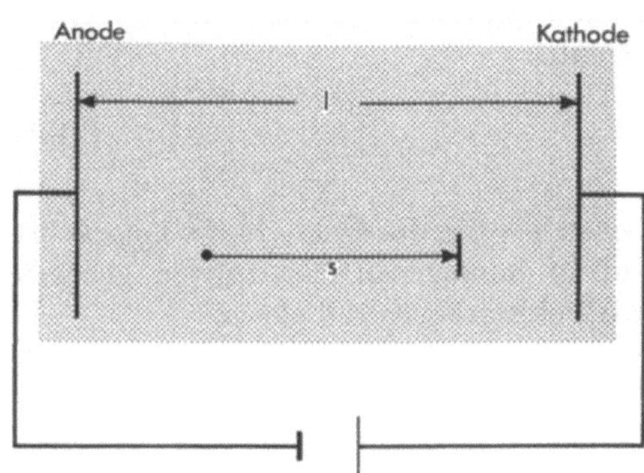

Abb. 4. Schematischer Versuchsaufbau. Punktierte Fläche = Grundelektrolytlösung, s Wanderungsstrecke eines Kations in der Zeit t, l Abstand der Elektroden

Die Wanderungsgeschwindigkeit des Kations beträgt dann

$$w^+ = \frac{s}{t} \tag{21}$$

s = Wegstrecke des Kations [cm]
t = Zeit [s]

Daraus folgt nach Gl. (5) für die Ionenbeweglichkeit

$$u^+ = \frac{sl}{tU} = \frac{s}{tE} \tag{22}$$

Nach dem Ohmschen Gesetz für Elektrolyte

$$U = R \cdot I = \frac{1}{\varkappa} \cdot \frac{l}{q} \cdot I \tag{23}$$

I = Stromstärke [A]

$\dfrac{l}{q}$ = Zellkonstante [cm^{-1}]

$\dfrac{1}{\varkappa}$ = spezifische Leitfähigkeit [$S \cdot cm^{-1}$]

ergibt sich für die Feldstärke:

$$E = \frac{U}{l} = \frac{1}{\varkappa} \cdot \frac{I}{q} \tag{24}$$

q = Querschnitt [cm^2]

Die Feldstärke ist demnach bei konstanter Stromstärke eine Funktion der spezifischen Leitfähigkeit und des Querschnitts des elektrischen Leiters. Die spezifische Leitfähigkeit hängt von den Konzentrationen, den Ladungszahlen und den Ionenbeweglichkeiten aller in der Lösung enthaltenen Ionen ab.

$$\varkappa = \sum_{i=1}^{n} c_i z_i u_i F \tag{25}$$

Konzentrationsänderungen wirken sich ebenso wie die des Querschnitts umgekehrt proportional auf die Feldstärke aus. Nur in homogenen Elektrolyten gleichen Querschnitts und gleicher Temperatur ist die Feldstärke überall gleich.

3.2.6 Einfluß des Trägermaterials

Im Gegensatz zur Elektrophorese in freier Lösung treten bei Verwendung poröser Träger eine Reihe von Wechselwirkungen auf, die fast durchweg zu einer Erniedrigung der Ionenbeweglichkeiten führen. Sie beruhen im wesentlichen auf Adsorption am Träger, Elektroosmose und Sogströmung. Der Vorteil des Trägers ist die weitgehende Herabsetzung der Konvektionsströmung.

3.2.6.1 Ionenwanderung im Träger

Bedingt durch die Struktur des Trägers wandern die geladenen Teilchen nicht auf dem kürzesten Weg s, sondern auf einem gewundenen und damit längeren Weg s', wobei folgende Beziehung abgeleitet werden kann:

$$u' = u \left(\frac{s}{s'}\right)^2 \tag{26}$$

u = Beweglichkeit in freier Lösung
u' = Beweglichkeit im Träger

Diese Weglängenkorrektur erfaßt allerdings nicht alle Wechselwirkungen des geladenen Teilchens mit dem Träger. Man ermittelt deshalb relative Ionenbeweglichkeiten mit entsprechenden Bezugssubstanzen. Sie sind unabhängig von der Beschaffenheit des Trägers.

Geladene Teilchen können mit dem Trägermaterial auch in chemische und physikalische Wechselwirkung treten. Allgemein versucht man durch geeignete Auswahl des Trägers diese Effekte möglichst klein zu halten. Nur in speziellen Fällen lassen sie sich für Trennungen ausnutzen.

3.2.6.2 Elektroosmose

Je nach Trägermaterial tritt bei der Elektrophorese eine mehr oder weniger ausgeprägte Strömung der flüssigen Phase auf. Die Richtung dieser elektroosmotischen Flüssigkeitsströmung wird durch die Dielektrizitätskonstanten der beiden jeweiligen Phasen bestimmt. Meist lädt sich die Phase mit der kleineren Dielektrizitätskonstanten gegenüber der anderen Phase negativ auf. Wegen der hohen Dielektrizitätskonstanten des Wassers findet eine Flüssigkeitsströmung zur Kathode statt, da der Träger in seiner Lage fixiert ist. Hierdurch werden scheinbar die Wanderungsgeschwindigkeiten von Kationen erhöht, die von Anionen erniedrigt und ungeladene Teilchen in Richtung Kathode bewegt.

3.2.6.3 Sogströmung

Neben der elektroosmotischen Strömung tritt besonders in feuchten Kammern eine sogenannte Sogströmung auf. Sie beruht auf Kapillarkräften, verläuft von beiden Rändern zur Mitte des Trägers und wird durch die bei der Elektrophorese infolge Erwärmung auftretende Verdunstung des Lösungsmittels hervorgerufen.

4 Prinzipien elektrophoretischer Trennmethoden

Man kennt vier unterschiedliche elektrophoretische Trennmethoden, deren Prinzipien im folgenden Kapitel erläutert werden. Für die Praxis ergeben Kombinationen dieser Methoden weitere, den jeweiligen Trennproblemen angepaßte Trennverfahren.

4.1 Zonenelektrophorese

Die Zonenelektrophorese wird in einem einheitlichen Grundelektrolyten — auch Leitelektrolyt genannt — durchgeführt. Dieser Grundelektrolyt, häufig sind es Pufferlösungen, übernimmt fast den gesamten Stromtransport. Seine Konzentration sollte größer als die der Probelösung sein, damit über den gesamten Trennbereich gleicher pH-Wert und gleiche Feldstärke herrschen. Zur zonenelektrophoretischen Trennung auf Trägern wird die Probe punktförmig oder strichförmig auf den mit dem Grundelektrolyten getränkten Träger aufgetragen. Unter dem Einfluß des angelegten elektrischen Feldes wandern die Probeionen unabhängig von den Ionen des Grundelektrolyten. Sind die Unterschiede in den Beweglichkeiten der zu trennenden Ionen groß genug, kommt es im Verlauf der Elektrophorese zur Bildung einzelner Zonen, die bei entsprechend langer Trennzeit durch Leerzonen voneinander getrennt sind.

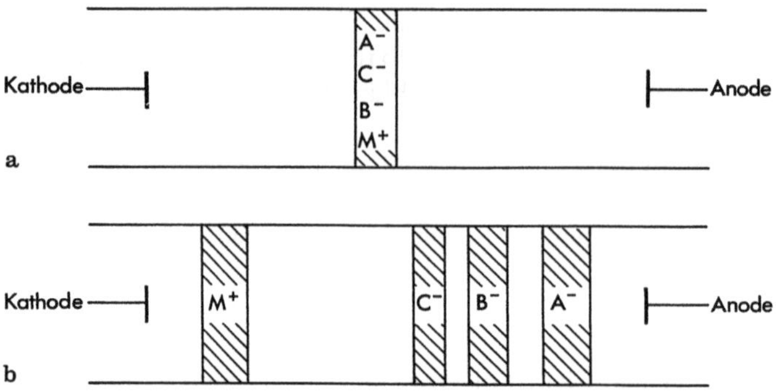

Abb. 5a, b. Schematische Darstellung der Zonenelektrophorese am Beispiel der Trennung der Anionen A^-, B^- und C^-. M^+ ist das gemeinsame Gegenion. **a** Startsituation, **b** nach der Trennung

Diese Leerzonen enthalten nur den Grundelektrolyten, die einzelnen Zonen dagegen den Grundelektrolyten und die jeweiligen Probeionen (Abb. 5).

In der Praxis spielt die Zonenelektrophorese eine bedeutende Rolle. Die Höhe der angelegten Spannung entscheidet darüber, ob man von einer Hoch- bzw. Niederspannungselektrophorese spricht. Die Zonenelektrophorese kann sowohl auf den verschiedensten Trägermaterialien als auch trägerfrei (Ablenkungselektrophorese oder Durchflußelektrophorese) durchgeführt werden. Selbst spezielle Techniken wie z. B. Immunelektrophorese oder Diskelektrophorese stellen eine Zonenelektrophorese bzw. eine Kombination von Zonenelektrophorese und Isotachophorese dar.

4.2 Methode der wandernden Grenzflächen

Vereinfacht betrachtet handelt es sich bei der Methode der wandernden Grenzflächen (Tiselius-Methode) um eine trägerfreie Zonenelektrophorese. Die Probelösung, die durch Lösen der zu trennenden Substanzen in einer Pufferlösung erhalten wird, gibt man in ein U-Rohr und überschichtet sie in beiden Schenkeln mit der reinen Pufferlösung. Die Pufferlösung muß spezifisch leichter sein als die Probelösung, um Konvektionsströmungen, die zu einer Zerstörung der Grenzflächen führen, weitgehend auszuschalten. Unter dem Einfluß des angelegten elektrischen Feldes kommt es nach einiger Zeit zu einer teilweisen Entmischung, und es treten weitere, durch neue Grenzflächen getrennte Bereiche auf (Abb. 6). Das Beispiel zeigt eine Anionentrennung. Vor der Probelösung in Richtung Anode befindet sich eine reine Zone des Anions A^- mit der höchsten Beweglichkeit. Daran anschließend folgt eine Zone des Gemisches der Anionen A^- und B^-. Hinter der Probelösung, zur Kathode hin, treten zwei weitere Zonen auf. Einmal die Zone des Gemisches der Anionen B^- und C^- sowie die Zone des Anions C^- mit der kleinsten Beweglichkeit.

Vollständige Trennungen sind aus mehreren Gründen nicht möglich. Einmal lassen sich Konvektion und eine gewisse Diffusion der Probeionen nicht ganz vermeiden, zum anderen müssen sich immer spezifisch leichtere über spezifisch schwereren Lösungen befinden. Eine vollständige Trennung würde bedeuten, daß zwei Substanzzonen durch eine Zone reiner Pufferlösung getrennt wären, wobei sich eine spezifisch schwerere über einer spezifisch leichteren Lösung befinden würde.

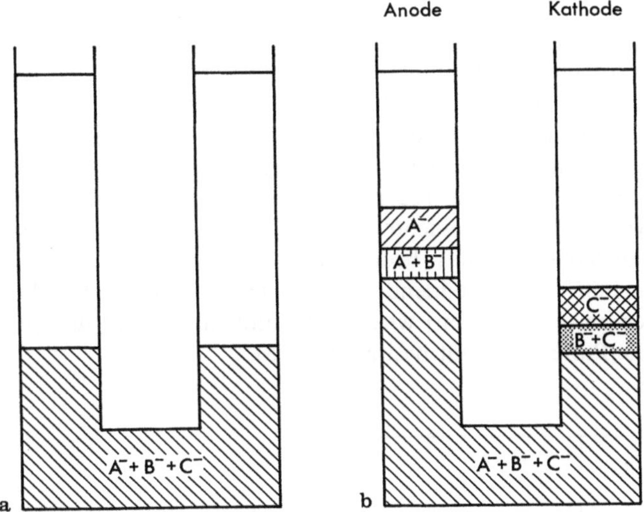

Abb. 6a, b. Schematische Darstellung der freien Elektrophorese im U-Rohr nach Tiselius am Beispiel der Trennung der Anionen A^-, B^- und C^-. **a** Startsituation, **b** nach der Trennung

In abgewandelter Form lassen sich nach der Methode der wandernden Grenz-flächen in einem engen Glasrohr Trennungen durchführen. Für eine Anionentrennung füllt man den Anodenraum und das Glasrohr mit der Pufferlösung, die das Anion L^- enthält, dessen Ionenbeweglichkeit größer ist als die der in der Probelösung ent-haltenen Anionen. Die Probelösung wird in den Kathodenraum eingefüllt. Auch in diesem Fall erhält man nur für die Komponente A^- eine reine Zone (Abb. 7).

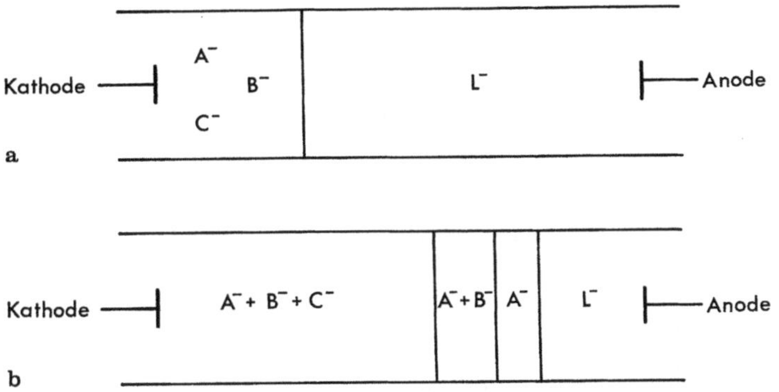

Abb. 7a, b. Schematische Darstellung der Methode der wandernden Grenzflächen in einer Kapillare am Beispiel der Trennung der Anionen A^-, B^- und C^-. **a** Startsituation, **b** nach der Trennung

Praktische Anwendung findet die Methode der wandernden Grenzflächen haupt-sächlich zur Messung von Ionenwanderungsgeschwindigkeiten bzw. effektiven Ionen-beweglichkeiten.

4.3 Isotachophorese

Bei der Isotachophorese wird ein diskontinuierliches Elektrolytsystem verwendet. Es setzt sich aus einem Leitelektrolyten (leading electrolyte, leading ion) und einem Folgeelektrolyten (terminating electrolyte, terminating ion) zusammen. Für eine Trennung kationischer Ladungsträger sind die Beweglichkeiten der Kationen und für eine Trennung anionischer Ladungsträger entsprechend die Beweglichkeiten der Anionen des Elektrolytsystems entscheidend. In allen Fällen muß das jeweilige Leition die größte Beweglichkeit und das Folgeion die geringste Beweglichkeit aufweisen. Die Beweglichkeiten der zu trennenden Substanzen müssen dazwischen liegen. Das jeweilige Gegenion (counter ion) wird so gewählt, daß es für den pH-Bereich der Probe eine hohe Pufferkapazität besitzt (Abb. 8).

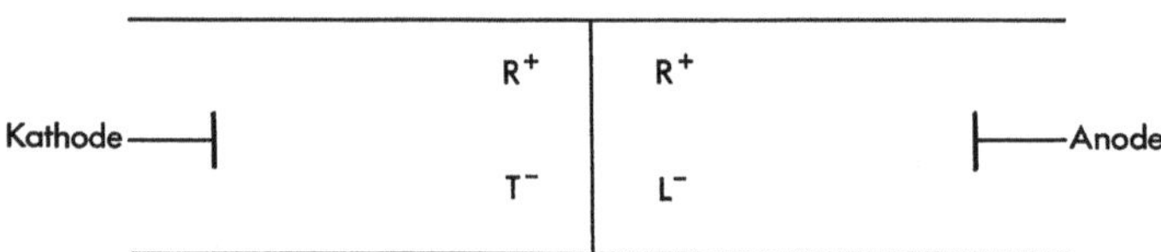

Abb. 8. Elektrolytsystem für die Isotachophorese bei der Trennung von Anionen L^- Leition, T^- Folgeion, R^+ gemeinsames Gegenion

Legt man an das Elektrolytsystem ein elektrisches Feld an, so müssen die Zonen der Leit- und der Folgeionen mit der gleichen Geschwindigkeit wandern, da sie nicht durch eine elektrolytfreie Zone voneinander getrennt sein können. Demnach müssen nach Gleichung (24) in den beiden Zonen entsprechend dem Unterschied in den Beweglichkeiten von L^- und T^- unterschiedliche Feldstärken herrschen (Abb. 9).

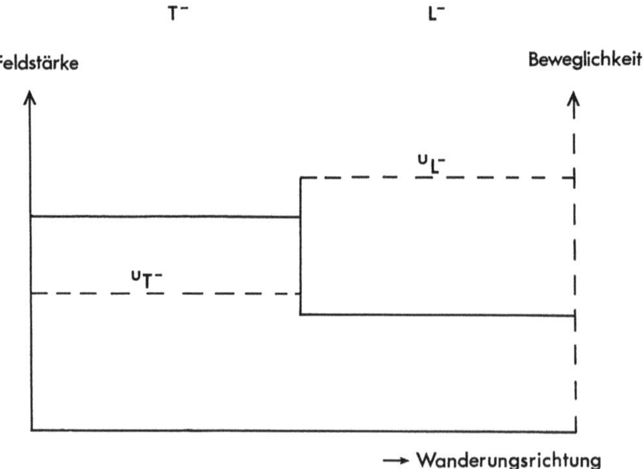

Abb. 9. Verlauf der Feldstärke in Abhängigkeit der Beweglichkeiten von L^- und T^- bei der Isotachophorese

Die Probelösung injiziert man an der Grenzfläche zwischen Leit- und Folge-elektrolyten (Abb. 10).

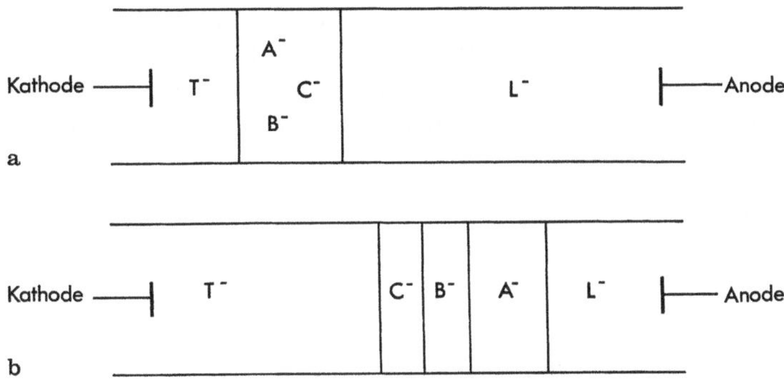

Abb. 10a, b. Schematische Darstellung der Isotachophorese am Beispiel der Trennung der Anionen A^-, B^- und C^-. **a** Startsituation, **b** Nach der Trennung

Im Anodenraum und in der Glaskapillare befinden sich der Leitelektrolyt mit dem Leition L^-, im Kathodenraum der Nachfolgeelektrolyt mit dem Folgeion T^- und dazwischen die Probelösung mit den Anionen A^-, B^- und C^-. Direkt nach Anlegen des elektrischen Feldes herrscht im Bereich des Leitelektrolyten die geringste,

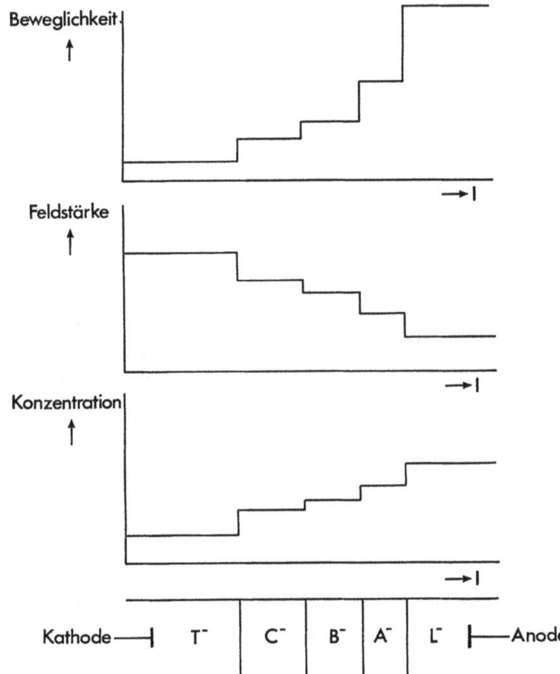

Abb. 11. Verlauf von Beweglichkeit, Feldstärke und Konzentration mit Erreichen des stationären Zustands bei der Isotachophorese

im Bereich des Folgeelektrolyten die höchste und im Bereich der Probe eine mittlere, aber noch einheitliche Feldstärke vor.

Im Verlauf der Trennung kommt es im Bereich der Probe zum Aufbau eines stufenförmigen Feldstärkeverlaufs. Mit Erreichen des stationären Zustands liegen nur noch Zonen der reinen Komponenten vor. Den Verlauf der wichtigsten Parameter beim stationären Zustand veranschaulicht Abb. 11. Aus der Kohlrauschfunktion ergibt sich auch für die Konzentrationen ein stufenförmiger Verlauf, wobei die jeweilige Konzentration der getrennten Substanzen durch die Zonenlänge gegeben ist.

Nach Kohlrausch ist

$$\frac{c_i}{T_i} = \text{konst.} \tag{27}$$

c_i = Konzentration der i-ten Komponente [mol $\cdot$ l^{-1}]
T_i = Überführungszahl der i-ten Komponente

Für die Überführungszahl des Leitions gilt

$$T_{L^-} = \frac{u_{L^-}}{u_{L^-} + u_{R^+}} \tag{28}$$

T = Überführungszahl
u = Ionenbeweglichkeit [cm^2 $\cdot$ s^{-1} $\cdot$ V^{-1}]
L^- = Leition
R^+ = Gegenion

Nach den Gleichungen (27) und (28) werden die Konzentrationen in den einzelnen Zonen durch die Ionenbeweglichkeiten der jeweiligen Ionen bestimmt. Für das Konzentrationsverhältnis zweier Ionen L^- und A^- ist anzusetzen

$$\frac{c_{L^-}}{c_{A^-}} = \frac{u_{L^-}}{u_{L^-} + u_{R^+}} \frac{u_{A^-} + u_{R^+}}{u_{A^-}} \tag{29}$$

Da die Ionenbeweglichkeiten als Stoffkonstanten festliegen, ergeben sich die Konzentrationen der Probeionen in den einzelnen Zonen durch die Konzentration des Leitions im Leitelektrolyten. Dies hat für die Anwendung der Isotachophorese den Vorteil, daß verdünnte Probelösungen, wie man sie z. B. bei der Gelfiltration erhält, für die Analyse nicht konzentriert werden müssen. Entsprechendes gilt auch für die Diskelektrophorese, bei der durch Isotachophorese eine Konzentrierung der Startzone erreicht wird.

Die Diffusion, die in vielen Fällen ein Trennergebnis beeinträchtigt, tritt auch bei der Isotachophorese auf. Sie unterliegt jedoch einer ständigen Korrektur (Abb. 12).

Gelangt ein Probeion A^- durch Diffusion in die Zone des Folgeions T^-, kommt es durch die in diesem Bereich höhere Feldstärke zu einer Beschleunigung, und das Anion A^- erreicht seine eigentliche Zone. Diffundiert dagegen ein Anion A^- in die Zone des Leitelektrolyten L^-, dann befindet es sich im Bereich niedrigerer Feld-

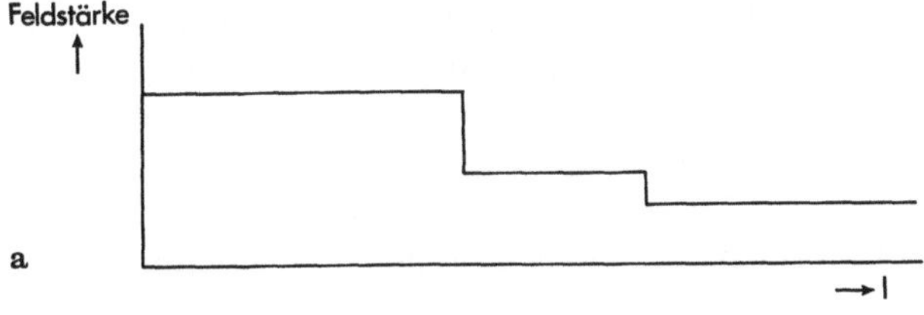

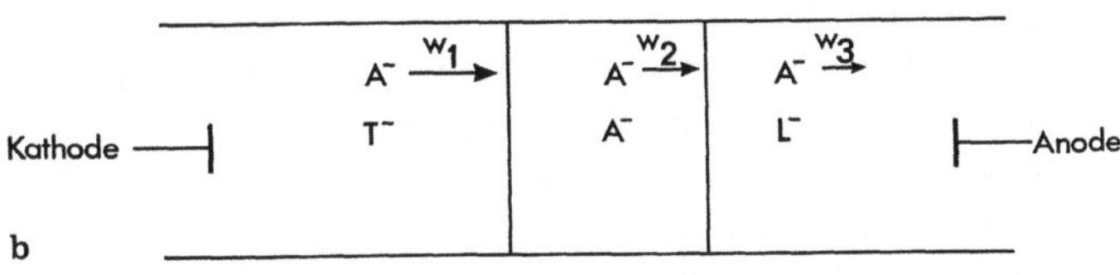

Abb. 12a, b. Schematische Darstellung des Zonenschärfungseffektes bei der Isotachophorese. **a** Feldstärkeverlauf, **b** Elektrolytsystem und Probezone von A^-. w Wanderungsgeschwindigkeit des Anions A^- in den verschiedenen Zonen, $w_1 > w_2 > w_3$

stärke, und seine Wanderungsgeschwindigkeit sinkt, bis es von der Probezone eingeholt wird. Dieser zonenschärfende Effekt ist neben dem bereits erwähnten Konzentrierungseffekt ein Hauptvorteil der Isotachophorese.

4.4 Isoelektrische Fokussierung

Die isoelektrische Fokussierung erlaubt die Trennung von Ampholyten, wie z. B. Proteinen, aufgrund unterschiedlicher isoelektrischer Punkte. Innerhalb eines pH-

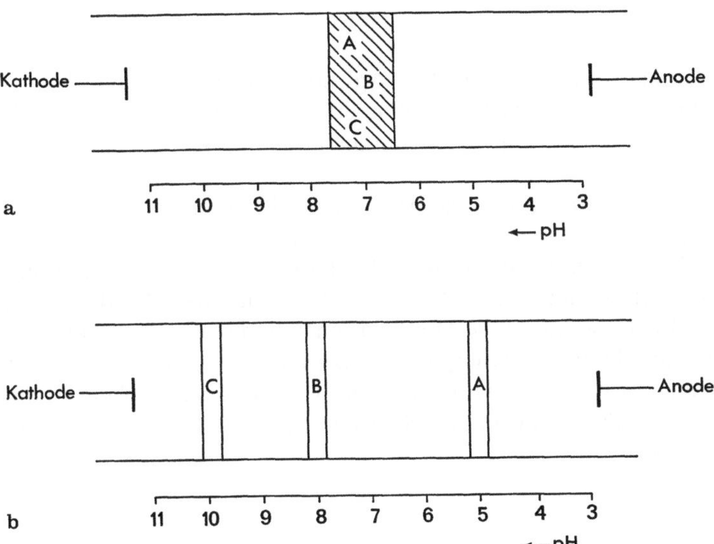

Abb. 13a, b. Schematische Darstellung der Isoelektrischen Fokussierung am Beispiel der Trennung der Ampholyte A, B und C. **a** Startsituation, **b** nach der Trennung

Gradienten wandern Ampholyte unter dem Einfluß des elektrischen Feldes zu dem Punkt, bei dem der pH-Wert dem jeweiligen pI-Wert entspricht, und werden dort fokussiert. Jede Diffusion weg von diesem Punkt führt durch den veränderten pH-Wert zu einer erneuten Aufladung des Ampholyten, so daß die isoelektrische Fokussierung als Gleichgewicht zwischen elektrischem Massentransport und Diffusion betrachtet werden kann. In Abb. 13 ist das Prinzip der isoelektrischen Fokussierung schematisch wiedergegeben.

Der pH-Gradient wird meistens durch ein Gemisch von Trägerampholyten unterschiedlicher pI-Werte und hoher Pufferkapazität aufgebaut. Unter dem Einfluß des elektrischen Feldes ordnen sie sich nach steigenden pI-Werten an und bauen auf diese Art einen kontinuierlichen pH-Gradienten auf. Die Probelösung kann entweder über den gesamten Bereich oder als schmale Zone aufgegeben werden.

Die Auflösung bei der isoelektrischen Fokussierung wird von der angelegten Feldstärke stark beeinflußt und kann theoretisch als kleinste pI-Differenz zweier Ampholyte definiert werden, die noch voneinander getrennt werden können.

$$\Delta\,pI = 3{,}07 \sqrt{\frac{D\,\dfrac{dpH}{dx}}{-E\,\dfrac{dU}{dpH}}} \tag{30}$$

D = Diffusionskonstante des Ampholyten

$\dfrac{dpH}{dx}$ = Anstieg des pH-Gradienten

$\dfrac{dU}{dpH}$ = Beweglichkeitsänderung des Ampholyten im pH-Gradienten

Die Auflösung wird demnach umso größer, d. h. ΔpI umso kleiner, je höher die angelegte Feldstärke und je kleiner das pH-Intervall innerhalb der Trennstrecke gewählt wird. Um Trennungen zu erzielen, sollte die Differenz in den pI-Werten mindestens 0,02 pH-Einheiten betragen.

Bei der elektrophoretischen Ionenfokussierung erfolgt die Trennung im Konzentrationsgradienten eines Komplexbildners. In Abhängigkeit von der jeweils herrschenden Komplexbildnerkonzentration liegen Metallionen entweder als unkomplexierte Kationen oder als komplexierte Anionen vor. Unter dem Einfluß eines angelegten elektrischen Feldes wandern die Metallkationen und die Komplexanionen zu bestimmten Orten innerhalb des Komplexbildnergradienten und werden dort fokussiert. Ein Wegwandern bzw. eine Diffusion vom Ort der Fokussierung in die eine oder andere Richtung führt aufgrund des Konzentrationsgefälles des Komplexbildners zu einer Umladung.

$$MY^{-b+a} \rightleftharpoons M^{a+} + Y^{b-} \tag{31}$$

Bei einem vorgegebenen Komplexbildnergradienten hängt der Ort der Fokussierung nur von der Stabilitätskonstanten des Metallkomplexes ab. Der Konzentrationsgradient an freiem Liganden Y^{b-} entsteht durch einen pH-Gradienten zwischen Anode und Kathode gemäß dem Gleichgewicht:

$$H_2Y^{-b+2} \rightleftharpoons Y^{b-} + 2\,H^+ \tag{32}$$

Mit dieser Methode gelingt es, μg-Mengen verschiedener Metallkationen in wenigen Minuten zu trennen und auf kleinstem Raum zu konzentrieren, so daß sie mit Sprühreagenzien leicht nachgewiesen werden können.

Durch Übertragung dieses Trennprinzips auf die kontinuierliche trägerfreie Arbeitstechnik konnte ein entsprechendes präparatives Verfahren entwickelt werden.

Literatur

Adam A, Schots C (1980) Biochemical and biological applications of isotachophoresis. Elsevier Scientific Publishing Company, Amsterdam—Oxford—New York

Allen RC, Arnaud P (1981) Electrophoresis '81. Walter de Gruyter, Berlin New York

Allen RC, Maurer HR (1974) Electrophoresis and isoelectric focusing in polyacrylamide gel. Walter de Gruyter, Berlin New York

Allen RC, Saravis CA, Maurer HR (1984) Gel electrophoresis and isoelectric focusing of proteins. Walter de Gruyter, Berlin New York

Arbuthnott JP, Beeley JA (1975) Isoelectric focusing. Butterworths, London

Arquembourg PC (1975) Immunoelectrophoresis. S. Karger, Basel München Paris

Axelsen NH (1975) Quantitative Immunoelectrophoresis. Universitätsverlag, Oslo

Axelsen NH (1983) Handbook of Immunoprecipitation-in-Gel Techniques. Blackwell Scientific Publications, Oxford London Edinburgh Boston Melbourne

Axelsen NH, Krøll J, Wecke B (1973) A Manual of Quantitative Immunoelectrophoresis; Universitätsverlag, Oslo

Backhausz R (1967) Immunodiffusion und Immunoelektrophorese. VEB Gustav Fischer Verlag, Jena

Bier M (1967) Electrophoresis. Academic Press Inc.; New York

Blaich R (1978) Analytische Elektrophoreseverfahren. Georg Thieme Verlag, Stuttgart

Bloemendal H (1963) Zone Electrophoresis in Blocks and Columns. Elsevier Publishing Company, Amsterdam London New York

Catsimpoolas N (1978) Electrophoresis '78. Elsevier North Holland Biomedical Press, New York Amsterdam Oxford

Catsimpoolas N (1976) Isoelectric Focusing. Academic Press Inc., New York San Francisco London

Catsimpoolas N (1973) Isoelectric Focusing and Isotachophoresis. Annales of the New York Academy of Science, Volume 209, New York

Cawley LP (1969) Electrophoresis and Immunoelectrophoresis. Little, Brown and Company, Boston

Celis JE, Bravo R (1984) Two Dimensional Gel Electrophoresis of Proteins. Academic Press Inc., Orlando San Diego San Francisco New York London Toronto Montreal Sydney Tokyo Sao Paulo

Clotten R, Clotten A (1962) Hochspannungs-Elektrophorese. Thieme, Stuttgart

Dittmer A (1965) Plasmaeiweiß und Elektrophorese. VEB Gustav Fischer Verlag, Jena

Dunn MJ (1986) Electrophoresis '86. VCH Verlagsgesellschaft mbH Weinheim

Everaerts FM (1976) Isotachophoresis. Library 6, Elsevier Scientific Publishing Company, Amsterdam Oxford New York

Everaerts FM, Beckers JL, Verheggen ThPEM (1976) Isotachophoresis. Elsevier Scientific Publishing Company, Amsterdam Oxford New York

Everaerts FM, Mikkers FEP, Verheggen ThPEM (1981) Analytical Isotachophoresis. Elsevier Scientific Publishing Company, Amsterdam Oxford New York

Gaál Ö, Medgyesi GA, Vereczkey L (1980) Electrophoresis in the Separation of Biological Macromolecules. John Wiley and Sons, Chichester New York Brisbane Toronto

Haglund H, Westerfeld JG, Ball JT (1979) Electrofocus '78. Elsevier North Holland, New York Amsterdam Oxford

Hames BD, Rickwood D (1981) Gel Electrophoresis of Proteins. IRL Press Limited, Oxford Washington DC

Hirai H (1984) Electrophoresis '83. Walter de Gruyter, Berlin New York

Holloway CJ (1984) Analytical and Preparative Isotachophoresis. Walter de Gruyter, Berlin New York

Kortüm G (1966) Lehrbuch der Elektrochemie. Verlag Chemie GmbH, Weinheim

Maurer HR (1968) Disk-Elektrophorese. Walter de Gruyter, Berlin

Maurer HR (1971) Disc Electrophoresis and Related Techniques of Polyacrylamide Gel Electrophoresis. Walter de Gruyter, Berlin New York

Neuhoff V (1984) Electrophoresis '84. Verlag Chemie GmbH, Weinheim

Ohlenschläger G, Berger I, Depner W (1980) Synopsis der Elektrophoresetechniken. GIT Verlag Ernst Giebeler; Darmstadt

Radola BJ (1980) Electrophoresis '79. Walter de Gruyter, Berlin New York

Radola BJ, Graesslin D (1977) Electrofocusing and Isotachophoresis. Walter de Gruyter, Berlin New York

Rickwood D, Hames BD (1982) Gel Electrophoresis of Nucleic Acids. IRL Press Limited, Oxford Washington DC

Righetti PG (1975) Progress in Isoelectric Focusing and Isotachphoresis. Elsevier North Holland Publishing Company, Amsterdam

Righetti PG (1983) Isoelectric Focusing. Elsevier Biomedical Press, Amsterdam New York Oxford

Righetti PG, Drysdale WJ (1976) Isoelectric Focusing. Elsevier North Holland, Amsterdam

Righetti PG, Van Oss CJ, Vanderhoff JW (1979) Elektrokinetic Separation Methods. Elsevier North Holland Biomedical Press, Amsterdam New York Oxford

Sargent JR, George SG (1975) Methods in Zone Electrophoresis. BDH Chemicals Ltd. Poole England

Schneider W, Berndt H (1976) Praktikum und Atlas der Immunelektrophorese. J. F. Lehmanns Verlag, München

Stathakos D (1983) Electrophoresis '82. Walter de Gruyter, Berlin New York

Wieme RJ (1965) Agar Gel Electrophoresis. Elsevier Publishing Company, Amsterdam London New York

Work TS, Work E (1975) Electrophoresis of Proteins in Polyacrylamide and Starch Gels. Elsevier North Holland, Amsterdam Oxford New York

Wunderly Ch (1961) Principles and Applications of Paper Electrophoresis. Elsevier Publishing Company, Amsterdam London New York Princeton

Praxis der eindimensionalen Gelelektrophorese

G. M. Rothe

1 Allgemeines zur Arbeitstechnik

Eindimensionale Gelelektrophoresetechniken werden zur Trennung von Peptiden
(Neville, 1971; Swank und Munkres, 1971; Williams und Gratzer, 1971), Proteinen
(Ornstein, 1964; Hedrick und Smith, 1968; Margolis und Kenrick, 1968; Felgenhauer,
1974; Rothe und Maurer, 1986), Nucleinsäuren (Hellwig et al., 1974; Johnson und
Grossman, 1977; Maniatis et al., 1982), Viren (Rüchel et al., 1978; Shepherd, 1971;
Bahr und Mitarbeiter, 1976) und Chromosomen eingesetzt. Als Trägermaterialien
kommen hydrophile Gele zum Einsatz, die je nach Geltyp zu 1 bis 30% aus Matrix
bzw. zu 99 bis 70% aus Wasser bestehen. In Bezug auf die Trenneigenschaften
der Gele unterscheidet man zwei Typen: (a) Gele, die praktisch keinen Einfluß auf
die Wanderungsgeschwindigkeit geladener Makromoleküle haben, und (b) Gele,
die die Wanderung von Proteinen bzw. Nucleinsäuren entsprechend ihrer Größe in
unterschiedlichem Maße behindern; in diesem Falle spricht man auch von einem
Molekülsiebeffekt. In beiden Geltypen werden geladene Moleküle entsprechend ihren
physikalischen Eigenschaften (Ladung, Größe, Form) getrennt. Darüber hinaus ist
es jedoch auch möglich, biospezifische Adsorptionseigenschaften von Proteinen zu
ihrer elektrophoretischen Trennung einzusetzen. Diese Art Gelelektrophorese nennt
man Affinitätselektrophorese (Bøg-Hansen und Han, 1983; Hořejši et al., 1979;
Takeo et al., 1978; Takeo, 1984). Hydrophile Gele, die die Wanderung von
Proteinen einer Molekülgröße $<10^6$ g/mol nicht beeinflussen, sind das Cellogel

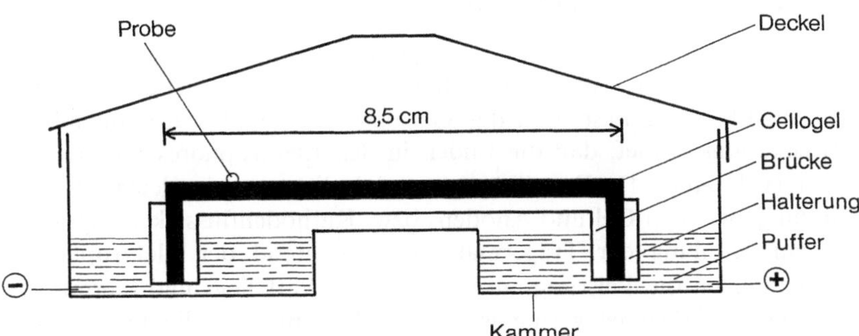

Abb. 1. Schematischer Aufbau einer horizontalen Flachgel-Apparatur, wie sie für die Cellogel-
und Zelluloseacetat-Elektrophorese verwendet wird. Die Cellogelstreifen haben in der analytischen
Version eine Breite von 2,5 cm (einfacher Probenauftrag) bzw. 7,5 cm (Auftrag von 5 verschiedenen
Proben, vgl. Abb. 5) und eine Länge von 14 cm. Die effektive Trennstrecke beträgt 8,5 cm. Die Proben
werden üblicherweise 2 cm vom Kathodenrand z. T. aber auch in der Mitte des Trägers aufgetragen.

(ein gelförmiges Zelluloseacetat) sowie die Agarose. In beiden Geltypen werden Proteine somit ausschließlich entsprechend ihrer Ladungsunterschiede getrennt. Agarose übt nur auf sehr große Moleküle einen Molekularsiebeffekt aus, weshalb sie zur Trennung von DNA-Bruchstücken eingesetzt wird (vgl. Maniatis et al., 1982). Stärke und Polyacrylamidgele bestimmter Konzentrationen üben dagegen auf Proteine einen Molekularsiebeffekt aus. Stärkegele werden ausschließlich zur Trennung von Enzymen eingesetzt (vgl. Harris und Hopkinson, 1976). Polyacrylamidgele können dagegen zur Trennung von Peptiden (Swank und Munkres, 1971), Proteinen (Rothe und Maurer, 1986) und zur Separation von Nucleinsäuren (Maniatis et al., 1982) und Viren (Shepherd, 1971; Bahr et al., 1976; Rüchel et al., 1978) verwendet werden. Das weite Anwendungsfeld der Polyacrylamidgele ergibt sich aus dem Umstand, daß ihre Porenweite der Größe der zu trennenden Moleküle angepaßt werden kann. Es werden sowohl Polyacrylamidgele konstanter Konzentration (homogene Gele), als auch sog. Gradientengele verwendet. In Gradientengelen nimmt der mittlere Porenradius in Laufrichtung der Proteine stetig ab (Margolis und Kenrick, 1968). Damit geht eine Verbesserung der Trenneigenschaften einher. Außerdem läßt sich mit solchen Gelen die Größe denaturierter und nicht-denaturierter Proteine relativ einfach bestimmen (Rothe und Maurer, 1986).

Die Gelelektrophorese wird sowohl in analytischem als auch in präparativem Maßstab durchgeführt. Die analytischen Methoden haben jedoch die größere Verbreitung gefunden. Ihre Vorteile bestehen darin, daß sie mit geringsten Substanzmengen auskommt und die Trennung im Träger sichtbar gemacht werden kann, ohne daß die getrennten Substanzen zuvor aus ihm eluiert werden müssen.

2 Elektrophoreseapparaturen

An dieser Stelle soll ein Überblick über verwendete Apparaturen gegeben werden. Weitere zusätzlich benötigte Geräte werden in den einzelnen Kapiteln vorgestellt.

2.1 Geräte für die horizontale Elektrophorese

Cellogel-, Zelluloseacetat-, Agarose- und Stärkegel-Elektrophorese werden vorwiegend mit flachen Gelen in horizontaler Anordnung durchgeführt. Bei der Cellogel- und Zelluloseacetat-Elektrophorese wird das Gel bzw. die Zelluloseacetatmembran so auf einer Brücke angeordnet, daß die Enden in den Elektrophoresepuffern eintauchen können (vgl. Abb. 1). Das Trägermaterial dient somit gleichzeitig als leitende Verbindung zwischen Gel und Anoden- bzw. Kathodenflüssigkeit. Spezielle Vorrichtungen zur Kühlung der Trägermaterialien während der Elektrophorese sind nicht notwendig, da die Leistungsaufnahme bei 1 Watt liegt und hiermit die Wärmeentwicklung im Trägergel gering ist. Hinzu kommt, daß die Dauer einer Cellogel- bzw. Zelluloseacetat-Elektrophorese nur 30—90 min beträgt.

Die Stärkegel-Elektrophorese wird in speziellen Apparaturen durchgeführt. Für die horizontale Stärkegel-Elektrophorese wurden zwei verschiedene Versionen entwickelt. In der einen Version (Brewer und Sing, 1970) wird das Gel in einer speziellen Form so gegossen, daß seine Enden direkt in den Anoden bzw. Kathodenpuffer

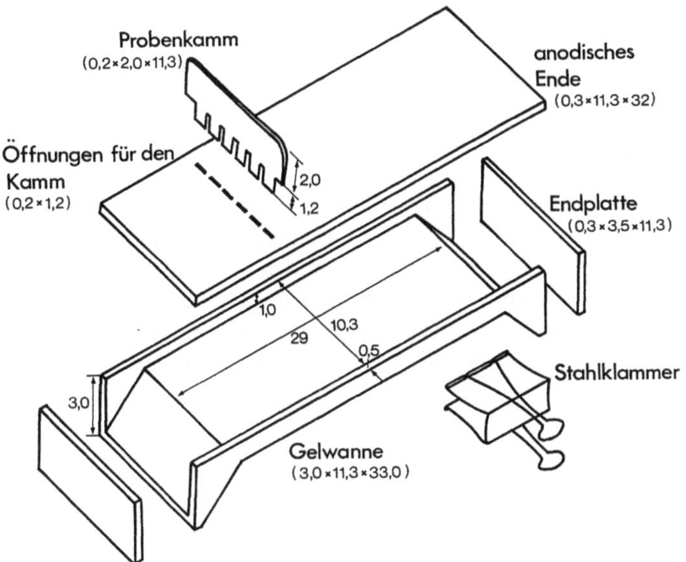

Abb. 2. Horizontale Stärkegelelektrophorese. Eine vollständig aus Plexiglas gefertigte horizontale Stärkegelelektrophoreseapparatur wurde von Brewer and Sing (1970) vorgeschlagen. Sie hat den Vorteil, ohne Papierbrücken auszukommen. Die Zahlen geben die Maße in cm an. Drei Stahlklammern werden auf jeder Seite benötigt, um die Deckplatte *G* nach dem Einfüllen des Gels an die Gelwanne zu pressen. Die Herstellung des Gels erfolgt wie unter Punkt 3.3.1 beschrieben. Etwa 400 ml Gellösung werden für die Apparatur mit den oben angegebenen Maßen benötigt

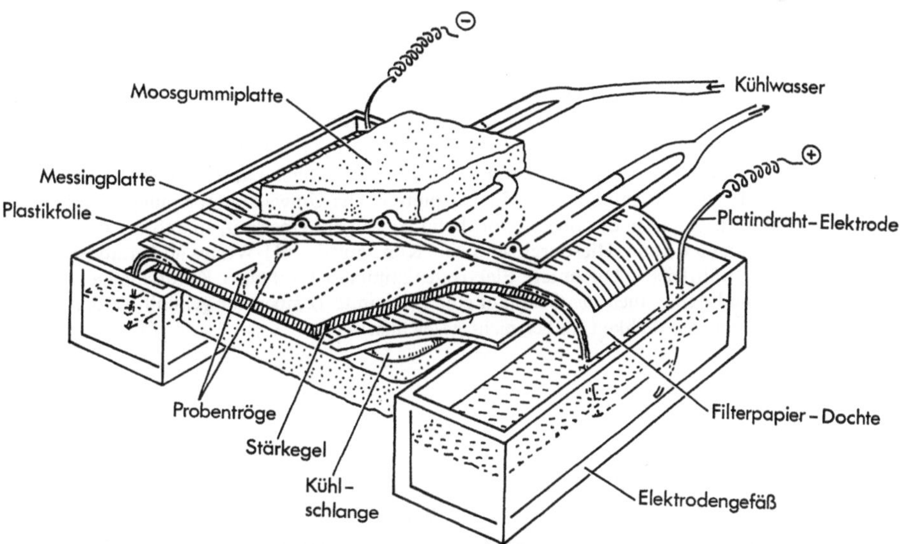

Abb. 3. Aufriß durch eine Stärkegel-Apparatur. Messingplatte 1,6 mm dick; Kühlschlange aus Kupferrohr (⌀ 6,4 mm), die auf die Kupferplatte aufgelötet ist (nach Harris and Hopkinson 1976)

eintauchen (vgl. Abb. 2). Die andere Gelgießtechnik besteht darin, ein quadratisches Flachgel zu gießen, das mit den Elektrodenpuffern durch je einen Filterpapierstreifen leitend verbunden wird (vgl. Harris und Hopkinson, 1976 (Abb. 3)).

2.2 Geräte für die vertikale Elektrophorese

Die Elektrophorese mit Polyacrylamid als Trägermaterial wird bevorzugt in der Vertikalen durchgeführt (Ausnahme: die Ultradünnschicht-Elektrophorese). Die Gele haben hierbei die Maße eines Bleistifts oder es handelt sich um Flachgele der ungefähren Maße 80×80 mm $\times 0{,}8$ mm. Flachgele eignen sich besonders für das Skreening von Proteinen und Enzymen sowie für die Bestimmung ihrer molekularen Größe. In Abb. 4 ist die von uns verwendete Apparatur dargestellt. Eine Vielzahl

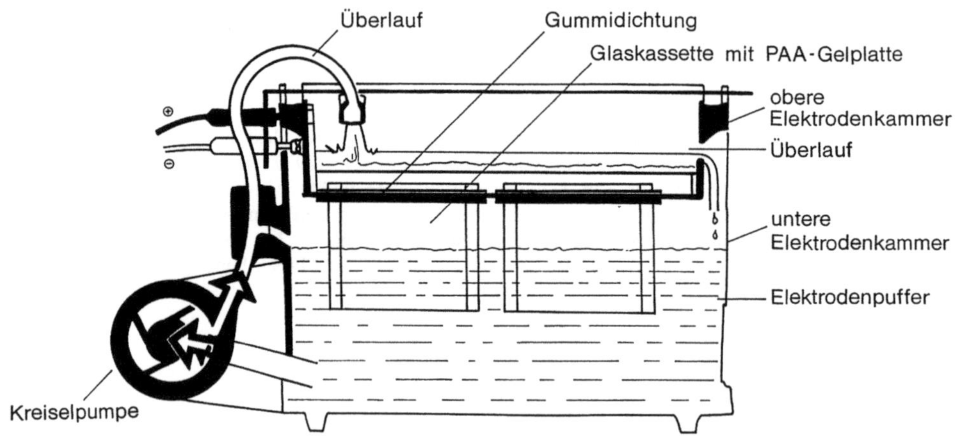

Abb. 4. Schematischer Aufbau einer vertikalen Flachgel-Elektrophorese unter Verwendung von Polyacrylamid(gradienten)gelen (Fa. Pharmacia). Die Apparatur kann 4 Flachgele der Dimensionen 8×8 cm bzw. 8×16 cm aufnehmen. Die Gele befinden sich in Glasküvetten, die über eine Gummidichtung in die obere Elektrodenkammer eingesetzt werden. Diese enthält die Elektroden aus Platindraht und einen Anschluß an die Umwälzpumpe. Die Umwälzpumpe pumpt den Puffer vom unteren Elektrodengefäß in das obere. Dort befindet sich ein Überlauf, so daß der Puffer in das untere Gefäß zurücklaufen kann. Hierdurch wird eine Konstanz des pH-Wertes im Kathoden- und Anodenraum gewährleistet. Die untere Elektrodenkammer ist mit einer Kühlschlange versehen, so daß der Puffer (und damit auch die Gele) auf eine bestimmte Temperatur gekühlt werden können (Kühlschlange der Übersichtlichkeit halber nicht gezeichnet)

weiterer Gerätevarianten ist im Handel erhältlich. Die Gele werden mitsamt ihrer Halterung so in die Apparatur eingesetzt, daß sie mit den Pufferlösungen in direktem Kontakt stehen. Während der Elektrophorese müssen die Gele gekühlt werden. Auch für die Stärkegel-Elektrophorese gibt es eine horizontale Version (vgl. Smithies, 1959). Sie wird jedoch seltener verwendet.

3 Die einzelnen Elektrophoreseverfahren

3.1 Die Cellogel- und Zelluloseacetat-Elektrophorese

Besonders einfache Elektrophoreseverfahren stellen die Cellogel- und Zelluloseacetat-Elektrophorese dar. Cellogel ist ein gelförmiges Zelluloseacetat, das auf einer Membran fixiert ist und von der Firma Chemetron, Via Gustavo Modena 24, 20129 Mailand, Italien, geliefert wird. Zelluloseacetatfolien können durch die Firma Sartorius Membranfilter, Weender Landstraße 94–108, 3400 Göttingen, bezogen werden.

3.1.1 Die Cellogel-Elektrophorese

Das Trägermaterial Cellogel wird z. B. in den Abmessungen $300 \times 110 \times 0{,}2$ mm hergestellt und in methanolischer Lösung geliefert und aufbewahrt. Das Gel darf während der Lagerung und Behandlung nicht austrocknen. Für die Elektrophorese in analytischem Maßstab schneidet man das Material mit einer Schere in 25 oder 75 mm breite Streifen mit einer Länge von 140 mm. Das Material hat eine poröse Oberseite, eben das gelförmige Zelluloseacetat und eine impermeable Unterseite, die das Gel trägt. Das Trägermaterial wird mit der matten permeablen Oberseite nach oben auf eine saubere Glasplatte gelegt. Die herstellerseitig abgeschnittene Ecke eines Flachgels befindet sich dabei, vom Betrachter aus gesehen, rechts unten. Nach dem Abschneiden von Streifen parallel zur rechten Kante wird jeweils die rechte untere Ecke der Streifen abgeschnitten. Damit sind die Ober- und Unterseiten eindeutig markiert. Vor der Elektrophorese wird jeder Streifen leicht zwischen zwei dünnen Lagen Filterpapier abgetupft, ohne daß dabei weiße Stellen auftreten, die ein partielles Austrocknen markieren. Danach legt man die Streifen wenigstens 10 min in den Puffer, der auch als Elektrodenpuffer verwendet wird. In alkalischen Puffern dürfen die Streifen nicht länger als 24 h verbleiben. Man wartet, bis die Streifen von alleine unter die Pufferoberfläche sinken, damit sie genügend Zeit haben, den Puffer gleichmäßig aufzunehmen. Der Vorgang wird noch

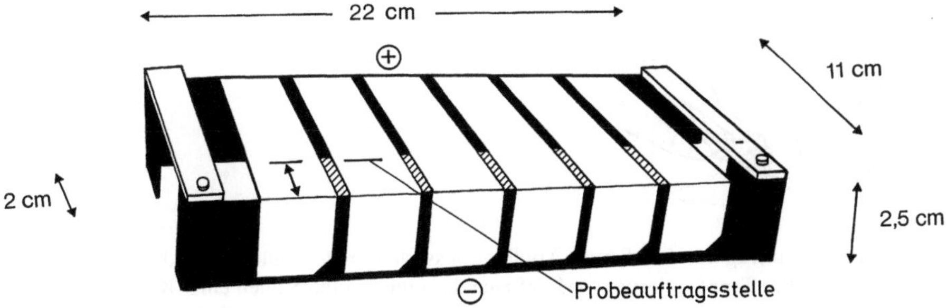

Abb. 5. Brücke zur Aufnahme von Cellogel-Streifen in der analytischen Version. Die rechte untere Ecke der Streifen wurde abgeschnitten, um die permeable Oberseite von der impermeablen Unterseite unterscheiden zu können. Die überhängenden Enden der Streifen werden mit einer (in der Abb. nicht gezeigten) Klammer fixiert. Sie tauchen, nach Einstellen der Brücke in die Elektrophoresekammer, direkt in den Elektrodenpuffer ein

1 bis 2mal wiederholt, ohne daß dabei die Oberfläche des Gels beschädigt wird. Anschließend werden die Streifen leicht auf Filterpapier abgetupft und in eine brückenartige Halterung (vgl. Abb. 5) eingespannt, die sofort in die mit Puffer gefüllte Elektrophoresekammer eingesetzt wird. Mehrere 2,5 cm breite Streifen können gleichzeitig einer Elektrophorese unterworfen werden. Eine Auswahl verschiedener Puffersysteme, die zur Auftrennung von Säugetier-Enzymen verwendet wurden, können den Übersichtsartikeln von Meera Khan (1971) und Van Sommeren et al. (1974) entnommen werden. Die Enzyme können entweder direkt im Gel visualisiert werden, oder nach einem Transfer auf eine Nitrozellulosemembran ("blotting") (vgl. hierzu Calvin et al., 1985). Der eigentliche Trennbereich eines Streifens ist 90 mm lang. Die Streifen müssen so in die Brückenhalterung eingespannt sein, daß sie nicht durchhängen. Nach dem Einsetzen der Streifen in die Elektrophorese Apparatur werden sie 5 min einer Feldstärke von 15 V/cm (2,5 mA/Streifen) ausgesetzt (Vorelektrophorese). Anschließend erfolgt die Aufgabe der Proben 30 mm vom Kathodenrand entfernt (vgl. Abb. 1, 5). Die Probenaufgabe erfolgt mit einer Mikroliterspritze ohne dabei die Geloberfläche zu verletzen oder mit einem speziellen Probengeber, der im wesentlichen aus zwei feinen parallel gespannten Metalldrähten besteht, zwischen welchen eine fixe Menge Flüssigkeit kapillar festhalten wird (vgl. Abb. 6). Die Probenmenge kann dadurch erhöht werden, daß der Probenapplikator mehrmals auf die gleiche Stelle gesetzt wird. Bei Humanserum genügen 5 µl für einen 25 mm breiten Cellogelstreifen. An jeder Seite des Streifens muß ein 5 mm breiter Rand verbleiben. Die eigentliche Elektrophorese wird bei 15–20 V/cm (2,5 mA/Streifen) durchgeführt und ist nach 60–90 min

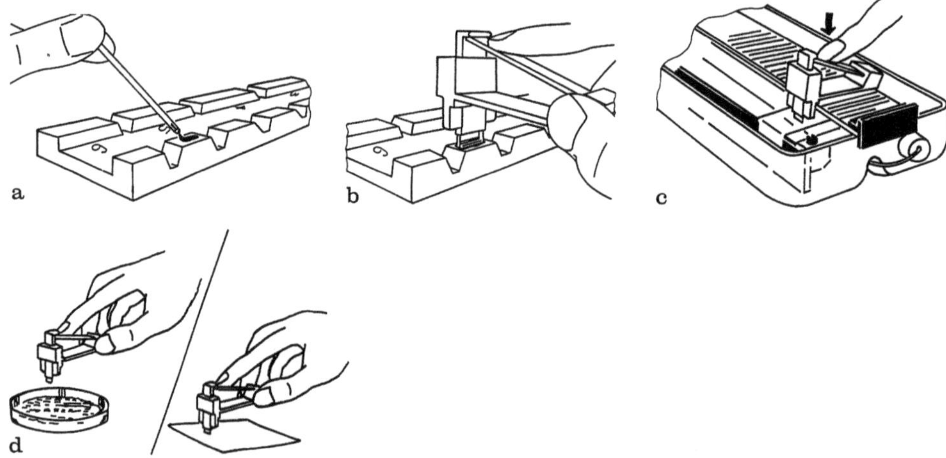

Abb. 6a–d. Probenauftrag mit dem Serum Applikationssystem in der Cellogel- (und Zelluloseacetat)-Elektrophorese. **a** Ein Tropfen Serum wird auf eine der numerierten Säulen einer Kunststoffplatte aufgetragen; **b** der Applikator wird in die Probe eingetaucht; **c** ein Plexiglas-Steg wird in die Elektrophorese-Apparatur eingesetzt und hierauf der Applikator gesetzt. Danach drückt man den Applikator nach unten und die Probe wird auf das Trägermaterial appliziert; **d** der Applikator wird nach jedem Probenauftrag gespült, indem die Metalldrahtschleife in aqua dest. getaucht und anschließend auf ein Stück Filterpapier gesetzt wird.
Die Serumprobe darf während des gesamten Vorganges nicht eintrocknen!

beendet, wenn die 11 cm breite Brücke des Elektrophoresegeräts der Firma Chemetron verwendet wird. Bei Gebrauch der 8,5 cm breiten Brücke, die 14 cm lange Streifen aufnimmt, beträgt die Elektrophoresedauer 30–60 min bei 200 V Spannung.

Nach der Elektrophorese werden die Streifen der Brücke entnommen und die überhängenden Enden sowie die rechte untere Ecke abgeschnitten. Sie können sodann auf Proteine, Lipoproteine oder Enzyme angefärbt werden (vgl. Übersicht in Tabelle 1). Immunologische Nachweisverfahren sind ebenfalls möglich. Zum Anfärben auf Proteinbanden kann man die Gelstreifen mit der Färbelösung imprägnieren oder sie in ein Färbebad eintauchen. Speziell zum Nachweis von Enzymen mit spezi-

Tabelle 1. Anwendungsbeispiele für die Cellogel-Elektrophorese (Nach einer Informationsschrift der Firma Chemetron; teilweise ergänzt nach Ohlenschläger et al., 1980. Die benötigten Chemikalien und fertigen Lösungen können durch die Firma bezogen werden).

1. Methode: 2D Serum-Immunoelektrophorese
Größe der Cellogelstreifen: $140 \times 140 \times 0,2$ mm;
Probenmenge: 0,5 µl mit 0,9% NaCl verdünntes Serum, dem etwas Bromphenolblau zugegeben wurde. Dauer der 1. Dimension: 55 min bei 200 V; Dauer der 2. Dimension: 12–15 h bei 120 V;
Elektrophoresepuffer: Tris-Tricin, pH 9,5.
Färbung: Nach der 1D-Elektrophorese werden 150 µl des in NaCl-Lösung verdünnten Antiserums auf der Oberfläche des Cellogelstreifens verteilt. Der Streifen wird um 90° gedreht und der 2. Dimension der Elektrophorese unterworfen. Danach wird 6× mit NaCl-Lösg. gewaschen und 20 min mit Coomassie BB 250-R-Lösung gefärbt.
Entfärben: Den Streifen 3× in Waschlösung eintauchen, anschließend 5 min in 5%iger Essigsäure fixieren.
Transparentmachen: 3 min in Transparentlösung einlegen. Auf einer Glasplatte 5 min auf 50 °C erwärmen.
Aufbewahren: Trocknen in einer Plastikhülle aufbewahren.

2. Methode: Immunofixierung und schnelle Identifizierung von monoklonalen Banden.
Größe der Cellogelstreifen: $57 \times 140 \times 0,2$ mm; Probenmenge: 1,5 µl unverdünntes bzw. 1:9 verdünntes Serum. 1 Streifen mit unverdünntem, 5 Streifen mit verdünntem Serum.
Dauer der Elektrophorese: 35 min bei 200 V.
Puffer: Tris-Tricin, pH 9,0.
Färbung: Die Streifen mit unverdünnter Probe werden mit Coomassie BB 250-R Lösung 20 min gefärbt. 50 µl monospezifisches Antiserum werden auf den Streifen mit verdünnter Probe verteilt wobei je ein Immunoglobulintyp der Klassen IgA, IgG, IgM bzw. *k* und *l* verwendet werden. Man läßt 10 min einwirken. Anschließend wird 20 min mit Coomassie BB 250 R angefärbt.
Entfärben: Eintauchen der Streifen in Entfärbelösung, 3×.
Aufbewahren: Lagern in 5% Essigsäure.
Beobachtung: Monoclonale Banden erscheinen in der unverdünnten Probe und wenigstens in 2 Streifen mit verdünnter Probe. Wenn sich keine Immunoprezipitation einstellt, so wird der Test mit IgE, IgD und Antiserum der leichten Ketten wiederholt.

3. Methode: Elektroimmunodiffusion, Laurel-Technik
Größe der Cellogelstreifen: $57 \times 140 \times 0,2$ mm; Probenmenge: 1,0 µl
Dauer der Elektrophorese: 12–15 h bei 120 V.
Die verdünnte Probe wird zusammen mit dem Standard auf einen Streifen, der mit monospezifischem Antiserum (150 µl) imprägniert wurde, aufgetragen.
Puffer: Tris-Glycin, pH 9,5.
Färbung: 4× mit Kochsalzlösung waschen, 20 min mit Coomassie BB 250 R-Lösung färben.
Entfärben: 3× in Entfärbelösung tauchen.
Aufbewahren: Die Streifen werden in 5% Essigsäure gelagert.

Tabelle 1 (Fortsetzung)

Quantifizierung: Ausmessen der Höhe der Standardprobe und Auftragen der Höhen (mm) gegen die verwendete Proteinkonzentration (mg %). Die Probenkonzentration wird mit Hilfe dieser Eichkurve bestimmt. (Die Höhe der Peaks ist eine Funktion der Antiserumkonzentration. Standard und Probeverdünnung variieren mit jedem Antiserum).

4. Methode: Trennung nicht konzentrierter Proben von Harn- und Cerebrospinalflüssigkeit.
Größe der Cellogelstreifen: 50 mm × 230 mm; Probenmenge: 150 µl Cerebrospinalflüssigkeit (0–1 g Gesamtprotein pro Liter); bzw. 150 µl Harn (0–1 g Gesamtprotein pro Liter), bzw. 50 µl Harn (1–3 g Protein/l) bzw. 25 µl Harn (3–6 g Protein/l). Dauer der Elektrophorese: 3,5 h bei 240 V.
Puffer: Tris-Glycin, pH 9,5, Ionenstärke: 0,025.
Färbung: 20 min mit Coomassie BB 250 R-Lösung färben.
Entfärben: 3 × in Entfärbelösung tauchen.
Aufbewahren: Die Streifen werden in 5 % Essigsäure gelagert.
Beobachtung: visuell.

5. Methode: Serumproteintrennung
Größe der Cellogelstreifen: 57 × 14 × 0,2 mm; Probenmenge: 1,5 µl Serum; Dauer der Elektrophorese: 35 min bei 200 V.
Puffersystem: Tris-Tricin, pH 9,0, Ionenstärke: 0,05 oder Michaelispuffer: Na-5,5-Diäthylbarbiturat (5,4 g) plus Na-Acetat-3 H_2O (3,5 g) in 500 ml dest. Wasser lösen mit 1 n HCl ad pH 8,6 einstellen, dann mit H_2O ad 1 Liter auffüllen.
Färbung: 0,5 g (w/v) Ponceau S in 5 % (w/v) Trichloressigsäure für 5 min.
Entfärbung: 5 % (v/v) Essigsäure, 3 ×.
Transparentmachen: 1 min in Methanol; danach 1 min einlegen in: Methanol:Essigsäure:Glycerin = 85:15:0,1 oder Dioxan:Isobutanol = 7:3. Anschließend auf einer Glasplatte 4 min auf 70 °C erwärmen.
Aufbewahren: Trocken in einer Plastikhülle aufbewahren.
Quantifizierung: Densitometrie bei 525 nm.
Normales Bandenmuster: 5 Fraktionen.

6. Methode: Serumproteintrennung
Größe der Cellogelstreifen: 57 × 17 cm; Probenmenge: 0,5 µl Serum; Dauer der Elektrophorese: 75 min bei 200 V.
Puffersystem: Tris-Tricin, verdünnt.
Färbung: 0,5 g Coomassie BB 250-R in Methanol:Essigsäure:Wasser = 45:10:45, für 20 min.
Entfärbung: Methanol:Essigsäure:Wasser = 475:50:475; 3 ×.
Transparentmachen: Diacetonalkohol:Wasser = 30:70 für 3 min; anschließend auf einer Glasplatte 15 min auf 50 °C erwärmen.
Aufbewahren: Trocken in einer Plastikhülle aufbewahren.
Quantifizierung: Visuelle Bestimmung der Bandenzahl.
Normales Bandenmuster: 9–13 Fraktionen.

7. Methode: Nachweis von Lipoproteinen und „high density" Lipoprotein-Cholesterin
Größe der Cellogelstreifen: 57 × 14 × 0,2 mm; Probenmenge: 2 × 1,5 µl (Lipoproteine), Dauer 40 min bei 200 V; bzw. 3 × 1,5 µl (HDL-Cholesterin); Dauer: 40 min bei 200 V.
Puffer: Tris-Tricin, pH 9,0 oder Michaelispuffer, pH 8,6.
Färbung der Lipoproteine: 0,1 g Sudan Black B in 120 ml Ethanol lösen, dazu 140 ml 5 % NaOH geben, oder: 0,8 g Ölrot-O in 80 ml Methanol mit 30 ml 1 N NaOH versetzt. Die Lösung muß stets frisch angesetzt werden. Einwirkungsdauer 0,5–3 h.
Entfärben: Wasser, 2 min, bzw. fließendes Leitungswasser.
Transparentmachen: nicht unbedingt erforderlich.
Aufbewahren: in Wasser.
Färbung des HDL-Cholesterin: 200 µl der Substrat-Färbelösung werden auf dem Streifen verteilt und 1 h bei 37 °C inkubiert.
Aufbewahren: Trocknen der Streifen bei 60 °C und trocken in einer Plastikhülle aufbewahren.

Tabelle 1 (Fortsetzung)

Quantifizierung: Lipoproteine: 580 nm;
HDL-Cholesterin: 505 nm
Normales Bandenmuster: 4–6 Fraktionen.

8. Methode: Nachweis der Isozyme LDH, CPK, Alk-Phos, γ-GT.
Größe der Cellogelstreifen: $57 \times 14 \times 0,2$ mm; Probenmenge: (LDH, CPK, Alk-Phos): $3 \times 1,5$ µl
Serum; Dauer: 30–40 min bei 200 V; γ-GT-Probenmenge: $4 \times 1,5$ µl Serum; Dauer: 30–40 min bei
200 V.
Puffer: Tris-Tricin, pH 9,0.
Färbung: LDH: 150 µl Inkubationslösung werden auf dem Streifen verteilt. 30 min Inkubation
bei 37 °C.
CPK: 150 µl Inkubationslösung werden auf dem Streifen verteilt. 30 min Inkubation bei 37 °C.
Anschließend wird die Färbelösung auf dem Träger verteilt.
Alk-Phos., γ-GT: 150 µl Inkubationslösung werden auf dem Streifen verteilt, 30 min Inkubation
bei 37 °C. Anschließend den Streifen 10 min in die Färbelösung tauchen.
Entfärben: $3 \times 5\%$ Essigsäure.
Transparentmachen: nicht unbedingt erforderlich.
Aufbewahren: ohne vorheriges Transparentmachen in 5% Essigsäure.
Quantifizierung: 520 nm.

---

fischen Färbereagenzien kann ein keilförmiger Trichter zum Imprägnieren der Gele
verwendet werden (vgl. Abb. 7). Nach dem Anfärben der Streifen kann man sie transparent und damit einer densitometrischen Auswertung zugänglich machen. Dazu
legt man sie 1 min in reines Methanol und anschließend in ein Gemisch aus 86 ml
Methanol, 14 ml Essigsäure und 0,1 ml Glycerin. Danach werden sie auf eine
Glasplatte gelegt, überschüssiges Lösungsmittelgemisch und Luftblasen werden entfernt und anschließend erhitzt man auf 60—70 °C bis zur Transparenz. Nach einem
30 minütigen Abkühlen kann man sie von der Glasplatte entfernen und trocken
aufbewahren. Eine densitometrische Auswertung ist ebenfalls möglich.

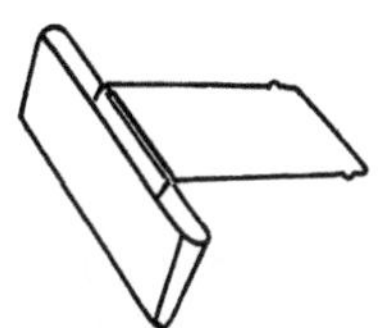

Abb. 7. Trichter zum gleichmäßigen Auftrag von Färbelösung oder Antiserum
auf Cellogelfolien

3.1.1.1 Anwendungsbeispiele

Eine Zusammenstellung von Anwendungen der Cellogel-Elektrophorese gibt
Tabelle 1.

3.1.1.1.1 Lipoprotein-Muster im Zuge von Hyperlipämien

Durch Cellogel-Elektrophorese können 5 verschiedene Hyperlipämien erkannt werden. Sie sind in Abb. 8 dargestellt (vgl. auch Fredrickson, 1968; Ohlenschläger et al.,
1980).

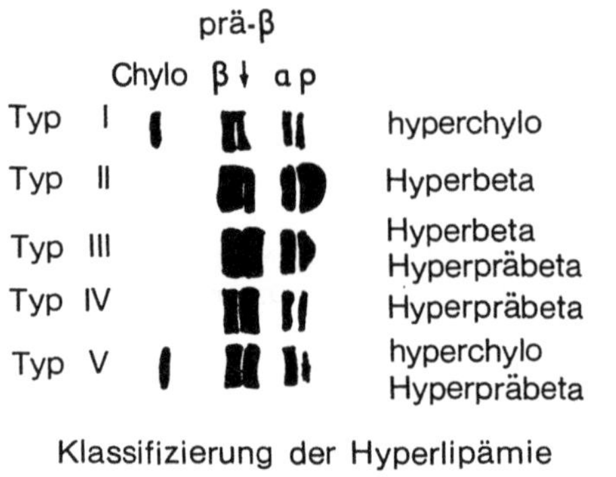

prä-β

Chylo β ↓ α ρ

Typ I   hyperchylo

Typ II   Hyperbeta

Typ III   Hyperbeta
Hyperpräbeta

Typ IV   Hyperpräbeta

Typ V   hyperchylo
Hyperpräbeta

Klassifizierung der Hyperlipämie

Abb. 8. Cellogel-Elektrophorese der Lipoproteine
Cellogel-Streifen der Größe 2,5 × 14 cm bzw. 5,7 × 14 cm werden in Natrium-Veronal-Puffer
(8,24 g/l) getränkt und über die 8,5 cm breite Brücke gelegt. Mit dem Applikator wird zweimal
Serum aufgebracht. Die Elektrophoresezeit beträgt 35 min bei 200 V.
Die Lipoproteine werden mit einer frischen Lösung von 100 mg Sudanrot 78 in 60 ml Äthanol + 70 ml
5 % Natriumhydroxidlösung angefärbt indem die Streifen direkt in diese Lösung eingetaucht werden.
Die ersten Banden sind nach 15 min zu erkennen, die Färbung nach 3 h abgeschlossen.
Farbüberschüsse werden anschließend mit Wasser abgespült.

3.1.1.1.2 LDH-Muster

Im menschlichen Serum treten wenigstens 5 verschiedene Lactat Dehydrogenase
Isoenzyme auf. Sowohl die Gesamt-LDH-Aktivität, als auch die Intensität der
einzelnen Isoenzyme ändert sich bei verschiedenen Krankheiten. Die charakteristischen Bandenmuster können zur Diagnose von Herz- und Lebererkrankungen
herangezogen werden (vgl. Abb. 9). Weitere Enzyme, die nach Cellogel-Elektrophorese direkt im Träger nachgewiesen wurden sind z. B.: Alkalische Phosphatase,
Leucin Aminopeptidase, Malat Dehydrogenase, Glucose-6-phosphat Dehydrogenase, Hydroxyacyl-CoA Dehydrogenase, sowie Glucose-1-phosphat Uridyltrans-
ferase (vgl. Meera Khan, 1971; Van Sommeren et al., 1974).

3.1.2 Die Zelluloseacetat-Elektrophorese

Die Membranfolien kommen in trockenem Zustand in den Handel. Das Aufbewahren unter Methanol — wie bei der Cellogel-Elektrophorese — entfällt. Die Elektrophoreseapparaturen, die für beide Verfahren verwendet werden, unterscheiden sich
im Detail, aber nicht prinzipiell.

3.1.2.1 Vorbereitung der Membranen und Einsatz in der Elektrophoreseapparatur

Die Zelluloseacetat Folien haben eine Größe von 70 × 145 mm bzw. 57 × 145 mm.
Durch zwei parallele Lochreihen sind sie in 3 Teile gegliedert. Die äußeren
Teile dienen als Verbindungselemente zu den Pufferlösungen. Der mittlere Teil
stellt die eigentliche Trennstrecke von 70 mm dar (vgl. Abb. 10).
Die Folie wird in eine mit Elektrophoresepuffer gefüllte flache Wanne getaucht,
wo sie sich innerhalb von Sekunden mit Puffer vollsaugt. Sodann wird sie zwischen

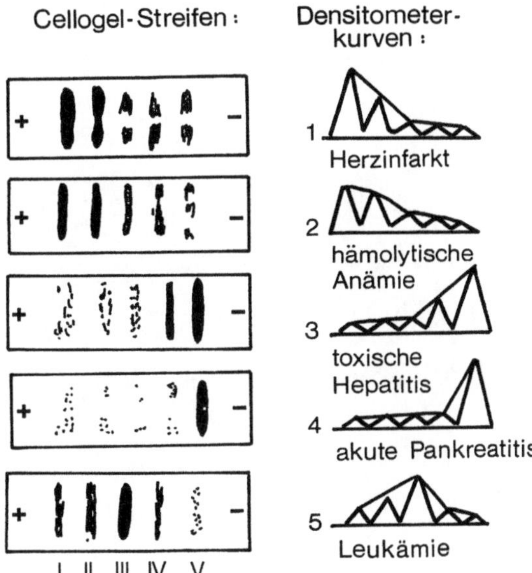

Abb. 9. Cellogel-Elektrophorese der Serum Lactat Dehydrogenase Isoenzyme
Cellogel-Streifen der Größe 2,5 × 14 cm werden in Natrium-Veronal-Puffer (8,24 g/l) getränkt und über eine 8,5 cm breite Brücke gespannt.
Proben: fisches (nicht hämolytisches) Serum.
Das Zentrum der Streifen wird zweimal mit den Proben beimpft. Die Dauer der Elektrophorese beträgt 35 min bei 200 V. Anschließend werden mit dem Trichter (vgl. Abb. 7) 0,05 ml Färbereagenz pro Streifen aufgebracht und diese in einer lichtundurchlässigen Kammer, in der sich ein Schwamm mit einer gesättigten NaCl-Lösung befindet, inkubiert. Die Inkubationslösung hat folgende Zusammensetzung: 25 mM Tris-HCl, pH 8,0, 8 mM L-Milchsäure, 0,2 mM PMS und 0,3 mM MTT. Nach etwa 25 min werden die einzelnen LDH Isozyme auf den Streifen sichtbar. Die Streifen können in 40%igem Formaldehyd eine zeitlang konserviert werden. Nach dem Eintauchen in 30%ige Essigsäure und anschließendem Erhitzen bei 70 °C kann man sie auch transparent machen. Im Normalserum — unter der Voraussetzung, daß keine Hämolyse stattfand — färben sich vor allem die Isozyme I, II und III. In manchen pathologischen Stadien, wie der toxischen Hepatitis nimmt die Gesamt-LDH-Aktivität 20–30fach (100fach) zu. Darüber hinaus kommt es in den in der Abbildung gezeigten Fällen zu typischen Änderungen des LDH-Bandenmusters

zwei Lagen Filterpapier gelegt und leicht abgetupft, um überschüssige Flüssigkeit zu entfernen. Im Anschluß daran wird sie auf einen Kunststoffrahmen gespannt, der zwei parallele Reihen von Zähnen trägt, die in präformierte Lochreihen der Folie eingreifen. Eine Feder spannt die Membran glatt. Der Rahmen stellt die Brücke zwischen den Elektrodengefäßen dar. Er wird mit der aufgespannten Membran in die Elektrophorese-Apparatur eingesetzt (vgl. Abb. 10). Zur Markierung der Probenreihenfolge trägt jeder Elektrodenstreifen ein zusätzliches Loch am linken Ende der Lochreihe. Die Membran wird in die mit Puffer gefüllte Elektrophorese-Apparatur eingesetzt und mit einem speziellen Deckel verschlossen, durch welchen der Probeauftrag möglich ist. Für Blutserum-Proben wird ein spezieller Applikator verwendet, der dem in Abb. 6 gezeigten ähnlich ist. Man kann auch eine Pipette mit weicher Spitze verwenden, um 1–3 µl Probe zu applizieren. Abschließend wird die Apparatur ver-

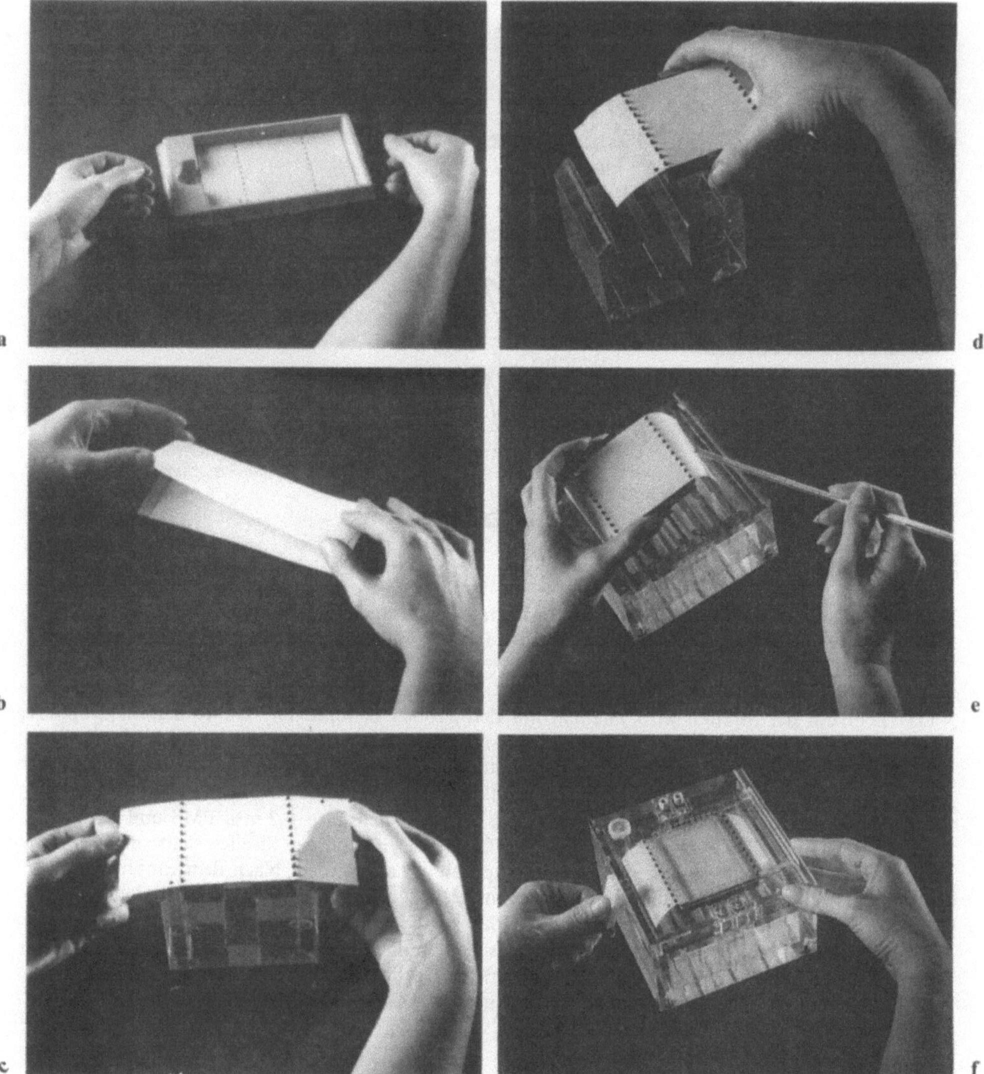

Abb. 10a–f. Vorbereitung von Zelluloseacetat-Membranen und Einbringen in die Elektrophorese-Apparatur (Grunbaum und Crim, 1981).

a Die Zelluloseacetat-Membran wird in Puffer gequollen;

b die Membran wird zwischen Filterpapier gelegt und von überschüssiger Flüssigkeit befreit;

c die Membran wird auf die Elektrophoresebrücke aufgesetzt. Die Brücke selbst ist in einen speziellen Halter eingespannt. Die Zahnreihen der Brücke greifen in die präformierten Lochreihen der Folie ein. Ein zusätzliches Loch am linken Rand der Pufferbrücken (außerhalb der Zahnreihen) markiert die Probe Nr. 1 stets in der gleichen Reihenfolge;

d die Brücke samt Membran wird von der Halterung heruntergenommen. Jetzt spannt eine Feder die Membran glatt;

e die Brücke wird in die Elektrophorese-Apparatur eingesetzt. Die überstehende Membran taucht in die anodische bzw. kathodische Pufferkammer ein;

f die Apparatur wird mit einem speziellen Deckel abgedeckt. Durch ihn werden die Proben aufgegeben. Er ist so gelocht, daß die günstigste Auftragestelle ermittelt werden kann und in zukünftigen Experimenten reproduzierbar beizubehalten ist.

schlossen und 0,5–1 h eine Spannung von 200–500 V angelegt. Auf den größeren Folien lassen sich 10 Proben gleichzeitig trennen.

Die Auflösung geladener Teilchen auf Zelluloseacetat-Folien hängt von mehreren Faktoren ab, wie z. B. elektrische Feldstärke, Pufferart, Ionenstärke, pH-Wert und Elektroendosmose u. a. Demgemäß ist die Auflösung eines Probengemisches auch vom Auftragsort der Probe abhängig. Für jedes System muß die günstigste Entfernung des Probenauftrags von der Anode deshalb neu bestimmt werden.

3.1.2.2 Anwendungsbeispiele

Zahlreiche Anwendungen der Zelluloseacetat-Elektrophorese in der forensischen Medizin wurden beschrieben (vgl. Grunbaum, 1981). Diese sind z. B. die quantitative Immunelektrophorese (Ohlenschläger et al., 1980) sowie die Elektrophorese folgender Proteine und Enzyme: Hämoglobin, α-1-Antitrypsin, Transferin und Haptoglobin sowie Adenosin Desaminase (3.5.4.4), Adenylat Kinase (2.7.4.3.), Esterase D (3.1.1.1), Glucose-6-phosphat Dehydrogenase (1.1.1.49), Glucose-6-phosphat Isomerase (5.3.1.9), Glutamat-Pyruvat-Transaminase (2.6.1.2), Glutathion Reductase (1.6.4.2), Glyoxalase I (4.4.1.5), Kohlensäure Anhydratase (4.2.1.1), Lactat Dehydrogenase (1.1.1.27), Peptidase A (3.4.11*), Phosphoglucomutase (2.7.5.1), 6-Phosphogluconat Dehydrogenase (1.1.1.44), saure Erythrocyten Phosphatase (3.1.3.2). Außer zur Trennung von Proteinen wurden Zelluloseacetatfolien auch zur Separation von Glucosaminoglycanen aus dem Zentralnervensystem von Säugern eingesetzt (Bertolotto und Magrassi, 1984). Die Vorteile der Zelluloseacetat-Elektrophorese bei ein- und zweidimensionalen Immunoelektrophoresen bestehen in der einfachen Handhabung der Zelluloseacetatfolie, den kurzen Trennzeiten (15–20 min in der 1. Dimension), dem schnelleren Färben und Entfärben im Vergleich zur Agarosegel-Elektrophorese sowie in den weit geringeren Mengen an Antiserum. Hier sei insbesondere auf die von Bünnig (1976) beschriebene Methode hingewiesen.

3.1.2.2.1 Adenylat Kinase

Zum Nachweis der Adenylat Kinase wurden beispielsweise folgende Puffer und Färbereagenzien verwendet (Grunbaum, 1981): Elektrophorese- und Membran-Puffer: 0,014 M Phosphat-Puffer, pH 6,25; 4 °C.

Die angelegte Spannung beträgt 200 V (2–3,5 mA pro Membran). Die Elektrophorese wird bei Zimmertemperatur durchgeführt. Die Laufzeit beträgt 45 min.
Färbelösung:
15 ml 0,075 M Tris—HCl, pH 7,9, 0,025 M $MgCl_2$—6 H_2O enthaltend, Zimmertemperatur, 38 mg Adenosin-5′-diphosphat, 190 mg Dextrose, 12 mg NADP, 25 µl (8,75 U) Glucose-6-phosphat Dehydrogenase, 25 µl (7 U) Hexokinase, 2 mg MTT, sowie 2 mg PMS. Alle Substanzen werden in 15 ml Puffer gelöst. Anschließend löst man 250 mg Agar in 10 ml 0,075 M Tris—HCl, pH 7,9 und erhitzt auf 95 °C bis der Agar vollständig gelöst ist. Sodann wird die Lösung auf 50–55 °C abgekühlt und mit der Färbelösung vermischt. Das Volumen der Lösung reicht aus, um gerade eben den Boden einer quadratischen Einmalpetrischale zu bedecken. Nach Erstarren des Agars werden die überhängenden Teile der Membran außerhalb der Perforation abgeschnitten. Die Markierung der Probe 1 muß hierbei erhalten

bleiben. Die Oberseite der Membran wird luftblasenfrei auf das Gel aufgelegt und die Schale im Dunkeln bei 37 °C bebrütet, bis nach ~ 10 min blaue Enzymbanden sichtbar werden. Überzählige Gele können, in Zellophanfolie eingeschlagen, im Kühlschrank aufbewahrt werden.

Das Isoenzymmuster verschiedener menschlicher Adenylat Kinasen ist in Abb. 11 dargestellt.

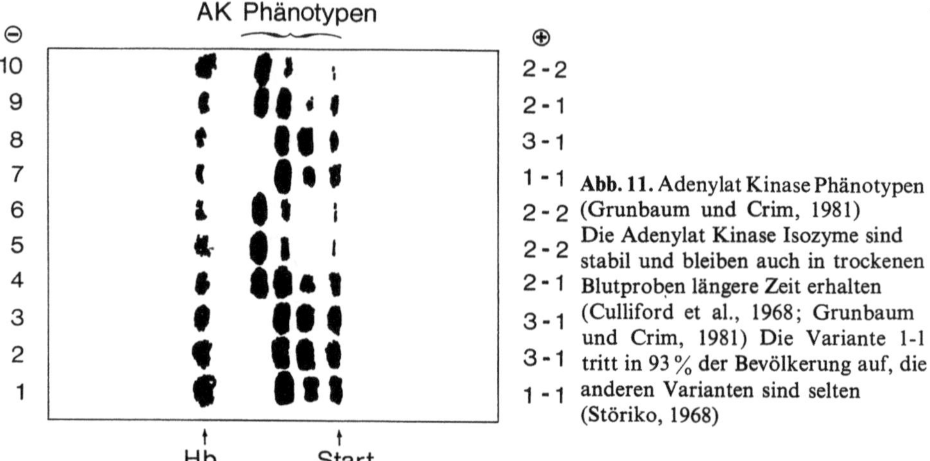

Abb. 11. Adenylat Kinase Phänotypen (Grunbaum und Crim, 1981) Die Adenylat Kinase Isozyme sind stabil und bleiben auch in trockenen Blutproben längere Zeit erhalten (Culliford et al., 1968; Grunbaum und Crim, 1981) Die Variante 1-1 tritt in 93 % der Bevölkerung auf, die anderen Varianten sind selten (Störiko, 1968)

3.2 Die Agar- und Agarose-Elektrophorese

Agar wird für die qualitative Immunelektrophorese benutzt (Grabar und Williams, 1953; Grabar, 1955, 1959; Wieme, 1957, 1959, 1965). Die weitgehend von sauren Gruppen freie Agarose hat dagegen weit mehr Einsatzgebiete gefunden. Sie wird für die Trennung von Lipoproteinen (Ohlenschläger et al., 1980), quantitative Immunelektrophoresen (Bilrup-Jensen, 1978; Ohlenschläger et al., 1980; Clarke und Freeman, 1968; Clarke et al., 1970; Laurell, 1967, 1972; Weeke, 1968; Axelsen et al., 1973; Krøll, 1968, 1969; u. a.), für das Screening von Dysproteinämien (Noble, 1968; Laurell, 1972; Johansson, 1972; Ohlenschläger et al., 1980) und für die Trennung von DNA-Molekülen (vgl. Schaffner, 1982) eingesetzt.

3.2.1 Eigenschaften von Agar und Agarose

Agar und Agarose werden aus Rotalgen der Gattung Gelidium, Gracilaria, Acanthopeltis, Ceramium, Pterocladia und Campylaephora (Mori, 1953;) gewonnen. Beide sind Polysaccharide, die aus einem Grundgerüst von 1,3- verknüpften β-D-Galakto-

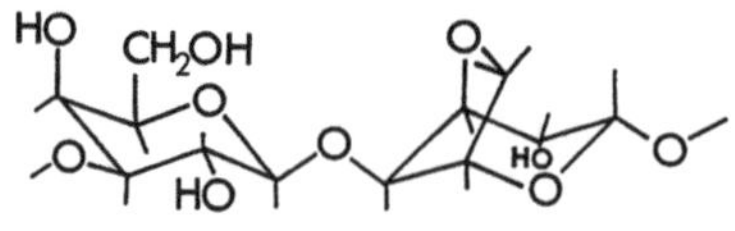

Abb. 12. Formelbild der Agarose

pyranose- und 1,4- verknüpften 3,6-Anhydro-galaktopyranose-Einheiten (vgl. Abb. 12, Araki, 1958) bestehen. Beim Agar sind die Zucker teilweise durch Sulfat-, Methoxyl-, Pyruvat- und Carboxylgruppen derivatisiert. Die sauren Gruppen bedingen das Auftreten starker elektroendosmotischer Kräfte in der Elektrophorese. Sie wirken der elektrophoretischen Beweglichkeit der Proteine entgegen. Unter den Serumproteinen zeigen deshalb in der Agar-Elektrophorese die Beta$_2$- und Gamma-Globuline eine kathodische Wanderung, während die Alpha- und die Alpha$_2$-Globuline sowie Teile der Beta-Globuline anodisch wandern. Bei der qualitativen Immunoelektrophorese ist die Endosmose notwendige Voraussetzung für eine erfolgreiche Trennung. Bei den übrigen Anwendungen stört sie. Deshalb nimmt man hier die weitgehend neutrale Agarose. Agarose geliert bei ~40 °C; die genaue Temperatur ist vom Gehalt an Methoxylgruppen abhängig (Guiseley, 1970). Sobald die Gelierung eingetreten ist, bleibt das Gel bis zu seinem Schmelzpunkt, der bei ~90 °C liegt stabil. Agarose geliert bereits in Konzentrationen von 0,04%. Vermutlich bilden sich beim Gelieren der Agarose aus einzelnen Molekülen einer Größe von 120 000 (ca. 400 Agarobioseeinheiten) Doppelstrangmoleküle (Hickson und Polson, 1965). Für Protein- und DNA-Trennungen werden meistens 1%ige Gele verwendet, da diese fester und damit leichter zu handhaben sind. Agarose ist im pH-Bereich 4–9 stabil. Wiederholtes Schmelzen und Gelieren sollte vermieden werden. Sie kann trokken oder als Gel (in Gegenwart von Bakteriostatika) bei < +8 °C gelagert werden. Agarosegele werden hergestellt, indem man Agarose in Wasser suspendiert, aufkocht und dann in einen auf einer Glasplatte fixierten Rahmen gießt. Bei Temperaturen unter 40 °C geliert die Agarose. Da dünne und niederprozentige Gele sehr fragil sind, kann man sie auch auf einer Polyesterfolie („Gelbond") fixieren (Baumstark, 1985).

3.2.2 Allgemeines zur Agarose-Elektrophorese

In 1%igen Agarosegelen liegt die Ausschlußgrenze für kugelförmige Partikel bei 50×10^6 (g/mol), was einem Partikelradius von 30 nm entspricht. An Agarosegelen trennt man Moleküle, deren Radius größer als 5–10 nm ist. Der mittlere Porenradius (r_{av} (nm)) von Agarosegelen, deren Konzentration (A) kleiner als 0,9% ist, kann mit folgender Formel berechnet werden: a) Für eine galactomannanhaltige Agarose vom Typ Isogel (Marine Colloids Division of the FMC Corp.): r_{av} (nm) $= 70 \cdot A^{-0,7}$ bzw. b) für eine zu 6,5% hydroxyethylierte Agarose vom Typ Sea Plaque (Marine Colloids): r_{av} (nm) $= 59 \cdot A^{-1,71}$ (vgl. Serwer, 1983). Demgemäß können in solchen Gelen neben Proteinen auch Viren (Hjertén, 1963; Serwer et al., 1983, 1984), Membranproteine (Johansson et al., 1975) und DNA-Moleküle (Hayward und Smith, 1972; Sharp et al., 1973; Nathans und Smith, 1975) getrennt werden. Boratpuffer bilden mit Agarose Komplexe und sollten deshalb für die Elektrophorese von (Serum)Proteinen nicht verwendet werden. Puffersysteme für die Agarosegel-Elektrophorese wurden von Buzas und Chrambach (1982) beschrieben. Serumproteine werden in gekühlten, 1–2 mm dicken Gelen eines Formates von 75×50 mm bei einer Feldstärke von bis zu 20 V/cm über eine Dauer von 30–90 min getrennt. Der Nachweis von Proteinen in Agarosegelen kann um das 10–100-fache gesteigert werden, wenn an eine konventionelle Coomassie Brillant Blue R-250 Färbung eine Silberfärbung angeschlossen wird (Budowle, 1984; Blech,

1985; Versterberg und Gramstrup-Christensen, 1984). Eine isoelektrische Fokussierung in Agarosegelen ist ebenfalls möglich (Petren und Vesterberg, 1984; Thompson et al., 1982; Pretsch et al., 1982; Cantarow et al., 1982). Zur Trennung von DNA-Molekülen verwendet man häufig Borat-Puffer. Für ihre Trennung werden 3 mm dicke Gele mit einem Format von 145 × 145 mm verwendet, die während der Elektrophorese nicht gekühlt zu werden brauchen, da die an die Gele angelegte Feldstärke nur 5 V/cm, bei einer Laufzeit von 15–20 h, beträgt.

3.2.3 Herstellung von Agarose Flachgelen zur Trennung von DNA-Molekülen nach Schaffner

1) Für ein Gel der Dimensionen 145 × 145 × 3 mm, entsprechend 65 ml, wird die benötigte trockene Agarosemenge abgewogen und in einem der in Tabelle 2 angegebenen Puffer dieses Volumens eingetragen.

Tabelle 2. Häufig verwendete Puffer zur Größenbestimmung von DNA-Molekülen

Puffer	Arbeits-Konzentration	Stamm-Lösungen (Menge pro Liter)
Tris-acetat	0,04 M Tris-acetat 0,002 M EDTA, pH 8,0 Stammpuffer 1:10 mit aqua dest. verdünnen)	242 g Tris, 57,1 ml Eisessig, 100 ml 0,5 M EDTA, pH 8,0
Tris-phosphat	0,08 M Tris-phosphat 0,008 M EDTA, pH 8,0 (Stammpuffer 1:10 mit aqua dest. verdünnen)	108 g Tris, 15,5 ml 85 % Phosphorsäure, 40 ml 0,5 M EDTA, pH 8,0
Tris-borat	0,089 M Tris-borat 0,002 M EDTA, pH 8,0 (Stammpuffer 1:10 mit aqua dest. verdünnen)	54 g Tris, 27,5 g Borsäure, 20 ml 0,5 M EDTA, pH 8,0

2) Anschließend wird die Suspension in einem 98 °C heißen Wasserbad oder einem Mikrowellenofen erhitzt, bis die Agarose gelöst ist.

3) Man läßt die Lösung auf 50 °C abkühlen und fügt Ethidiumbromid bis zu einer Endkonzentration von 0,5 µg/ml zu (Stammlösung: 10 mg/ml in aqua dest., in einer Braunglasflasche bei 4 °C lagern).

4) Die Ränder einer sauberen und trockenen Glasplatte werden mit Isolierband (z. B. scotch electrical tape) umklebt, so daß der in Abb. 13 gezeigte Rahmen entsteht.

5) Mit Hilfe einer Pasteurpipette werden die Ränder mit wenig Agarose abgedichtet.

6) Nach Erstarren der Agarose wird die restliche Agarose in die Wanne gegossen und nahe dem einen Ende des Gels eine kammartige Schablone zur Erzeugung von

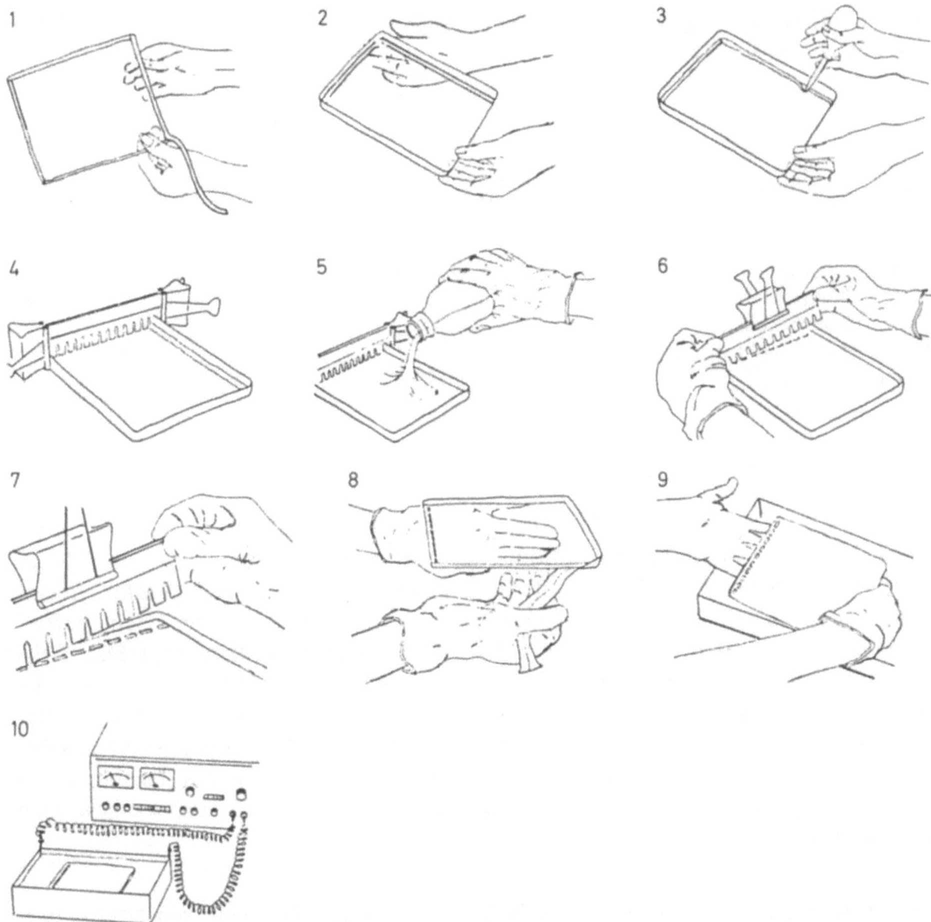

Abb. 13. Herstellung von Agarose-Flachgelen nach Schaffner (1982). Aus Maniats et al. 1982

Probentaschen eingesetzt. Hierbei müssen 0,5–1,0 mm Agarose zwischen Glasboden und der Unterkante der Zähne des Probenkamms verbleiben.

7) Bei Zimmertemperatur ist das Gel nach 30–45 min geliert. Der Probenkamm und das Isolierband werden entfernt, die Gelplatte in die Elektrophoresekammer eingesetzt.

8) Die Puffertanks werden soweit mit Puffer gefüllt, daß das Gel ~ 1 mm hoch mit Flüssigkeit bedeckt ist. (Dem Puffer können 0,5 µg/ml Ethidiumbromid zugesetzt werden.)

9) Die Proben werden unter den Puffer in die Probentaschen unterschichtet. Man reichert dazu die Probenlösungen auf 5–10% Glycerin, 7% Saccharose oder 2,5% Ficoll an und gibt einen Farbstoff zur Markierung der Front hinzu (0,025% Bromphenolblau oder Xylencyanol, vgl. Tabelle 3). Die Proben werden gewöhnlich mit 6-fach konzentriertem Elektrodenpuffer vermischt und mit einer Einmalpipette aufgetragen.

Tabelle 3. Zusammensetzung von Probepuffern zur DNA-Elektrophorese (nach Maniatis et al., 1982)

Arbeitspuffer 6fach konzentriert mit:	Lagertemperatur
0,25 % Bromphenolblau 0,25 % Xylencyanol FF 40 % (w/v) Saccharose in Wasser	4 °C
0,25 % Bromphenolblau 0,25 % Xylencyanol FF 15 % (Ficoll Typ 400) in Wasser	Zimmertemperatur
0,25 % Bromphenolblau 0,25 % Xylencyanol FF 30 % Glycerin in Wasser	4 °C
0,25 % Bromphenolblau 40 % (w/v) Saccharose in Wasser	4 °C

Zur Elektrophorese von DNA-Bruchstücken werden Tris-acetat, -borat, oder -phosphat Puffer einer Konzentration von ∼50 mM und einem pH von 7,5–7,8 verwendet. Man lagert sie als konzentrierte Lösungen bei Zimmertemperatur. Acetat Puffer haben nur eine geringe Pufferkapazität, weshalb man sie von einem Pufferreservoir in das andere umpumpen sollte. Maniatis et al. (1982) empfehlen Tris-phosphat und Tris-borat Puffer, da sie eine gleich gute Auflösung bringen aber nicht umgewälzt werden müssen. Gele mit Tris-phosphat Puffer können in Na-perchlorat oder KJ aufgelöst werden, um die DNA wiederzugewinnen. Wird ein Gemisch aus Agarosen verwendet, die bei niedrigen bzw. mittleren Temperaturen gelieren, so ist es möglich, auch aktive m-RNA aus den Gelen zurückzugewinnen (Fourcroy, 1984).

3.2.4 Aufbau einer Flachgelelektrophorese-Apparatur zur Trennung von DNA-Molekülen

Die Agarose-Gelelektrophorese wird praktisch ausschließlich in horinzontal angeordneten Flachgelen durchgeführt, insbesondere deshalb, weil die niederprozentigen Gele anders nur schwer zu handhaben sind. Hinzukommt, daß die apparative Ausrüstung für diese Elektrophoreseart sehr einfach ist.

Abbildung 14 zeigt eine von Davis et al. (1981) konzipierte Apparatur für DNA-Trennungen. Sie besteht im wesentlichen aus zwei Puffertanks, die über eine Brücke mit den Maßen 145 × 145 mm verbunden sind. Auf diese wird eine Glasplatte aufgelegt, welche das Flachgel trägt. Der Puffer wird soweit eingefüllt, daß er gerade eben das Gel bedeckt. Der elektrische Widerstand des Gels ist nahezu identisch mit demjenigen des Puffers, so daß nach Anlegen einer Spannung genügend Strom durch das Gel fließt.

3.2.5 Probenauftrag

Die DNA-Menge, die pro Geltasche aufgetragen werden kann, hängt von der Zahl der DNA-Fragmente und ihrer Größe ab. Die Mindestmenge, die man in Ethi-

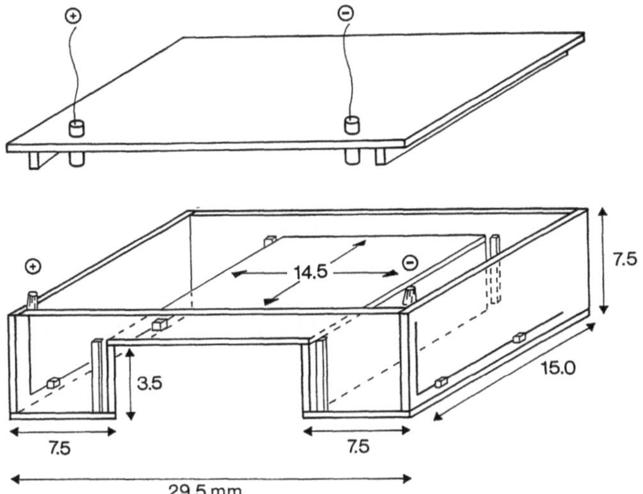

Abb. 14. Agarose-Elektrophorese-Apparatur zur Bestimmung der Größe von DNA-Molekülen nach Davis et al., 1981

diumbromid gefärbten Gelen noch erfassen kann, beträgt in einer 5 mm breiten Bande ~2 ng (Maniatis et al., 1982). Mit mehr als 200 ng ist die Bande überladen, was sich in einem Verschmieren anzeigt.

Enthält die Probe nur wenige verschiedenartige DNA's so sollten in den Probenschlitz nicht mehr als 0,2–0,5 µg DNA aufgegeben werden. Enthält die Probe dagegen zahlreiche DNA's unterschiedlicher Größe, wie sie bei der Spaltung mit Restriktionsenzymen auftreten, so können 5–10 µg pro Probenschlitz aufgetragen werden. Die Proben werden mit einem 1:6 konzentrierten Puffer versetzt, der eine Verbindung enthält, welche ihn spezifisch dichter als den Elektrophoresepuffer macht. Hierdurch können die Proben unter den Elektrodenpuffer unterschichtet werden.

3.2.6 Anfärben auf DNA

Meistens werden DNA-Moleküle in Agarosegelen unter Verwendung des Farbstoffs Ethidiumbromid lokalisiert. Diese Substanz ist mutagen. Beim Umgang mit ihr sind deshalb die Sicherheitsvorschriften unbedingt zu beachten. Der Farbstoff lagert sich zwischen die gegenüberliegenden DNA-Stränge ein. DNA-Moleküle absorbieren Licht der Wellenlänge 260 nm. Ein Teil dieses Lichtes wird emittiert und von Ethidiumbromid absorbiert, das wiederum Licht im rot-orangen Spektrum bei 590 nm emittiert. Bestrahlt man mit UV-Licht von 300–360 nm, so vermag der Farbstoff dieses Licht direkt zu absorbieren und ebenfalls bei 590 nm zu emittieren (vgl. Maniatis et al., 1982). Einsträngige DNA hat im Gegensatz zur doppelsträngigen DNA nur eine geringe Fluoreszenz (Snyder et al., 1982). Fluoreszenzgefärbte DNA kann in Agarosegelen auch quantitativ erfaßt werden (Willis und Holmquist, 1985). Subnanogrammengen an DNA (0,03 ng/mm^2 und RNA können durch Silberfärbung nachgewiesen werden (Goldman und Merril, 1982; Guillemette und Lewis, 1983).

Beim Anfärben mit Ethidiumbromid verfährt man so, daß man 0,5 µg/ml des Farbstoffs in das Gel *und* den Elektrophoresepuffer hineingibt. Der Farbstoff vermindert die Wanderungsgeschwindigkeit der linearen doppelsträngigen DNA um 15 %. Deshalb kann man die Elektrophorese auch ohne Ethidiumbromid durchführen und die Gele anschließend färben. Man taucht sie dazu 45 min lang bei Zimmertemperatur in eine wäßrige Lösung von 0,5 µg/ml Ethidiumbromid. Entfärbung ist nicht nötig. Bei DNA Mengen unter 10 ng kann man den fluoreszierenden Hintergrund dadurch vermindern, daß man das gefärbte Gel 1 h bei Zimmertemperatur in 1 M $MgSO_4$ einlegt (vgl. Maniatis et al., 1982). Neben den 3–4 mm dicken Gelen werden mittlerweile auch sehr viel dünnere verwendet, die den Vorteil haben, daß sie nur geringe Probemengen benötigen (vgl. z. B. Hogness, 1982; Baumstark, 1985).

3.2.7 Bestimmung der Molmasse von DNA-Bruchstücken

Die Bestimmung der Größe von DNA-Bruchstücken, wie sie z. B. nach Spaltung mit Restriktionsendonucleasen auftreten, erfolgt an Agarose- bzw. Polyacrylamidgelen. Agarose verwendet man, wenn die DNA 100 bis 60 000 Nucleotidpaare enthält, Polyacrylamid dagegen, wenn die Zahl der Nucleotidpaare zwischen 10 und 1000 liegt (vgl. Zusammenfassung bei Maniatis et al., 1982). Die elektrophoretische Trennung der DNA-Fragmente kann durch andere Methoden wie z. B. der Dichtegradienten Zentrifugation nicht ersetzt werden. Die Wanderung der DNA in Agarosegelen hängt von folgenden Parametern ab: a) der Größe der DNA, b) der Konformation der DNA, c) der Basenzusammensetzung, d) der elektrischen Feldstärke, e) der Agarosekonzentration sowie f) der Temperatur.

Lineare doppelsträngige DNA-Fragmente wandern in Agarosegelen unterschiedlicher Konzentration entsprechend den in Abb. 15 gezeigten Wanderungsstrecke.

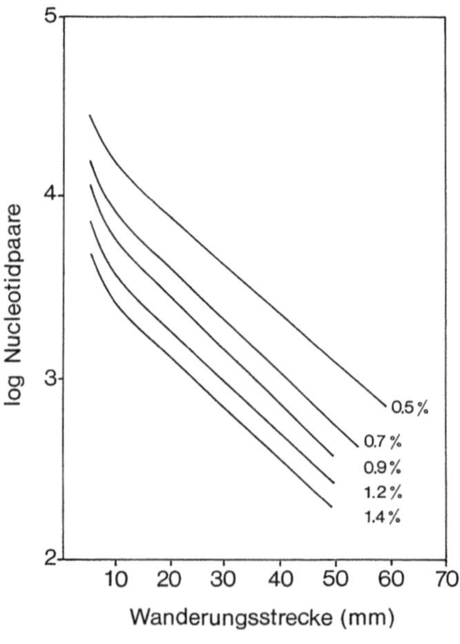

Abb. 15. Abhängigkeit der Wanderungsstrecke von DNA's von der Agarose-Konzentration (Hellwig et al. 1974) Elektrophoresebedingungen: 0,5 M Tris-Borat, 0,5 µg/ml Ethidiumbromid, Dauer der Elektrophorese 16 h bei 1 V/cm

Für ein DNA-Bruchstück bestimmter Größe besteht in erster Näherung ein linearer Bezug zwischen dem Logarithmus seiner Wanderungsgeschwindigkeit (μ) und der Agarose-Konzentration (A) gemäß:

$$\mu = \mu_0\, e^{-K \cdot A} \quad \text{bzw.}$$

$$\log \mu = \log \mu_0 - K \cdot A$$

Hierbei entspricht μ_0 der freien elektrophoretischen Beweglichkeit und K einer Konstanten, dem Retardations-Koeffizienten. K hängt von den Eigenschaften des Gels und der Größe und Form der wandernden Moleküle ab. Unter Verwendung von verschieden konzentrierten Agarosegelen lassen sich DNA's unterschiedlicher Größenbereiche trennen (vgl. Maniatis et al., 1982) (Tabelle 4). Es muß jedoch betont werden, daß die Beziehung $\log \mu = -K \cdot A + \log \mu_0$ ihre Gültigkeit verliert, sobald die Agarosekonzentration über 0,9 % hinausgeht (vgl. Serwer, 1983).

Tabelle 4. Trennbereich für DNA-Bruchstücke in Abhängigkeit von der Agarosekonzentration

% Agarose	Leistungsfähiger Trennbereich für lineare DNA Moleküle in Kilobasen
2,0	0,1– 3
1,5	0,2– 4
1,2	0,4– 6
0,9	0,5– 7
0,7	0,8–10
0,6	1–20
0,3	5–60

Geschlossen-ringförmige DNA (Form I), eingekerbt-ringförmige DNA (Form II) und lineare DNA (Form III) der gleichen Molmasse wandern in Agarosegelen mit unterschiedlicher Geschwindigkeit (Thorne, 1966, 1967; Snyder et al., 1982). Die relativen Wanderungsgeschwindigkeiten der drei Formen hängen in erster Linie von der Agarosekonzentration ab. Sie werden aber auch von der Stärke des elektrischen Feldes, der Ionenstärke des Puffers und der Dichte der Verwindungen des DNA-Ringes in der DNA I-Form beeinflußt (Johnson and Grossman, 1977). Es gibt Bedingungen, unter denen die Form I schneller als die Form III wandert und solche, unter denen es umgekehrt ist. Die verschiedenen Konfigurationen können durch Elektrophorese in Gegenwart steigender Mengen Ethidiumbromid erkannt werden. Mit zunehmender Ethidiumbromidkonzentration wird mehr Farbstoff an die DNA angelagert und die Zahl der Verwindungen des intakten Ringes gehen zurück. Damit ist eine Verminderung der Wanderungsgeschwindigkeit verbunden. Die Wanderungsgeschwindigkeit ist am kleinsten, wenn der Ring nicht mehr in sich selbst gewunden ist. Wird die Konzentration an Ethidiumbromid weiter erhöht, so steigt die Mobilität der Form I DNA schnell an. Gleichzeitig nehmen die Wanderungsgeschwindigkeiten der DNA-Formen II und III in unterschiedlichem Maße ab, bedingt durch eine Neutralisierung ihrer Ladung und durch eine erhöhte

Festigkeit der DNA. Üblicherweise liegt die kritische Konzentration an freiem Ethidiumbromid für die DNA I Form bei 0,1–0,5 µg/ml (Maniatis et al., 1982).

Die Wanderungsgeschwindigkeit von linearen DNA-Fragmenten ist nur bei geringen Feldstärken proportional der Voltstärke. Deshalb sollte die Spannung 5 V/cm nicht übersteigen.

Im Unterschied zu Polyacrylamidgelen wird das Trennergebnis in Agarosegelen weder von der Basenzusammensetzung der DNA noch von der Elektrophoresetemperatur beeinflußt (Thomas and Davis, 1975). Im allgemeinen benützt man die Gele bei Zimmertemperatur. Gele, die nur 0,5 % Agarose enthalten, lassen sich jedoch besser bei 4 °C handhaben. Das Trennergebnis bleibt von der Temperatur unbeeinflußt.

3.2.8 Elution der DNA aus Agarosegelen

Zur Elution der DNA aus Agarosegelen wurden zahlreiche Methoden entwickelt (vgl. Zusammenfassung bei Wu et al., 1976; Smith, 1980; Maniatis et al., 1982). Allgemein ist zu sagen, daß nur DNA's mit weniger als 1000 Basen quantitativ aus Agarose eluiert werden können. Je größer die DNA-Bruchstücke werden, um so weniger Material läßt sich aus den Gelen zurückgewinnen. Überschreitet die Größe 20 000 Basen, so beträgt die Ausbeute ~20 %. Agarose enthält sulfatierte Polysaccharide, die oftmals zusammen mit der DNA herauseluiert werden. Diese Substanzen stellen starke Inhibitoren der Restriktionsendonucleasen, Ligasen, Kinasen und Polymerasen dar, welche in weiteren Experimenten als Werkzeuge verwendet werden. Vor allem bei der Technik der Elektroelution der DNA in einem Dialysesack tritt dieses Problem in den Vordergrund (Maniatis et al., 1982). Eine praktisch nicht kontaminierte DNA erhält man mit einer anderen Methode, die eine niedrig schmelzende Agarose verwendet (Wieslander, 1979). Ist die DNA dennoch kontaminiert, so muß eine Reinigung über DEAE-Sephacel nachgeschaltet werden.

Hydroxyethyl derivatisierte Agarose schmilzt bereits bei 65 °C und geliert bei 30 °C. Der Schmelzpunkt des Gels liegt damit deutlich unterhalb des Schmelzpunktes der meisten DNA's (~70 °C). Im einzelnen verfährt man folgendermaßen (Wieslander, 1979): Die gewünschte niedrigschmelzende Agarosemenge wird in der notwendigen Puffermenge auf 70 °C im Wasserbad erwärmt, bis sie gelöst ist, sodann werden 0,5 µg/ml Ethidiumbromid zugesetzt. Das Gel wird bei 4 °C gegossen und auch bei dieser Temperatur der Elektrophorese unterworfen. Danach werden die gewünschten Banden ausgeschnitten und das 5fache Volumen an 20 mM Tris-HCl, pH 8,0 und 1 mM EDTA zugesetzt. Anschließend erhitzt man das Gel auf 65 °C, um es zu schmelzen. Das geschmolzene Gel wird bei Zimmertemperatur mit dem gleichen Volumen an Phenol extrahiert und die wäßrige Phase durch Zentrifugation bei Zimmertemperatur wiedergewonnen. Sie wird mit Phenol-Chloroform und anschließend mit Chloroform extrahiert. Die DNA wird mit Methanol extrahiert. Sollte sie sich wider allen Erwartungen nicht durch Restriktionsendonucleasen spalten lassen, so wird sie über DEAE-Sephacel nachgereinigt: DEAE-Sephacel wird in 10 mM Tris—HCl, pH 7,6, 1 mM EDTA und 60 mM NaCl äquilibriert. 0,6 ml der Suspension werden in eine kleine Säule gepackt (auch Einwegsäulen eignen sich dafür). Die Säule vermag ~20 µg DNA zu binden. Anschließend wird die Säule mit 3 ml Tris-EDTA, pH 7,6, 0,6 M NaCl enthaltend, 3 ml Tris-EDTA und 3 ml Tris-EDTA, 0,1 M NaCl enthaltend, gewaschen. Die in Gelpuffer gelöste DNA wird auf das Gel aufgegeben, die austretende Flüssigkeit aufgefangen und erneut auf die Säule gegeben. Danach wird mit 1,5 ml Tris-EDTA, 0,3 M NaCl enthaltend, gewaschen. Die DNA eluiert man mit 3 × 0,5 ml Tris-EDTA, 0,6 M NaCl enthaltend. Die vereinigten Eluate werden einmal mit Phenol und einmal mit Chloroform extrahiert und die DNA mit Ethanol präzipitiert (Maniatis et al., 1982).

3.2.9 Anwendungsbeispiel

Stellvertretend für zahllose DNA Trennungen an Agarose sei die Auftrennung von DNA-Bruchstücken gezeigt, wie sie nach Spaltung von circulärer DNA aus pflanzlichen Chloroplasten mit Restriktionsendonucleasen erhalten werden (Vedel et al., 1976). (Abb. 16).

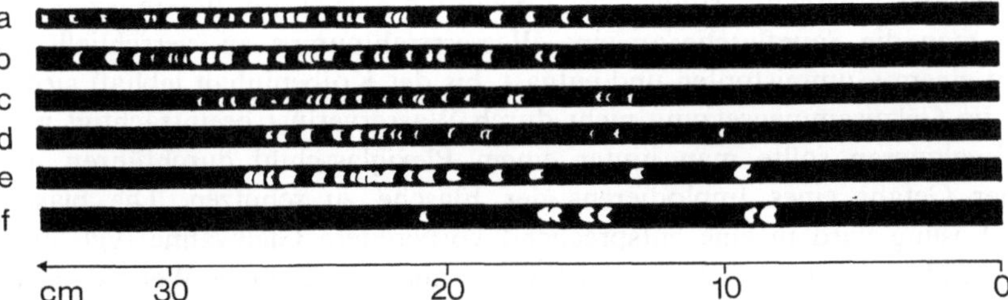

Abb. 16. Agarose-Gelelektrophorese von Eco-RI-Spaltprodukten plastidärer DNA's aus Blättern verschiedener höherer Pflanzen (Vedel et al. 1976)
a Erbsen, *b* Spinat, *c* Tabak (N. tabacum, var. Samsun), *d* Mais und *e* Weizen. λ plac 5 DNA-Bruchstücke (*f*) wurden als Standards für Molmassenbestimmungen verwendet. Der Pfeil zeigt die Laufrichtung in der Elektrophorese an. Pro 100 g Blätter wurden 30–50 µg supergewundener Chloroplasten-DNA extrahiert.
Zu 20 µl gereinigter Chloroplasten DNA (2–3 µg DNA) wurden 20 µl 0,1 M Tris, 0,03 M $MgSO_4$, pH 7,5 und 5 µl Eco-RI-Endonuclease gegeben. Die Probe wurde 3 h bei 37 °C inkubiert und die Reaktion durch Zugabe von EDTA bis zu einer Endkonzentration von 15 mM unter Abkühlen auf 4 °C terminiert. Jede Probe wurde mit einem Volumen wassergesättigten Phenols versetzt. Sodann wurde Saccharose bis zu einer Konzentration von 20 % zugesetzt und die Proben auf ein 0,7 %iges Agarose-Gel (Typ I, Sigma) von 35 cm Länge und 8 mm Durchmesser aufgegeben. Als Elektrophoresepuffer wurde ein 0,05 M Tris, 0,02 M Na-acetat, 0,002 M EDTA-Puffer, pH 8,5 (mit Eisessig eingestellt) und 0,18 M NaCl enthaltend, verwendet. Die Elektrophorese dauerte 15 h bei 100 V. In dieser Zeit war der Markerfarbstoff bis 4 cm vom unteren Gelrand gewandert. Die Gele wurden aus den Plastikröhrchen vorsichtig herausgenommen und 2 h im Dunkeln im Elektrophoresepuffer, der 1 µg/ml Ethidiumbromid enthielt, gefärbt. Alsdann wurden sie auf einen schwarzen Untergrund gelegt, mit 254 nm UV-Licht bestrahlt, und durch ein orange gefärbtes Glasfilter (Wratten 77 A) mit einem Kodak, Tri X 35 mm Film fotografiert. Der Film wurde 10 min mit Microdol X entwickelt

3.3 Die Stärkegel-Elektrophorese

Das Hauptanwendungsgebiet der Stärkegel-Elektrophorese ist die Trennung multipler molekularer Formen einzelner Enzyme. Sie wird demgemäß insbesondere in der Human- (Harris und Hopkinson, 1976) und Populationsgenetik (Ferguson,

1980; Conkle, 1979) eingesetzt. Stärkegele werden aus einer teilweise hydrolysierten Stärke (Smithies, 1955) hergestellt. Sie werden in Konzentrationen von 10–15% eingesetzt, und stellen eine besonders enzymfreundliche und speziell für Enzyme hochauflösende Matrix dar.

3.3.1 Herstellung von Stärkegelen

Hydrolysierte Stärke zur Herstellung von Stärkegelen für die Elektrophorese, kann von verschiedenen Herstellern (z. B. Serva, Heidelberg) bezogen werden. Im folgenden wird nur auf die horizontale Version der Stärkegel-Elektrophorese eingegangen. Für die Trennung von Humanserumproteinen werden ~8,5 g Stärke pro 100 ml Puffer benötigt. Man füllt die Pufferlösung in eine Saugflasche, die etwa das doppelte Volumen des Puffers hat, gibt die trockene hydrolysierte Stärke hinzu und schüttelt sofort um. Die Suspension wird unter ständigem Rühren über einer Gasflamme erwärmt. Mit zunehmender Temperatur wird die Suspension breiig. Sie geht dann von einem viskosen milchigen in einen weniger viskosen klaren Zustand über. Der Übergang erfolgt rasch. Wenn die Suspension flüssig geworden ist, schließt man die Saugflasche an eine Wasserstrahlpumpe an, verschließt die Öffnung mit einem Gummistopfen und entgast, bis der Kolbeninhalt lebhaft siedet. Dabei soll die Gelzusammensetzung nicht durch Wasserverlust beeinträchtigt werden. Das Evakuieren sollte man hinter einem Plexiglasschild durchführen, um sich vor der Gefahr eines Implodierens der Flasche zu schützen. Die blasenfreie heiße Lösung wird in eine entsprechend vorbereitete Gießwanne (vgl. auch Abb. 2) eingefüllt. Man kann sich eine Gießwanne auch auf einfache Weise dadurch herstellen, daß man auf die Ränder einer 220 × 150 mm großen Glasplatte von 4–5 mm Stärke Glasstreifen von 10 mm Breite und 5 mm Dicke so auflegt, daß ein · 5 mm hoher Rahmen entsteht. Die Glasstreifen werden zuvor dünn mit einer Vakuumpaste eingestrichen. Für eine Wanne dieser Größe benötigt man ~200 ml Gel. Das Gel wird so eingefüllt, daß es eine Dicke von 6 mm hat. Es wird sofort mit einer festen Plastikfolie abgedeckt, um die Bildung einer Haut zu vermeiden. Man kann das Gel auch mit einer Plexiglasplatte abdecken, die quer zur Längsrichtung — etwa 70 mm von der Oberkante entfernt — eine Reihe von länglichen Aussparungen trägt, in die ein Probenkamm eingesetzt werden kann (vgl. Abb. 2). Die Unterkante des Kamms taucht 3–4 mm in das Gel ein. Bei Raumtemperatur erstarrt die Stärke nach etwa 1–2 Stunden. Nimmt man dann den Probenkamm heraus, so bleiben im Gel eine Reihe von 10 × 1,5 × 3 mm großen Trögen übrig, in die die Proben eingefüllt werden können (vgl. Punkt 2.1, Abb. 3).

In der Regel verwendet man im Gel den gleichen Puffer wie in den Elektrodengefäßen, wobei jedoch der Elektrodenpuffer 10mal so konzentriert ist, wie der Gelpuffer. Für gewöhnlich haben die Elektrodenpuffer eine Konzentration von 100 mM. Zur Trennung von Serumproteinen kann als Gelpuffer ein 0,0230 M Borsäure — 0,0092 M NaOH-Puffer verwendet werden. Für Enzymtrennungen haben sich die von Harris und Hopkinson (1976), Conkle (1979) u. a. angegebenen Puffersysteme bewährt.

Der Probenauftrag erfolgt kathodenseitig. Verwendet man keine Probenschablone, so kann man die Proben in Filterpapierstreifen von 10 × 5 mm aufsaugen (z. B. Whatman No 3 MM Filterpapier) und diese im 10 mm Abstand kathodenseitig entlang einer Linie quer zur Laufrichtung in das Gel stecken (vgl. auch Abb. 3). Werden die Proben in Probentröge eingetragen, so gibt man den Probenlösungen eine 10—20% Saccharose zu, so daß eine Suspension entsteht. Man vermeidet damit das Elektrodekantieren der Probenproteine. Die Glasplatte mitsamt dem Gel wird auf die beiden Puffertröge aufgelegt und das kathodische bzw. das anodische Ende mittels vier Lagen des oben angegebenen Filterpapiers, oder sorgfältig gereinigten Haushaltsschwammtüchern, mit dem Anoden- bzw. Kathodenpuffer verbunden. Die Schwammtücher können wiederverwendet werden, jedoch unter strikter Einhaltung ihrer anodischen bzw. kathodischen Verwendung.

Die Elektrophorese wird unter Kühlung durchgeführt (vgl. Abb. 3). Die Feldstärke beträgt 4–7 V/cm bei einer Laufzeit von 15–20 h. Nach Beendigung der Elektrophorese wird der Glasrahmen entfernt und an den Längsseiten werden (über Silicon-Paste befestigt) zwei 2,5 mm dicke Glasstreifen aufgelegt. Auf diesen wird ein Messer so geführt, daß das Gel horizontal in zwei gleich dicke Hälften zerlegt wird. Statt eines Messers kann auch ein Draht verwendet werden. Die aufgeschnittenen Flächen können mit Lösungen zur histochemischen Anfärbung von Enzymen imprägniert werden. Die Farb- oder Fluoreszenzlösungen bilden sich im Gel. In einem anderen Verfahren werden die notwendigen Ingredienzien in der Hälfte des insgesamt notwendigen Puffers gelöst; in der verbleibenden Hälfte des Puffers werden 2% Agar gelöst. Diese Lösung wird kurz aufgekocht, auf 48 °C abgekühlt, mit der restlichen Lösung gemischt und sofort auf das Gel aufgegossen. Es entsteht eine Agarauflage. Die Farbstoffbildung erfolgt an der Kontaktseite beider Gele.

3.3.2 Apparative Ausrüstung

Neben den 200 mm langen Gelen wurden in Ausnahmefällen 300 oder 450 mm lange Stärkegele verwendet. Daneben wurden Dünnschicht-Varianten auf Objektträgern (Daams, 1963; Ramsey, 1963) und Mikro-Methoden (Marsh et al., 1964) beschrieben.

3.3.3 Anwendungsbeispiele

Die Trennung und den Nachweis zahlreicher Serumenzyme mittels Stärkegelelektrophorese haben Harris und Hopkinson (1976) in ihrem „Handbook of enzyme electrophoresis in human genetics" beschrieben. Abbildung 17 zeigt die stärkegelelektrophoretische Auftrennung menschlicher Alkohol-Dehydrogenasen. In dem genannten Buch sind die Nachweise für folgende Enzyme zu finden: Aconitase (4.2.1.3), Adenosin Desaminase (3.5.4.4), Adenylat Kinase (2.7.4.3), Alkohol Dehydrogenase (1.1.1.1), Aldolase (4.1.2.13), Alkalische Phosphatase (3.1.3.1), Arginase (3.5.3.1.) Arylsulfatase (3.1.6.1), Cholinesterase (3.1.1.8), Citrat Synthase (4.1.3.7), Cytidine Desaminase (3.5.4.5), Esterasen (3.1.1.1.), α-Fucosidase (3.2.1.51), Fumarat Hydratase (4.2.1.2), Galaktokinase (2.7.1.6), Galaktose-1-phoshat-uridyl Transferase (2.7.7.12), α-D-Galaktosidase (3.2.1.22), Glukose-6-phosphat Isomerase (5.3.1.9), Glukose-6-phosphat Dehydrogenase (1.1.1.49), α-D-Glukosidase (3.2.1.20), Glukose Dehydrogenase (1.1.1.47), Glutamat-oxalacetat Transaminase (2.6.1.1.), Glutamat-pyruvat Transaminase (2.6.1.2), Glutathion Reductase (1.6.4.2), Glutathion

Peroxidase (1.11.1.9), Glycerinaldehyd-phosphat Dehydrogenase (1.2.1.12), Glycerin-3-phosphat Dehydrogenase (1.1.1.8), Glyoxalase I (4.4.1.5), Glyoxalase II (3.1.2.6), Guanylat Kinase (2.7.4.8), Guanin Desaminase (3.5.4.3), β-Glucuronidase (3.2.1.31), Hexokinase (2.7.1.1), Hypoxanthin Phosphoribosyltransferase (2.4.2.8), Inosin Triphosphatase (3.6.1.19), Isocitrat Dehydrogenase (1.1.1.42), Kohlensäure Anhydratase

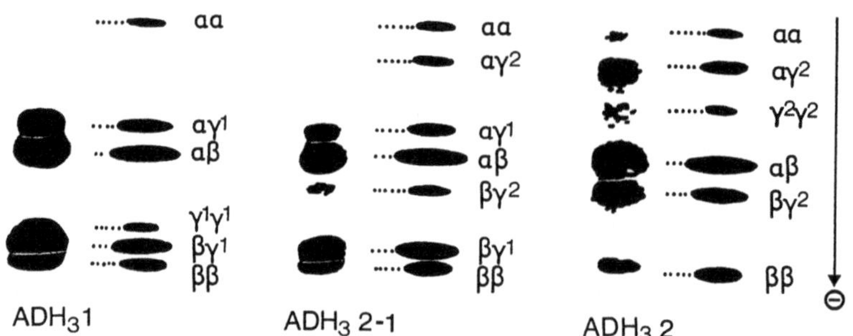

Abb. 17. Nachweis des Enzyms Alkohol-Dehydrogenase. Schematische Darstellung von ADH-Isozymmustern nach Stärkegel-Elektrophorese bei pH 8,6 in Leberproben von Menschen ADH₃1, ADH₃2-1 und ADH₃2 Phänotypen. Die vermutete Untereinheitenzusammensetzung der Isozyme ist vermerkt (Smith et al. 1972).

Elektrophorese-Bedingungen (Smith et al., 1972)

Elektrodenpuffer:	0,3 M Tris-HCl, pH 8,6
Gelpuffer:	0,02 M Tris-HCl, pH 8,6; 100 mg NAD in 2 ml Gelpuffer gelöst, werden kurz vor dem Entgasen der kochenden Gellösung von 400 ml zugesetzt*).
Laufzeit:	17 h bei 7 V/cm. Das Gel wird gekühlt.
Nachweis der ADH:	0,3 ml absoluter Alkohol werden in 25 ml 0,05 M Tris-HCl pH 8,6 gelöst und 20 mg NAD, 10 mg MTT in 2 ml H₂O, 4 mg PMS in 0,8 ml H₂O und 25 ml 2%igen flüssigen Agars (∼45 °C) zugesetzt. Diese Lösung wird auf eine halbierte Gelplatte gegossen. Die Bildung blauer Formazanbanden im Agar overlay zeigt die Lage der ADH-Banden an.

*) NAD wird in diesem Falle zugesetzt, um alle ADH-Moleküle gleichmäßig mit dem Koferment abzusättigen, da ansonsten Bandenmuster auftreten, die unspezifisch sind und das gleiche Enzym mit verschiedenen NADH-Mengen zeigen

(4.2.1.1), Kreatin Kinase (2.7.3.2), Lactat Dehydrogenase (1.1.1.27), Malat Dehydrogenase (1.1.1.37), Malat Enzym (1.1.1.40), α-Mannosidase (3.2.1.24), Mannose-phosphat Isomerase (5.3.1.8), NADH Diaphorase (1.6.2.2), Nucleosidtriphosphat-adenylat Kinase (2.7.4.10), 3′-5′-Nucleotid Phosphodiesterase (3.1.4.17), Ornithin Carbamoyltransferase (2.1.3.3), Pepsin A (3.4.23.1), Peptidasen (3.4.11(14)), 6-Phosphofructokinase (2.7.1.11), Phosphoglucomutase (2.7.5.1), Phosphogluconat Dehydrogenase (1.1.1.44), Phosphoglycerate Kinase (2.7.2.3), Phosphoglyceromutase (2.7.5.3), Purin-nucleosid Phosphorylase (2.4.2.1), Pyruvat Kinase (2.7.1.40), Saure Phosphatase (3.1.3.2), Sorbit Dehydrogenase (1.1.1.14), Superoxid Dismutase (1.15.1.1), Triosephosphat Isomerase (5.3.1.1), Tryptophanyl-tRNA Synthase, UDP-glucose Pyrophosphorylase (2.7.7.9), sowie Uridinmonophosphat Kinase (2.7.4.*).

3.4 Die Polyacrylamidgel-Elektrophorese

Sowohl in Stärkegelen als auch in Polyacrylamidgelen mit einer Konzentration $>7,5\%$ werden Serumproteine und Enzyme unter dem Einfluß eines elektrischen Feldes entsprechend ihrer Ladung und Molekülgröße getrennt. Durch Variation der Konzentration beider Geltypen kann ihr mittlerer Porenradius an die Größe der zu trennenden Proteine angepaßt und hierdurch ihr Auflösungsvermögen optimiert werden. Das Auflösungsvermögen für die multiplen molekularen Formen eines Enzyms ist in Stärkegelen oftmals besser als in Polyacrylamidgelen. Dafür umfaßt der Trennbereich von Polyacrylamidgelen Molekülgrößen von 10^3 bis 10^6. Acrylamid und N-N'-Methylenbisacrylamid (BIS) bilden die Monomere, aus denen die Gele über eine radikalische Polymerisation hergestellt werden. (Acrylamid und BIS sind starke Nervengifte. Beim Umgang mit ihnen sind unbedingt die Sicherheitsvorschriften einzuhalten.) Im polymeren Zustand sind sie jedoch ungiftig. Bei der Polymerisation entstehen Molekülstränge aus Polyacrylamid, die durch BIS quervernetzt sind. Die räumliche Struktur eines solchen Gels kann man in erster Näherung mit der eines Schwamms vergleichen (vgl. Rüchel et al., 1978). Lösungen mit einem Monomer-Comonomergehalt ($\%\,T$) $<2,5\%$ polymerisieren nicht. Homogene Gele mit einer Konzentration an T von $>30\%$ werden selten verwendet. Bei Zimmertemperatur liegt die Löslichkeit von Acrylamid bei ~457 g/l. Die Konzentration des Comonomeren BIS beträgt meist 2,7–8% der Acrylamidkonzentration. Der mittlere Porenradius von Polyacrylamidgelen nimmt mit zunehmender Konzentration wahrscheinlich exponentiell ab, zumindest aber gilt dies für den maximalen Porenradius „r_{max}" ($r_{max} = a \cdot T^{-b}$), wobei a und b Konstanten darstellen und T die prozentuale Polyacrylamidgelkonzentration ($T\,(\%) = $ g Acrylamid + g BIS pro 100 ml), (vgl. Rothe, 1988).

3.4.1 Allgemeines zur Technik

Acrylamid und BIS sind getrennt oder als fertige Mischung („Cyanogum 41" $= 95\%$ Acrylamid $+ 5\%$ BIS) im Handel erhältlich. Die Gele werden aus Stammlösungen von Acrylamid und BIS durch Zugabe von Katalysatoren in gepufferten Lösungen hergestellt. Als Katalysatoren dienen: 1. Riboflavin (0,001% w/v im Gel) in Kombination mit UV-Licht, 2. Temed (Tetramethyl-ethylendiamin, 0,05% v/v im Gel plus Ammoniumperoxodisulfat (0,05–0,1% w/v Endkonzentration), 3. Dimethylaminopropionitril plus Ammoniumperoxodisulfat, 4. oder Riboflavin plus Temed (vgl. Maurer, 1968).

Die Gele werden für zwei prinzipiell verschiedene Methoden eingesetzt: 1. Für die kontinuierliche Elektrophorese und 2. für die diskontinuierliche Elektrophorese. Beidesmal können Rund- oder Flachgele verwendet werden. Flachgele haben den Vorzug, daß mehrere Proben am gleichen Gel getrennt werden können. Damit steigt die Genauigkeit von Vergleichsmessungen. Sofern Proteine ausschließlich zur Anode wandern, können in der kontinuierlichen Polyacrylamidgel-Elektrophorese die gleichen alkalischen Puffersysteme verwendet werden, die auch in der Stärkegel-Elektrophorese zur Anwendung kommen (vgl. z. B. Brewer und Sing, 1970; Shaw und Prassad, 1970; Harris und Hopkinson, 1976).

Im Regelfall kommen Polyacrylamidgele in vertikaler Anordnung zum Einsatz, wobei die Proben auf das obere Ende aufgegeben werden. Ein Zusatz von 20 % Saccharose oder 10 % Glycerin verhindert, daß die Probenproteine beim anschließenden Überschichten mit Elektrodenpuffer herausgewirbelt werden. Die Elektrophorese wird unter Kühlung durchgeführt. Die Feldstärken betragen 10–40 V/cm.

Das Ende einer Elektrophorese mit homogenen Gelen erkennt man daran, daß ein zugesetzter Farbstoff (z. B. 0,0001 % Bromphenolblau) den unteren Rand des Gelröhrchens erreicht hat. Der Farbstoff läuft mit der Pufferfront. Zur Sichtbarmachung von Proteinen, Enzymen und Nucleinsäuren im Trägergel stehen zahlreiche Methoden zur Verfügung.

3.4.2 Homogene Gele

Polyacrylamidgele konstanter Monomer-Comonomer Konzentration werden insbesondere zum Studium von multiplen molekularen Formen von Enzymen (Isozyme, Allozyme), zur Bestimmung der Größe denaturierter Proteine sowie zur Größenbestimmung kleinerer DNA-Bruchstücke verwendet.

3.4.2.1 Bestimmung der Größe von DNA-Bruchstücken < 1 Kilobasen

3.4.2.1.1 Abhängigkeit des Fraktionierbereiches von der Polyacrylamid Konzentration

Zur Analyse und Gewinnung von DNA-Bruchstücken, die weniger als 1000 Basen enthalten, wird die Polyacrylamidgel-Elektrophorese benutzt. Die Elektrophorese wird in horizontal angeordneten Flachgelen von 10–100 cm Länge durchgeführt. Für die Analyse von DNA-Bruchstücken der in Tabelle 5 angegebenen Größenbereiche werden folgende Gelkonzentrationen verwendet (Maniatis et al., 1975):

Tabelle 5. Fraktionierbereich von Polyacrylamidgelen unterschiedlicher Konzentration für DNA Moleküle

Polyacrylamid Konzentration ($\% T$)	Trennbereich für DNA-Bruchstücke (Zahl der Nucleotide)
3,5	100–1000
5,0	80– 500
8,0	60– 400
12,0	40– 200
20,0	10– 100

3.4.2.1.2 Herstellung homogener Flachgele

Die verschiedenen Gelkonzentrationen werden aus einer Acrylamid Stammlösung von 30 % T hergestellt (vgl. Tabelle 6).

30 %ige Polyacrylamid Stammlösung: 29 g Acrylamid, 1 g N,N'-methylenbisacrylamid in aqua dest ad 100 ml gelöst.

Tris-borat-Puffer Stammlösung: 108 g Tris, 25 g Borsäure und 40 ml 0,5 M EDTA, pH 8,0 in aqua dest ad 1 l gelöst.

Tabelle 6. Herstellen von Polyacrylamidgelen aus einer 30%igen Stammlösung

Reagentien		% T (Acrylamid + BIS)				
		3,5	5,0	8,0	12,0	20,0
30% Acrylamid	ml:	11,6	16,6	26,6	40,0	66,6
Wasser	ml:	69,8	64,8	54,8	41,4	14,9
55 μl Temed in 10 ml H$_2$O[1,4]	ml:	4,3	4,3	4,3	4,3	4,3
1,05% Ammoniumpersulfat[1]	ml:	4,3	4,3	4,3	4,3[2]	4,3[3]
Tris-borat-EDTA-Puffer	ml:	10	10	10	10	10
Gesamtvolumen	ml:	100	100	100	100	100

[1] Die Katalysatorlösungen werden der Acrylamidlösung getrennt beigemischt (vgl. Punkt 3.4.3.2).
[2] Die 1%ige Ammoniumpersulfat-Lösung wird durch eine 0,75%ige ersetzt.
[3] Anstelle der 1%igen Ammoniumpersulfat-Lösung wird eine 0,5%ige Lösung verwendet.
[4] Temed = N,N,N',N'-Tetramethylethylendiamin

Ammoniumpersulfat, täglich frisch: 1,05 g (bzw. 0,75 bzw. 0,50 g) in 100 ml aqua dest.

Auch homogene Gelplatten lassen sich am einfachsten in Glaskassetten (vgl. Abb. 23) in der Abb. 25 beschriebenen Gelgießkammer herstellen. Nachdem das notwendige Volumen für die zu gießende Anzahl von Gelen feststeht, wird das um ~10% größere Volumen ermittelt. Entsprechend Tabelle 6 wird eine Persulfat freie Gellösung hergestellt. Gellösung und Persulfatlösung werden getrennt unter Rühren evakuiert, bis keine Luftblasen mehr aufsteigen. Gepufferte Gellösung mit Temed und Persulfatlösung werden getrennt in die Behälter der Gießapparatur eingefüllt. Alle weiteren Vorbereitungen zum Gelgießen sind die gleichen wie beim Gießen von Gradientengelen (vgl. Punkt 3.4.3.2).

3.4.2.1.3 Elektrophoresebedingungen

Nach der Polymerisation bei Zimmertemperatur, die nach 1 h eingetreten ist, werden die Platten aus der Gießkammer herausgenommen und die Probenkämme abgezogen. Die Probentaschen werden sofort mit Wasser ausgespült. Nach dem Einsetzen der Gelkassetten in die Elektrophoreseapparatur und dem Einfüllen der Puffer in die Tanks, werden die Probentaschen mit Hilfe einer Pipette mehrfach mit Puffer ausgespült. Unterbleibt dieser Vorgang, so ist das Bandenmuster wellig und diffus. Die Taschen werden mit Hilfe einer Präzisionsglasspritze mit DNA beladen, wobei Konzentrationen bis zu 1 μg DNA pro Bande in einen Probenschlitz von 5 × 5 × 2 mm eingefüllt werden können. Die Anode befindet sich im unteren Puffertank. Die Feldstärke beträgt 1–8 V/cm. Nach Maniatis et al. 1975 wandern die Farbstoffe Bromphenolblau und Xylencyanol mit DNA's bestimmter Größe (vgl. Tabelle 7).

Nach der Elektrophorese wird das Gel 45 min lang mit einer Lösung von 0,5 μg/ml Ethidiumbromid in Tris-EDTA-Borat Puffer gefärbt. Das Gel kann unter Bestrahlung mit UV-Licht fotografiert werden, wobei man es vorteilhaft zuvor in Zellophan-Folie einschlägt. Da das Gel die Fluoreszenz des Ethidiumbromid vermindert, kann man mit dieser Nachweismethode nicht weniger als 10 ng DNA pro Bande erfassen.

Tabelle 7. Wanderung von DNA-Bruchstücken bestimmter Größe, zusammen mit den Marker-
farbstoffen Bromphenolblau und Xylencyanol. Die Elektrophorese wird in einem Tris-Borat Puffer
vom pH 8 durchgeführt (108 g Tris, 25 g Borsäure, 40 ml 0,5 M EDTA, pH 8,0 ad 1 l aqua dest.)

Polyacrylamid-konzentration (% T)	Bromphenolblau	Xylencyanol
	Größe der DNA-Bruchstücke in Nucleotidpaaren	
3,5	100	460
5,0	65	260
8,0	45	160
12,0	20	70
20,0	12	45

3.4.2.1.4 Elution von DNA aus Polyacrylamidgelen

DNA kann aus Polyacrylamidgelen durch mechanische Zerkleinerung derselben und
Extraktion mit Puffer eluiert werden. Maniatis et al. (1982) haben dazu folgende
Methoden vorgeschlagen: Nach der Elektrophorese wird das Gel unter langwelligem
UV betrachtet, die interessierende Bande ausgeschnitten und mit einer Rasier-
klinge fein zerhackt. Die Stückchen gibt man in ein Zentrifugenröhrchen aus
Plastik und fügt 1 Volumenteil pro Gewichtsteil Elutionspuffer zu. Als Elutions-
puffer dient 0,5 M Ammoniumacetat + 1 mM EDTA, pH 8,0. Nach Verschluß des
Röhrchens wird bei 37 °C über Nacht unter Drehen um die Querachse eluiert. Anschließend zentrifugiert man bei 20 °C 10 min lang bei 10000 × g. Der Überstand
wird vorsichtig mit einer Pipette abgehoben und der Rückstand mit dem halben
Volumen Elutionspuffer versetzt, vibrierend extrahiert, zentrifugiert und die Über-
stände vereinigt. Verbleibende Acrylamidreste werden durch Filtration über eine
Pasteurpipette, deren Ende mit Glaswolle gestopft ist, abgetrennt. Anschließend fällt
man die DNA mit Ethanol und löst sie in 200 µl Tris-EDTA-Puffer, gibt 25 µl
3 M Natriumacetat (pH 5,2) hinzu und präzipitiert sie sodann. Schließlich wird der
Niederschlag einmal mit 70 % Ethanol gewaschen, kurz im Vakuum getrocknet und
in einem kleinen Volumen Tris-EDTA (pH 7,9) gelöst.

Tabelle 8. Größe von DNA-Einzelstrangmolekülen, die unter denaturierenden Bedingungen zusammen mit den angegebenen Marker-
farbstoffen wandern

Polyacrylamid-konzentration (% T)	Nucleotidpaare	
	Bromphenolblau	Xylencyanol
5	35	130
6	26	106
8	19	70–80
10	12	55
20	8	28

Eine Zusammenfassung der entsprechenden Vorschriften ist bei
Maniatis et al. (1982) zu finden.

Die Einzelstränge denaturierter DNA-Bruchstücke können, je nach ihrer Größe, an Agarosegelen bzw. Polyacrylamidgelen (< 1 Kilobasen) getrennt werden. Jedoch gelingen Experimente dieser Art nicht immer, da die komplementären Stränge auch gleich schnell in neutraler Agarose (Hayward, 1972) oder Polyacrylamidgelen (Maxam und Gilbert, 1977) laufen. Entsprechend wurde vorgeschlagen, die doppelsträngige DNA mit solchen Restriktionsendonucleasen zu behandeln, welche ungleich lange Stränge erzeugen. Die DNA wird anschließend bei 90 °C denaturiert und in 7–8 M Harnstoff enthaltenden Polyacrylamidgelen getrennt. In Polyacrylamidgelen von 5–20 % können DNA-Einzelstränge von 8–130 Nucleotidpaaren getrennt werden. Die DNA-Moleküle wandern zusammen mit den in Tabelle 8 angegebenen Farbstoffen.

3.4.2.1.5 Herstellung dünner Flachgele

Die Verwendung von Flachgelen, die dünner als 3 mm sind, hat folgende Vorteile: 1. Der Temperaturgradient zwischen den beiden Geloberflächen ist geringer, da die Wärmeabfuhr besser ist. Die Trennung wird hierdurch verbessert, außerdem können höhere Spannungen verwendet werden, was die Elektrophoresedauer verkürzt. 2. Die Färbe- und Entfärbezeiten sind kürzer und 3. die Probenmengen sind geringer. Die Herstellung solcher Gele erfordert jedoch spezielle Methoden. Besonders einfach gestaltet sich die Herstellung von dünnen Gelen mittels der „Klapptechnik" (Radola, 1980). Man kann damit Gele von einer Stärke von 50–100 µm herstellen, auch wenn diese 40 × 20 cm groß sind (vgl. Abb. 18). Auf eine 4 mm dicke

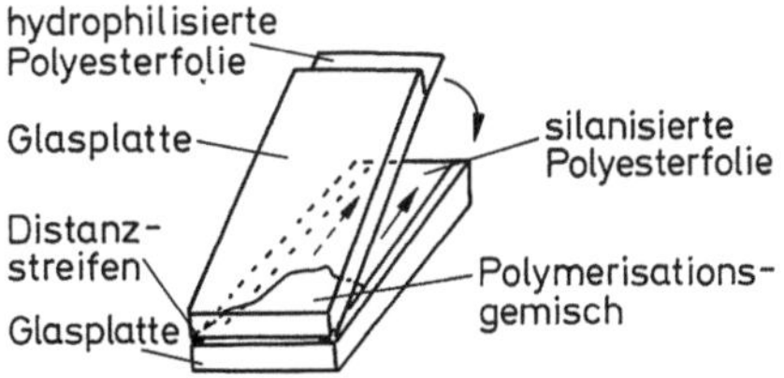

Abb. 18. Klapptechnik zur Herstellung ultradünner Gele (Radola 1980)
Eine ganz andere Technik zur Herstellung ultradünner Gele wurde von Ansorge und De Maeyer (1980) beschrieben. Sie erfordert jedoch eine spezielle Apparatur. Dafür können Gele von 200 × 600 mm gegossen werden. Ihre Dicke beträgt 0,2 mm. Sie haben sich zur Trennung von DNA-Bruchstücken bewährt

Grundplatte aus Glas wird ein Tropfen Glycerin gegeben und sodann eine silanisierte Polyesterfolie aufgerollt. Sie wird anschließend mit einer Gummiwalze fest aufgewalzt. Danach klebt man an zwei gegenüberliegenden Außenkanten einen Streifen selbstklebender Folie (Dicke 50 µm). Werden 2 oder 3 Streifen übereinandergeklebt, so erhöht sich die Dicke dieser Abstandshalter entsprechend. Anschließend wird eine Lache Polymerisationsgemisch am unteren Rand der Folie (Abb. 18) aufgegeben, die Deckplatte an der Unterkante aufgelegt und langsam abgesenkt. Hierbei breitet sich die Lösung in gleichmäßiger Schicht aus. Die Deckplatte besteht aus einer 4 mm dicken Glasplatte auf deren Unterseite eine hydrophylisierte Polyesterfolie aufgewalzt wurde (vgl. Abb. 18). Bei Verwendung einer beheizten Unterlage können mit dieser Technik auch ultradünne Agarosegele hergestellt werden (Radola, 1980).

3.4.2.2 Die Bestimmung verschiedener Isozym-Typen

3.4.2.2.1 Definition des Begriffs Isozym

Unter Isozymen versteht man Enzyme mit gleichartiger oder ähnlicher Substratspezifität, die verschiedene elektrophoretische Mobilitäten haben. Man teilt sie in 3 Klassen ein: 1. Isoenzyme, 2. multiple molekulare Formen (Isozyme) und 3. Allozyme (vgl. z. B. Zusammenfassung bei Rothe, 1980). Isoenzyme entstammen dem gleichen Organismus, gehören aber häufig verschiedenartigen Organen an. Sie kommen durch Kombination unterschiedlich genetisch determinierter Untereinheiten zustande (z. B. menschliche Lactat Dehydrogenasen). Multiple molekulare Enzymformen entstehen durch posttranslationale Modifikationen eines Enzyms (z. B. menschliche α-Amylasen). Dagegen sind Allozyme das Ergebnis der Realisation alleler Gene.

Die unterschiedliche elektrophoretische Wanderungsgeschwindigkeit der Isozyme beruht entweder auf ihren unterschiedlichen Ladungen oder auf Unterschieden in den Molekülgrößen, oder auf Unterschieden beider Eigenschaften.

Hedrick und Smith (1968) haben gezeigt, wie aus der Wanderungsgeschwindigkeit von Isozymen in homogenen Gelen unterschiedlicher Konzentration auf ladungs- bzw. molmassenisomere Isozyme geschlossen werden kann. Die Elektrophorese wird mit Rund- oder Flachgelen durchgeführt, wobei homogene oder heterogene Gelpuffersysteme verwendet werden.

Tabelle 9. Herstellung von homogenen Polyacrylamidgelen

Reagentien		$\% \, T^{1}$							
		5	6	7	8	9	10	11	12
30 % T	ml:	16,7	20	23,3	26,6	30	33,3	36,7	40
Wasser	ml:	62,2	58,9	55,5	52,3	48,9	45,6	42,2	38,9
55 µl Temed[2] in 10 ml	ml:	4,3	4,3	4,3	4,3	4,3	4,3	4,3	4,3
1,05 % Ammoniumpersulfat	ml:	4,3	4,3	4,3	4,3	4,3	4,3	4,3	4,3[3]
Tris-HCl, pH 8.9	ml:	12,5	12,5	12,5	12,5	12,5	125	12,5	12,5
Gesamtvolumen:		100	100	100	100	100	100	100	100

1 % T = 29 g Acrylamid + 1 g BIS zu 100 ml Wasser gelöst
2 Temed = N,N,N′,N′-Tetramethylendiamin
3 Die 1 %ige Ammoniumpersulfatlösung wird durch eine 0,75 %ige ersetzt.

3.4.2.2.2 Herstellen der Gel- und Elektrodenlösungen

Die Verwendung eines Sammelgels ist nach unserer Erfahrung für die Bestimmung von ladungs- bzw. molmassenisomeren Enzymen nicht unbedingt notwendig. Wir verwenden das Ornstein-Davis-System (vgl. Maurer, 1968).

1. Zusammensetzung des Gelpuffers:

1 N HCl   20 ml
Tris   36,6 g
Temed   0,23 ml
H_2O 10 ml, mit 1 N HCl auf pH 8,9 einstellen und dann mit H_2O auf 100 ml
            auffüllen.

2. Zusammensetzung des Elektrodenpuffers:

Tris   6,0 g
Glycin   28,8 g, ad 1000 ml mit H_2O auffüllen.

Zum Gebrauch wird die Lösung 1:10 verdünnt.

3. Lösungen zur Herstellung homogener Gele von 5–12 % T: In Tabelle 9 sind die zur Herstellung homogener Polyacrylamidgele benötigten Lösungen aufgelistet.

Die Gele werden wie unter Punkt 3.4.3.1 beschrieben hergestellt. Jedoch werden die beiden Gradientenmischgefäße durch ein Gefäß ersetzt, in welches eine der obigen Gellösungen ohne die Katalysatorlösung (Temed, Ammoniumpersulfat) hineingegeben wird. Die Katalysatorlösungen werden der Gellösung kurz vor Eintritt in die Gelgießkammer beigegeben (vgl. Abb. 26).

3.4.2.2.3 Eichbeziehungen zur Ermittlung von ladungs-
bzw. molmassenisomeren Isozymen

Die Unterscheidung von ladungs- bzw. molmassenisomeren Isozymen erfolgt über die Bestimmung ihrer Wanderungsgeschwindigkeiten in verschieden konzentrierten Acrylamidgelen. Das Verfahren ist allerdings auf Gelkonzentrationen $<12\%$ T begrenzt. Man bestimmt den Logarithmus der Proteinmobilität in Abhängigkeit von der Wanderungsgeschwindigkeit des Bromphenolblaus. Dieser Wert wird gegen die Acrylamidkonzentration aufgetragen.

Erhält man nichtparallele Linien, die sich nahe 0% T schneiden, so handelt es sich um ladungsisomere Proteine, resultieren dagegen parallele Linien, so handelt es sich nach Hedrick und Smith (1968) um molmassenisomere Proteine. Abbildung 19 zeigt die entsprechenden Diagramme für Rinderserum Albumin (a, b) und Ferritin (c) bzw. tierische Lactat Dehydrogenase (d) und Aldolase (e).

Hedrick und Smith (1968) leiten aus der unterschiedlichen Wanderungsgeschwindigkeit von Proteinen in homogenen Gelen verschiedener Konzentrationen auch eine Molmassenbestimmung für Proteine ab.

Die von Hedrick und Smith benutzte Auftragung $\log R_f$ gegen $\%$ T, die ursprünglich von Fergusson (1964) stammt, verliert bei $\%$ T-Konzentrationen $>15\%$ ihre Gültigkeit (Felgenhauer, 1974; vgl. auch Übersicht bei Rothe und Purkhanbaba, 1982). Nach unsren Erfahrungen ist für Molmassenbestimmungen die Gradientengel-Elektrophorese besser geeignet, da hier der zugängliche Molekulargewichtsbereich größer und die Genauigkeit der Bestimmung besser ist. Hinzu kommt, daß aus einer solchen Analyse gleichzeitig auf das Vorhandensein von molmassen- und ladungsisomeren Varianten eines (Enzym) Proteins geschlossen werden kann (vgl. 3.4.3.3).

3.4.2.3 Molmassenbestimmung in homogenen SDS-Gelen

3.4.2.3.1 Allgemeines zur Technik

Die Bestimmung der Größe von Natriumdodecylsulfat (SDS) denaturierten Proteinen mit Hilfe elektrophoretischer Techniken, ist zur Standardmethode in der Protein-biochemie geworden (Shapiro et al., 1967; Weber und Osborn, 1969; Dunker und Rueckert, 1969; King und Laemmli, 1971). SDS reagiert mit einer Vielzahl von

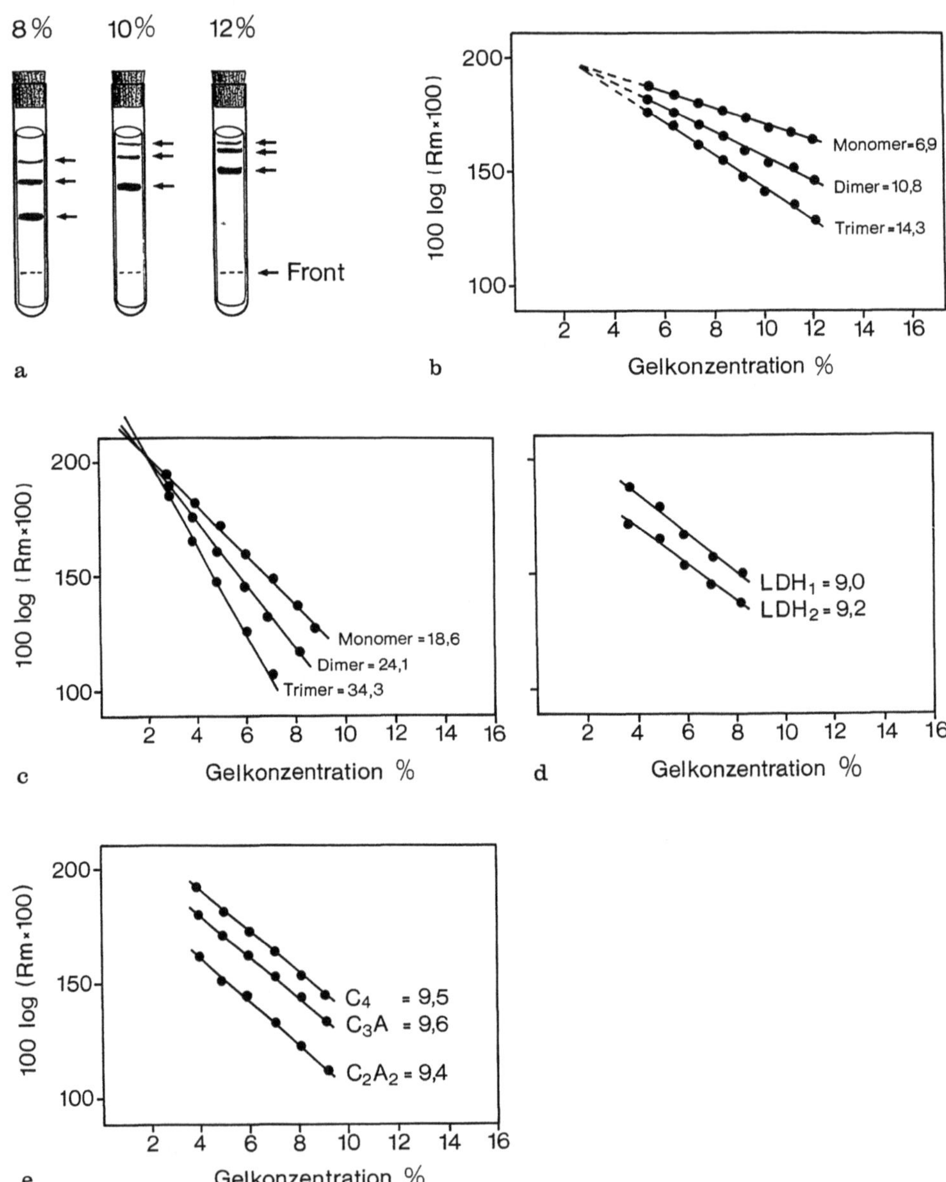

Proteinen in gleicher Weise: Das Detergenz wird so angelagert, daß pro Gramm Protein 1,4 g SDS gebunden werden. Hierdurch erhalten fast alle Proteine eine konstante Ladung pro Einheitsmasse (Pitt-Rivers- und Impiobato, 1968; Reynolds und Tanford, 1970). Außerdem nehmen sie mit Ausnahme der Histone (Panyim und Chalkley, 1971) die gleiche Konfiguration an, so daß ihre Wanderung in Polyacrylamidgelen primär durch ihre Größe bestimmt wird. Im Vergleich mit SDS denaturierten Proteinen bekannter Größe kann auf die Molmasse eines denaturierten Proteins bzw. einer Proteinuntereinheit unbekannter Größe zurückgeschlossen werden.

Zur Anwendung kommen entweder homogene Polyacrylamidgele oder Polyacrylamidgradientengele. Die Gelkonzentration beeinflußt den zugänglichen Molekulargewichtsbereich in entscheidendem Maße. Einen linearen Bezug zwischen der relativen elektrophoretischen Beweglichkeit (R_f) und dem Logarithmus der Molmasse von SDS denaturierten Proteinen erhält man für homogene Gele, wenn sich deren Molmassen um nicht mehr als das 5-fache unterscheiden. Bei größeren bzw. kleineren Werten nimmt die Kurve einen sigmoiden Verlauf an (Maizel, 1971). Die üblichen % T-Konzentrationen liegen bei 5 bis 15% Polyacrylamid. Geringe % T-Konzentrationen eignen sich zur Bestimmung großer Proteine (bzw. Proteinuntereinheiten) hohe Konzentrationen dagegen zur Ermittlung kleiner Molmassen (vgl. auch Tabelle 10).

3.4.2.3.2 Die Verwendung homogener Gele

Die Elektrophorese kann mit einem homogenen Puffersystem (Shapiro et al., 1967; Weber und Osborn, 1969) oder einem diskontinuierlichen Puffersystem (King und Laemmli, 1971; Maizel, 1970) durchgeführt werden.

3.4.2.3.2.1 Das Phosphat-Puffer System

Tabelle 11 zeigt das von Weber und Osborn (1969) beschriebene Phosphat-Puffersystem zur Trennung von SDS-denaturierten Proteinen.

Ein hoher Salzgehalt in den Proben führt zu diffusen Banden im Gel. K^+ und NH_4^+-Ionen können unter den angegebenen Bedingungen zur Ausfällung von SDS führen. Die Elektrophorese wird bei Zimmertemperatur durchgeführt. Bromphenolblau benötigt für eine Wanderungsstrecke von 7–8 cm eine Dauer von 4 h bei einer Spannung von 5 V/cm. Nach der Elektrophorese werden die Gele 15 min

◀

Abb. 19 a–e. Wanderung von Ladungs- und Molmassenisomeren in Polyacrylamidgelen unterschiedlicher Konzentrationen
a Trennung von Rinderserum Albumin (von oben nach unten) Monomer, Dimer und Trimer in 8, 10 und 12%igen Gelen (Hedrick and Smith 1968).
b Diagramm log R_f gegen % Gelkonzentration für Rinderserum Albumin Monomer, Dimer und Trimer. Die Zahlen an den Geraden geben die negativen Steigungen an.
c Diagramm log R_f gegen % Gelkonzentration für Ferritin Mono-, Di- und Trimer (Hedrick and Smith 1968). Die Zahlen an den Geraden geben die negativen Steigungen an.
d Die Wanderung von menschlichen Lactat-Dehydrogenase-Isoenzymen bei unterschiedlichen Gelkonzentrationen (Hedrick and Smith 1968). Die negativen Steigungen der Geraden sind am unteren Ende der Linien eingetragen.
e Die Wanderung von Aldolase Isoenzymen bei unterschiedlichen Polyacrylamidgel-Konzentrationen. Die negativen Steigungen der Geraden sind am unteren Ende der Linien eingetragen (Hedrick and Smith 1968).

Tabelle 10. Kontinuierliche Puffer- und Gelsysteme zur Trennung von Proteinen und Peptiden in der SDS-PAG-Elektrophorese

Acrylamid (g/100 ml)	BIS (g/100 ml)	Gelpuffer	pH	Elektrodenpuffer	pH	Molmassenbereich mit linearem Bezug zwischen den angegebenen Größen	Be- merkungen	Autoren
5	0,13	0,1 M Phosphat 0,1 % SDS	7,1	0,1 M Phosphat 0,1 % SDS	7,1	$(15–200) \times 10^3$ log MM vs. R	1	Shapiro et al., 1967
10	0,27	0,1 M Phosphat 0,2 % SDS	7,0	0,05 M Phosphat 0,1 % SDS	7,0	$(15–200) \times 10^3$ log MM^2 vs. m	2	Weber und Osborn, 1969
15 10 5	0,52 0,34 0,17	0,1 M Phosphat 0,1 % SDS	7,2	0,1 M Phosphat 0,1 % SDS	7,2	$(10–60) \times 10^3$ $(10–100) \times 10^3$ $(20–350) \times 10^3$ log MM vs. R_f	3	Dunker und Rueckert, 1969
12,5	1,25	0,1 M H$_3$PO$_4$ 0,1 % SDS, 8 M Harnstoff mit Tris auf pH 6,8 eingestellt	6,8	0,1 M H$_3$PO$_4$ 0,1 % SDS mit Tris auf pH 6,8 ein- gestellt	6,8	$(1,2–10) \times 10^3$ log MM vs. D	4	Swank und Munkres, 1971

Bemerkungen zu Tabelle 10

1. Lysozym und Ribonuclease zeigten ein abweichendes Trennverhalten. Die Proteine wurden 3 h lang bei 37 °C in einem 0,1 M Phosphat Puffer vom pH 7,1 denaturiert, der 1 % SDS und 1 % 2-Mercaptoethanol enthielt. Anschließend wurden sie 16 h gegen einen 0,01 M Phosphat Puffer vom pH 7,1 dialysiert, der 0,1 % SDS und 0,1 % 2-Mercaptoethanol enthielt. Die Eichkurve wurde durch Auftragen des Logarithmus der Molmasse (log MM) gegen den R_f-Wert der Proteine erstellt. Als R_f-Wert wird die auf die Wanderungsstrecke der α- und β-Ketten des Hämoglobins bezogene Wanderung der Proteine definiert.
2. Die Proteine wurden bei 37 °C 2 h in einem 0,01 M Na-Phosphat Puffer vom pH 7,0 denaturiert, der 1 % SDS und 1 % 2-Mercaptoethanol enthielt. Die Proteinkonzentrationen lagen bei 0,2–0,6 mg Protein/ml. Die Dialyse der Proteine erfolgte wie unter 1. (Shapiro et al., 1967) angegeben. Die Elektrophorese wurde in Gelstäbchen mit einem Durchmesser von 6 mm und 100 mm Länge durchgeführt. Als „m“ wird die Wanderungsstrecke bezogen auf die Wanderung des Bromphenolblau definiert, korrigiert um die Ausdehnung bzw. Schrumpfung der Gele vor und nach der Coomassie Blue-Färbung: m = (Protein- wegstrecke) (Gellänge nach der Entfärbung)$^{-1}$ × (Gellänge vor der Entfärbung) (Wegstrecke des Bromphenolblau)$^{-1}$. Eine Verdopplung des Gehaltes an Quervernetzer führte zu einem nicht-linearen Bezug zwischen log MM und m.
3. Proteine im Molmassenbereich 10000–60000 werden besser in 10%igen als in 15%igen Gelen getrennt. 10%ige Gele erfordern eine geringere Elektro- phoresedauer und können schneller angefärbt werden als 15%ige Gele. Proteine in einer Konzentration von etwa 2 mg/ml wurden vor der Elektrophorese bei 45 °C 30–60 min lang in einem 0,1 M Phosphat-Puffer vom pH 7,2 denaturiert, der 1 % SDS, 1 % 2-Mercaptoethanol und 4 M Harnstoff enthielt. Vor der Elektrophorese wurden die Proben gegen den Elektrophoresepuffer dialysiert. Die Eichkurve wurde durch Auftragen der Logarithmen der Molmassen gegen den R_f-Wert der Proteine erstellt. Als R_f-Wert wird der Quotient aus der Wanderungsstrecke eines Proteins und der Wanderungsstrecke des Chymotrypsins definiert. Die Eichkurve knickt bei Molmassen <15000 ab.
4. 12,5%ige Gele mit einem Quervernetzer zu Acrylamid Verhältnis von 1:10, die neben dem SDS 8 M Harnstoff enthielten, zeigten eine weitaus bessere Auflösung als 10%ige Gele mit einem Quervernetzer zu Acrylamidgehalt von 1:30 ohne Harnstoff.

Tabelle 11. Das Phosphat-Puffer-System zur Trennung von SDS-denaturierten Proteinen nach Weber und Osborne

Acrylamid (g/100 ml)	Gelpuffer	pH	Elektrodenpuffer	pH	Molmassen-bereich	Autoren
7,81 % (Ac:Bis = 19:1)	0,1 M Phosphat	6,8	0,1 M Phosphat	6,8	15 000–200 000	Weber und Osborne 1969

1 Präparation des Trenngels (Sammelgel entfällt): a) 45 ml Gel-Puffer: 7,8 g $NaH_2PO_4\cdot H_2O$, 25,6 g $Na_2HPO_4\cdot 2\,H_2O$, 2 g Na-Dodecylsulfat ad 1000 ml mit aqua dest auffüllen und auf pH 6,8 einstellen. b) 45 ml Acrylamid-Lösung: 7,42 g Acrylamid plus 0,39 g BIS ad 100 ml mit aqua dest auffüllen. c) 10 ml Persulfat-Lösung: 100 mg Ammoniumperoxodisulfat ad 10 ml mit aqua dest auffüllen. d) Temed-Lösung: 55 µl N,N,N',N'-Tetramethylethylendiamin mit aqua dest ad 10 ml auffüllen. Die Gele werden mit der in Abb. 26 gezeigten Apparatur hergestellt. Dazu werden die Lösungen a) und b) gemischt und über die Schläuche ENE 23 und die Lösungen b) und c) über die Schläuche ENE 08 der Gelgießkammer zugeführt. Als Elektrodenpuffer dient der 1 + 1 mit aqua dest verdünnte Gelpuffer (a). Pro Probentasche werden etwa 5 µl Eichproteingemisch (vgl. Laemmli-System) zusammen mit 5 µl Markierungsflüssigkeit (3 ml Bromphenolblau (50 mg/ 100 ml aqua dest), 3 g Saccharose, 5 ml 2-Mercaptoethanol und 5 ml Gelpuffer) aufgetragen. Proben- und Eichproteine werden in folgendem Puffer gelöst: 10 ml 0,1 M Phosphat-Puffer pH 7,6, 1 g Na-Dodecylsulfat und 1 ml 2-Mercaptoethanol mit aqua dest auf 100 ml auffüllen. Die Eichproteine werden zu einer Konzentration von 0,2 mg/ml in diesem Puffer gelöst und 2 h bei 37 °C (oder 5 min bei 95 °C) erwärmt. Unter diesen Bedingungen sollten alle Proteine vollständig in ihre Untereinheiten zerfallen. Man kann dies überprüfen, indem man die Elektrophorese bei steigenden Mengen an SDS (Mercaptoethanol) durchführt.

in eine Färbelösung aus 1 g Amidoschwarz 108, gelöst in 200 ml aqua dest, 700 ml Methanol und 100 ml Eisessig getaucht. Die Entfärbung der Gele erfolgt mit einem Gemisch aus 100 ml Methanol, 100 ml aqua dest und 20 ml Eisessig.

Die Elektropherogramme werden wie folgt ausgewertet: Man mißt die Wanderungsstrecke der einzelnen Eichproteine und der Probenproteine ab Gelanfang. Dann trägt man auf Millimeterpapier den Logarithmus der Molmasse der Eichproteine (Ordinate) gegen ihre Wanderungsstrecken (Abszisse) auf. Aus der Verbindung der einzelnen Punkte resultiert die Eichgerade. Mit ihrer Hilfe und den Wanderungsstrecken der Probenproteine kann man deren Molmasse ermitteln.

3.4.2.3.2.2 Das diskontinuierliche Puffersystem

Tabelle 12 zeigt das von King und Laemmli (1971) beschriebene diskontinuierliche SDS-Puffersystem.

Die Proteinbanden können dadurch sichtbar gemacht werden, daß die Gele über Nacht in eine 7 %ige Essigsäure Lösung, die 0,02 % Coomassie Blue enthält, eingelegt werden.

Die Entfärbung des Gels kann mit einem Gemisch aus Methanol:Eisessig:Wasser = 3:1:6 (v/v/v) elektrophoretisch innerhalb von 45 min bei 24 V erfolgen. Bei Verwendung von Ferritin als Eichprotein ist zu beachten, daß die relative Menge der Ferritinuntereinheit (Molmasse 18 500) und des halben Ferritinmoleküls (Molmasse 220 000) von dem Verhältnis SDS zu eingesetzter Proteinmenge, der Denaturierungsdauer, und der Temperatur während der Probenherstellung abhängt. Eine vollständige Dissoziation in die 18 500-Unteinheit ergibt sich, wenn man 50 µg gefriergetrocknetes Ferritin in 100 µl Puffer mit 2,5 % SDS und 5 % 2-Mercaptoethanol löst und die Lösung 5 min auf 95 °C erhitzt. Dagegen erhält man ein Gemisch aus der 220000 und der 18500 Einheit, wenn die gleiche Menge im gleichen Volumen eines Puffers, der 1 % SDS und 1 % 2-Mercaptoethanol enthält, 15 min auf 60 °C erhitzt wird.

Als Eichproteine im höher molekularen Bereich können verwendet werden (Molmassen der Untereinheiten): Eine Mischung aus je 50 µg Thyroglobulin (330000), Ferritin (220000), Katalase (60000), Lactat Dehydrogenase (36000) und Rinderserum

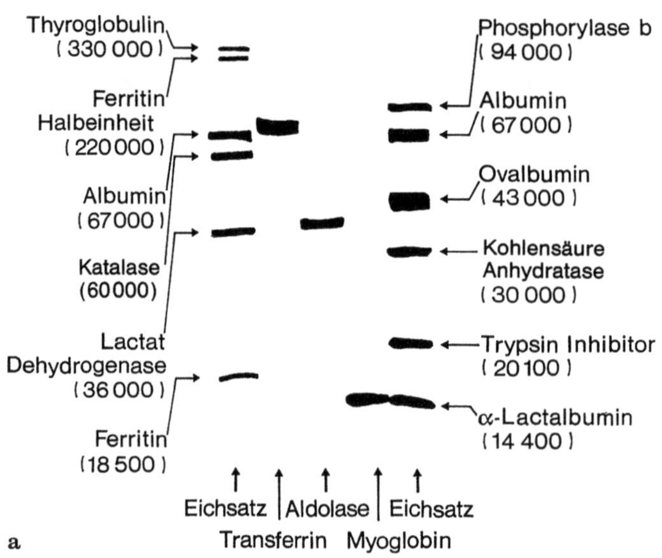

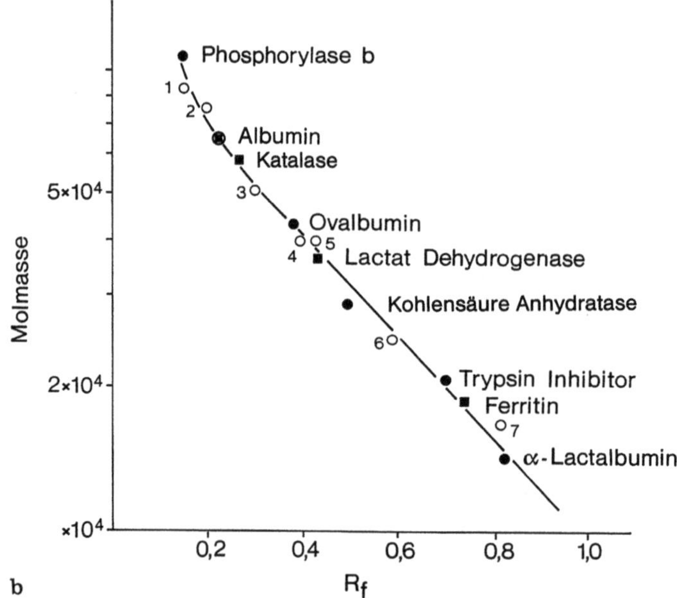

Tabelle 12. Das diskontinuierliche Gel- und Puffersystem nach Laemmli zur Trennung von SDS-denaturierten Proteinen

Acrylamid (g/100 ml)	Gelpuffer	pH	Elektroden-puffer	pH	Molmassen-bereich (Eichbeziehung)[1]	Autoren
Sammelgel: 3% (Ac:BIS = 30:0,8)	Sammelgel: 0,125 M Tris-HCl mit 0,1% SDS	6,8	0,025 M Tris 0,192 M Glycin mit 0,1% SDS	8,3	$(15-150) \times 10^3$ (log MM vs R_f)	Laemmli, 1970; King und Laemmli, 1971
Trenngel: 8, 10 oder 15% (Ac:BIS = 30:0,8)	Trenngel: 0,375 M Tris-HCl mit 0,1% SDS	8,8				

1 Die Gele wurden in 15 cm langen Glasrörchen mit einem inneren Durchmesser von 6 mm hergestellt. Die Trenngele wurden durch Zugabe von 0,025 ml Temed und 0,3 ml einer 10%igen Ammoniumpersulfat-Lösung pro 100 ml Gellösung polymerisiert. Die Trenngele waren 10 cm lang; das Sammelgel war 1 cm hoch und wurde wie das Trenngel polymerisiert. Das Probenvolumen pro Gel betrug 0,1 bis 0,2 ml; der Proteingehalt 0,2–0,6 mg/ml; der Probenpuffer bestand aus 0,0625 M Tris-HCl (pH 6,8), der 2% SDS, 10% Glycerin, 5% 2-Mercaptoethanol und 0,001% Bromphenolblau enthielt. Die Proteine wurden durch 1,5minütiges Erwärmen auf 100 °C denaturiert. Die Elektrophorese wurde mit einer Stromstärke von 3 mA pro Röhrchen durchgeführt bis die Bromphenolblau-Bande das untere Ende des Gels erreicht hatte. Als Eichproteine wurden Rinderserum Albumin (68 000), die schwere Kette des γ-Globulins (50 000), Hühnerserum Albumin (43 000), die leichte Kette des γ-Globulins (23 500) sowie Tabakmosaikvirus (17 000) verwendet.

Albumin (67 000), die 120 µg NaCl und 27 mg Saccharose enthält. Die gefriergetrockneten Proteine werden mit 100 µl des folgenden Puffers versetzt und gelöst: 0,01 M Tris, 0,001 M EDTA, pH 8,0, 2,5% (w/v) SDS und 5% v/v 2-Mercaptoethanol enthaltend. Sodann werden sie 15 min lang auf 60 °C erhitzt.

Als Eichproteine im niedermolekularen Bereich können verwendet werden (Molmassen der Untereinheiten): Eine Mischung von je 90 µg Phosphorylase b (94 000),

◄

Abb. 20a, b. 12,6%iges Polyacrylamidgel, in dem Proteine mit einer Größe von 10×10^3 bis 100×10^3 getrennt wurden (Obere Bildhälfte: Separationsmuster. Die Probentröge enthielten: a) Ein Gemisch aus Eichproteinen (1, Thyroglobulin, 330 000; 2) Ferritin (Halbeinheit), 220 000; 3) Rinderserum Albumin, 67 000; 4) Katalase, 60 000; 5) Lactat Dehydrogenase, 36 000; sowie 6) Ferritin (Untereinheit), 18 500; b) Transferrin, c) Aldolase, e) Myoglobin sowie f) ein Gemisch aus Eichproteinen (7, Phosphorylase b, 94 000; 8, Albumin, 67 000; 9, Ovalbumin, 43 000; 10, Kohlensäure Anhydratase, 30 000; 11, Trypsin Inhibitor, 20 100 und 12, α-Lactalbumin, 14 400). Die Elektrophoresebedingungen waren folgende: Trenngel: 0,375 M Tris-HCl, pH 8,8, 0,1% SDS, 12,6% PAA; Sammelgel: 0,125 M Tris-HCl, pH 6,8, 0,1% SDS, 4% PAA; Elektrophoresepuffer 0,025 M Tris, 0,192 M Glycin, 0,1% SDS, pH 8,3; Probenpuffer: 10 mM Tris-HCl, pH 8,0, 1 mM EDTA mit 1% SDS und 1% 2-Mercaptoethanol (Eichproteine 1–6) bzw. 2,5% SDS und 5% 2-Mercaptoethanol (Eichproteine 7–12). Die Proteine wurden 15 min bei 60 °C denaturiert. Die Feldstärke betrug 2 V/cm, die Elektrophoresedauer 5 Stunden. Untere Bildhälfte: Eichkurve und Lage weiterer Proteine relativ zur Eichkurve. Als Markerproteine dienten die mit ● gekennzeichneten Proteine; die R_f-Werte wurden nach Wanderung in einem 12,6%igem Gel unter den o. a. Bedingungen ermittelt. 1) Urease (83 000), 2) Transferrin (76 000), 3) Glutamat Dehydrogenase (53 000), 4) Halbeinheit der Urease (40 000), 5) Aldolase (40 000), 6) Chymotrypsinogen A (25 700), und Myoglobin (17 200)

Rinderserum Albumin (67000), Hühnerei Albumin (43000), Kohlensäure Anhydratase (30000), Sojabohnen Trypsin Inhibitor (20100) und α-Lactalbumin (14400), die 120 µg NaCl und 27 mg Saccharose enthält. Die gefriergetrockneten Proteine werden zu 100 µl des folgenden Puffers gegeben: 0,01 M Tris, 0,001 M EDTA, pH 8,0 1% (v/v) 2-Mercaptoethanol und 1% (w/v) SDS enthaltend. Zur vollständigen Dissoziation der Untereinheiten wird die Lösung 10 min lang auf 98 ˙C erhitzt.

Die benötigte Proteinmenge hängt von der Größe der Geloberfläche ab. Bei einer Größe der Geltaschen von $0,7 \times 5$ mm werden 5 µl des hochmolekularen, und 3 µl des niedermolekularen Proteingemisches benötigt. Sofern zur Durchführung Flachgele verwendet werden, können diese ebenfalls mit der Gelgießkammer für Gradientengele hergestellt werden. Dazu werden die Kassetten mit der fertigen Gellösung nur zu etwa 80% gefüllt. Die restlichen 20% bestehen aus Wasser, das als Überstand auf dem Gel steht. Nach der Polymerisation wird das Wasser mit einer Spritze entfernt und die Geloberfläche mit Sammelgelpuffer ausgespült. Anschließend füllt man die Kassetten randvoll mit Sammelgellösung und setzt die Probenkämme ein. Es dürfen dabei keine Luftblasen unter den Zähnen der Kämme verbleiben. Abbildung 20 zeigt das Ergebnis einer SDS-Elektrophorese in einem 12,6%igen Polyacrylamidgel und die dazugehörige Eichkurve.

3.4.2.3.2.3 Die Bestimmung der Molmasse von Peptiden

Die Größe von Peptiden im Bereich von 10^3–10^4 (g/mol) kann mit homogenen Polyacrylamidgelen mit einer Genauigkeit von $\pm 15\%$ bestimmt werden. Es wird dabei ein harnstoffhaltiges SDS-Puffersystem verwendet (Swank und Munkres, 1971). Als Eichproteine können die Cyanogenbromid Spaltprodukte des Myoglobins verwendet werden (vgl. Tabelle 13). Durch Erhöhung des BIS-Gehaltes wird die

Tabelle 13. Größe und Zahl der Aminosäuren von HCNBr-Spaltstücken des Myoglobins

Polypeptid	Molmasse	Aminosäurebereich vom N-terminalen Ende aus gezählt	Anzahl der Aminosäuren
Myoglobin, intakt	17201	1–153	153
Myoglobin I + II	14632	1–131	131
Myoglobin I	8235	56–131	76
Myoglobin II	6383	1– 55	55
Myoglobin III	2556	132–153	22
Myoglobin 1–14[1]	1695	1– 14	14

1 Dieses Bruchstück bildet eine sehr schwach ausgeprägte Bande, wenn Coomassie Blue R 250 zur Anfärbung verwendet wird (Pharmacia, Schweden).

Trennschärfe der Gele verbessert. Die gleichzeitige Verminderung der Acrylamidkonzentration führt zu einem schnelleren Trennergebnis, geringerer Hintergrundfärbung sowie größerer Transparenz der Gele.

Das Herstellen harnstoffhaltiger Gele zur Trennung von Peptiden erfolgt wie in Tabelle 14 angegeben.

Tabelle 14. Das SDS-Harnstoff-System nach Swank und Munkres zur Trennung von Peptiden

Acrylamid (g/100 ml)	Gelpuffer	pH	Elektrodenpuffer	pH	Molmassen-bereich	Autoren
Sammelgel: (6,9 % T, $C = 9,1\%$)	0,05 M H_3PO_4 mit Tris eingestellt auf pH mit 0,4 M Harnstoff und 0,05 % SDS	6,8	0,1 M H_3PO_4 mit Tris eingestellt auf pH mit 0,1 % SDS	6,8	1000–10 000	Swank und Munkres, 1971
Trenngel: (13,8 % T, $C = 9,1\%$)	0,1 M H_3PO_4 mit Tris eingestellt auf pH mit 0,8 M Harnstoff und 0,1 % SDS	6,8				

Zur Herstellung von 100 ml Trenngel werden 33,3 ml Acrylamid mit 10 ml Gelpuffer und 48 g Harnstoff (p.a.) vermischt und das Gemisch leicht erwärmt, bis alle Komponenten sich gelöst haben. Sodann wird das Volumen mit aqua dest auf 99 ml gebracht und die Lösung auf Zimmertemperatur abgekühlt. Als Gelpuffer wird 1 M H_3PO_4 verwendet, das mit Tris auf pH 6,8 eingestellt und dem 1 % SDS beigegeben wurde. Die Acrylamidlösung besteht aus 37,5 g Acrylamid und 37,5 g Bismethylenacrylamid ad 100 ml aqua dest. Nach dem Entgasen der Trenngellösung wird 1 ml 6 % Ammoniumperoxodisulfat (täglich frisch) und 30 µl Temed zugefügt. Die Gele werden so gegossen, daß im Gelhalter 1–2 cm für ein Sammelgel verbleiben. Die Geloberfläche wird mit Wasser überschichtet. Zur Herstellung von 20 ml Sammelgellösung werden 3,3 ml Acrylamid Lösung mit 1 ml Gelpuffer und 4,8 g Harnstoff vermischt. Man erwärmt leicht, um alle Komponenten vollständig zu lösen. Anschließend füllt man mit aqua dest auf ein Volumen von 19,8 ml auf. Sodann wird die Lösung auf Zimmertemperatur abgekühlt und entgast. Man fügt 0,2 ml Ammoniumperoxodisulfat und 3 µl Temed zu. Die Trenngeloberfläche wird mit Gelpuffer kurz abgespült und die Sammelgel-Lösung aufgegeben. Die Elektrophorese kann mit Rund- oder Flachgelen durchgeführt werden. Als Elektrodenpuffer wird ein 1:10 mit aqua dest verdünnter Gelpuffer verwendet. Als Probenpuffer dient eine Lösung von 0,01 M H_3PO_4, die 8 M Harnstoff, 2,5 % SDS und 5 % 2-Mercaptoethanol enthält und mit Tris auf pH 6,8 eingestellt wurde. Als Eichproteinlösung dienen 10 mg Peptidbruchstücke des Myoglobins und 10 mg Saccharose plus 100 µl Probenpuffer. Die Lösung wird auf 0,02 % Bromphenolblau angereichert und 10 min auf 95 °C erwärmt. Für ein 2,7 mm breites Flachgel werden pro Probentrog etwa 30 µl Eichproteinlösung benötigt. Die Elektrophorese wird bei einer Spannung von 6–8 V/cm und 25 °C durchgeführt, bis das Bromphenolblau 1–2 cm vom unteren Gelrand entfernt ist.

Zum Anfärben auf Peptidbanden werden die Gele zunächst in einem Gemisch aus 25 % Isopropanol und 10 % Eisessig unter mehrmaligem Wechsel 1–2 h lang äquilibriert. Es wird solange fixiert, bis alles SDS aus dem Gel herausgewandert ist, entweder durch 1–2stündige Elektrophorese bei 36 V oder durch 12stündige Diffusion. Danach wird 2 h lang mit 0,02 % Coomassie Blue R 250 in 7 % Essigsäure gefärbt. Die Entfärbung erfolgt über 12 h mit 7 % Essigsäure. Das Muster der Myoglobin-HCNBr-Bruchstücke ist in Abb. 21 dargestellt.

Die Bestimmung der Größe eines Peptids erfolgt so, daß man zunächst die R_f-Werte der Eich- und Probenproteine ermittelt, sodann werden die R_f-Werte gegen den Logarithmus der Molmassen der Eichproteine aufgetragen. Es resultiert eine Gerade. Aus der Wanderungsstrecke des Peptids mit der unbekannten Molmasse und der Eichkurve kann die gesuchte Molmasse ermittelt werden (vgl. Abb. 22).

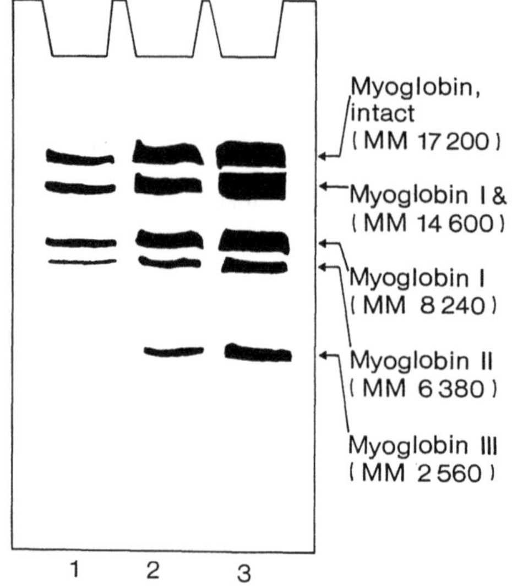

Abb. 21. Wanderung von Myoglobin-Bruchstücken in einem homogenen SDS-Harnstoff-Gel (% T = 13,8). Methode von Swank and Munkres (1971). *MM* — Molmasse

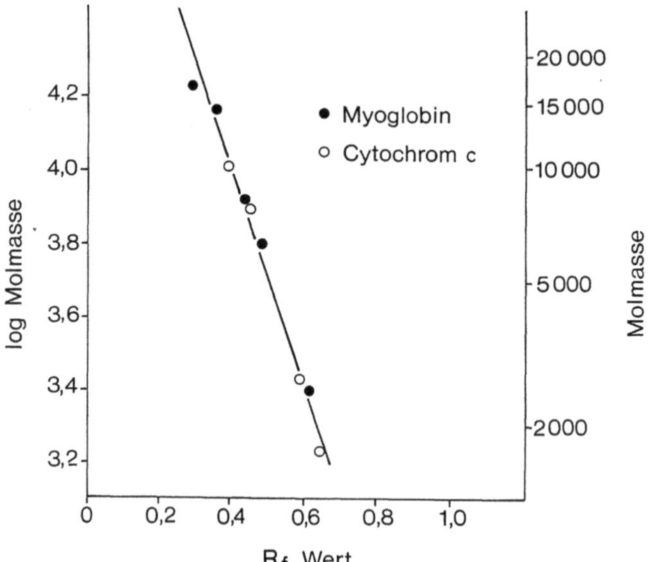

Abb. 22. Eichkurve für Myoglobin- und Cytochrom c-Peptidbruchstücke nach SDS-Harnstoff-Elektrophorese an 13,8 % T-Acrylamidgelen (nach Pharmacia-LKB)

3.4.3 Gradientengel-Elektrophorese

3.4.3.1 Allgemeines zur Technik

In der Gradientengel-Elektrophorese werden Polyacrylamidgele verwendet, deren Poren in Richtung der wandernden Proteine immer kleiner werden (Margolis und

Kenrick, 1967; Wright et al., 1973; Esposito und Obijeski, 1976; Mahadik, 1976). Die Gele werden üblicherweise mit einem Zweikammer-Gradientenmischer hergestellt, so wie man auch Saccharosedichte-Gradienten erzeugt (Martin und Ames, 1961). In Gradientengelen steigt die Polyacrylamidkonzentration linear oder konkav von der Spitze des Gels zur Basis hin an. Die Polyacrylamidkonzentration reicht üblicherweise von 3 (5) bis 25 (30)% T. Als Puffersysteme können homogene und diskontinuierliche Systeme eingesetzt werden (Davis, 1964; Ornstein, 1964). Sofern die Probe einen Phosphat-Puffer vom pH 7 enthält, kann bei Verwendung des Davis'schen Puffersystems (Davis, 1964) ein Sammelgel entfallen. In diesem Fall besteht der Gelpuffer aus einem 0,036 M Tris-HCl Puffer vom pH 8,9 und der Elektrodenpuffer aus einem 0,005 M Tris, 0,038 M Glycin-Puffer vom pH-Wert 8,3.

Unter nicht-denaturierenden Bedingungen wandern auch in der Gradientengel Elektrophorese Proteine entsprechend ihrer Ladungsdichte und Molekülgröße. Je weiter allerdings ein Protein in den Gradienten eindringt und umso größer es ist, umso mehr wird seine Wanderungsgeschwindigkeit gebremst. Proteine mit einer Größe $\geq 70\,000$ (g/mol) erreichen in 3–30% T-Gelen schließlich einen Punkt, an dem ihre Wanderungsgeschwindigkeit Null wird (oder sie dringen erst gar nicht in das Gel ein). Alle kleineren Proteine wandern dagegen schließlich aus dem unteren Rand des Gels heraus.

Aus der Kenntnis der maximalen Wanderungsstrecke von Proteinen bekannter Größe (Eichproteine) und der maximalen Wanderungsstrecke eines Proteins unbekannter Größe kann auf dessen Stokes-Radius bzw. seine Molmasse zurückgeschlossen werden. Der Vorteil der Molmassenbestimmung mit dieser Methode besteht darin, daß nur sehr geringe Proteinmengen benötigt werden. Handelt es sich um Enzyme, deren Molmasse bestimmt werden soll, so können auch Rohextrakte eingesetzt werden. Die Lage des Enzyms im Gel wird dann mit enzymspezifischen Visualisierungsmethoden durchgeführt (Rothe und Bohrmann, 1986; Rothe, 1988).

3.4.3.2 Das Herstellen linearer Gradientengele

Polyacrylamid-Gradientengele (PAGG) der Abmessungen $80 \times 80 \times 2{,}7$ mm sind im Handel erhältlich. In unserem Labor haben sich dünnere Gradientengele jedoch besser bewährt, so daß wir die Verwendung von Flachgelen der Abmessungen $80 \times 80 \times 0{,}7$ (und dünner) mm empfehlen. Die Vorteile sind: 1. Ein geringerer Bedarf an Probe- und Eichproteinen und 2. eine erhöhte Trennschärfe. Extrem dünne Gradientengele lassen sich mit verschiedenen Techniken herstellen. Entscheidend ist die Überwindung von Kapillarkräften während des Gießvorgangs. Wir benutzen Glasküvetten zur Aufnahme der Gradientengele. Die Kassetten werden zunächst mit Wasser gefüllt und die Gradientenlösung sodann von unten in die Kassetten gedrückt (Rothe, 1982).

3.4.3.2.1 Die Herstellung von Glaskassetten

Die Gradientengele werden in Glaskassetten eingeschlossen, die für jeden Versuch neu zusammengesetzt werden. Zwei Glasplatten der Größe $82 \times 82 \times 1$ mm werden durch 2 Abstandstege aus Plexiglas ($82 \times 5 \times 0{,}7$ mm), die parallel zu den Kanten angeordnet sind, auf Distanz gehalten und die Glasplatten durch Klebeband fixiert

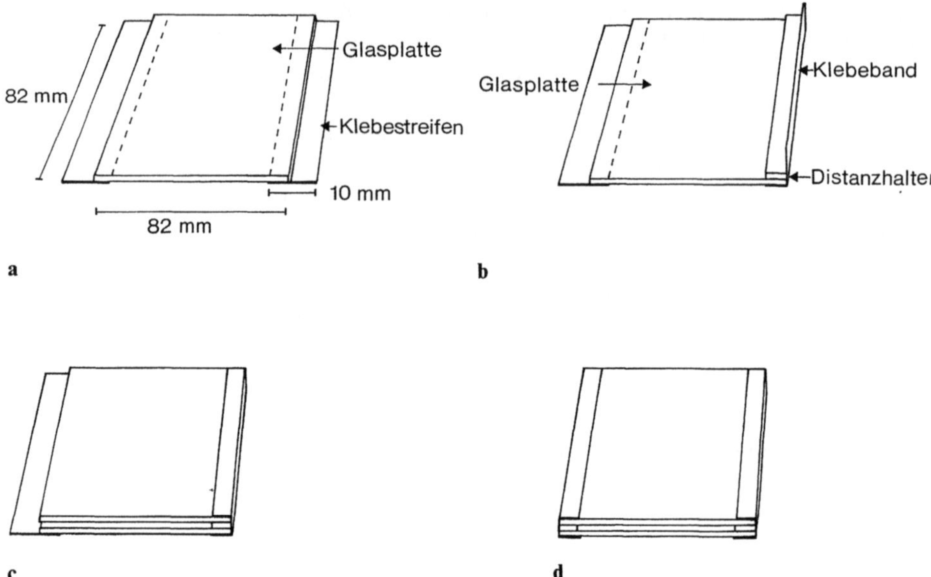

Abb. 23 a–d. Montage von Glaskassetten. **a** Aufkleben der Klebestreifen; **b** Einsetzen der Abstandshalter und Hochziehen des Klebebandes; **c** Aufsetzen der Deckplatte und Umfalten des Klebebandes; **d** Fertige Kassette

(vgl. Abb. 23). Vor dem Zusammenbau müssen die Platten gründlich gereinigt werden, so daß sie fett- und kalkfrei sind und keine Klebereste mehr an ihnen haften (vgl. auch Arbeitsvorschrift der Firma Pharmacia).

Das Montieren der Kassetten erfordert etwas Übung. Nicht jedes Klebeband ist wasserfest und eignet sich für die Kassettenherstellung. Bewährt hat sich Scotch electrical tape oder Whatman 3 MM yellow electrical tape. Der Zusammenbau erfolgt folgendermaßen: Eine ebene Tischplatte wird mit Ethanol gereinigt. Eine der Glasplatten wird an die rechte Kante des Tisches gelegt, so daß zwischen Glasplatte und Tischkante ein 1 cm breiter Streifen frei bleibt. Sodann wird Klebeband auf die rechte Seite der Glasplatte in einer Breite von etwa 1 cm geklebt. Am oberen und unteren Rand überstehendes Band wird mit einer Schere abgeschnitten und eventuell zwischen Klebeband und Glas verbleibende Luftblasen durch Andrücken mit dem Fingernagel entfernt. Der Vorgang wird für die linke Seite der Glasplatte wiederholt. Anschließend wird die Glasplatte umgedreht und so an die Tischkante gerückt, daß das Glas mit der Kante bündig ist. Jetzt wird der rechte Klebestreifen nach oben gezogen und sodann der Abstandsteg eingelegt. Die Distanzhalter schließen bündig mit der oberen Kante der Küvette ab. Sodann wird die obere Glasplatte aufgelegt und der Klebestreifen kräftig herumgezogen und angedrückt. Nach Einsetzen des linken Steges wird ebenso verfahren. Abschließend wird das Klebeband noch einmal mit Daumen und Zeigefinger fest angedrückt, damit die Glaskassette während der Elektrophorese nicht undicht wird.

3.4.3.2.2 Das Gießen linearer Gelgradienten

Am oberen Ende jeder Kassette wird eine Zinnenzacken-Schablone mit 8–10 Zähnen eingesetzt (vgl. Abb. 24). 11 Kassetten mit einer lichten Weite von 0,7 mm passen in die größere Hälfte einer käuflich zu erwerbenden Gießkammer (vgl. Abb. 25).

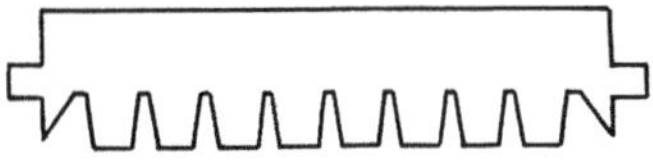

Abb. 24. Zinnenzackenschablone

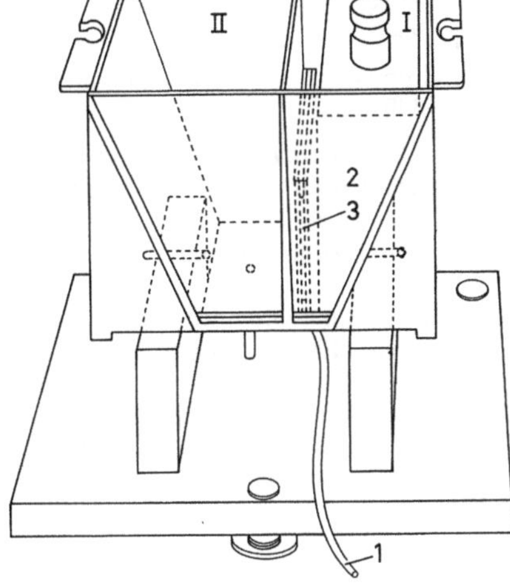

Abb. 25. Kammer zum Gießen von (Gradienten) Flachgelen, *I* kleine Kammer, *II* große Kammer. *1* Zulauf; *2* Plexiglaskeil zur lotrechten Sicherung der Küvetten; *3* Küvetten

Die Gradienten werden durch Mischen zweier unterschiedlich konzentrierter Acrylamidlösungen mit Hilfe eines Zweikammer-Mischers erzeugt. Die Katalysatorlösungen halten wir von der Acrylamidlösung getrennt und mischen sie ihr erst kurz vor dem Einfließen in die Gießkammer zu. Damit vermeiden wir, daß eine Polymerisation bereits in der Gradientenmischkammer auftritt und der Versuch aus diesen Gründen mißlingt. Abbildung 26 zeigt den Aufbau der Versuchsanordnung. Die Gradienten haben am oberen Ende eine Konzentration (% T) von etwa 5 und am unteren Ende eine solche von etwa 27% (vgl. Abb. 27).

Folgende Lösungen werden benötigt: 1) 40 ml % T_{max}-Lösung (33,48 g Acrylamid + 1,395 g BIS in 0,1 M Tris-HCl, pH 9,0), 2) 45 ml % T_{min}-Lösung (4,464 g Acrylamid + 0,186 g BIS in 0,1 M Tris-HCl, pH 9,0), 3) 10 ml Tris-HCl, pH 9,0, 0,055 ml N,N,N′,N′-Tetramethylethylendiamin (Temed) enthaltend, 4) 10 ml Tris-HCl, pH 9,0, 105 mg Peroxodisulfat enthaltend, sowie 90 ml destilliertes Wasser. Vor dem Versuch müssen alle Lösungen entgast werden.

Sodann wird das Gradientenmischgefäß (1) (Abb. 26) mit 90 ml aqua dest gefüllt, wobei der Hahn zu Gefäß (2) geschlossen ist. Die Katalysatorlösungen werden in die Gefäße (4) bzw. (5) gefüllt. Die Peristaltikpumpe wird eingeschaltet und alle Leitungen sowie der Mischer (7) luftblasenfrei mit Lösung gefüllt. Dann wird die Gießkammer angeschlossen und mit Wasser gefüllt so daß keine Luftblasen unter den Probenkämmen verbleiben. Gefäß (1) wird dann entleert und mit der T_{min}-Lösung gefüllt, Gefäß (2) mit der T_{max}-Lösung, 5 ml aus Gefäß (1) werden in das System gepumpt, dann wird der Hahn zu Gefäß (2) geöffnet, der Rührer in Gefäß (1)

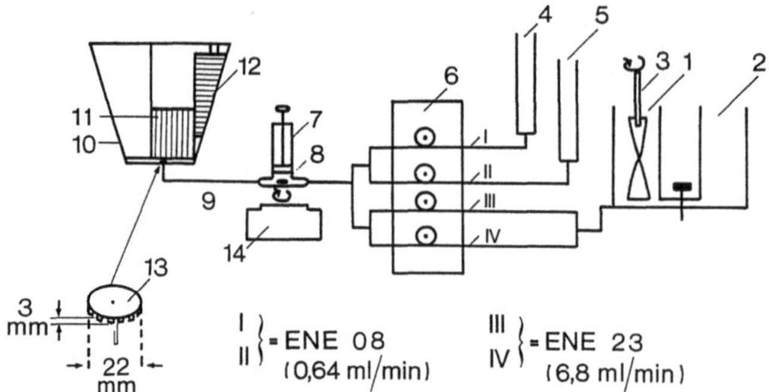

Abb. 26. Schematische Darstellung des Versuchsaufbaues zur gleichzeitigen Herstellung von 11 0,7 mm dünnen Gradienten-Flachgelen (Aus Rothe und Purkhanbaba, 1982).

1 Zweikammer-Mischer	*9* Verbindungsschlauch zur Gelgießkammer
2 i. d. 41 mm, Höhe 100 mm	*10* Gießkammer
3 Rührer	*11* Gelkassetten
4 Gefäß mit Ammoniumpersulfat-Lösung (10 ml)	*12* Keil aus Plexiglas
5 Gefäß mit TEMED (10 ml)	*13* Verteiler
6 Mehrkanal-Peristaltik-Pumpe	*14* Magnetrührer
7 umgebaute Einweg-5 ml-Spritze, die als kleinvolumiges Mischgefäß für Polyacrylamid und Katalysator dient	*I, II* Ismatec-Tygon-Schläuche ENE code 08 (0,64 ml/min);
8 Magnetstab	*III, IV* Ismatec-Tygon-Schläuche ENE code 23 (6,80 ml/min).

eingeschaltet und der Gradient in die Kassetten gepumpt. Unmittelbar hieran wird der Gradient mit einer 40 %igen Saccharoselösung, die 1 % Bromphenolblau enthält, unterschichtet. Hierdurch wird der Gradient vollständig in die Kassetten gehoben. Nach etwa 2 h können die Glaskassetten der Gießkammer entnommen werden. Man reinigt sie von anhaftenden Gelresten. Sie lassen sich mehrere Wochen im Kühlschrank aufbewahren, wenn man sie in mit 2 % Natriumazit getränktem Filter-

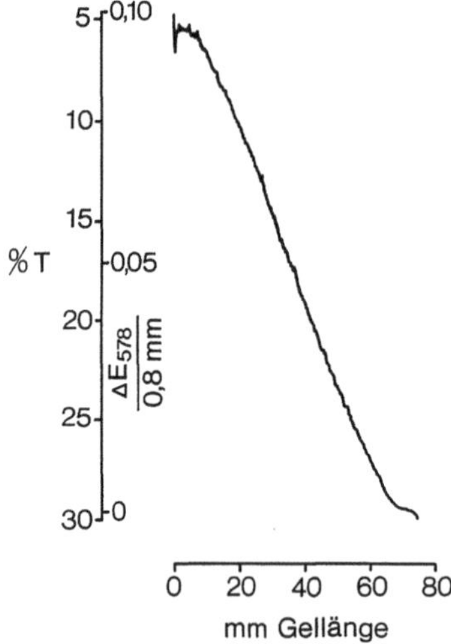

Abb. 27. Densitogramm eines typischen Gelgradienten. Dimensionen des Flachgels 82 × 82 × 0,8 mm. Abstand vom unteren Rand des Gels bis zum unteren Rand einer Geltasche: 75 mm. E_{578}: Extinktion von Dextran Blau, das dem Gradientenmischgefäß 1 (Abb. 26) beigegeben wurde. %T (C = 4 %) wurde nach Rothe und Purkhanbaba (1982) bestimmt

papier einschlägt und sodann mit Plastikfolie umhüllt. Die Gele können sowohl für die Trennung nicht-denaturierter Proteine als auch in der SDS-Elektrophorese verwendet werden. Den tatsächlichen Verlauf eines auf diese Weise erzeugten linearen Gelgradienten zeigt Abb. 27.

3.4.3.3 Die Bestimmung der molekularen Größe nativer Proteine

Die Polyacrylamidgel Elektrophorese kann u. a. zur Bestimmung der Größe von Proteinen eingesetzt werden. Dabei verfährt man prinzipiell so, daß man das Trennverhalten eines Proteins unbekannter Größe mit dem Trennverhalten von Proteinen bekannter Größe in Bezug setzt. Hierbei muß man zwei Dinge beachten: (a) das

Tabelle 15. Molmasse, Stokes Radius (R_s) und Reibungskoeffizient (f/f_0) nichtdenaturierter Eichproteine

Protein	Molmasse	R_s (nm)	f/f_0	Autoren
Sojabohnen Trypsin-Inhibitor	20 100			Dayhoff 1976
				Schmid 1975
Saures α_1-Glycoprotein	40 000	4,06	1,74[a]	Schultze und Heremans 1966
				Rauen 1974
Hühner Albumin	45 000	2,73	[b]	Andrews 1970
Rinderserum				Behrens et al. 1975
Albumin	66 290	3,55	1,34	Sober 1970
Transferrin	76 000	3,72	1,30	Palmour and Sutton 1971
				Schultze and Heremans 1966
				Sober 1970
Ceruloplasmin	124 000	4,72	1,34	Schultze and Heremans 1966
				Sober 1970
Lactat Dehydrogenase	135 000	4,1	[b]	Andrews 1970
Katalase	230 000	5,25	[b]	
Fibrinogen	340 000	10,10	2,33[a]	Doolittle 1975
				Felgenhauer 1974
Ferritin	440 000	6,10	[b]	Andrews 1970
Thyroglobulin	668 000	8,51	[b]	Andrews 1970
				Steinbuch et al. 1975
α_2-Macroglobulin	760 000	9,1	1,43	Schultze and Heremans 1966
				Sober 1970

[a] Nicht als Eichprotein geeignet
[b] vgl. Tabelle 22

Trennverhalten eines Proteins hängt nur unmittelbar von seiner Molmasse ab (bestimmender Parameter ist seine Größe und Gestalt, vgl. Tabelle 15) und (b) unter nicht-denaturierenden Bedingungen hängt die Wanderungsgeschwindigkeit der Proteine nicht nur von ihrer Größe sondern auch von ihrer Nettoladung ab. Das bedeutet, daß ein Probenprotein durchaus schneller oder langsamer laufen kann als ein Eichprotein, das die gleiche Größe hat. Aus diesem Grunde kann die molekulare Größe nicht-denaturierter Proteine in der Polyacrylamid Gradientengel Elektrophorese (PAAGE) nur mit einem Zweistufenverfahren ermittelt werden (Slater, 1969; Rodbard et al., 1971; Lambin und Fine, 1979). In der ersten Stufe wird ein Bezug zwischen der Wanderungsstrecke der Proteine und der Elektrophoresedauer hergestellt; aus diesem Bezug wird die maximale Wanderungsstrecke (oder Gelkonzentration) für jedes Protein berechnet. Im zweiten Schritt werden die maximalen Wanderungsstrecken der Eichproteine in Bezug zu ihrer Größe gesetzt (Eichkurve). Aus der maximalen Wanderungsstrecke des Probenproteins und der Eichkurve kann sodann die Größe des Probenproteins berechnet werden.

Die folgenden Verfahren zur Berechnung der molekularen Größe von Proteinen gründen sich auf die Verwendung linearer Gelgradienten. Sofern man die Gradientengele selbst herstellt, sollte man sich deshalb unbedingt von ihrer Linearität überzeugen. Ein einfaches Verfahren hierzu besteht darin, mehrere Gelplatten quer zur Laufrichtung in 5 mm breite Streifen zu schneiden und diese bis zur Gewichtskonstanz zu trocknen. Trägt man anschließend die Trockenmassen gegen die jeweilige Gellänge auf, so muß eine Punkteschar resultieren, die zufällig um eine Gerade streut.

3.4.3.3.1 *Die Bestimmung der maximalen Wanderungsstrecke von Proteinen*

Die Bestimmung der maximalen Wanderungsstrecke eines Proteins in einem Gelgradienten ist nur dann möglich, wenn seine Wanderung zeitabhängig registriert wird. Das im folgenden beschriebene Verfahren ist an mehrere Bedingungen gebunden: (a) es werden lineare Gelgradienten verwendet, (b) der Gehalt an Quervernetzer (BIS) ist über den gesamten Konzentrationsbereich konstant, (c) es werden Gelgradienten im Bereich von etwa 3 bis 30 % T verwendet und (d) die Größe der untersuchten Proteine liegt im Bereich von 10^3 bis 10^6 (g/mol). Es ist jedoch unerheblich, ob diskontinuierliche oder kontinuierliche Puffersysteme verwendet werden, d. h. ob im Gel- und Elektrodenraum der gleiche Puffer verwendet wird, oder ob auf das Gradientengel ein Sammelgel mit unterschiedlichem Puffersystem aufpolymerisiert wird und diese beiden Puffersysteme sich von dem Elektrodenpuffer unterscheiden (vgl. auch Davis, 1964; Ornstein, 1964).

Abbildung 28 sowie Tabelle 16 zeigen, daß allenfalls die Proteine Thyroglobulin und Ferritin nach einer mehr als 20stündigen Elektrophoresedauer in einem 3–30 %igen Gradientengel mit einem 0,1 M Tris-HCl-Puffer vom pH 9 bei einer Feldstärke von 25 V/cm ihre maximale Wanderungsstrecke erreichen. Wir gehen jedoch davon aus, daß es für alle Proteine > 10 000 (g/mol) eine maximale Wanderungsstrecke gibt, oder gäbe, wenn die Gelkonzentration 30 % T übersteigen würde. Wir implizieren also, daß es für jedes Protein einen „stacking point" gibt. Aus praktischen Erwägungen verwenden wir jedoch keine Gradienten, die bis 40 % T reichen. In Glaskassetten eingeschlossen, bilden sie im Gelbereich zwischen 30 und 40 % T bei Temperaturen zwischen 4 und 8 °C oftmals Luftblasen zwischen Glaswand und Gel, die eine ordnungsgemäße Wanderung der Proteine verhindern.

Die maximale Wanderungsstrecke eines Proteins kann mit zwei verschiedenen mathematischen Verfahren berechnet werden. Das eine ist einfach zu handhaben und rein empirisch ermittelt worden (vgl. Rothe und Maurer, 1986). Das zweite Verfahren kann nur mit Hilfe eines Computers durchgeführt werden und trägt einem physikalischen Modell Rechnung. Bei dem einfacher zu handhabenden Verfahren werden die Wanderungsstrecken (D (mm)) eines Proteins zu den Zeiten t (h) zweimal logarithmiert (ln (ln D)) und gegen die Kehrwerte aus den Quadratwurzeln der

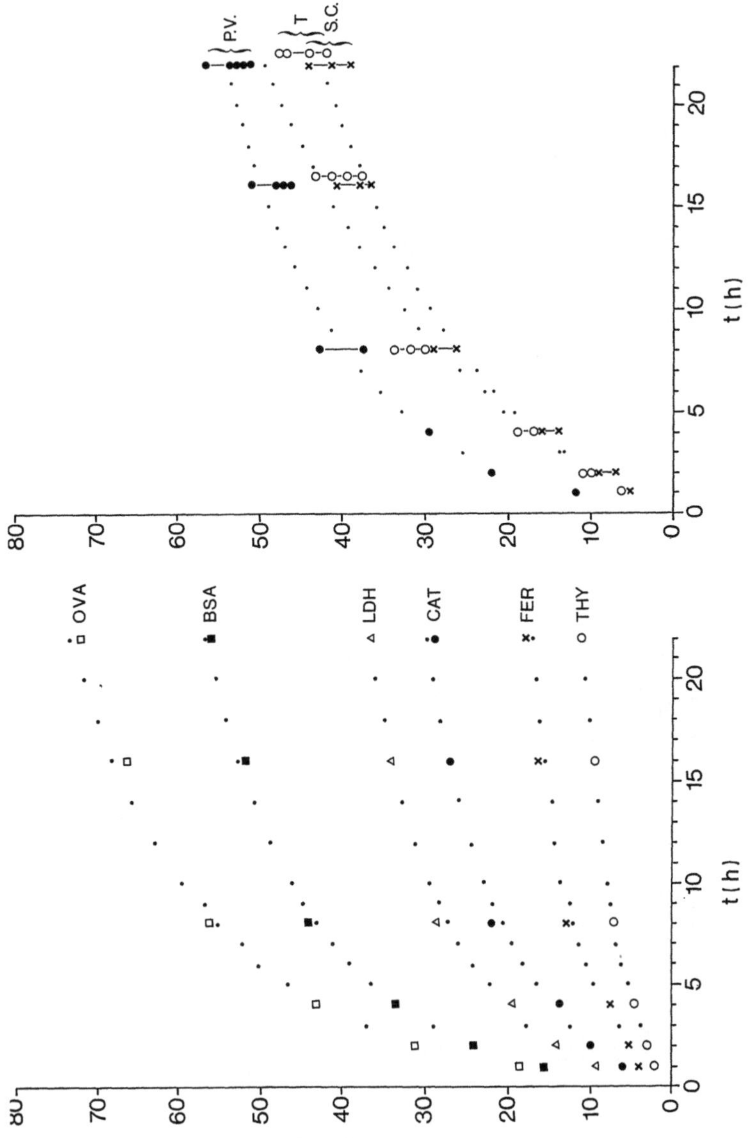

Abb. 28. Wanderung von Proteinen in einem linearen Polyacrylamid-Gradientengel von $\sim$3 bis $\sim$30% T. Linke Bildhälfte: Eichproteine (OVA, Ovalbumin; BSA, Rinderserum Albumin; LDH, Lactat Dehydrogenase; CAT, Katalase; FER, Ferritin; THY, Thyroglobulin), rechte Bildhälfte: Shikimat Dehydrogenase aus Blättern von Phaseolus vulgaris (P. V.), Triticum aestivum (T) bzw. Secale cereale (S. C.). Die Eichproteine wurden mit Coomassie Blue R-250 angefärbt. Die Enzyme wurden mit der Tetrazoliumsalz-Methode visualisiert

Tabelle 16. Zeitabhängige Wanderungsstrecken (D) verschiedener Eichproteine sowie verschiedener Shikimat Dehydrogenasen in einem linearen Polyacrylamid-Gradientengel von 3–30% T (0,1 M Tris-HCl-Puffer, pH 9; Feldstärke: 25 V/cm)

Protein	t (h) = 1 $1/\sqrt{t} = 1$		t (h) = 2 $1/\sqrt{t} = 0{,}7071$		t (h) = 4 $1/\sqrt{t} = 0{,}5$		t (h) = 8 $1/\sqrt{t} = 0{,}3536$		t (h) = 16 $1/\sqrt{t} = 0{,}25$		t (h) = 22 $1/\sqrt{t} = 0{,}2132$	
	D (mm)	ln (ln D)	D (mm)	ln (ln D)	D (mm)	ln (ln D)	D (mm)	ln (ln D)	D (mm)	ln (ln D)	D (mm)	ln (ln D)
Thyroglobulin	2	−0.3665	2,7	−0,00677	4,5	0,4082	7,0	0,666	9,5	0,8115	11	0,8746
Ferritin	4	0,3267	5,2	0,4999	7,7	0,7136	12,8	0,9359	16	1,0198	17,5	1,0516
Katalase	6	0,5832	9,8	0,825	14	0,9704	22	1,1285	27	1,1927	29	1,2141
Lactat Dehydrogenase	9,2	0,7972	14	0,9704	19,5	1,0887	28,5	1,2089	34	1,2603	36,5	1,2802
Rinderserum Albumin	15,5	1,0083	24	1,1563	33,5	1,2561	44	1,3308	51,4	1,3716	55,5	1,3904
Ovalbumin	18,5	1,0708	31	1,2337	43	1,3247	56	1,3926	66	1,4326	72	1,4532
Shikimat Dehydrogenase	12	0,9102	22	1,1285	29,5	1,2192	43	1,3247	51	1,369	56,5	1,395
aus Phaseolus vulgaris							37,5	1,2877	48	1,354	54	1,384
Blättern									47	1,348	53	1,379
									46	1,343	52	1,374
											51,5	1,372
Shikimat Dehydrogenase	5,5	0,533	11	0,87459	14	0,9704	26,5	1,187	41	1,312	44,5	1,334
aus Secale cereale Blättern			9,5	0,81150	16	1,0198	29,5	1,219	38	1,291	41,2	1,313
									36,5	1,280	39,0	1,298
Shikimat Dehydrogenase	5,0	0,476	10,5	0,855	19	1,0799	34	1,260	43,7	1,329	47,5	1,351
aus Triticum aestivum			9,5	0,812	16,5	1,0308	32	1,243	41,2	1,3133	46,3	1,344
Blättern							29	1,214	39,5	1,302	44,0	1,331
									37,5	1,288	41,8	1,317

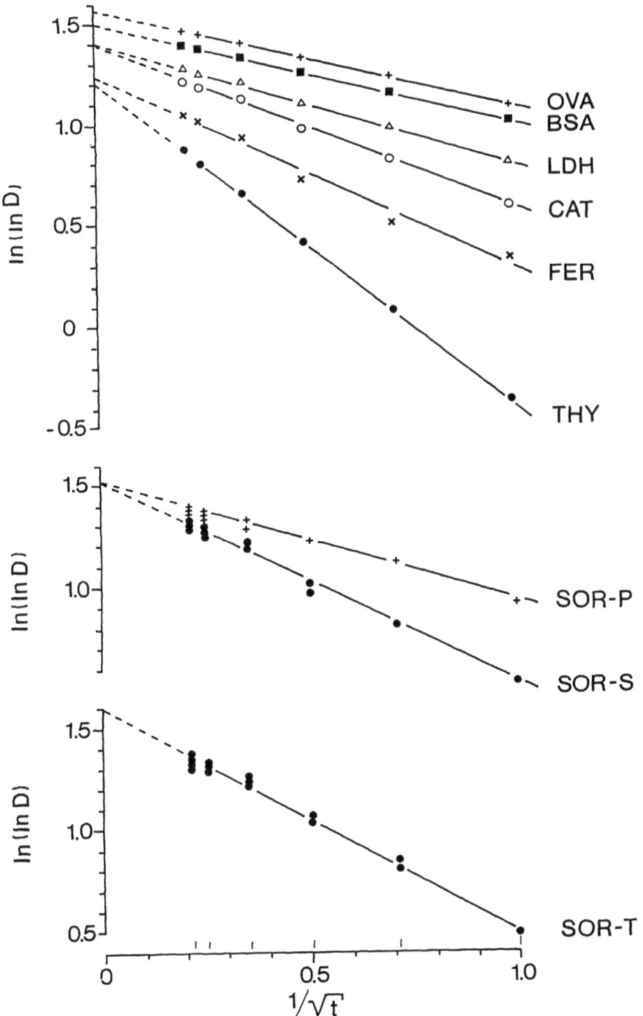

Abb. 29. Bestimmung der maximalen Wanderungsstrecke von Proteinen in linearen Polyacrylamid-Gradientengelen durch Auftragen der doppelt logarithmierten Wanderungsstrecken gegen $1/\sqrt{t}$. Obere Bildhälfte: Eichproteine, untere Bildhälfte: Shikimat Dehydrogenase aus Blättern verschiedener Pflanzen (vgl. Abb. 28). Die den Graphen zugrunde liegenden Werte können der Tabelle 16 entnommen werden. Die maximale Wanderungsstrecke ($[\ln (\ln D)]_{max}$) ergibt sich aus dem Schnittpunkt der einzelnen Geraden mit der ln (ln D)-Achse. Die resultierenden Werte wurden in Tabelle 19 zusammengestellt

dazugehörigen Zeiten ($1/\sqrt{t}$) aufgetragen (vgl. Abb. 29). Es ergeben sich Geraden. Mittels einer Regressionsanalyse kann der Schnittpunkt der Geraden mit der Ordinate bestimmt werden. Der Schnittpunkt (Achsenabschnitt) gibt an, wie groß die maximale Wanderungsstrecke ist, wenn $t \to \infty$ (vgl. Tabelle 17). Die zugrunde liegende Gleichung lautet:

$$\ln (\ln D) = -m \, \frac{1}{\sqrt{t}} + [\ln (\ln D)]_{max}$$

Tabelle 17. Wertetabelle für die Steigungen (m) und Achsenabschnitte ($[\ln (\ln D)]_{max}$) der Geraden, die aus Auftragungen von $\ln (\ln D)$ gegen $1/\sqrt{t}$ resultieren (vgl. Abb. 29)

Protein	Steigung (m)	Standardfehler der Steigung	Achsen-abschnitt $[\ln (\ln D)]_{max}$	Standardfehler des Achsen-abschnitts	Korrelations-koeffizient
Thyroglobulin	−1,62387	0,06549	1,21618	0,03765	0,99676
Ferritin	−0,96911	0,07352	1,24631	0,04227	0,98868
Katalase	−0,81187	0,02151	1,39485	0,01236	0,99860
Lactat Dehydrogenase	−0,62306	0,01597	1,41495	0,00918	0,99869
Rinderserum Albumin	−0,48546	0,00645	1,49689	0,00371	0,99965
Ovalbumin	−0,47798	0,01395	1,55884	0,00802	0,99830
Shikimat Dehydrogenase aus Phaseolus vulgaris Blättern	−0,57927	0,02728	1,50834	0,01568	0,99559
Shikimat Dehydrogenase aus Secale cereale Blättern	−1,00271	0,03629	1,53597	0,02086	0,99739
Shikimat Dehydrogenase aus Triticum aestivum Blättern	−1,10192	0,03739	1,59662	0,02150	0,99771

Hierbei gibt m die Steigung der Geraden und $[\ln (\ln D)]_{max}$ den Achsenabschnitt an.

Es muß jedoch erwähnt werden, daß die Auswertung von Wanderungsstrecken < 1,1 mm nicht möglich ist, da ln 1 = 0 und ln 0 undefiniert ist. Diese Einschränkung ist allerdings von untergeordneter Bedeutung, da die meisten Proteine bereits nach 30 min bei 25 V/cm in Gegenwart eines 0,1 M Puffers vom pH 9 in einem 3–30 %igen Gel weiter als 2 mm gewandert sind (vgl. auch Tabelle 16).

Bei dem zweiten Verfahren bestimmt man die Wanderungsgeschwindigkeit „v" (Weg/Zeit (mm/s)) eines Proteins nach Erreichen einer bestimmten Wegstrecke (vgl. Abb. 30, Tabelle 18). Trägt man v gegen D auf (Abb. 31) so kann man die resultierende Kurve am besten mit der Gleichung $v = a(D_0 - D)^c$ beschreiben. Analoges gilt für den Bezug von v und der Gelkonzentration T, d. h. $v = b(T_0 - T)^d$. $v = 0$, wenn $D = D_0$ bzw. $T = T_0$ ist. Die maximale Wanderungsgeschwindigkeit v_f ergibt sich, wenn $T = 0$ ist ($v_f = b \cdot T^d$). v_f entspricht der Wanderungsgeschwindigkeit in der freien Elektrophorese. Somit ist auch $v(v_f)^{-1} = (1 - T/T_0)^d$.

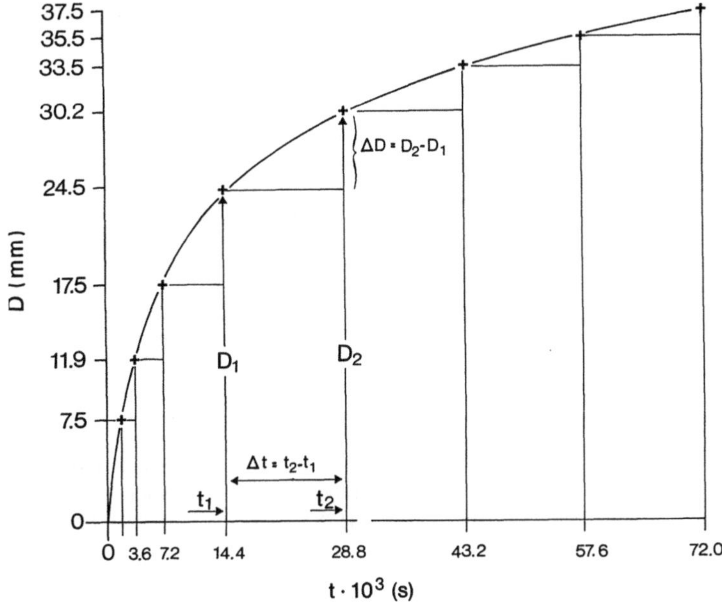

Abb. 30

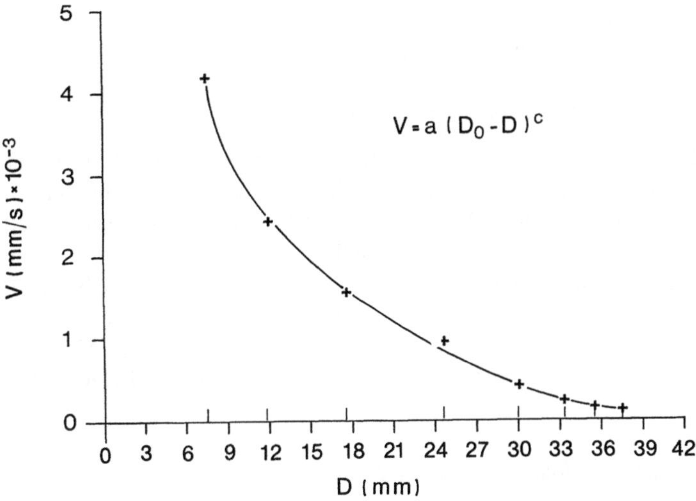

Abb. 31

Abb. 30 und 31. Ermittlung der Wanderungsgeschwindigkeit v. Es bedeuten: $v = (D_2 - D_1)/(t_2 - t_1)$, D = Wanderungsstrecke eines Proteins (mm) zur Zeit t_2 (sec), D_1 = Wanderungsstrecke (mm) zur Zeit t_1 (s) (mit t_1 ist der Beginn und mit t_2 das Ende eines Zeitintervalls gekennzeichnet), D_0 steht für die maximale Wanderungsstrecke eines Proteins (mm) und D für die Wanderungsstrecke (mm) am Ende eines Zeitintervalls von t_1 bis t_2. (vgl. Tab. 18)

Tabelle 18. Ermittlung der Wanderungsgeschwindigkeit v von Proteinen in der PAA-Gradientengel-Elektrophorese

t (h)	0,5	1	2	4
t (sec)	1800	3600	7200	14400
Δt (sec)	1800	1800	3600	7200
D (mm)	7,5	11,9	17,5	24,5
$D_2 - D_1$	**7,5 — 0**	**11,9 — 7,5**	**17,5 — 11,9**	**24,5 — 17,5**
$t_2 - t_1$	1800	1800	3600	7200
v (mm/sec)	$4,17 \times 10^{-3}$	$2,44 \times 10^{-3}$	$1,556 \times 10^{-3}$	$0,972 \times 10^{-3}$

t (h)	8	12	16	20
t (sec)	28800	43200	57600	72000
Δt (sec)	14400	14400	14400	14400
D (mm)	30,2	33,3	35,5	37,5
$D_2 - D_1$	**30,2 — 24,5**	**33,3 — 30,2**	**35,5 — 33,3**	**37,5 — 35,5**
$t_2 - t_1$	14400	14400	14400	14400
v (mm/sec)	$0,396 \times 10^{-3}$	$0,2153 \times 10^{-3}$	$0,1528 \times 10^{-3}$	$0,1389 \times 10^{-3}$

Die apparate Geschwindigkeit eines Proteinmoleküls geteilt durch die Geschwindigkeit in der freien Elektrophorese ist damit gleich 1 minus dem Quotienten aus der momentanen Gelkonzentration dividiert durch die maximal mögliche Gelkonzentration potentiert um einen proteinspezifischen Faktor. Die Bestimmung der Konstanten b, T_0 und d erfolgt mit Hilfe einer nicht-linearen Regressionsanalyse.

3.4.3.3.2 Das Trennverhalten ladungsisomerer Proteine

Ladungsisomere Proteine sind solche Proteine, die bei gleicher Nettoladung unterschiedliche Molmassen aufweisen (Hedrick und Smith, 1968). Unter nicht denaturierenden Bedingungen wandern solche Proteine in der Polyacrylamid-Gradientengel-Elektrophorese (PAGGE) zunächst gleich schnell ($T \leq 5\%$) dann spalten sie in wenigstens zwei Banden auf. Die Aufspaltung einer zunächst einheitlichen Bande in mehrere Banden kann jedoch auch dadurch begründet sein, daß Moleküle das gleiche Gewicht haben, sich jedoch in ihrer Form unterscheiden. Langgestreckte Moleküle wandern weiter als gleich schwere Moleküle kugelförmiger Gestalt (Felgenhauer, 1974).

3.4.3.3.3 Das Trennverhalten molmassenisomerer Proteine

Als molmassenisomere Proteine werden Proteine bezeichnet, die gleiche Molmasse aber unterschiedliche Nettoladungen haben. Die tierischen Lactat Dehydrogenase Isoenzyme sind z. B. molmassenisomere Proteine (Hedrick und Smith, 1968). In der PAGGE wandern solche Proteine zu Beginn mit unterschiedlicher Geschwindigkeit, da bei geringen Gelkonzentrationen die Wanderungsgeschwindigkeit primär durch die Nettoladung der Proteine bestimmt wird. Die Wanderungsgeschwindigkeit aller molmassenisomeren Formen wird jedoch bei ein und derselben Gelkonzentration Null, d. h. sie alle streben mit unterschiedlicher Geschwindigkeit der gleichen limitierenden Gelkonzentration zu. Dieses Verhalten trifft z. B. auf das Enzym Kohlensäure Anhydratase (Carbonat Dehydratase, EC 4.2.1.1) aus Säugetier-Erythrocyten zu. In Abb. 32 sind die zeitabhängigen Wanderungsstrecken verschiedener Kohlensäure Anhydratasen dargestellt (vgl. auch Tabelle 19). Abbildung 33 zeigt die gleichen Werte wie der ln (ln D) — $1/\sqrt{t}$-Plot; die verschiedenen Geraden, die jeweils einer bestimmten Kohlensäure Anhydratase entsprechen, schneiden sich alle in einem Punkte. Dieser Punkt liegt auf der ln (ln D)-Achse (vgl. auch Tabelle 20). Damit ist ausgesagt, daß die 7 untersuchten Enzyme den gleichen „stacking point"

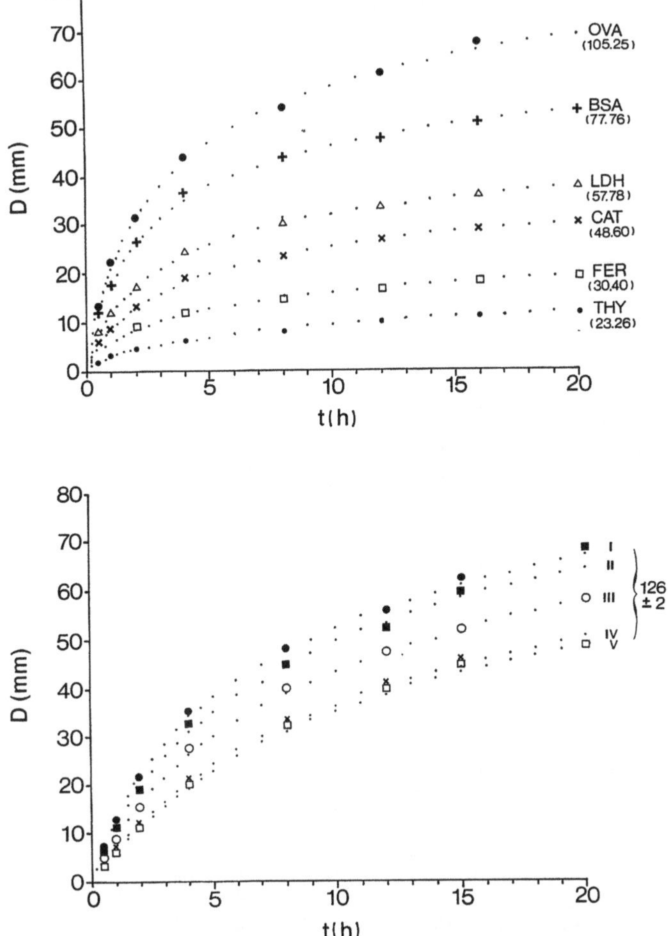

Abb. 32. Weg-Zeit-Diagramme von Eichproteinen und molmassenisomeren Proteinen in der Polyacrylamid-Gradientengel-Elektrophorese. Oberes Bild: Eichproteine (OVA, Ovalbumin; RSA, Rinderserum Albumin; LDH, Lactat Dehydrogenase; CAT, Katalase; FER, Ferritin, THY, Thyroglobulin; in Klammern sind die maximalen Wanderungsstrecken angegeben); unteres Bild: Kohlensäure Anhydratasen aus Säugetier-Erythrocyten (*I*, Rind; *II* Kaninchen; *III* Rind oder Kaninchen, *IV* Kaninchen, *V* Hund oder Mensch)

Tabelle 19. Zeitabhängige Wanderungsstrecken verschiedener Kohlensäure Anhydratasen aus Säugetier-Erythrocyten

Kohlensäure Anhydratasen	t (h) $1/\sqrt{t}$	0,5 1,41421	1 1	2 0,70711	4 0,5000	8 0,35355	12 0,28868	16 0,2500	20 0,22361
aus									
Rind I	D (mm)	7,3	12,5	21,5	35,5	48,2	56,0	62,5	0
	ln (ln D)	0,68707	0,92653	1,12104	1,27243	1,35464	1,39261	1,41953	—
Rind II	D (mm)	6,3	11	19	32,5	45	52,3	58,8	68
	ln (ln D)	0,61006	0,87459	1,07992	1,24739	1,33675	1,37549	1,40466	1,4391
Rind III Kaninchen	D (mm)	5	8,8	15,5	27,5	40,1	47,5	52,0	58,0
	ln (ln D)	0,47588	0,77691	1,00826	1,19821	1,30600	1,35086	1,3740	1,4012
Kaninchen IV	D (mm)	3,8	6,7	11,8	21,5	33,6	41,0	45,7	50,2
	ln (ln D)	0,28893	0,64296	0,90345	1,12104	1,25690	1,31199	1,34080	1,3650
Hund V Mensch	D (mm)	3,5	6,3	11,2	20	32,5	39,8	44,5	48,5
	ln (ln D)	0,22535	0,61006	0,88208	1,09719	1,24739	1,30396	1,33381	1,35621
Ovalbumin	D (mm)	13,5	20,25	31,5	44	54	61	67,5	—
	ln (ln D)	0,94343	1,10132	1,23837	1,33083	1,38354	1,41364	1,43797	—
Rinderserum Albumin	D (mm)	11,7	17,8	26,5	36,3	43,5	47,5	50,5	53,2
	ln (ln D)	0,90000	1,0575	1,18698	1,27866	1,32780	1,35086	1,36659	1,3798
Lactat Dehydrogenase	D (mm)	7,5	11,9	17,5	24,5	30,2	33,3	35,5	37,5
	ln (ln D)	0,70057	0,90686	1,05159	1,16273	1,22608	1,25435	1,27243	1,2877
Katalase	D (mm)	5,5	8,8	13,2	18,8	23,5	26,6	28,5	30,0
	ln (ln D)	0,53342	0,77691	0,94787	1,07632	1,14962	1,18812	1,20893	1,2241
Ferritin	D (mm)	3,7	6,5	9	12	14,3	16,6	17,9	18,9
	ln (ln D)	0,26875	0,62690	0,78720	0,91023	0,97842	1,03297	1,05946	1,0781
Thyroglobulin	D (mm)	1,9	3,5	4,7	6,5	8	10	10,8	11,6
	ln (ln D)	−0.44339	0,22535	0,43668	0,62902	0,73210	0,83403	0,866910	0,8965

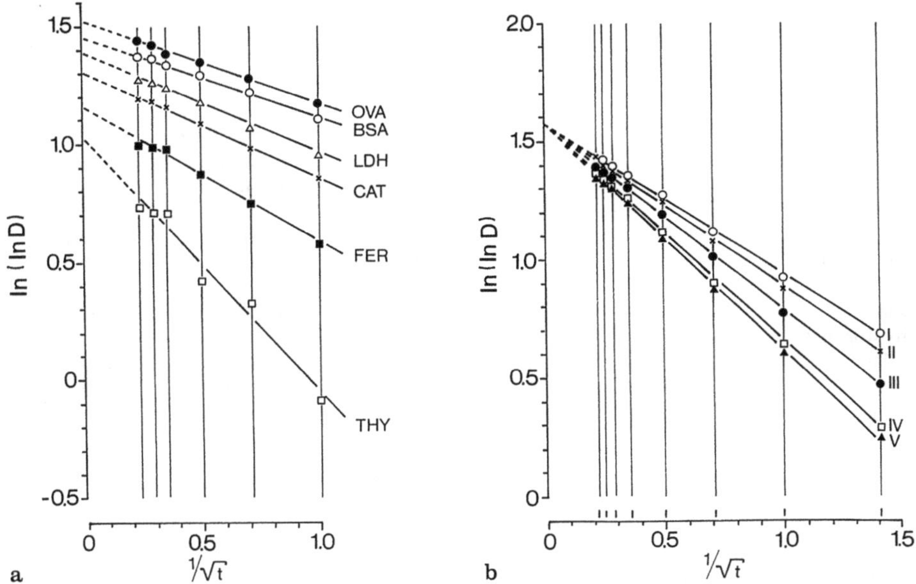

Abb. 33a, b. Bestimmung der maximalen Wanderungsstrecke von Proteinen in der Polyacrylamid-Gradientengel-Elektrophorese durch Auftragen der doppelt logarithmierten Wanderungsstrecken ln (ln D) gegen $1/\sqrt{t}$. Linke Bildhälfte: Eichproteine (OVA, Ovalbumin; BSA, Rinderserum-Albumin; LDH, Lactat Dehydrogenase; CAT, Katalase; FER, Ferritin; THY, Thyroglobulin); rechte Bildhälfte: Kohlensäure Anhydratasen aus Säugetier-Erythrocyten (*I*, Rind; *II* Kaninchen; *III* Rind oder Kaninchen; *IV* Kaninchen; *V* Hund oder Mensch). Beachte, daß sich die Geraden für die verschiedenen Kohlensäure-Anhydratasen alle in einem Punkte schneiden

und damit die gleiche Molmasse haben. Dieser Sachverhalt wird durch die Ergebnisse der Stärkegel-Elektrophorese bestätigt, wo man 3 Haupt und einige Nebenbanden gefunden hat (Harris und Hopkinson, 1976). Die Hauptbanden stellen Enzyme mit unterschiedlichen isoelektrischen Punkten dar. Gelchromatographischen und anderen Untersuchungen zufolge, handelt es sich dabei jedesmal um die monomere Form des Enzyms, die eine Größe von 30000–38000 (g/mol) hat (Rickli et al., 1964; Righetti und Caravaggio, 1976; Righetti und Tudor, 1981).

3.4.3.3.4 Ermittlung des Stokes-Radius nativer Proteine

Unter Punkt 3.4.3.3.1 wurde gezeigt, wie sich die maximale Wanderungsstrecke von Proteinen in der PAGGE ermitteln läßt. Die maximale Wanderungsstrecke der Proteine kann mit ihrem Stokes-Radius über folgende Beziehung verknüpft werden: $\ln R_s = -a \cdot \ln D_{max} + \ln b$, d. h. beim Auftragen des Logarithmus der maximalen Wanderungsstrecke von Proteinen bekannter Größe gegen den Logarithmus ihrer Stokesschen Radien erhält man eine Eichgerade. Mit Hilfe dieser Geraden und der Kenntnis der maximalen Wanderungsstrecke des Probenproteins kann dessen Stokesscher Radius berechnet werden. In den Abb. 34 und 35 bzw. Tabelle 21 und 22 ist dieses Verfahren für die Enzyme Shikimat Dehydrogenase bzw. Kohlensäure Anhydratase dargestellt.

Tabelle 20. Wertetabelle für die Steigungen (m) und Achsenabschnitte ($[\ln (\ln D)]_{max}$) der Geraden, die aus Auftragungen von $\ln (\ln D)$ gegen $1/\sqrt{t}$ resultieren (vgl. Abb. 33) und zur Bestimmung der molekularen Größe von Kohlensäure Anhydratasen dienten

Protein	Steigung (m)	Standard-fehler der Steigung	Achsen-abschnitt $[\ln (\ln D)]_{max}$	Standardfehler des Achsen-abschnitts	Korrelations-koeffizient
Ovalbumin	−0,42521	0,00682	1,53823	0,00517	0,99936
Rinderserum Albumin	−0,40531	0,00519	1,47102	0,00370	0,99951
Lactat Dehydrogenase	−0,49264	0,00404	1,39950	0,00288	0,99980
Katalase	−0,58024	0,00405	1,35675	0,00289	0,99985
Ferritin	−0,65059	0,02540	1,22800	0,01812	0,99546
Thyroglobulin	−1,05465	0,06399	1,14639	0,04565	0,98914
Kohlensäure Anhydratase aus Erythrocyten von:					
Rind I, C 5024, C 7500	−0,63709	0,00970	1,57848	0,00735	0,99942
Rind II, C 5024, C 7500	−0,69533	0,01007	1,58281	0,00718	0,99937
Rind, Kaninchen III C 5024, C 7500, C 1266	−0,78570	0,01005	1,57668	0,00717	0,99951
Kaninchen IV, C 1266	−0,91609	0,01094	1,57135	0,00780	0,99957
Hund, Mensch V, C 4396, C 3513	−0,96001	0,00799	1,57547	0,00570	0,99979
arithmetisches Mittel			1,5770 ± 0,0042	0,0070 ± 0,0008	0,9995 ± 0,0002

3.4.3.3.5 Die Bestimmung der Molmasse nativer Proteine

Der Stokes-Radius nativer Proteine ist mit ihrer Molmasse (MM) über die einfache Beziehung $R_s = \varepsilon(MM)^{1/3}$ verknüpft, wobei ε für globuläre Proteine eine Konstante darstellt. Ersetzt man in der Eichbeziehung für den Stokesschen Radius ($\ln R_s = -a \ln D_{max} + \ln b$) R_s durch $\varepsilon(MM)^{1/3}$, so resultiert, daß $\ln \varepsilon + 1/3 \ln (MM) = -1/a \ln D_{max} + \ln b$ ist.

Nach Ordnen und Zusammenfassen der Konstanten folgt hieraus, daß $\ln MM = -c \cdot \ln D_{max} + \ln \gamma$ (mit $c = 3/a$ und $\ln \gamma = 3 \ln b - \ln \varepsilon$) ist. Das bedeutet, daß man die Molmasse eines Proteins in der PAGGE dadurch bestimmen kann, daß man den Logarithmus der maximalen Wanderungsstrecke der Eichproteine gegen den Logarithmus ihrer Molmasse aufträgt und aus dieser Eichkurve und der maximalen Wanderungsstrecke des Probenproteins dessen Molmasse berechnen kann. In den Abb. 34 und 35 sowie den Tabellen 21 und 22 ist dies an Hand der Enzyme Shikimat Dehydrogenase und Kohlensäure Anhydratase dargestellt.

Berechnet man die Molmassen der Eichproteine an Hand der Eichkurve von Abb. 35 und ihrer $[\ln D]_{max}$-Werte neu, so weichen diese Werte im Durchschnitt von den Literaturwerten um $\pm 9\%$ ab (vgl. Tabelle 23). Die Abweichungen der Stokes-Radien sind kleiner. Sie liegen bei $\pm 5\%$ (Tabelle 23).

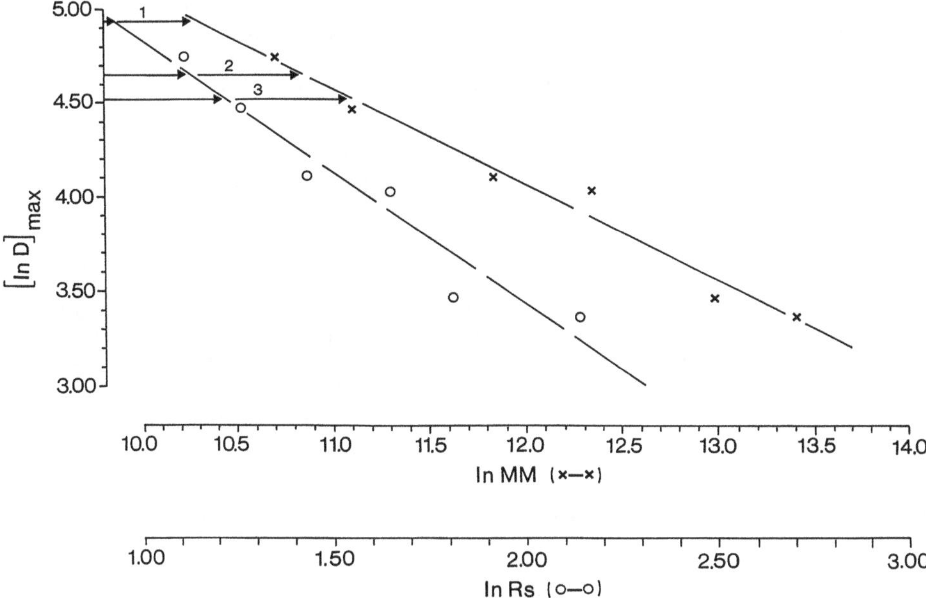

Abb. 34. Eichgeraden zur Bestimmung des Stokes-Radius bzw. der Molmasse der Shikimat-
Dehydrogenase aus verschiedenen höheren Pflanzen: *1* Triticum aestivum, *2* Phaseolus vulgaris,
3 Secale cereale. Die verwendeten Daten entsprechen den in den Tabellen 16, 17 und 21 angegebenen

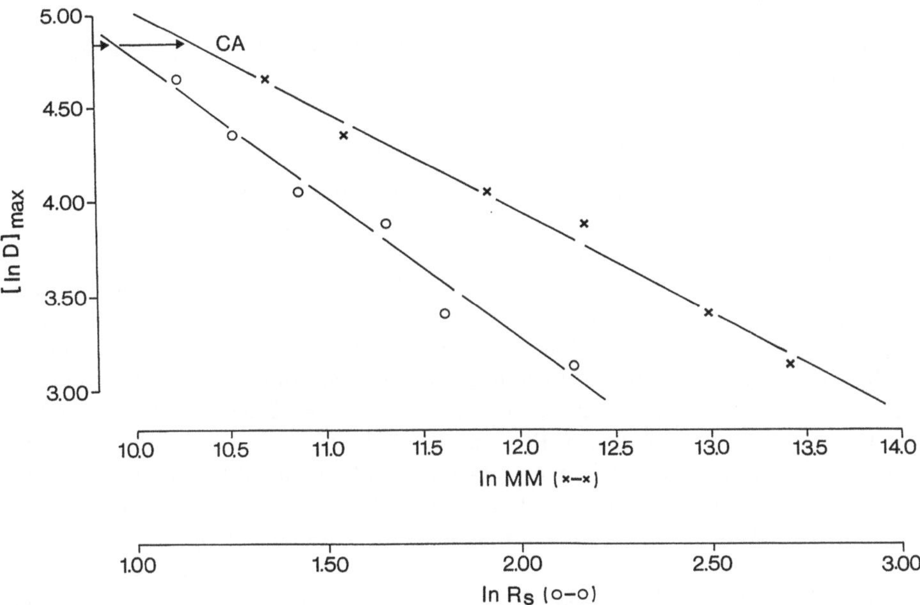

Abb. 35. Eichgeraden zur Bestimmung des Stokes-Radius bzw. der Molmasse von Kohlensäure-
Anhydratasen aus Säugetiererythrocyten. Der mit CA gekennzeichnete $[\ln D]_{max}$-Wert entspricht
dem mittleren Wert aller 7 Enzyme aus Abb. 33 (vgl. auch Tabelle 19, 20 und 22)

Tabelle 21. Stokes-Radien und Molmassen von Eichproteinen, die zur Bestimmung der molekularen Größe verschiedener Shikimat Dehydrogenasen verwendet wurden. Zusammen mit den maximalen Wanderungsstrecken der Proteine wurden diese Daten zur Konstruktion der Eichgeraden in der Abb. 34 verwendet. Mit Hilfe der Eichgeraden und den maximalen Wanderungsstrecken der Enzyme wurden deren molekulare Größen berechnet

Protein	$[\ln(\ln D)]_{max}$	$[\ln D]_{max}$	MM (Lit. Wert)	$\ln MM$ (berechnet)	R_s (nm) (Lit. Wert)	$\ln R_s$ (berechnet)
Thyroglobulin	1,21618	3,3743	669 000	13,4135	8,50	2,1401
Ferritin	1,24631	3,4775	440 000	12,9945	6,10	1,8083
Katalase	1,39485	4,0344	232 000	12,3545	5,25	1,6582
Lactat-DH	1,41495	4,1163	140 000	11,8494	4,20	1,4351
BSA	1,49689	4,4678	67 000	11,1124	3,55	1,2669
Ovalbumin	1,55884	4,7533	45 000	10,7144	3,05	1,1151
Shikimat Dehydrogenase aus Triticum aestivum Blättern	1,59662	4,9363	29 703	10,2990	2,5128	0,9214
Shikimat Dehydrogenase aus Phaseolus vulgaris Blättern	1,50834	4,5192	67 650	11,1221	3,3960	1,2226
Shikimat Dehydrogenase aus Secale cereale Blättern	1,53597	4,6458	52 695	10,8723	3,0993	1,13118

Eine Übersicht über die zu erwartende Größe verschiedener Proteine gibt Tabelle 24.

3.4.3.3.6 Die Bestimmung der Molmasse SDS-denaturierter Proteine

Gradientengele führen auch unter nicht-denaturierenden Bedingungen zu einer besseren Trennung und Zonenschärfung einzelner Proteinbanden (Lambin et al., 1976; Lambin, 1978). So konnten beispielsweise die α und β Ketten des Hämoglobins, die eine Molmasse von 15 126 bzw. 15 866 haben, in der SDS-Gradientengel-Elektrophorese, nicht aber in homogenen 8%igen SDS-Gelen getrennt werden (Esposito und Obijeski, 1976). Nach Lambin (1978) erhält man die besten Trennergebnisse, wenn man 3–30%ige Gele mit einem Gehalt an Quervernetzer von 8,4% (bezogen auf die Gesamtkonzentration an Acrylamid + BIS) einsetzt. Unter Verwendung von 41 verschiedenen Proteinen hat Lambin gezeigt, daß in solchen Gelen die Molmasse von Proteinen im Bereich von 13 000 bis 950 000 bestimmt werden kann. Bei Verwendung der Eichbeziehung $\log MM = a \log T + b$ (mit MM = Molmasse, T = % Acrylamid + BIS, a, b = Konstanten) können die Molekulargewichtsbestimmungen mit einer durchschnittlichen Genauigkeit von $\pm 6\%$ durchgeführt werden. Das gilt auch für Papain und Pepsin, die nur Spuren von SDS binden, sowie Ribonuclease und Lysozym, die, obwohl sie die übliche Menge SDS pro Gramm Protein binden, in der SDS-Elektrophorese mit homogenen Gelen ein abweichendes Trennverhalten zeigen (Lambin, 1978). Die zitierte Eichbeziehung

Tabelle 22. Stokes-Radien und Molmassen von Eichproteinen, die zur Bestimmung der molekularen Größe verschiedener Kohlensäure Anhydratasen verwendet wurden. Zusammen mit den maximalen Wanderungsstrecken der Proteine wurden diese Daten zur Konstruktion der Eichgeraden in Abb. 33 benutzt. Mit Hilfe der Eichgeraden und den maximalen Wanderungsstrecken der Enzyme wurde deren molekulare Größen berechnet

Protein	$[\ln (\ln D)]_{max}$	$[\ln D]_{max}$	MM (Lit. Wert)	$\ln MM$ (berechnet)	R_s (nm) (Lit. Wert)	$\ln R_s$ (berechnet)
Ovalbumin	1,53823	4,6563	45000	10,7144	3,05	1,1151
Rinderserum Albumin	1,47102	4,3537	67000	11,1124	3,55	1,2669
Lactat De-hydrogenase	1,39950	4,0532	140000	11,8494	4,20	1,4351
Katalase	1,35675	3,8836	232000	12,3545	5,25	1,6582
Ferritin	1,22800	3,4144	440000	12,9945	6,10	1,8083
Thyroglobulin	1,14639	3,1468	669000	13,4135	8,50	2,1401
Kohlensäure Anhydratasen aus Erythrocyten:						
Rind I, C 5024, C 7500	1,57848	4,8476	30690	10,3317	2,5713	0,9444
Rind II, C 5024, C 7500	1,58281	4,8686	29505	10,2923	2,5350	0,9302
Rind, Kaninchen III, C 5024, C 7500, C 1266	1,57668	4,8389	31195	10,3480	3,5862	0,9502
Kaninchen IV, C 1266	1,57135	4,8131	32738	10,3963	2,6316	0,9676
Hund, Mensch V C 4396, C 3513	1,57547	4,8330	31540	10,3590	2,5966	0,9542
Arithmetisches Mittel	1,5770	4,8404	31107	10,3452	2,5836	0,9492

gilt nur für sehr lange Trennzeiten (16 h bei 2 V/cm) wie Poduslo und Rodbard (1980) ermittelt haben. Bei kurzen Trennzeiten gibt es erhebliche Abweichungen bei Proteinen mit Molmassen, die kleiner als 10000 bzw. größer als 300000 sind. Sofern die Molmassenbestimmung auch in der SDS-Elektrophorese mit Gradientengelen zeitabhängig durchgeführt wird, kann auch das gleiche Verfahren verwendet werden, das für die Ermittlung von Molmassen unter nicht-denaturierenden Bedingungen beschrieben wurde: Ermittlung von D_{max} für jedes Protein über $\ln (\ln D)$ gegen $1/\sqrt{t}$-Graphen und Aufstellung einer Eichkurve für die $[\ln D]_{max}$-Werte gegen die $\ln MM$-Werte.

Die Wanderung von Proteinen in der SDS-Elektrophorese mit linearen Polyacrylamid Gradientengelen und ihre entsprechenden Molmassen können jedoch auch über die Beziehung $\log MM = a \cdot \sqrt{D} + b$ korreliert werden (Rothe, 1982). Hierbei steht MM für die Molmasse, D für die zurückgelegte Wanderungsstrecke und a und b stellen Konstanten dar. Trägt man $\log MM$ gegen $\sqrt{D}$ auf, so resultiert — unabhängig von der Elektrophoresedauer — eine Gerade. Das bedeutet, daß man die Molmasse eines Probenproteins in der SDS-PAA-Gradientengel Elektrophorese zeitunabhängig bestimmen kann. Diese Beziehung kann auf 2-Mercaptoethanol reduzierte und nicht

Tabelle 23a. Bestimmung der mittleren Abweichung der Molmassen der Eichproteine von den Literaturwerten anhand der Eichkurve von Abb. 35 sowie der Daten aus Tabelle 21

Protein	$\ln D_{max}$	MM (Lit. Wert)	$\ln MM$ (Lit. Wert)	$\ln MM$ (berechnet)	MM (berechnet)	% Abweichung
Ovalbumin	4,6563	45 000	10,7144	10,6900	43 915	−2,41
Rinder Albumin	4,3537	67 000	11,1124	11,2569	77 412	+15,54
Lactat DH	4,0532	140 000	11,8494	11,8198	135 917	−2,92
Katalase	3,8836	232 000	12,3545	12,1376	186 764	−19,50
Ferritin	3,4144	440 000	12,9945	13,0165	449 774	+2,22
Thyroglobulin	3,1468	669 000	13,4135	13,5178	742 516	+10,99
						8,93 % ± 7,53

Tabelle 23b. Bestimmung der mittleren Abweichungen der Stokes-Radien der Eichproteine von den Literaturwerten anhand der Eichkurve von Abb. 35 sowie der Daten aus Tabelle 21

Protein	R_s (nm) (Lit. Wert)	$\ln R_s$ (Lit. Wert)	$\ln R_s$ (berechnet)	R_s (berechnet)	% Abweichung
Ovalbumin	3,05	1,1151	1,0733	2,9250	−4,10
Rinder Albumin	3,55	1,2669	1,2771	3,5862	+1,02
Lactat DH	4,20	1,4351	1,4795	4,3908	+4,54
Katalase	5,25	1,6582	1,5938	4,9224	−6,24
Ferritin	6,10	1,8083	1,9099	6,7524	+10,70
Thyroglobulin	8,50	2,1401	2,0902	8,0865	−4,86
					5,23 ± 3,19

Tabelle 24. Gelelektrophoretisch ermittelte Molmassen (MM), Stokes-Radien (R_s) und Reibungskoeffizienten (f/f_0) von Proteinen (Felgenhauer 1974)

Protein	Herkunft	MM	R_s nm	f/f_0
Ribonuclease		12 640	1,64	1,08
Cytochrom c		12 670	1,70	1,11
Lysozym		13 900	1,91	1,22
Trypsin		15 100	1,96	1,21
Hämoglobin I	Hülsenfrüchte	16 760	1,91	1,14
Myoglobin	Pferdeherz	16 890	1,86	1,11
Bacillus phlei Protein		16 970	2,10	1,24
α-Chymotrypsinogen		22 825	2,09	1,12
Trypsinogen		23 560	2,20	1,22
Crotoxin	Klapperschlange	29 920	2,49	1,24
Carboxypeptidase B	Schwein	34 280	2,63	1,24
β-Lactoglobulin		35 830	2,73	1,26
Concanavalin B	Pferdebohne	42 470	2,90	1,26
Albumin	Ei	43 500	3,05	1,32
α-Amylase		48 580	3,17	1,32
Taka-Amylase A		51 240	2,90	1,18
Amylase	Malz	54 180	3,28	1,31

Tabelle 24 (Fortsetzung)

Protein	Herkunft	MM	R_s nm	f/f_0
Präalbumin		61 000	3,36	1,29
Albumin	Ratte	63 650	3,57	1,36
Albumin	Rind	66 200	3,53	1,32
Hämoglobin		67 360	3,13	1,16
Follikel stimulierendes Hormon		67 360	3,68	1,36
Albumin	Mensch	69 000	3,50	1,29
Hydroxinitril Lyase		73 000	3,40	1,23
Alkohol Dehydrogenase	Leber	80 050	3,50	1,23
Transferrin	Mensch	81 000	3,67	1,28
Conalbumin		86 180	3,47	1,19
Lactoperoxidase		92 620	3,60	1,21
Lipoxidase	Sojabohnen	97 440	3,85	1,27
Lactat Dehydrogenase	Schwein	109 000	3,60	1,14
Phosphoglycerat Phosphomutase	Hefe	112 000	4,05	1,27
Canavalin	Pferdebohne	112 700	4,20	1,32
Glycerinaldehyd-3-phosphat Dehydrogenase		124 250	3,99	1,21
Alkohol Dehydrogenase	Hefe	150 000	4,58	1,31
β-Amylase		152 000	4,97	1,42
Ceruloplasmin	Mensch	152 000	4,42	1,25
Aldolase		164 500	4,81	1,33
Vicilin	Erbse	185 800	5,03	1,34
Phosphorylase		200 000	5,15	1,34
Fumarate Hydratase	Schwein	204 000	5,47	1,40
Isocitrat Lyase	Pseudomonas	222 000	5,53	1,38
Fluorokinase		237 000	5,40	1,33
Kalase		241 170	5,32	1,30
Glycerin Kinase		251 000	5,10	1,23
S-Adenin Desaminase		320 000	5,70	1,27
Leucin Aminopeptidase		326 000	5,26	1,16
Legumin	Erbse	331 300	6,13	1,34
Cytochrom c	Rinderherz	370 500	6,50	1,38
Arachin	Erdnuss	395 100	6,70	1,48
Apoferritin		473 450	7,40	1,40
Urease		478 600	6,15	1,19
Zitratspaltendes Enzym	Ratte	500 000	8,20	1,56
β-Galactosidase		518 150	6,90	1,30
Hämocyanin	Tintenfisch	611 800	7,65	1,36
α-Crystallin		770 000	9,30	1,54
α_2-Macroglobulin	Mensch	797 750	9,60	1,56
Glutamat Dehydrogenase		1 007 000	8,40	1,27
Chlorocrucin	Sabella	2 800 000	11,30	1,40
β-Lipoprotein	Mensch	2 663 000	12,40	1,36
Hämoglobin	Tubifex	3 010 000	13,70	1,43
Gelbes Tulpenmosaik Protein		3 013 000	14,20	1,48
Hämocyanin Komponente	Helix pomatia	4 310 000	15,20	1,41
Hämocyanin	Paludia vivpara	8 699 000	30,20	1,50

Tabelle 25. Ermittlung des Standardfehlers bei der Bestimmung von Molmassen in der SDS-Polyacrylamid Gradientengel-Elektrophorese unter Verwendung der log MM-$\sqrt{D}$-Beziehung

Protein	Literaturwert MM	0,5 h		1 h		2 h		4 h		8 h		a.m.	σ	CV	$s_{\bar{x}}$
		MM	$\pm\%$	MM	$\pm\%$	MM	$\pm\%$	MM	$\pm\%$	MM	$\pm\%$				
α-Lactalbumin	14400	15266	+ 6	13882	− 5	14612	+ 2	16322	+13	÷	÷	15020	1036	6,7	518
Sojabohnen Trypsin Inhibitor	20100	20044	0	19455	− 3	19778	− 2	20171	0	20644	+ 3	20018	445	2,2	199
Kohlensäure Anhydratase	30000	28730	− 4	28281	− 6	28294	− 6	29386	− 2	28744	− 4	28687	451	1,6	202
Ovalbumin	43000	46717	+ 9	45359	+ 5	45102	+ 5	46175	+ 7	47692	+11	46209	1050	2,3	469
Rinderserum Albumin	67000	64811	− 3	64447	− 4	63196	− 6	64100	− 4	61608	− 8	63632	1281	2,0	573
Phosphorylase b	94000	95564	+ 2	91598	− 3	93683	0	93670	0	93067	− 1	93516	1425	1,5	637
Ferritin	18500	21225	+15	22481	+22	22380	+20	22303	+20	÷	÷	22097	586	2,7	293
Lactat Dehydrogenase	36000	32728	− 9	36238	0	34387	− 4	32887	− 8	36996	+ 3	34647	1930	5,6	863
Katalase	60000	54704	− 9	52406	−13	54921	− 8	48636	−19	57657	− 4	53665	3372	6,3	1508
Rinderserum Albumin	67000	59446	−11	68071	+ 2	65538	− 2	60509	−10	65943	− 2	63901	3728	5,8	1667
Ferritin	220000	226718	+ 3	231687	+ 5	197374	−10	190050	−14	226777	+ 3	214521	19278	9,0	8621
Thyroglobulin	330000	349206	+ 6	332183	+ 1	381125	+15	413479	+25	÷	÷	368998	35929	9,7	13915
% Abweichung		6 ± 4		6 ± 6		7 ± 6		10 ± 8		4 ± 3					4,6 ± 2,9

Dauer der Elektrophorese: 0,5–8 h. $\%\ T$: 6–27 ($C = 4\%$). Gel- und Elektrodenpuffer: 0,04 M Tris, 0,02 M Na-acetat, 0,002 M EDTA, pH 7,4, 0,2% SDS enthaltend. Gelgröße: $80 \times 80 \times 0,7$ mm. Spannung: 150 V. Temperatur: 25 °C
a.m.: arithmetisches Mittel, σ: Standardabweichung, CV: Variationskoeffizient

$$S_{\mathbf{x}} = \text{Standardfehler} = \sqrt{\frac{\sum (x - \bar{x})^2}{n(n-1)}}$$
(Rothe 1982).

reduzierte SDS-komplexierte Proteine angewandt werden, ebenso auf Glycoproteine und auf kohlenhydratfreie Proteine. Außerdem wird sie durch folgende Faktoren nicht beeinflußt: Das Puffersystem, den Gehalt an Quervernetzer im Bereich von 1–8 %, sowie den % T-Gehalt innerhalb von 3–30 % bei der üblichen Gellänge von 8–15 cm. Abbildung 36 zeigt die zeitabhängige Wanderung von Eichproteinen in der SDS-Polyacrylamid-Gradientengel-Elektrophorese. In Abb. 37 sind die zeitabhängigen Eichgeraden eines solchen Versuchs dargestellt. Aus den in der Abb. 37 gezeigten Eichkurven wurden die in Tabelle 25 aufgelisteten Molmassen berechnet. Dort sind auch die Abweichungen der zurückgerechneten Werte von den Literaturwerten dargestellt.

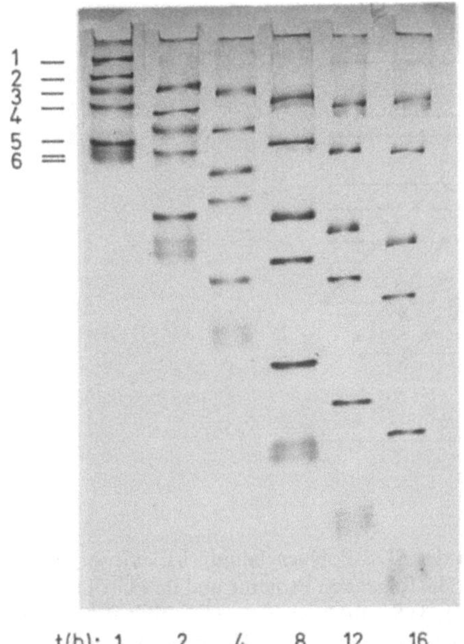

Abb. 36. Zeitabhängige Wanderung von Eichproteinen in der SDS-Polyacrylamid-Gradientengel-Elektrophorese: *1* Phosphorylase b (94000); *2* Rinderserum-Albumin; *3* Ovalbumin (43000); *4* Kohlensäure Anhydratase (30000); *5* Sojabohnen Trypsin Inhibitor (21000) sowie *6* α-Lactalbumin (14400). t(h), Dauer der Elektrophorese in Stunden. Die Elektrophorese wurde unter folgenden Bedingungen durchgeführt: 150 V; 25 °C; T (%): 5,4–33; Elektrodenpuffer, 0,04 M Tris, 0,02 M Na-acetat pH 7,4, 2 mM EDTA und 0,2 % SDS enthaltend (Rothe, 1982)

3.4.4 Elution von Proteinen aus Polyacrylamidgelen

Proteine können aus Polyacrylamidgelen nach vier verschiedenen Methoden eluiert werden: 1) Mit Hilfe der präparativen Elektrophorese, unter kontinuierlicher Elution mit Puffer, 2) durch Homogenisieren des Gelstücks, in welchem die Proteinbande zuvor lokalisiert worden war und Elution des Homogenats, 3) durch chemische Depolymerisation des Gels, sowie 4) durch Elektroelution.

Im folgenden soll eine sehr einfache Methode beschrieben werden, die es erlaubt, auch sehr kleine Proteinmengen zu eluieren. Sie wurde von Otto und Snejdarkova (1981) beschrieben.

Nach der Elektrophorese (in Rundgelen) wird die interessierende Proteinzone ausgeschnitten und einer Rückelektrophorese in einem diskontinuierlichen Leitfähigkeitsgradienten unterworfen.

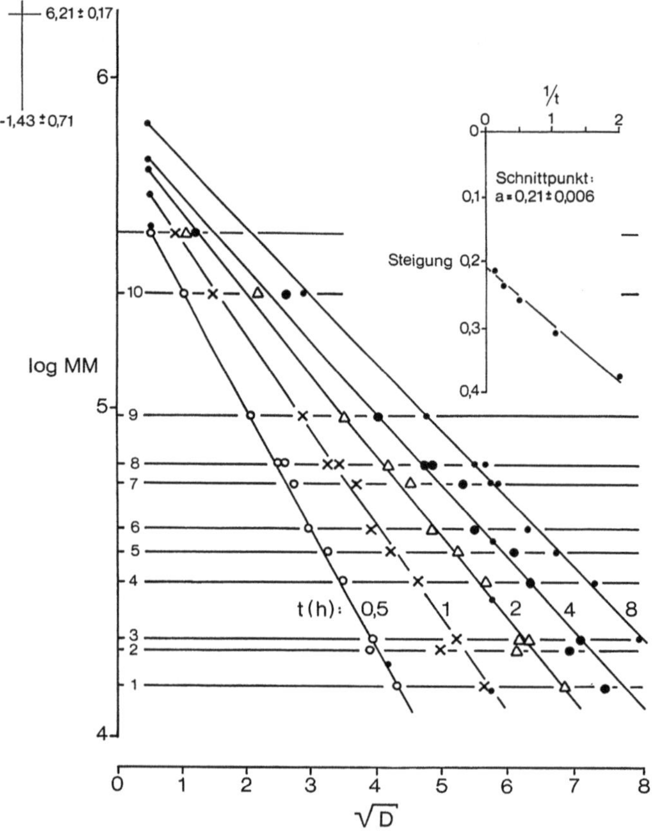

Abb. 37. Eichkurven zur Ermittlung von Molmassen in der SDS-Polyacrylamidgel-Elektrophorese.
Die Zahlen am Beginn der horizontalen Linien stehen für die folgenden Proteine und ihre Größe:
1) α-Lactalbumin (14 400), 2) Ferritinuntereinheit (18 500); 3) Sojabohnen Trypsin Inhibitor (20 100),
4) Kohlensäure-Anhydratase (30 000), 5) Lactat-Dehydrogenase (36 000), 6) Hühnerei-Albumin
(43 000), 7) Katalase (60 000), 8) Rinderserum-Albumin (67 000), 9) Phosphorylase b (94 000),
10) Ferritin (220 000), 11) Thyroglobulin (330 000).
Elektrophoresebedingungen: 150 V, 25 °C, 0,5–8 h. Elektroden- und Gelpuffer: 0,04 M Tris, 0,02 M
Na-acetat, pH 7,4, 2 mM EDTA und 0,2 % SDS enthaltend. Eingesetzte Abb.: Steigung der
Regressionsgeraden gegen $1/t$. Rückrechnung der Molmassen vgl. Tabelle 13 (Rothe 1982)

Dazu füllt man ein 100 mm langes und 6 mm im Durchmesser großes Glasröhrchen mit 10 %iger Acrylamid-BIS Lösung in 0,05 M Tris-0,15 M Glycin-Puffer,
pH 8,8 bis 20 mm unter den oberen Rand. Dieses Gel dient lediglich als „Verschluß". Die Gellösung wird mit Wasser überschichtet. Nach der Polymerisation
wird das Wasser entfernt und die Geloberfläche mit Gelpuffer abgespült. Der gleiche
Puffer dient bei der anschließenden Vorelektrophorese (3 h bei 2 mA pro Röhrchen)
als Elektrodenpuffer. Anschließend werden die Röhrchen mit folgender Lösung ausgespült: (Lösung I) 0,025 M Tris, 0,075 M Glycin, 30 % Glycerin (v/v) pH 8,8. Die
Gelscheibe (B in Abb. 38) wird auf das Gel so aufgelegt, daß keine Luftblasen eingeschlossen werden und 0,15 ml der Lösung I überschichtet (C in Abb. 38).

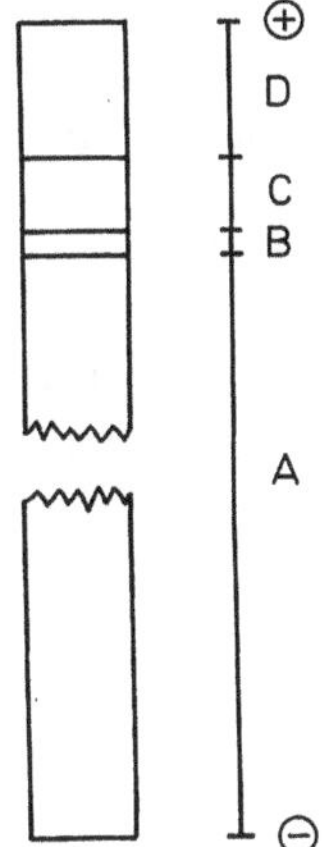

Abb. 38. Schematische Darstellung zur elektrophoretischen Elution aus Polyacrylamidscheiben. *A* Gel zum Verschluß des Glasröhrchens, *B* Gelscheiben mit Protein, *C* Lösung I: 0,025 M Tris, 0,075 M Glycin, pH 8,8, 30 % Glycerin enthaltend, *D* Lösung II: 2 M NaCl. + Anode, — Kathode

Anschließend wird das Röhrchen mit einer 2 M NaCl-Lösung (Lösung II, D in Abb. 38) überschichtet. Beide Lösungen haben einen erheblichen Dichteunterschied, so daß das Überschichten nicht schwierig ist. Die so präparierten Röhrchen werden in der Elektrophorese Apparatur mit Gelpuffer (oder dem zur Elektrophorese verwendeten Puffer) überschichtet. Anschließend wird pro Röhrchen ein Strom von 4 mA angelegt, wobei die Anode in die oberen Kammer angeordnet ist. Die Dauer der Umkehrelektrophorese hängt von der elektrischen Wanderungsgeschwindigkeit des Proteins, der Dicke der Gelscheibe und der Anwesenheit von Detergentien wie z. B. SDS ab. Sie beträgt 60–180 min. Sofern die Gelscheibe SDS enthält, so erscheint dieses im Laufe der Umkehrelektrophorese als scharfer Ring zwischen dem Puffer und dem NaCl (C bzw. D in Abb. 38). Das eluierte Protein verteilt sich dagegen gleichmäßig im Puffer der Zone C. Abschließend kann die SDS-Schicht mit einer Spritze abgezogen werden und das Protein weiterverwendet werden. Sein SDS-Gehalt ist gering. Das Gelröhrchen mit dem 10 %igen „Verschlußgel" kann 2–3mal wiederverwendet werden. Die Ausbeute für Insulin, Myoglobin und Rinderserum Albumin liegt bei 95 %.

3.4.5 Affinitäts-Elektrophorese

Durch Integration biospezifischer Adsorbentien in die Gelmatrix läßt sich das Auflösungsvermögen der eindimensionalen Elektrophorese entscheidend verbessern. Diese Art der Elektrophorese wird als Affinitäts-Elektrophorese bezeichnet (vgl. Zusammenfassung bei Swallow, 1977; Takeo 1984). Sie geht auf die Affinitätschromatographie zurück. Hier wie dort nutzt man die *spezifischen* Bindungskräfte zwischen biologischen Makromolekülen und bestimmten niedermolekularen Verbindungen für eine Zerlegung von Substanzgemischen aus. Solche Wechselbeziehungen bestehen z. B. zwischen Enzymen und ihren Substraten und Inhibitoren, bzw. Cosubstraten und Cosubstratanaloga, sie bestehen auch zwischen Antigenen und Antikörpern, Lectinen und Kohlenhydraten sowie Lectinen und Nucleinsäuren. In der Affinitätschromatographie wird eine der genannten niedermolekularen Verbindungen

(= Ligand) kovalent an eine C-6-Kette (= Spacer) gebunden und dieser an eine inerte Matrix angehängt. Gibt man einen Rohextrakt auf ein solches Affinitätsharz, so werden von den zahllosen Molekülen nur diejenigen gebunden, die mit dem Liganden einen Komplex bilden können, während alle anderen ihn frei passieren. In einem zweiten Arbeitsgang wird die Bindung gelöst und das Makromolekül desorbiert (Cuatrecasas, 1970).

Die Affinitätstechniken eignen sich insbesondere für die Untersuchung von Enzymen und Isoenzymen. Eine Reihe von Isozymen wurden mittels Affinitäts-

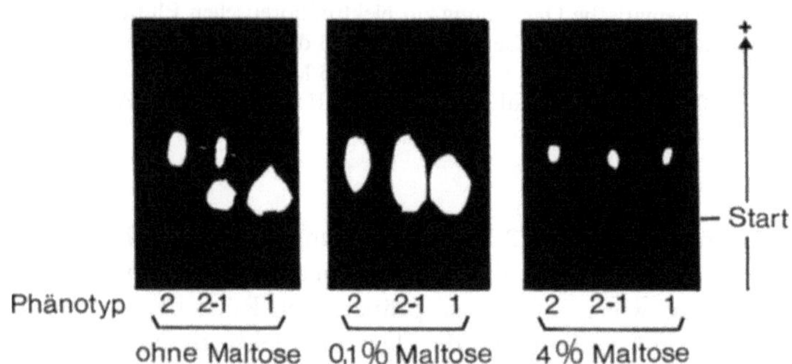

Abb. 39. Trennung von α-Glucosidase durch Stärkegel-Elektrophorese und Nachweis der unterschiedlichen Bindungskapazitäten einzelner Isozyme für Stärke (Swallow 1977). Die Abbildung zeigt 3 Stärkegele, an denen Extrakte aus menschlicher Placenta getrennt wurden. Jedes Gel enthält drei verschiedene Proben mit den Phänotypen 1, 2-1 und 2. Das linke Gel enthielt keine Maltose, das mittlere 0,1 % und das rechte 4 % Maltose. Ab einer Konzentration von 0,5 % Maltose laufen die beiden Isozyme gleich schnell. Über 2 % Maltose wird die Enzymaktivität stark gehemmt. Die Isozyme wurden mit 4-Methylumbelliferyl-glycopyranosid als Substrat im UV nachgewiesen

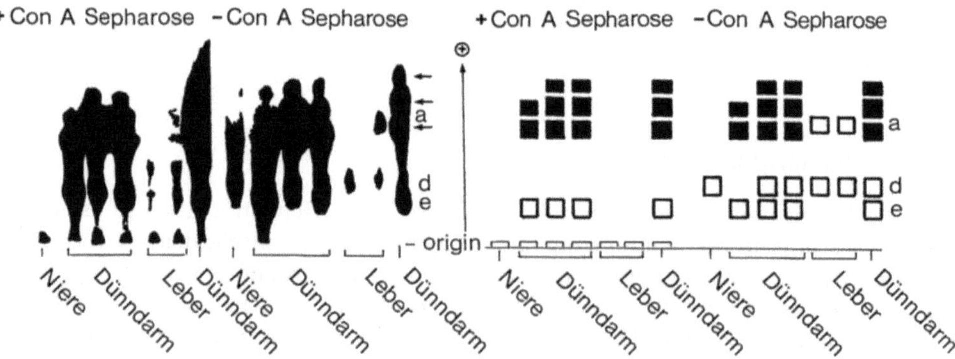

Abb. 40. Affinitäts-Elektrophorese mit menschlicher Adenosin-Desaminase (Harris and Hopkinson 1976). Photographie und schematische Darstellung von 2 Stärkegel-Elektrophoresen. Links mit Con A-Sepharose im Stärkegel, rechts ohne. Die Isozyme aus roten Blutkörperchen sind in den Photographien mit Pfeilen markiert, im Blockdiagramm wurden sie schwarz dargestellt. Als Elektrophorese-Puffer diente ein Phosphat-Puffer vom pH 6,5

chromatographie präparativ getrennt (z. B. Lactat Dehydrogenase, Mosbach, 1974; Alkohol Dehydrogenase, Andersson et al., 1974; Plasminogen, Castellino et al., 1975). Der Vorteil der Affinitätselektrophorese besteht darin, daß sie mehrere Proben gleichzeitig verarbeiten kann, mit geringeren Substanzmengen auskommt und schneller arbeitet (Rothe und Maurer, 1986). Man verfährt im allgemeinen so, daß man eine geringe Menge eines käuflichen Affinitätsgels mit einer zu polymerisierenden Lösung von Acrylamid oder Agar vermischt und die Suspension anschließend polymerisiert. Hierbei genügt es völlig, das Affinitätsgel in die ersten 20 % der gesamten Trennstrecke zu inkorporieren. Als Probe können Proteinrohextrakte verwendet werden. Kommt es zu einer spezifischen Wechselwirkung, so wird beispielsweise eines von mehreren Isozymen im oberen Teil des Gels zurückgehalten, während die anderen ungebunden nach unten wandern (vgl. z. B. Abb. 39 und 40). Man kann sich von der Spezifität der Wechselwirkung dadurch überzeugen, daß man das gleiche Experiment, jedoch in Gegenwart von freiem Ligand (oder einem Analogon) durchführt. Das Makromolekül, das zuvor an den Träger gebunden wurde, wird jetzt mit der freien niedermolekularen Verbindung reagieren, wodurch eine Bindung an den Träger verhindert wird. Es läuft dann genauso schnell wie das homologe Protein ohne Bindungskapazität für den Liganden.

3.4.5.1 Anwendungsbeispiele

Saure α-Glucosidase (Maltase, EC 3.2.1.20) kommt in mehreren genetischen Varianten vor. Die Allelenprodukte haben die gleichen isoelektrischen Punkte und Molmassen, so daß sie mit den herkömmlichen Elektrophoreseverfahren nicht zu trennen sind. Sie haben jedoch unterschiedliche Bindungskapazitäten für Stärke, weshalb sie in der Stärkegel-Elektrophorese mit unterschiedlicher Geschwindigkeit laufen. Das α-Glucosidase 1 Isozym bindet an Stärke, wohingegen das Isozym 2 keine Affinität hat. Man erkennt das daran, daß die Zugabe von Maltose zum Stärkegel dazu führt, daß das Isozym 1 genauso schnell wandert, wie das Isozym 2 (Swallow et al., 1975; vgl. Abb. 39).

Affinitätschromatographie in Verbindung mit herkömmlicher Elektrophorese erbrachte den Nachweis, daß nahezu alle lysosomalen Hydrolasen des Menschen an eine Lectin derivatisierte Agarose wie z. B. Con A-Agarose binden (Swallow, 1977). Die gleichen Enzyme aus roten Blutkörperchen haben dieses Bindungsvermögen jedoch nicht (Swallow, 1977).

Abbildung 40 zeigt eine Affinitätselektrophorese mit Adenosin Desaminasen. Die unterschiedliche Affinität dieser Isozyme ist deshalb von Bedeutung, weil man annimmt, daß alle Isozyme von einem einzigen ADA-Genort kodiert werden (Hirschhorn et al., 1973).

Literatur

Andersson L, Jörnvall H, Akeson A, Mosbach K (1974) Biochim Biophys Acta 364, 1–8
Andrews P (1970) Methods of Biochem Anal 18, 1–53
Ansorge W, De Maeyer L (1980) J Chromatogr 202, 45–53
Araki C (1958) In: Carbohydrate chemistry of substances of biological interest (Wolfram MC, ed), Proc. of the 4th International Congress of Biochemistry Vol I, pp. 15–30

Axelsen NH, Kroll J, Weeke D (1973) A Manual of Quantitative Immunoelectrophoresis, Methods and Applications. Blackwell Scientific Publications, Oxford London Edinburgh Melbourne

Bahr GF, Engler WF, Mazzone HM (1976) Quart Rev of Biophys 9, 459

Banker GA, Cotman CW (1972) J Biol Chem 247, 5856–5861

Baumstark JS (1985) Electrophoresis 6, 96–97

Behrens PO, Spiekermann AM, Brown JR (1975) Fed Proc 34, 591

Bertolotto A, Magrassi ML (1984) Electrophoresis 5, 97–101

Bilrup-Jensen J Elektrophorese-Forum. Diskussionstagung, München, 25.–27. Okt. 1978

Blech JA (1985) Electrophoresis 6, 27–29

Bøg-Hansen TC, Han J (1983) In: Chromatogr Library Vol 18, Deyl Z (ed) Elsevier, Amsterdam, pp. 219–252

Brewer GJ, Sing ChT (1970) An Introduction to isozyme techniques. Academic Press, New York San Francisco

Budowle B (1984) Electrophoresis 5, 174–175

Buzas Z, Chrambach A (1982) Electrophoresis 3, 121–129

Bünnig K (1976) GIT 8, 897

Cantarow WD, Saravis CA, Ives DV, Zamcheck N (1982) Electrophoresis 3, 85—89

Castellino FJ, Sodetz JM, Sietring GE (1975) In: Markert CL (ed) Isozymes, Vol I, Academic Press, New York, pp. 245–258

Calvin MC, Prehu MO, Kechemir D, Villeval JL, Rosa R (1985) Electrophoresis 6, 567–568

Clarke MHG, Freeman T (1968) Clinical Science 35, 405

Clarke MHG, Freeman T, Hikkamm R, Pryse-Philips WEM (1970) Inl Neurol Neurosurg and Psychiat

Conkle MT (1979) Proceedings of the symposium on "Isozymes of North American forest trees and forest insects". Pacific Southwest Forest and Range Experiment Station P.O. Box 245, Berkely, California 94701. pp. 11–17

Cuatrecasas P (1970) J Biol Chem 245, 3059–3065

Culliford BJ, Wraxall BGD (1968) J For Sci Soc 8, 79–80

Daams J (1963) J Chromatogr 10, 450–455

Davis BJ (1964) Ann NY Acad Sci 121, 404–427

Davis AR, Nayak DP, Ueda M, Hitti AL, Dowbenko D, Kleid DG (1981) Proc Natl Acad Sci 78, 5376–5380

Dayhoff MD Atlas of protein sequence and structure, Vol. 5, National Biomedical Research Foundation. Silver Spring, Md. 1972–1976

Doolittle RF (1975) In: Putnam FW (ed) The plasma proteins. Academic Press, New York, Vol 1, pp. 109–161

Dunker AK, Rueckert RR (1969) J Biol chem 244, 5074–5080

Esposito JJ, Obijeski JF (1976) Prep. Biochem. 6, 431–442

Felgenhauer K (1974) Hoppe-Seyler's Z. Physiol. Chem. 355, 1281–1290

Ferguson KA (1964) Metabolism 13, 985—1002

Ferguson KA (1980) Biochemical systematics and evolution. Blackie and Son Limited, Bishop-briggs, Glasgow G 64 2 NZ

Fourcroy P (1984) Electrophoresis 5, 73—76

Frank RN, Rodbard D (1973) Arch Biochem Biophys 171, 1–13

Fredrickson DS (1968) Am J Cardiology 22, 576–583

Goldman D, Merril CR (1982) Electrophoresis 3, 24–26

Grabar P (1955) Zbl Bakteriol 164, 15

Grabar P (1959) Meth biochem Anal 1

Grabar P, Williams CA (1953) Biochim Biophys Acta 10, 193

Grunbaum BW, Crim M (1981) Handbook for forensic individualization of human blood and blood stains. Published by Sartorius, G.m.b.H., Göttingen

Guiseley KB (1970) Carbohydr Res 13, 247–256

Guillemette JG, Lewis PN (1983) Electrophoresis 4, 92–94

Harris H, Hopkinson DA (1976) Handbook of enzyme electrophoresis in human genetics. North Holland Publishing Comp., Amsterdam Oxford, American Elsevier Publ. Comp. Inc., New York

Hayward GS (1972) Virology 49, 342–344

Hayward GS, Smith MG (1972) J Mol Biol 63, 383–395

Hedrick JL, Smith AJ (1968) Arch Biochem Biophys 126, 155–164

Hellwig RB, Goodman HM, Boyer HW (1974) J Virol 14, 1235–1244

Hickson TGC, Polson A (1965) Biochim Biophys Acta 168, 43–58

Hirschhorn R, Levytska V, Pollara B, Meuwissen HJ (1973) Nature (London) New Biol. 246, 200–202

Hjertén S (1963) J Chromatogr 12, 510–526

Hogness D (1982) In: Maniatis T, Fritsch CF, Sambrook J (eds.), Molecular cloning, a laboratory manual. Cold Spring Harbor Laboratory, pp. 151–185

Hořejši V, Ticha M, Kocourek J (1979) Trends Biochem Sci 4, N6–N7

Johansson BG (1972) Scand J Clin Lab Invest 29, Suppl. 124, 7–19

Johansson KE, Blomquist J, Hjerten S (1975) J Biol Chem 250, 2463–2469

Johnson PH, Grossman LI (1977) Biochemistry 16, 4217–4225

King J, Laemmli UK (1971) Mol Biol 62, 465–473

Krøll J (1968) Scand J Clin Lab Invest 22, 112

Krøll J (1969) Scand J Clin Lab Invest 23, 227

Laemmli UK (1970) Nature 227, 680–685

Lambin P (1978) Anal Biochem 85, 114–125

Lambin P, Rochu D, Fine JM (1976) Anal Biochem 74, 567–575

Lambin P, Fine JM (1979) Anal Biochem 98, 160–168

Laurell CB (1967) Prot Biol Fluids 14, 499–502

Laurell CB (1972) Scand J Clin Lab Invest 29, Suppl. 124, 71–82

Mahadik JP (1976) Anal Biochem 76, 615–633

Maizel Jr JV (1970) Nature 227, 680–686

Maizel Jr JV (1971) In: Methods in Virology V (Maramorusch K, Kaprowski H, eds) pp. 179–246

Maniatis TA, Jeffrey A, Kleid DG (1975) Proc Natl Acad Sci 72, 1184

Maniatis T, Fritsch EF, Sambrook J (1982) Molecular cloning, a laboratory manual. Cold Spring Harbor Laboratory pp. 150–185

Margolis J, Kenrick KG (1967) Biochem Biophys Res Comm 27, 68–73

Margolis J, Kenrick KG (1968) Anal Biochem 25, 347–362

Marsh C, Jolliff C, Payne L (1964) Am J Clin Pathol 41, 217–223

Martin RG, Ames BN (1961) J Biol Chem 236, 1372—1374

Maurer R (1968) Disk-Elektrophorese, Walter de Gruyter, Berlin

Maxam AM, Gilbert W (1977) Proc Natl Acad Sci 74, 560–564

Meera Khan P (1971) Arch Biochem Biophys 145, 470–483

Mori T (1953) Adv Carbohydr Chem 8, 315–328

Mosbach K (1974) In: Methods in Enzymology (Jakoby WD, Wilchek M (eds) Vol. 24, Part B. Academic Press, New York. pp. 595–597

Nathans D, Smith HD (1975) Ann Rev Biochem 44, 273–293

Neville DM (1971) J Biol chem 246, 6328–6334

Noble RP (1968) J Lipid Res 9, 693–700

Ohlenschläger G, Berger I, Depner W (1980) Synopsis der Elektrophoresetechniken. GIT Verlag, Ernst Giebeler, Darmstadt, ISBN 3-921956-03-X

Ornstein L (1964) Annals NY Acad Sci 121, 321–349

Otto M, Snerjdarkova M (1981) Anal Biochem 111, 111–114

Palmour RM, Sutton HE (1971) Biochemistry 10, 4026–4032

Panyim S, Chalkley R (1971) J Biol Chem 246, 7557–7560

Petren S, Vesterberg O (1984) Electrophoresis 5, 28–29

Pitt-Rivers R, Impiobato FSA (1968) Biochem J 109, 825–830

Poduslo JF, Rodbard D (1980) Anal Biochem 101, 394–406

Pretsch W, Charles DJ, Navayanan NG (1982) Electrophoresis 3, 142–145

Radola BJ Elektrophorese Forum 80. 22.–24. 10. 1980 München

Ramsey H (1963) Anal Biochem 6, 83–86

Rauen HM (1974) Biochemisches Taschenbuch, Springer Verlag, Berlin

Reynolds JA, Tanford C (1970) Proc Natl Acad Sci USA 66, 1002–1007

Rickli EE, Ghazanfar SAS, Gibbons BH, Edsall JT (1964) J Biol Chem 239, 1065–1078

Righetti PG, Caravaggio T (1976) J Chromatogr 127, 1–28

Righetti PG, Tudor G (1981) J Chromatogr 220, 115–194

Rodbard D, Kapadia G, Chrambach A (1971) Anal Biochem 40, 135–157
Rothe GM (1980) Hum Genet 56, 129–155
Rothe GM (1982) Electrophoresis 3, 255–262
Rothe GM, Purkhanbaba H (1982) Electrophoresis 3, 33–42
Rothe GM, Bohrmann R Electrophorese Forum '86 (B. J. Radola, ed.), 27.–29. Okt. München 1986
Rothe GM, Maurer WD (1986) In: Gel Electrophoresis of Proteins, MJ Dunn, ed. Wright, Bristol, pp. 37–140
Rothe GM (1988) Electrophoresis 9, 307—316
Rüchel R, Steere RL, Erbe EF (1978) J Chromatogr 166, 563–575
Schaffner W In: Maniatis T, Fritsch EF, Sambrook J (eds) (1982) Molecular cloning, a laboratory manual. Cold Spring Harbor Laboratory, pp. 151–185
Schmid K (1975) In: Putnam FW (ed.), The plasma proteins. Academic Press, New York, Vol. 1, pp. 183–228
Schultze HE, Heremans JH (1966) In: Molecular Biology of Human Proteins. Elsevier, Amsterdam, Vol. 1, pp. 173–235
Serwer P (1983) Electrophoresis 4, 375–382
Serwer P, Allen JC, Hayes SJ (1983) Electrophoresis 4, 232–236
Serwer P, Moreno ET, Hayes JI, Berger P, Langham M, Toler RW (1984) Electrophoresis 5, 202–208
Shapiro AL, Vinuela E, Maizel JV (1967) Biochem Biophys Res Comm 28, 815–820
Sharp PA, Sugden W, Sambrook J (1973) Biochemistry 12, 3055–3063
Shaw ChR, Prassad R (1970) Biochem Genet 4, 297–320
Shepherd RJ (1971) CMI/AAB Descriptions of Plant Viruses, 57
Slater GG (1969) Anal Chem 41, 1039–1041
Smith HO (1980) Methods Enzymol. 65, 371–380
Smith M, Hopkinson DA, Harris H (1972) Ann Hum Genet. 35, 243–253
Smithies O (1955) Biochem J 61, 629
Smithies O (1959) Biochem J 71, 585–587
Snyder CE, Schmoyer RL, Bates RC, Mitra S (1982) Electrophoresis 3, 210–213
Sober HA (1970) Handbook of Biochemistry, The chemical rubber Co., Cleveland
Steinbuch M, Andran R, Lambin P, Fine JM (1975) In: Peeters H (ed.), Protids of the biological fluids. Pergamon, Oxford, Vol. 23, pp. 133–138
Störiko K (1968) Blut XVI, 200–208
Swallow DM, Corney G, Harris H, Hirschhorn R (1975) Ann Hum Genet (London) 38, 391–406
Swallow DM (1977) In: Isozymes, Rattazzi MC, Scandalios JG, Whitt GS (eds), Current topics in biological and medical research. Alan R. Liss. Inc., New York, Vol. 1, pp. 159–187
Swank RT, Munkres KD (1971) Anal Biochem 35, 462–477
Takeo K, Fugimoto M, Suzuno R, Kuwahara A (1978) Physicochem Biol 22, 139—144
Takeo K (1984) Electrophoresis 5, 187—195
Thomas M, Davis RW (1975) J Mol Biol 91, 315–328
Thompson BJ, Dunn MJ, Burghes AHM, Dubowitz V (1982) Electrophoresis 3, 307–314
Thorne HV (1966) Virology 29, 234–239
Thorne HV (1967) J Mol Biol 24, 203–211
Van Someren H, Van Henegouwen HB, Los W, Wurzer-Figurelli E, Poppel B, Verloet M, Khan PM (1974) Humangenetik 25, 185–201
Vedel F, Quetier F, Bayen M (1976) Nature 263, 440–442
Vesterberg O, Gramstrup-Christensen B (1984) Electrophoresis 5, 288–295
Weber K, Osborn MJ (1969) Biol Chem 244, 4406–4412
Weeke B (1968) Scand J Clin Lab Invest 22, 107
Wieme RJ (1957) Rev Belge pathol med exptl 26, 62
Wieme RJ (1959) Studies on Agar Gel Electrophoresis. Techniques — Applications. Arscia Brüssel
Wieme RJ (1965) Agar Gel Electrophoresis. Elsevier Amsterdam London New York
Wieslander L (1979) Anal Biochem 98, 305–309
Williams JG, Gratzer WB (1971) J Chromatogr 57, 121–125
Willis CE, Holmquist GP (1985) Electrophoresis 6, 259–267
Wright Jr GL, Farrell KB, Roberts DB (1973) Biochim Biophys Acta 295, 396–411
Wu R, Jay E, Roychoudburg R (1976) Methods Cancer Res 12, 87–176

Praxis der Papier-, Dünnschicht- bzw. Säulenelektrophorese und Anwendungsbeispiele aus dem Bereich der anorganischen Chemie

K. Ziegler

Die Praktiken der Papier- und Dünnschichtelektrophorese unterscheiden sich im wesentlichen nur durch den Träger und weisen apparativ viele Gemeinsamkeiten auf. Man unterscheidet nach der angelegten Spannung zwischen Nieder- und Hochspannungselektrophorese. Der Bereich der Niederspannungselektrophorese geht bis etwa 1000 V, der Bereich der Hochspannungselektrophorese bis etwa 10 kV. Für die Güte der Trennungen entscheidend ist jedoch die Feldstärke, so daß man besser als Niederspannungselektrophorese Trennungen bei Feldstärken bis 20 V/cm und als Hochspannungelektrophorese Trennungen bei Feldstärken von 20 bis 100 V/cm bezeichnet. Bei entsprechend kurzen Trennstrecken können daher auch bei Spannungen unter 1000 V die Bedingungen der Hochspannungselektrophorese herrschen.

Bei der Säulenelektrophorese wird, bedingt durch das große Kühlproblem, meistens bei geringeren Spannungen gearbeitet, oder die Trennungen erfolgen in

Für die Wanderungsgeschwindigkeiten und Beweglichkeiten $\left(u^{\pm} = \dfrac{w^{\pm}}{E}\right)$ geladener Teilchen im elektrischen Feld gilt:

Martin	Lindemann
$w^{\pm} = \dfrac{z^{\pm} \cdot e \cdot E}{6\pi\eta \cdot r}$	$\dfrac{u_1}{u_2} = \sqrt{\dfrac{M_2}{M_1}}$
bzw. $\dfrac{u_1}{u_2} = \dfrac{r_2 \cdot z_1}{r_1 \cdot z_2}$	

$u^{\pm}$ Beweglichkeit des Teilchens $[cm^2 \cdot V^{-1} \cdot s^{-1}]$
$w^{\pm}$ Wanderungsgeschwindigkeit des Teilchens $[cm \cdot s^{-1}]$
E Feldstärke $[V \cdot cm^{-1}]$
$z^{\pm}$ Ladungszahl des Teilchens
e Elementarladung
η Viskosität
r Radius des solvatisierten Teilchens
M molare Masse

Abb. 1. Abhängigkeit der Beweglichkeit von Ladung, Radius und Masse der geladenen Teilchen

Kapillaren. Daher unterscheiden sich die Apparaturen in ihrem Aufbau wesentlich von denen zur Papier- bzw. Dünnschichtelektrophorese.

Obwohl die elektrophoretischen Verfahren heute vorwiegend in Biochemie und Medizin Bedeutung erlangt haben, sind sie auch in der anorganischen Chemie ein wertvolles Hilfsmittel, vor allem zur Trennung chemisch sehr ähnlicher Ionen, z. B. von Polyanionen einer homologen Reihe oder Gemischtligandkomplexen.

So sind bereits in den Jahren 1951 bis 1954 anorganische Ionen durch Papierelektrophorese getrennt worden [1–9].

Im allgemeinen steht die analytische Problemstellung im Vordergrund, in speziellen Fällen sind auch präparative Trennungen möglich.

Zur Trennung anorganischer Ionen haben sich vor allem die Zonenelektrophorese und die Isotachophorese bewährt. Bei beiden Verfahren werden die Ladungsträger aufgrund ihrer unterschiedlichen Wanderungsgeschwindigkeiten bzw. Beweglichkeiten getrennt.

Für diese gelten die in Abb. 1 angegebenen Beziehungen.

Nach Martin [10] ist im Idealfall die Wanderungsgeschwindigkeit proportional der Ladung und umgekehrt proportional dem Radius der solvatisierten Teilchen. Die Beweglichkeiten von chemisch sehr ähnlichen Ionen gleicher Ladung (z. B. von Rubidium- und Caesiumisotopen) lassen sich aus Ansätzen der kinetischen Gastheorie herleiten. Danach sind sie umgekehrt proportional den Wurzeln aus den Ionenmassen [11]. Somit sind grundsätzlich elektrophoretische Trennungen möglich bei Ladungsträgern, die sich entweder in Ladungsgröße oder Masse unterscheiden.

1 Allgemeine Gesichtspunkte zur Arbeitstechnik

Die Vorbereitung der Trennungen, wie z. B. Auswahl des Trägermaterials und des Grundelektrolyten, das Auftragen der Probe sowie die Auswertung der Pherogramme werden beschrieben.

1.1 Trägermaterialien

Im Gegensatz zur trägerfreien Elektrophorese gewährt der Einsatz eines Trägers als Vorteil vor allem einen strömungsstabilisierenden Effekt. Dadurch werden Diffusions- und Konvektionserscheinungen während der Trennung zurückgedrängt, und die Zonen bleiben schärfer.

Im allgemeinen ist die Papierelektrophorese leichter durchzuführen als die Dünnschicht- bzw. Säulenelektrophorese. Auch sind die Papier- billiger als andere Trägermaterialien, und der Grundelektrolyt läßt sich besser aufbringen (Abschn. 1.2).

Dagegen bietet die Dünnschichtelektrophorese grundsätzlich folgende Vorteile (Tabelle 1):

Tabelle 1. Vorteile der Dünnschichtelektrophorese

geringe Trennzeiten
kompaktere Zonen
bessere Reproduzierbarkeit der Wanderungsstrecken
große Belastbarkeit
einfache Handhabung bei Kopplung mit quantitativen Bestimmungsverfahren
Wahl des Trägermaterials

Für die Säulenelektrophorese, ausgenommen es werden Kapillaren benutzt, muß die Stabilisierung der Zonen unbedingt entweder durch einen Träger oder ein flüssiges Medium (Abschn. 1.1.3) erfolgen.

1.1.1 Papiere

Die meisten der verwendeten Papiere bestehen aus Linters, dem unverspinnbaren Baumwollanteil. Dieser wird ohne Zusätze verarbeitet, um die günstige geringe Eigenadsorption der Faser nicht zusätzlich zu erhöhen. Die verschiedenen Papiersorten unterscheiden sich neben dem Flächengewicht in Größe und Anzahl ihrer Poren.

Tabelle 2. Papiersorten und Hersteller

Firma	Papier	Gewicht (g/m^2)	Bemerkung
J. C. Binzer Papierfabrik 3559 Hatzfeld	201	100	Filterpapier schnell saugend maschinenglatt
	202	120	Filterpapier schnell saugend maschinenglatt
	207	90	Filterpapier mittelschnell saugend maschinenglatt
	208	120	Filterapier mittelschnell saugend maschinenglatt
	225	180	Filterpapier dick sehr schnell saugend
	226	140	Filterpapier dick sehr schnell saugend
Macherey & Nagel u. Co. Postfach 307 Werkstr. 6–8 5160 Düren	MN 260	90	Standardpapier maschinenglatt
	MN 261	90	Standardpapier maschinenglatt
	MN 827	270	Standardpapier weicher Karton
Schleicher & Schüll GMbH. Postfach 4 3354 Dassel	2040 a	85	Standardpapier schnell saugend
	2040 b	120	Standardpapier schnell saugend
	2043 a	85	Standardpapier mittelschnell saugend
	2043 b Mgl	120	Standardpapier mittelschnell saugend
	2045 a	90	Standardpapier langsam saugend
	2045 b	120	Standardpapier langsam saugend
	2316	165	Standardpapier mittelschnell saugend
	2668	320	Standardpapier sehr schnell saugend
	2727	700	Standardpapier sehr schnell saugend
	6	80	Glasfaserpapier
Whatman Laboratory Products, Inc. 9 Bridewall Pl., Chifton, New Jersey, USA	1 Chr	90	Standardpapier dünn
	2 Chr	90	Standardpapier mittel
	3 Chr	130	Standardpapier dick
	3 MM Chr	180	Für Elektrophorese empfohlen, hohe Naßfestigkeit
	4 Chr	90	dünn, schnell saugend
	17 Chr	440	sehr dick
	20 Chr	90	dünn, langsam saugend
	31 ET Chr	180	dick, schnell saugend
	DE 81	90	DEAE-Cellulosepapier
	P 81	90	Cellulosephosphatpapier
	SG 81	100	Silikagelpapier

Diese sind für die Eigenschaften des Papiers mitbestimmend, da sie die kapillaren Sogkräfte bedingen.

In den Linterspapieren findet man allerdings einen sehr niedrigen Anteil an mineralischen Bestandteilen, die sich bei speziellen Trennungen nachteilig auswirken können. Durch Waschen des Papiers mit Säure lassen sich diese größtenteils entfernen. Die säuregewaschenen Papiere haben zudem eine größere Naßfestigkeit.

Ionenaustauscherpapiere sind Linterspapiere, die entweder oberflächenpräpariert oder deren Hydroxylgruppen verestert sind. DEAE (2-Diethylaminoethyl)-Cellulosepapier stellt einen Anionenaustauscher dar. Als Kationenaustauscher dienen Cellulosephosphatpapiere und Carboxylmethylcellulosepapiere.

Silikagelbeschichtete Papiere vereinigen die Vorzüge von Cellulose und Silikagel. Sie werden bei Trennungen herangezogen, bei denen sowohl Verteilung als auch Adsorption eine Rolle spielen.

Um Adsorptionserscheinungen auszuschalten, die sich besonders bei der Trennung von höhermolekularen Verbindungen störend bemerkbar machen, kann man auch Glasfaserpapier oder polyvinylhaltige Kunststoffpapiere verwenden. Glasfaserpapier läßt sich auch bei nichtwäßrigen Grundelektrolyten einsetzen, von denen Cellulosepapier nicht benetzt wird. Wegen des starken Alkaligehalts ist jedoch bei der Verwendung von Glasfaserpapier mit einer hohen endosmotischen Strömung zu rechnen.

Papiere auf PVC-Basis benetzen sich mit wäßrigen Grundelektrolyten nur ungenügend. Man verwendet daher Wasser/Methylglykol-Gemische im Grundelektrolyten. Methylglykol vermittelt infolge seiner hydrophob-hydrophilen Struktur eine gute Benetzung der PVC-Faser bei gleichzeitig ausreichendem Lösungsvermögen. Das PVC-Papier wird hauptsächlich bei analytischen Arbeiten eingesetzt, da nur geringe Substanzmengen getrennt werden können. Im Gegensatz zum Glasfaserpapier zeigt es nur eine geringe Endosmose.

Eine Übersicht über gängige Papiersorten nebst Herstellerfirmen gibt Tabelle 2.

1.1.2 Trägermaterialien für die Dünnschichtelektrophorese

Für die Dünnschichtelektrophorese kommen hauptsächlich die Stoffe als Trägermaterialien in Frage, die auch bei der Dünnschichtchromatographie als Sorptionsmittel Verwendung finden. Die gebräuchlichsten sind:
Cellulosepulver, Stärkegel, Agargel, sowie Silikagel und Aluminiumoxid. Die beiden letzten haben sich vor allem zur Trennung anorganischer Ionen bewährt.

Nebst selbstgestrichenen Dünnschichten auf Glas- und Kunststoffplatten können auch die handelsüblichen DC-Fertigplatten und DC-Folien verwendet werden. Die Herstellung selbstgestrichener Schichten erfolgt nach den aus der Dünnschichtchromatographie bekannten Verfahren.

Über Eigenschaften der handelsüblichen Sorptionsmittel und Herstellerfirmen sei auf die umfangreiche Literatur über Dünnschichtchromatographie verwiesen.

1.1.3 Trägermaterialien für die Säulenelektrophorese

Für die Säulenelektrophorese werden hauptsächlich poröse oder gelartig vernetzte Trägermaterialien verwendet, seltener Substanzen, die einen Dichtegradienten aufbauen.

Die Säulenanordnung hat außerdem den Vorteil, daß auch Trägermaterialien, die sich in dünnen Schichten nur sehr schwierig handhaben lassen, wie z. B. gemahlene organische Harze, verwendet werden können.

a) Poröse Trägermaterialien

Poröse Trägermaterialien haben gegenüber gelartig vernetzten Trägermaterialien den Vorteil, daß sie ohne vorherige chemische Umsetzung einsatzbereit sind und deshalb keine störenden Verunreinigungen durch nicht umgesetzte Reaktionspartner enthalten.

Meist werden die in Abschn. 1.1.2 aufgeführten Stoffe verwendet. Für Trennungen anorganischer Ionen werden vor allem Aluminiumoxid und Kieselgel bevorzugt, ansonsten werden hauptsächlich Stärke oder Cellulosepulver eingesetzt.

Zunächst wird das poröse Trägermaterial je nach Wasseraufnahme in der zwei- bis fünffachen Menge an Grundelektrolytlösung suspendiert. Anschließend läßt man noch quellen. Meist empfiehlt sich eine Entgasung der Suspension durch Anlegen eines Wasserstrahlvakuums. Vor Einfüllen der Suspension soll das untere Elektrodengefäß und der untere Teil der Trennsäule (etwa 2–3 cm hoch) mit dem entsprechenden Grundelektrolyten gefüllt sein. Anschließend wird mit Hilfe eines Trichters die Suspension portionsweise eingefüllt. Eine homogene Packung läßt sich dadurch erreichen, daß während des Absetzens die Säule durch Klopfen in leichte Vibration versetzt wird. Je nach Trägermaterial kann der gesamte Einfüllvorgang mit Absetzen der Suspension mehrere Stunden benötigen.

b) Gelartig vernetzte Trägermaterialien

Vernetzte Trägermaterialien werden hauptsächlich in kleineren Röhrchen bzw. in Blockapparaturen eingesetzt. Gegenüber den porösen Trägermaterialien ist die Handhabung in größeren Säulen sowohl hinsichtlich der Herstellung der Gele als auch hinsichtlich der Elution und Abtrennung des Trägermaterials schwieriger.

Vorwiegend werden Agarose- und Polyacrylamidgele eingesetzt. Letztere werden normalerweise unmittelbar vor Versuchsbeginn in der Säule durch vernetzende Polymerisation von Acrylamid hergestellt.

Die Konzentration an Acrylamid und Vernetzer bestimmen die Porengröße des Gels.

Agarose-Gele werden aus heißen, wäßrigen Agarose-Lösungen gegossen, wobei die erhaltene Porengröße von der Agarose-Konzentration abhängt, die normalerweise im Bereich von 0,5–1,25 % (w/w) liegt. Eine 0,8 %ige Lösung z. B. ergibt eine mittlere Porengröße von ca. 170 nm.

Agarose hat gegenüber Polyacrylamid den Vorteil, daß Porengrößen bis 500 nm gut herstellbar sind, ohne daß die Matrix zusammenbricht. Ferner ist Agarose ungiftig, das Gel wird durch einfaches Aufkochen hergestellt statt mit radikalischen Katalysatoren, die zu Störzonen führen können, und es erlaubt schnelles Färben sowie Einfärben. Agarose muß jedoch für einige Anwendungen besonders gereinigt oder behandelt werden, da es noch ionische Gruppen enthält. Außerdem ist Agarosegel im allgemeinen schlechter auflösend als Polyacrylamidgel.

c) Dichtegradient (flüssige Träger)

Substanzen, die einen Dichtegradienten aufbauen, sollen einen hohen Reinheitsgrad aufweisen, sowie im entsprechenden pH-Bereich chemisch stabil und elektrisch neutral sein. Außerdem sollen sie eine genügend hohe Löslichkeit im Grundelektrolyten besitzen, ohne die Viskosität wesentlich zu erhöhen. Vorteilhaft ist außerdem, wenn sie praktisch keine UV-Absorption zeigen und die Probe nicht beeinflussen (z. B. durch Verlust der biochemischen Aktivität).

Diese Anforderungen erfüllen z. B. Saccharose, Sorbit, Glycerin, Ethylenglykol oder Dextran.

Im allgemeinen wird Saccharose verwendet, welche jedoch bei pH ≥ 8 bereits ionisch wird. Daher arbeitet man in diesem pH-Bereich besser mit Sorbit oder Glycerin.

Zum Füllen der Säule wird die untere Elektrodenkammer bis zum unteren Ende der Trennsäule mit der dichtesten Lösung gefüllt. Anschließend füllt man entweder portionsweise entsprechend konzentrierte Lösungen vorsichtig in die Trennsäule, oder man benutzt einen Gradientenmischer, der ein kontinuierliches Einfüllen mit sich stetig ändernder Dichte der Elektrolytlösung gestattet.

Da der Dichtegradient nicht so stabil ist wie feste Trägermaterialien, ist vorsichtiges Arbeiten notwendig.

1.2 Grundelektrolyt

Wird nach dem Prinzip der Zonenelektrophorese getrennt, muß ein einheitlicher Grundelektrolyt verwendet werden. Meist ist dies eine wäßrige Pufferlösung mit entsprechender H^+-Ionenkonzentration und Ionenstärke.

Der pH-Wert ist besonders für die Trennung von Ampholyten, wie Aminosäuren, Proteinen und Peptiden von entscheidender Bedeutung. Er soll so gewählt werden, daß die Differenz der Ionenbeweglichkeit der zu trennenden Ladungsträger möglichst groß ist. Bei Trennung anorganischer Ionen darf keine Hydrolyse auftreten.

Die Ionenstärke des Grundelektrolyten und die der Probe sollten in etwa gleich groß sein, um eine Veränderung der Zonenform während der Trennung zu vermeiden. Die obere Grenze der Ionenstärke ergibt sich aus der Abführung der Jouleschen Wärme. Bei zu hoher Ionenstärke muß zur Verhinderung einer übermäßigen Erwärmung des Trägers, die zu einer stärkeren Verdunstung und eventuell zum Austrocknen führt, entweder bei geringerer Spannung oder in verdünnteren Grundelektrolyten gearbeitet werden. Häufig ist die Verwendung von Al^{3+}-Ionen vorteilhaft, da sich durch „Ionenpaarbildung" oft bessere Trennungen ergeben.

Nichtwäßrige Grundelektrolyte sind von Vorteil, wenn hier die Beweglichkeitsunterschiede der zu trennenden Ladungsträger größer als im wäßrigen System sind. Für die Trennung hydrolyseempfindlicher oder in Wasser kinetisch instabiler Ionen sind nichtwäßrige Grundelektrolyte unbedingt notwendig.

An die nichtwäßrigen Lösungsmittel sind folgende Anforderungen zu stellen: gutes Lösungsvermögen für einen geeigneten Elektrolyten und die zu trennenden Substanzen, hohes Ionisierungsvermögen, niedriger Gefrierpunkt, niedriger Dampfdruck, hoher Flammpunkt und niedrige Viskosität. Geeignete Lösungsmittel sind Formamid, Dimethylformamid, Propylencarbonat, Dimethylacetamid und Acetonitril. Als Elektrolyt dienen LiCl, NaSCN, KSCN und $NaOOCCH_3$.

Eine gleichmäßige und ausreichende Durchtränkung des Trägers mit dem Grundelektrolyten ist von erheblicher Bedeutung. Andernfalls führt ein ungleichmäßiges Feld zur Verzerrung und Unschärfe der Zone. Für Papier-, Dünnschicht- bzw. Säulenelektrophorese haben sich die folgenden Techniken zum Aufbringen des Grundelektrolyten bewährt.

a) Papierelektrophorese

Man taucht den Papierstreifen vollständig in ein Bad mit dem entsprechenden Grundelektrolyten und entfernt den Überschuß zwischen zwei Filterpapierbögen. Eine noch gleichmäßigere Verteilung des Grundelektrolyten wird durch lockeres Auspressen des getränkten Trägers mit einer Doppelgummiwalze erzielt, wie sie z. B. zum Auswringen von Fensterledern Verwendung finden.

b) Dünnschichtelektrophorese

Wegen der leichten Verletzbarkeit der Schicht wird der Grundelektrolyt am besten aufgesprüht oder bei eigener Herstellung der Trennschicht zusammen mit dem Sorptionsbad aufgetragen. Wird eine DC-Fertigplatte in die Grundelektrolytlösung eingetaucht, hat sich auch anschließendes Ablöschen mit Filterpapier bewährt.

c) Säulenelektrophorese

Die Apparaturen (Abschn. 2.2) besitzen meist Vorratsgefäße für den Grundelektrolyten. Beim Füllen muß darauf geachtet werden, daß sich an den Verbindungsstellen zur Trennsäule keine Luftblasen bilden. Bei Verwendung gekörnten Trägermaterials wird ein Brei aus Trägermaterial und Grundelektrolyt langsam in die vertikal stehende Trennsäule eingeschlämmt.

1.3 Auftragung der Probe

Für Papier- und Dünnschichtelektrophorese werden die Arbeitstechniken und Geräte der Dünnschichtchromatographie eingesetzt. Man trägt die Probelösung möglichst gleichmäßig unter Schonung des mit Grundelektrolyt getränkten Trägers auf. Die strichförmige Auftragung ist aufgrund der besseren Auflösung der Zone gegenüber der punktförmigen vorteilhafter. Die Auftragsvolumina liegen im µl-Bereich. Die Auftragstelle wählt man entsprechend der Wanderungsrichtung der zu trennenden Ladungsträger so weit anoden- bzw. kathodenwärts, daß eine möglichst große Trennstrecke zur Verfügung steht. Liegen Teilchen verschiedenen Wanderungssinns vor, so trägt man in der Mitte des Trägers auf. Dies gilt auch für Probelösungen unbekannter Zusammensetzung.

Bei qualitativen Untersuchungen benutzt man zur Auftragung der Probelösung Mikropipetten bzw. Kapillaren. Auch hier sollten nach Möglichkeit definierte Volumina von Probelösungen mit bekannten Gehalten aufgetragen werden.

Da die Ergebnisse quantitativer Untersuchungen entscheidend von der Genauigkeit des Auftragsvolumens abhängen, sind hier aufwendigere Auftragsgeräte notwendig. Es sind dies für punktförmige Auftragungen u. a. Hamiltonpipetten und Mikrometersyringen. Für die vorteilhaftere strichförmige Auftragung kommen vorwiegend automatische Auftragungen in Frage.

Bei der Säulenelektrophorese erfolgt die Probeaufgabe, sofern keine besondere Vorrichtung vorgesehen ist, mit Hilfe einer entsprechend dimensionierten Spritze direkt auf die Oberfläche des Trägermaterials (bei fokussierenden Verfahren ist der Ort der Probenaufgabe belanglos). Zur Erzielung einer besonders schmalen Probezone hat sich das Verfahren der Disk-Elektrophorese bewährt.

1.4 Auswertung der Pherogramme

Die Auswertungsmethoden in der Papier- und Dünnschichtelektrophorese erfolgen normalerweise direkt auf dem Träger, während bei der Säulenelektrophorese meist eine vorherige Elution erforderlich ist. Für die Kapillarisotachophorese, die häufig in handelsüblichen Apparaturen vorgenommen wird, stehen UV- und Leitfähigkeitsdetektoren zur Verfügung.

1.4.1 Papier- bzw. Dünnschichtelektrophorese

Die qualitative und quantitative Auswertung der Pherogramme erfolgt normalerweise wie bei der Papier- und Dünnschichtchromatographie.

1.4.1.1 Qualitative Auswertung

Rein visuell kann auf den Pherogrammen die Entmischung farbiger Substanzen erkannt werden. Viele andere Zonen absorbieren kurzwelliges Licht und können daher unter der UV-Lampe sichtbar gemacht werden. In den meisten Fällen müssen jedoch zum Nachweis auf chemischen Umsetzungen beruhende Anfärbemethoden angewendet werden. Dazu wird das mit Warmluft getrocknete Pherogramm mit einer geeigneten Reagenzlösung besprüht oder in einer feuchten Kammer der Einwirkung gasförmiger Chemikalien ausgesetzt.

Für anorganische Ionen eignen sich vor allem die in der qualitativen Analyse verwendeten Farbreaktionen. Besonders Schwermetallionen bilden charakteristisch gefärbte Komplexe mit organischen Chelatbildnern wie Dithizon, Alizarin, Chinalizarin usw.

Gute Auswertungsmöglichkeiten bietet auch der Einsatz radioaktiv markierter Proben, denn die Zonen der markierten Verbindungen lassen sich sehr empfindlich entweder durch Autoradiographie oder durch Aufnahme von Aktivitätsverteilungskurven nachweisen.

Zur Autoradiographie legt man den getrockneten Träger auf einen speziellen Röntgenfilm, den man nach der Expositionszeit entwickelt. Die Substanzzonen erscheinen auf dem Film als schwarze Flecken, die durch Schwärzungsmessungen auch quantitativ ausgewertet werden können.

Zur Aufnahme von Aktivitätsverteilungskurven wird das getrocknete Pherogramm mit einem geeigneten Detektor ausgemessen und die Aktivität als Funktion des Ortes aufgezeichnet. Durch Planimetrieren der erhaltenen Kurven ist auch eine quantitative Auswertung möglich.

1.4.1.2 Quantitative Auswertung

Zur quantitativen Auswertung der Pherogramme stehen prinzipiell zwei Verfahren zur Verfügung. Entweder bestimmt man die einzelnen Verbindungen nach ihrer Sichtbarmachung direkt auf dem Träger oder erst nach Elution mit Hilfe einer geeigneten analytischen Methode.

1.4.1.2.1 Direktbestimmungsmethoden

Die gängigsten Direktbestimmungsmethoden sind optische Verfahren, die entweder auf der Messung der Fluoreszenz, der Remission oder der Durchlässigkeit beruhen. Da die Messung der Fluoreszenzstrahlung durch Reabsorptionserscheinungen beeinträchtigt wird, ist dieses Verfahren seltener.

Die Mehrzahl der photometrischen Direktbestimmungen beruht auf der Messung der Remission bzw. der Durchlässigkeit der angefärbten Substanzzonen. Hierfür sind die gleichen Geräte geeignet, die zur Auswertung von Dünnschichtplatten im Handel angeboten werden.

Durchlässigkeitsmessungen können mit den gleichen Geräten nach Transparentmachen des Pherogramms vorgenommen werden. Dazu werden die getrockneten und angefärbten Streifen mehrere Stunden in eine Transparenzflüssigkeit gelegt, die annähernd den gleichen Brechungsindex wie das Trägermaterial hat. Für Cellulosepapier werden Benzylalkohol, Methylsalicylat sowie Anisol vorgeschlagen. Eine weitere Möglichkeit ist das Überziehen des Pherogramms mit Kunstharzlack. Diese Methode hat den Vorteil, daß die Pherogramme zum Auswerten trocken und nahezu unbegrenzt haltbar sind.

1.4.1.2.2 Elutionsmethoden

Gegenüber den Direktbestimmungsmethoden treten die Elutionsmethoden zur Auswertung von Pherogrammen wegen des größeren Zeitaufwands in den Hintergrund. Lediglich bei der Auswertung von Dünnschichtelektrophorese spielt dieses Verfahren eine Rolle. Die Zonen werden nach der Trennung nach einer geeigneten Methode lokalisiert, die Substanzen aus dem Träger eluiert und bestimmt. Die Techniken dieser einzelnen Verfahrensschritte sind identisch mit denen der Dünnschichtchromatographie.

1.4.2 Säulenelektrophorese

Eine Direktbestimmung auf der Säule analog Abschn. 1.4.1 ist sehr umständlich. Lediglich Farbstoffe lassen sich gut visuell erkennen. Deshalb werden die getrennten Substanzen in der Regel zuerst vom Trägermaterial abgetrennt.

Dies ist möglich entweder durch kontinuierliche Elution während der Elektrophorese oder durch Auswaschen der Säule nach Abbruch der Elektrophorese.

a) Kontinuierliche Elution

Bei dieser Methode muß in die Säule eine Elutionsvorrichtung eingebaut sein, in die die elektrophoretisch wandernden Substanzen nach Verlassen des Trägermaterials noch während der Elektrophorese wandern und von dort kontinuierlich oder diskontinuierlich mit einer geeigneten Lösung, meist der jeweiligen Grundelektrolytlösung, eluiert werden. Die Elutionsvorrichtung sollte ein möglichst kleines Totvolumen besitzen, um Verdünnungseffekte gering zu halten. Die Detektion kann photometrisch entweder kontinuierlich oder nach Fraktionieren vorgenommen werden.

Nachteilig bei dieser Methode ist die zusätzliche Verdünnung der Substanzzonen. Weiterhin muß die Elektrophorese so lange durchgeführt werden, bis die gewünschten Substanzen die ganze Trennstrecke durchwandert haben. Vorteilhaft ist, daß die Methode bei jedem beliebigen Trägermaterial einsetzbar ist.

b) Auswaschen der Säule nach Abbruch der Elektrophorese

Die einfachste Methode besteht darin, das gesamte Trägermaterial in einem Stück der Säule zu entnehmen, in Scheibchen gleicher Dicke zu zerschneiden und die Probesubstanzen z. B. durch Extraktion mit einem geeigneten Lösungsmittel oder durch Zentrifugation vom Trägermaterial abzutrennen und in Einzelfraktionen zu zerlegen.

Weniger zeitraubend ist eine Elution von der Säule wie bei der Chromatographie und Auffangen der einzelnen Fraktionen. Allerdings ist dies nur möglich bei porösen Trägermaterialien, da vernetzte polymere Trägermaterialien eine zu geringe Permeabilität besitzen. Außerdem muß während des Chromatographierens mit Rückvermischung gerechnet werden.

Die einzelnen Fraktionen können anschließend spektroskopisch oder mit chemischen bzw. biochemischen Methoden bestimmt werden.

2 Apparaturen

Elektrophoreseapparaturen für Papier- bzw. Dünnschichtelektrophorese weisen viele Gemeinsamkeiten auf, während für die Säulenelektrophorese im Aufbau grundsätzlich andere Apparaturen Verwendung finden.

Im folgenden sollen vor allem solche Apparaturen näher beschrieben werden, die relativ einfach selbst herzustellen sind und mit denen bisher in unserem Arbeitskreis gute Erfahrungen gemacht wurden.

2.1 Papier- bzw. Dünnschichtelektrophorese

Bei den Apparaturen zur Niederspannungselektrophorese sind die Sicherheits- und Kühlprobleme noch relativ klein. Demgegenüber beansprucht die Hochspannungselektrophorese einen größeren apparativen Aufwand.

Für die Niederspannungselektrophorese sind zahlreiche einfache Anordnungen in der Literatur beschrieben bzw. im Handel erhältlich. Diese besitzen in der Regel folgende Gemeinsamkeiten.

Aufgrund der geringen Wärmeentwicklung wird in den meisten Fällen auf eine besondere Kühlung verzichtet.

Die zwei Elektrodenräume sollten nach Möglichkeit unterteilt sein. Die äußeren Elektrodenräume enthalten die beiden Elektroden, in die inneren tauchen die Enden des Trägerstreifens ein. Äußere und innere Elektrodenkammer sind über Brücken aus Papier oder Diaphragmen miteinander verbunden. Somit treten keine Veränderungen des pH-Werts und der Zusammensetzung des Grundelektrolyten im inneren Teil der Elektrodenkammer und damit auch auf den Trägerstreifen auf. Durch entsprechende Halterungen wird der Trägerstreifen in der Horizontalen fixiert. Sind die Elektrodenkammern sowie die Halterungen versetzbar oder über einen bestimmten Bereich verschiebbar, so lassen sich unterschiedliche Streifenlängen einsetzen.

Die gesamte Anordnung wird mit einem Deckel abgedeckt, der häufig aus Sicherheitsgründen die Anschlüsse für das Netzgerät enthält. Hierdurch wird auf einfache Weise erreicht, daß beim Öffnen des Deckels der Stromkreis unterbrochen wird und keine Spannung mehr an den Elektroden liegt.

Allgemein ist es in solchen Anordnungen möglich, mehrere Trennungen nebeneinander durchzuführen, was für Serienuntersuchungen von Interesse ist.

Hauptproblem bei der Hochspannungselektrophorese ist die Abführung der Jouleschen Wärme. Grundsätzlich hat sich hierfür die sogenannte „Sandwich-Technik" bewährt, wobei der Papierstreifen von oben und unten gekühlt wird. Verdunstung und Sogströmung sind somit weitgehend ausgeschaltet. Die Kühlplatten bestehen entweder aus Glas oder aus mit Kunststoff beschichteten Metallplatten.

Bei anderen Anordnungen, z. B. bei einer von uns häufig eingesetzten Eigenbauapparatur, kühlt man nur von unten mit einer isolierten Metallplatte. Der Trägerstreifen wird hierbei durch einen mit Luft aufblasbaren Polyethylensack oder eine andere federnde Abdeckung auf die Kühlplatte aufgepreßt (Abb. 2).

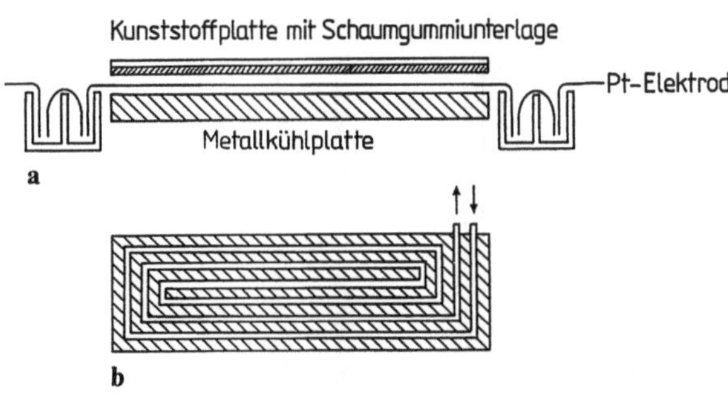

Abb. 2a, b. Schematische Darstellung einer Eigenbauapparatur zur Hochspannungspapierelektrophorese. **a** Längsschnitt durch die Gesamtapparatur, **b** Querschnitt durch die Metallkühlplatte

Zur Kühlung verwendet man entweder Leitungswasser, wobei jedoch die Kühltemperatur durch die Wassertemperatur begrenzt ist, oder eine Kühlsole, die durch ein vorgeschaltetes Kühlaggregat auf die gewünschte Temperatur abgekühlt wird. Diese darf jedoch nicht zu einem Einfrieren des Grundelektrolyten führen.

Bei Verwendung von Peltierbatterien zur Kühlung des Trägerstreifens kann einerseits jede beliebige konstante Temperatur in einem bestimmten Bereich eingestellt, andererseits ein Temperaturgradient längs der Trennstrecke angelegt werden [12]. Nachteilig ist der hohe Preis der Peltierbatterien.

Eine Eigenbauapparatur, die auch ein Arbeiten unter Schutzgasatmosphäre und mit nichtwäßrigen Grundelektrolyten erlaubt, zeigt Abb. 3.

Die Apparatur besteht aus einer auf einem PVC-Block aufgelegten Kühlplatte, einer Anpreßplatte mit Löchern zur Probenaufgabe, den Elektrodentrögen und einem Plexiglasdeckel mit den Vorrichtungen zum Einspritzen der Probe.

Auf den PVC-Kasten (330 mm lang, 315 mm breit und 90 mm hoch) wird mit Hilfe von 12 Schnappverschlüssen die Plexiglasplatte mit 9 Septa gepreßt. Ein Dichtungsring verhindert das Eindringen von Luft während des Spülvorgangs und der Trennung. Auf dem PVC-Block ist ein kühlbarer Metallblock (250 mm lang und 200 mm breit) angebracht, an dessen Querseiten sich die beiden Elektrodenbehälter mit dem Grundelektrolyten befinden.

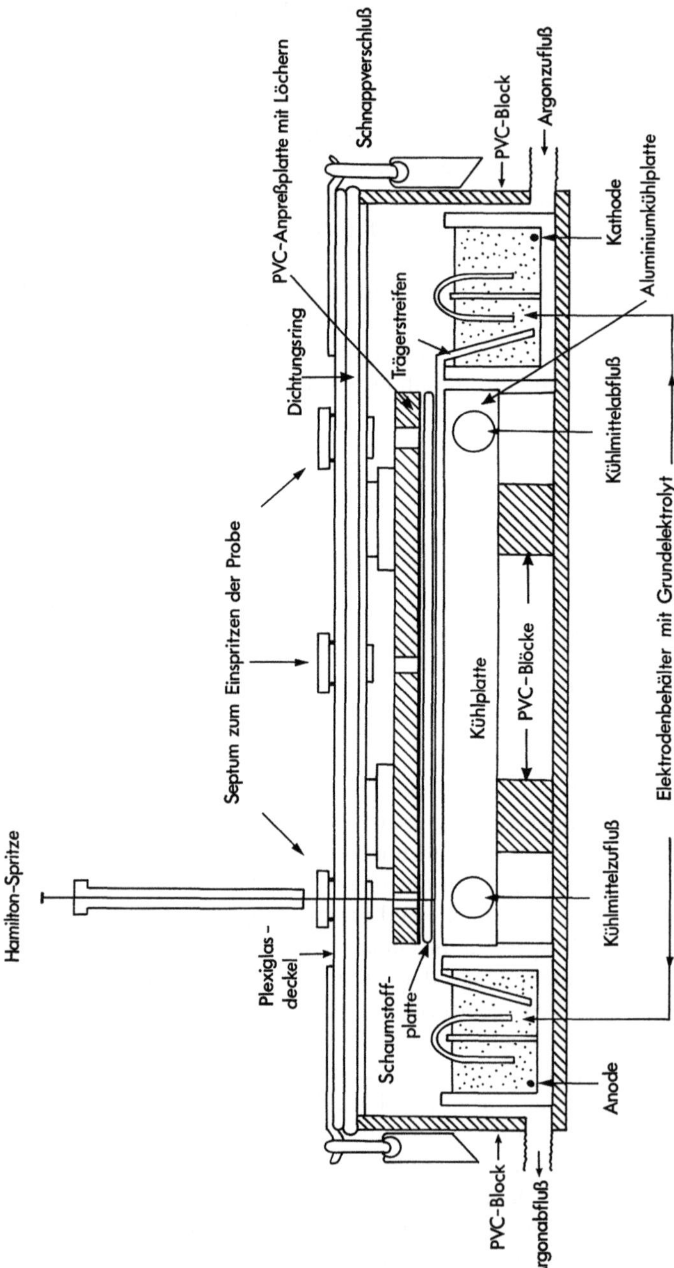

Abb. 3. Schnitt durch die Eigenbauapparatur zur Elektrophorese unter Schutzgasatmosphäre und mit nichtwässrigen Grundelektrolyten

Zum Arbeiten mit nichtwäßrigen Grundelektrolyten werden die Aluminiumkühlflächen der Kammer, sowie die zum Andruck verwendete Schaumstoffplatte durch je eine Lage Polyethylenfolie mit darüberliegender Teflonfolie sorgfältig verklebt und somit lösungsmittelbeständig gegen die Elektrophoresestreifen isoliert. Die Elektrodentröge bestehen aus lösungsmittelbeständigem Polypropylen.

Eine Übersicht gängiger handelsüblicher Apparaturen zur Papierelektrophorese (PE) bzw. Dünnschichtelektrophorese (DCE) nebst Herstellerfirmen gibt Tabelle 3.

Tabelle 3. Geräte zur Papier- (PE) bzw. Dünnschichtelektrophorese (DCE) und Herstellerfirmen

Firma	PE/DCE	Bemerkung
Bender & Hobein Lindwurmstraße 71–73 8000 München	DCE	Trennkammer für CA-Folien oder 9 Objektträger
CAMAG AG Homburgerstr. 4 CH-4132 Muttens, Schweiz	DCE	für Trägerschichten bis 20×20 cm; Gerät mit Speiseaggregat bis 5000 V und Kühlfläche bis zu 20×40 cm
C. Desaga GmbH Maaßstr. 26–28 6900 Heidelberg	PE/DCE	Für Träger bis zu 40 cm Länge
Dr. B. Lange GmbH Postfach 370363 1000 Berlin		Für Kurzzeitelektrophoresen
Firma LKB Instruments GmbH Lochhammer Schlag 5 8032 Gräfelfing	DCE	Geräte bis zu 2000 V und Kühlfläche 25×12 cm
Millipore GmbH Siemensstr. 20 6078 Neu Isenburg		Kompaktgerät
Vetter KG, vorm. L. Hormuth Malscher Str. 6837 St. Leon-Rot		Hochspannungsgerät mit 2 Trennkammern und stufenlos regulierbarer Kälteleistung: $+5\ °C$ bis $15\ °C$

2.2 Säulenelektrophorese

Im allgemeinen erlaubt die Säulenelektrophorese mit gepackten Säulen die Auftrennung größerer Probenmengen als die Dünnschicht- und vor allem Papierelektrophorese. Somit wird sie auch häufig für präparative Zwecke verwendet. Außerdem ist auch der Einsatz von solchen Trägermaterialien möglich, die nur sehr schwierig zu dünnen Schichten zu verarbeiten sind.

Im Vergleich zur flachen Anordnung ist eine Säulenapparatur auch besonders für diskontinuierliche Grundelektrolytsysteme und Dichtegradienten geeignet. Gegenüber vertikalen Blöcken ist bei der Säulenanordnung eine kontinuierliche Elution getrennter Zonen apparativ leichter zu lösen. Ferner bietet die geschlossene Säulenapparatur den Vorteil, daß bei Verwendung entsprechend resistenter Materialien für die Apparatur in niedrig siedenden organischen Lösungsmitteln und ohne größeren Aufwand unter Ausschluß von Luft und Feuchtigkeit gearbeitet werden kann.

Nachteilig ist das größere Kühlproblem und die im allgemeinen geringere Trennleistung sowie der größere apparative Aufwand.

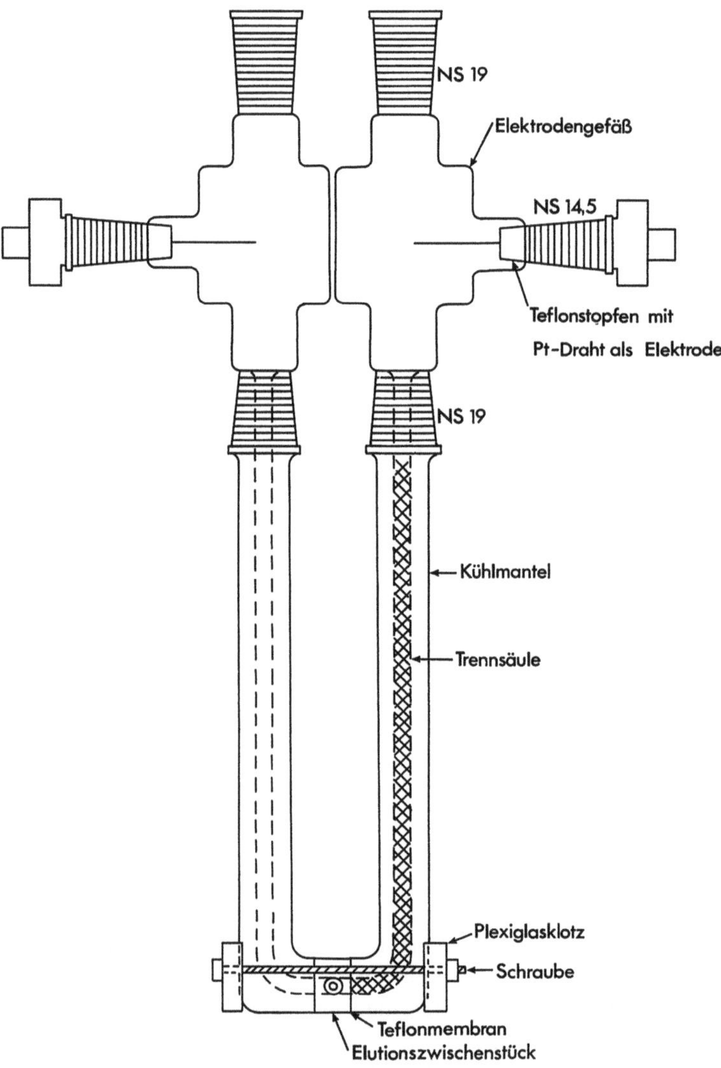

Abb. 4. Schematische Darstellung der Eigenbauapparatur zur Säulenelektrophorese

Allgemein unterscheiden sich die bisher beschriebenen bzw. im Handel erhältlichen Säulenapparaturen durch die Anbringung der Elektrodenräume und ihre Verbindungen mit der eigentlichen Säule, durch die Art der Kühlung und die verschiedenen Elutionsvorrichtungen. Materialien zum Bau von Säulenapparaturen sind durchsichtige Kunststoffe und Glas. Letzteres ist chemisch inert und erlaubt somit den Einsatz organischer Lösungsmittel im Grundelektrolytsystem. Kunststoffe dagegen sind leichter zu bearbeiten und als Formteile herzustellen sowie bruchsicherer.

Speziell für den Einsatz von in der Säure polymerisierten Polyacrylamidgelen als stationäre Phase ist als Säulenmaterial alkaliarmes Glas zu empfehlen, da die Haftung des Polymeren an einer Kunststoffoberfläche nur ungenügend ist. Es können sich dann Flüssigkeitskanäle zwischen dem Gel und der Säulenwand bilden, durch die Teile der Substanzzonen unter Umgehung der stationären Phase wandern können.

Die Elektrodengefäße können von der Trennsäule auch räumlich getrennt sein und werden dann durch elektrolytisch leitende Verbindungen an die eigentliche Säule angeschlossen. Allgemein muß die geometrische Anordnung der Elektrodenräume die Forderung erfüllen, daß an den Elektroden entstehende Elektrolysegase den Ablauf der Elektrophorese nicht behindern und das Trennsystem nicht durch Elektrolyseprodukte verunreinigt wird. Deshalb ist es vorteilhaft, die eigentlichen Elektrodenräume z. B. durch Membranen vom übrigen System zu trennen. Verwendete Membranen oder Glasfritten müssen hinsichtlich Dicke und Porengröße so gewählt werden, daß einerseits das Trägermaterial zurückgehalten wird, andererseits der elektrische Widerstand möglichst gering ist. Ferner soll keine Wechselwirkung mit der zu trennenden Probe stattfinden.

Für eine effektive Nutzung von Säulenapparaturen ist es wichtig, die während der Elektrophorese entstehende Joule-Wärme abzuführen. Bei kleineren Säulen wird meist ein äußerer Kühlmantel angebracht, durch den Leitungswasser oder Kühlflüssigkeit gepumpt wird. Bei größeren Säulenquerschnitten empfiehlt sich eine zusätzliche Innenkühlung. Die Trennsäule liegt dann konzentrisch um das innere Kühlrohr.

Apparaturen, die die Anwendung eines Dichtegradienten gestatten, müssen im allgemeinen so aufgebaut sein, daß das Ablassen oder Auspumpen der Dichtegradientenlösung nach der Trennung problemlos durchgeführt werden kann.

Eine Eigenbauapparatur, die auch den Einsatz nichtwäßriger Lösungsmittel erlaubt, gibt Abb. 4 wieder.

Es kann in dieser Säule mit Spannungen bis zu 2000 V gearbeitet werden.

Tabelle 4. Parameter der Säulenapparatur

Länge	150 mm
Innendurchmesser	3,3 mm
Volumen	1,3 ml
Durchmesser des Kühlmantels	15 mm
Totvolumen des Elutionszwischenstücks	0,1 ml
Länge des Elutionszwischenstücks	10 mm
Elektrodengefäßvolumen	50 ml

In Tabelle 4 sind die Parameter der verschiedenen Apparateteile zusammengestellt.

Die Elektrodengefäße sind Glaszylinder mit Schliffanschlüssen für die Trennsäulenteile sowie die Pt-Elektroden. Das Elutionszwischenstück besteht aus einem massiven Glaskörper mit zwei Bohrungen. Die beiden Trennsäulenteile und das beidseitig mit Teflon-Membran belegte Elutionszwischenstück werden über zwei Plexiglasklötze durch Schrauben zusammengehalten (Abb. 5).

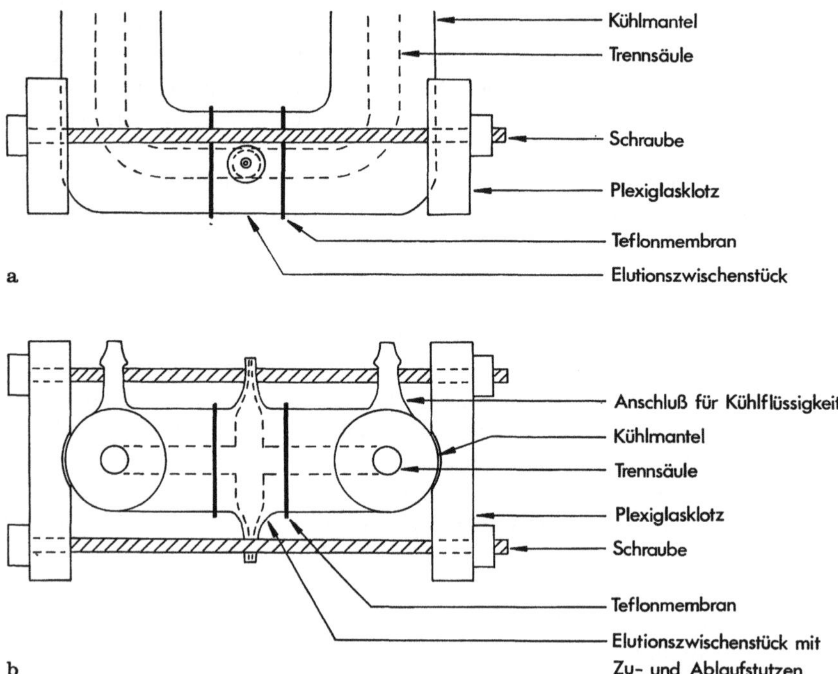

Abb. 5a, b. Ausschnittvergrößerung des unteren Teiles der Elektrophoresesäule. **a** Vorderansicht, **b** Aufsicht.

Die Apparatur weist folgende Vorteile auf:
Gasblasen, die während der Elektrophorese durch Undichtigkeiten, Entgasen des Lösungsmittels oder kurzzeitiges Leerlaufen des Vorratsgefäßes im Elutionssystem entstehen, lassen sich leicht durch Zusammendrücken der Schlauchverbindungen zwischen Vorratsgefäß und Trennsäule und gleichzeitiges Lockern der Schrauben an den Plexiglasklötzen entfernen.

Das Füllen mit Grundelektrolyt erfolgt erst nach dem Zusammenbau. Dadurch setzen sich keine Luftblasen fest.

Die beiden Elektrodengefäße sowie die Trennsäulenteile auf Anoden- und Kathodenseite sind identisch und daher austauschbar.

Ein Erneuern oder Umpumpen der Elektrolytlösungen in den Elektrodengefäßen ist einfach und problemlos.

Bei Verwendung zweier Elutionszwischenstücke nebeneinander kann man gleichzeitig Trennungen auf Anoden- und Kathodenseite durchführen.

In Abb. 6 ist der Aufbau der gesamten Trennapparatur nebst Fließschema für die Elution wiedergegeben.

Die Schlauchpumpe zieht während der Elektrophorese aus einem Vorratsgefäß kontinuierlich Grundelektrolyt durch das Elutionszwischenstück der Elektrophoresesäule. Sobald eine Zone infolge des elektrischen Feldes in das Elutionszwischen-

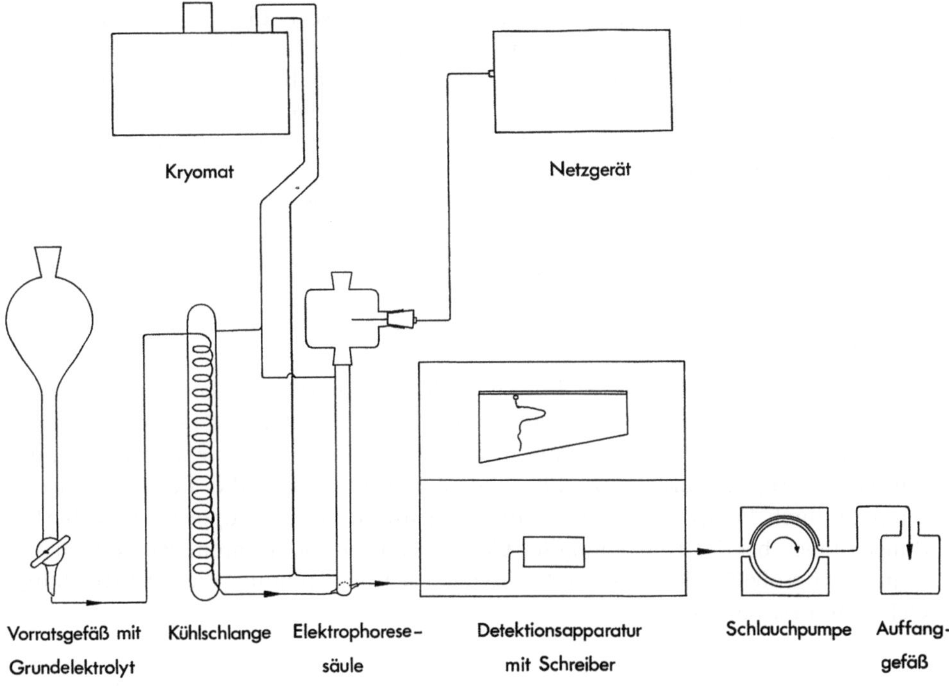

Abb. 6. Aufbau der Säulenelektrophorese und Fließschema für die Elution

Tabelle 5. Apparaturen für die Säulenelektrophorese und Herstellerfirmen

Firma	Bemerkung
Colora Meßtechnik GmbH Barbarossastr. 3 7073 Lorch	Säule für analytische und mikropräparative Dichtegradientenelektrophorese
LKB Instruments GmbH Lochhammer Schlag 5 8032 Gräfelfing	Für präparative Zwecke
ORTEC GmbH Herkomerplatz 2 8000 München	Zelle für 12 Proben

stück gelangt, wird sie daraus eluiert und kann nach Detektion z. B. in einer Durchflußküvette in einzelnen Fraktionen aufgefangen werden.

Weitere im Handel erhältliche Apparaturen und ihre Herstellerfirmen sind in Tabelle 5 zusammengefaßt.

3 Anwendungsbeispiele aus dem Bereich der anorganischen Chemie

Elektrophoretische Trennverfahren bieten sich vor allem zur Untersuchung solcher Lösungen an, die ein Gemisch chemisch sehr ähnlicher Ladungsträger, wie z. B. von homologen Reihen oder Gemischtligandkomplexe enthalten. Stehen die einzelnen Verbindungen miteinander im Gleichgewicht, darf die Einstellung dieser Gleichgewichte allerdings nur so langsam erfolgen, daß während der Trennung praktisch keine Umsetzung stattfindet. Da die elektrophoretischen Trennungen im allgemeinen ziemlich schnell und bei tiefen Temperaturen erfolgen, läßt sich diese Voraussetzung gut erfüllen.

Somit erweisen sich die elektrophoretischen Verfahren bei Trennungen anorganischer Vielkomponentensystemen den anderen Verfahren, wie z. B. der Chromatographie, oft überlegen.

3.1 Polyanionen

Von den homologen Reihen der Polysulfandisulfonate (Polythionate) leiten sich die Polyselenandisulfonate (Selenopolythionate) durch Ersatz der Kettenschwefelatome durch Selen ab, die Polysulfanphosphonsulfonate durch Ersatz einer endständigen Suflonsäuregruppe durch eine Phosphorsäuregruppe und die Polysulfandiphosphonate durch Ersatz der beiden endständigen Sulfonsäuregruppen. Diese Verbindungen fallen bei der Herstellung im Gemisch an. Da sie in ihrem chemischen Verhalten sehr große Ähnlichkeiten aufweisen, hat sich zur Trennung die Hochspannungselektrophorese bewährt.

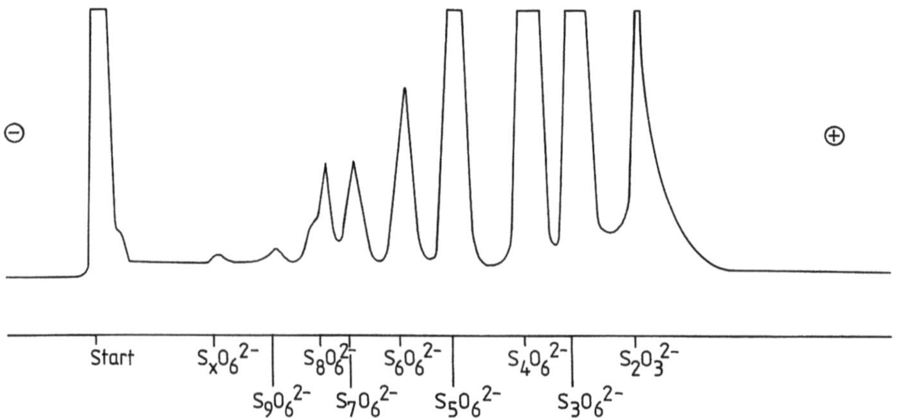

Abb. 7. Trennung ^{34}S-markierter Polythionate durch Papierelektrophorese

Halogenohydroborate leiten sich von Dekaborat ab durch Ersatz des Wasserstoffs durch Halogenatome. Das Auftreten der einzelnen Verbindungen in Reaktionsgemischen, das ebenfalls elektrophoretisch gut zu verfolgen ist, interessiert vor allem bei Untersuchungen von Substituenteneffekten und Reaktionsmechanismen.

3.1.1 Polysulfandisulfonate

Mit Hilfe der Hochspannungspapierelektrophorese ist es möglich, die in einem Reaktionsgemisch aus $S_4O_6^{2-}$ und $S_2O_3^{2-}$ auftretenden Polythionate bis zum Nonathionat aufzutrennen [13] (Abb. 7).

Trennbedingungen

Träger:	Papier, Schleicher & Schüll 2043 Mgl
Grundelektrolyt:	0,8 mol/l Citronensäure und 0,8 mol/l NaH_2PO_4
Probe:	3 µl einer Mischung aus 0,5 ml 0,1 mol/l $S_4O_6^{2-}$-Lsg., 0,5 ml 0,3 mol/l $^{35}S_2O_3^{2-}$-Lsg. und 10 Tropfen 15%iger $HClO_4$
Feldstärke	37,5 V/cm
Trennzeit:	2 h
Trenntemperatur:	0 °C
Auswertung:	Aufnahme der Aktivitätsverteilung

Die Hochspannungspapierelektrophorese zeigt dabei Vorteile gegenüber der Papierchromatographie und ist deshalb auch zur Untersuchung von Vorgängen bei der Wackenroder-Reaktion und ähnlichen Umsetzungen herangezogen worden [14].

Zur quantitativen Bestimmung der Polythionate ist die Trennung durch Dünnschichtelektrophorese geeigneter. Als Träger dienen 0,2 mm Kieselgelschichten, die sich an die Trennung anschließende Bestimmung erfolgt entweder durch coulometrische Titration oder durch Remissionsspektrometrie [15, 16].

3.1.2 ^{35}S und ^{75}Se markierte Polyselenandisulfonate und Polysulfanselenandisulfonate

Die homologe Reihe der Polyselenandisulfonate (Selenopolythionate) bis zum $Se_4S_2O_6^{2-}$ fällt im Gemisch an bei der Umsetzung von schwefliger mit seleniger Säure [17]. Bis zum $Se_7S_2O_6^{2-}$ gelangt man innerhalb von 25 Minuten durch Umsetzung von $SeS_2O_6^{2-}$ mit SeO_3^{2-} [18]. Zum leichteren Nachweis der einzelnen Spezies auf dem Papierpherogramm sind die Verbindungen mit ^{35}S und ^{75}Se markiert (Abb. 8).

Trennbedingungen

Träger:	Papier, Schleicher & Schüll 2043 b Mgl
Grundelektrolyt:	0,1 mol/l H_2SO_4 und 0,1 mol/l Glykokoll
Probe:	3 µl einer Mischung aus 0,15 ml 0,3 mol/l $K_2{}^{75}Se^{35}S_2O_6$ und 0,1 ml 0,3 mol/l $H_2{}^{75}SeO_3$
Reaktionstemperatur:	20 °C
Feldstärke:	37,5 V/cm
Trennzeit:	2 h
Trenntemperatur:	0 °C
Auswertung:	Aufnahme der Aktivitätsverteilung

Entsprechend hergestellt durch Umsetzung von SeO_3^{2-} mit $Se_2O_3^{2-}$ im Überschuß und durch Hochspannungspapierelektrophorese nachgewiesen werden die einzel-

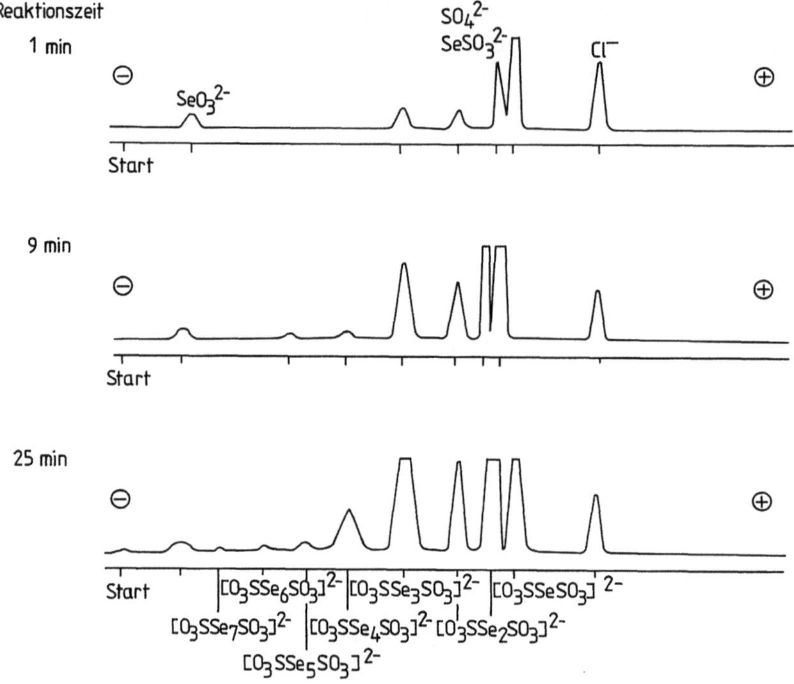

Abb. 8. Trennung ^{35}S- und ^{75}Se-markierter Selenpolythionate durch Papierelektrophorese. Reaktionsverlauf bei der Umsetzung von ^{75}Se^{35}S$_2$O$_6^{2-}$ mit ^{75}SeO$_3^{2-}$

nen Glieder der Reihe der Polysulfanselenandisulfonate, sie leiten sich ab von den Polysulfandisulfonaten durch Ersatz einzelner Kettenschwefelatome durch Selen [19].

3.1.3 Polysulfandiphosphonate und -phosphonsulfonate

In saurer Lösung reagiert SPO$_3^{3-}$ mit S$_2$P$_2$O$_6^{4-}$ unter Aufbau höherer Polysulfandiphosphonate. Die Bildung von S$_3$P$_2$O$_6^{4-}$ und S$_4$P$_2$O$_6^{4-}$ wird nach hochspannungselektrophoretischer Trennung des Reaktionsgemischs durch Auswertung der radioaktiven Doppelmarkierung mit ^{35}S und ^{32}P nachgewiesen [20].

Polysulfanphosphonsulfonate werden neben Polysulfandiphosphonaten erhalten bei der Umsetzung von S$_2$O$_3^{2-}$ mit S$_2$P$_2$O$_6^{4-}$ bzw. bei der Reaktion von SPO$_3^{3-}$ mit Polysulfandisulfonaten [21].

Die zeitliche Reihenfolge des Aufeinanderfolgens der einzelnen Anionen der homologen Reihe wird deutlich bei der elektrophoretischen Untersuchung verschieden alter Reaktionslösungen (Abb. 9).

Trennbedingungen

Träger:	Papier, Schleicher & Schüll 2043 b Mgl
Grundelektrolyt:	0,2 mol/l H$_3$PO$_4$ und 1,0 mol/l Glycin; pH = 3
Probe:	2–5 µl einer Mischung aus 0,1 mol/l SPO$_3^{2-}$ und S$_4$O$_6^{2-}$; v:v = 1:1

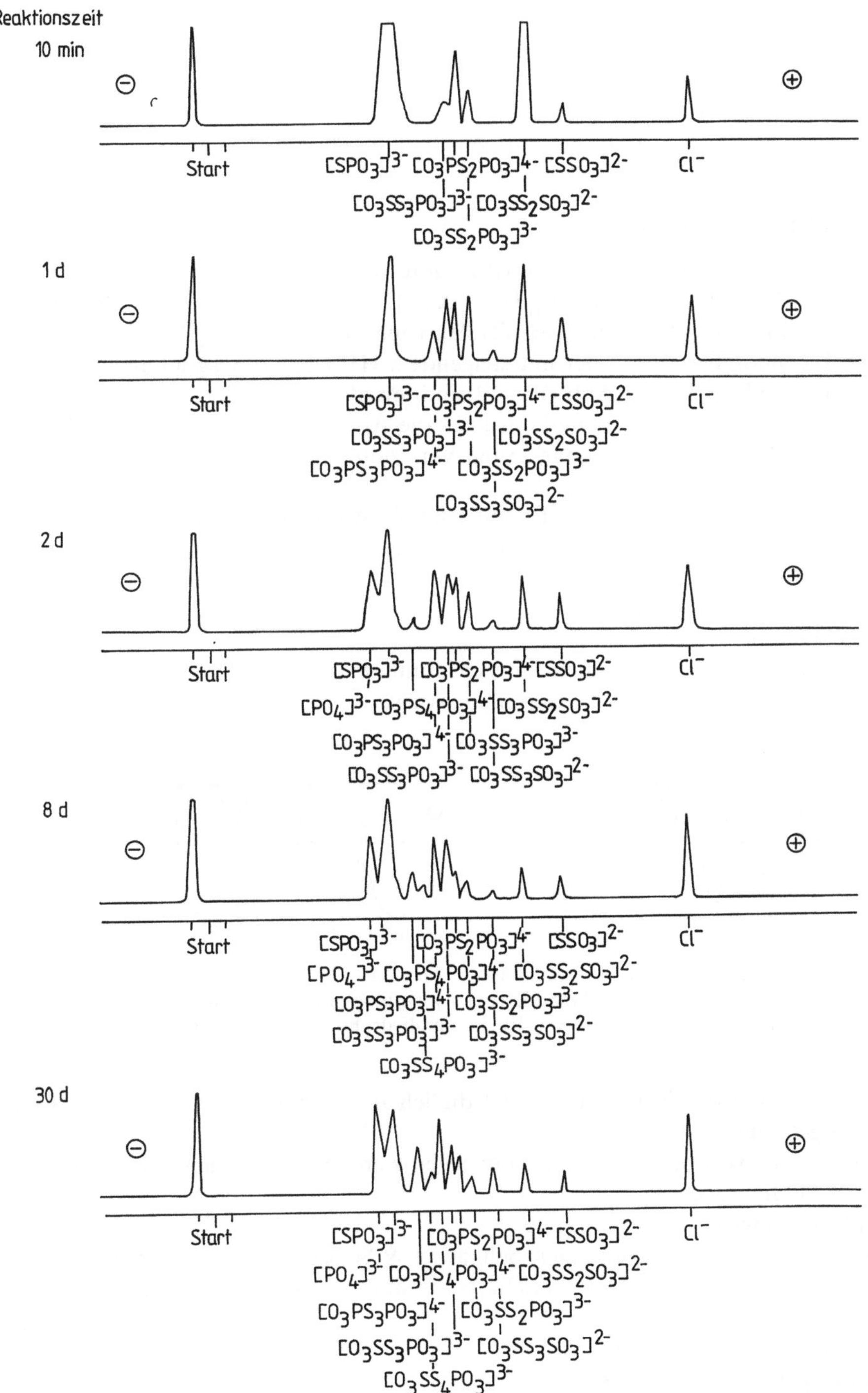

Abb. 9. Trennung ^{35}S- und ^{32}P-markierter Polysulfondiphosphate bzw. Polysulfan phosphensulfonate durch Papierelektrophorese. Reaktionsverlauf bei der Umsetzung von ^{35}S^{32}PO$_3^{3-}$ mit ^{34}S$_2$S$_2$O$_6^{2-}$

Reaktionstemperatur: $+4\ °C$
Feldstärke: 37,5 V/cm
Trennzeit: 2 h
Trenntemperatur: 0 °C
Auswertung: Aufnahme der Aktivitätsverteilung

3.1.4 Halogenohydroborate

Die bei der Umsetzung von Dekahydroborat $B_{10}H_{10}^{2-}$ mit Halogenen gebildeten Halogenohydroboraten des Typs $B_{10}H_{10-n}X_n^{2-}$ [X = Cl, Br, I; mit n = 1–9 bzw. 10] lassen sich durch Hochspannungspapierelektrophorese isolieren [22].

Die Trennung beruht auf der mit steigendem Halogenierungsgrad abnehmenden Ionenbeweglichkeit. In den Abb. 10—12 sind jeweils die mit Acridiniumhydrochlorid sichtbar gemachten Zonen und darunter die Aktivitätsverteilungskurven der mit ^{36}Cl, ^{82}Br bzw. ^{139}I radioaktiv markierten Verbindungen [23] wiedergegeben.

Trennbedingungen

Träger: Filterpapier, Schleicher & Schüll Bmgl, 120 × 15 cm
Grundelektrolyt: 0,2 mol/l Trichloressigsäure—KOH (pH = 2,5)
Feldstärke: 60 V/cm
Trennzeit: 1–3 h
Trenntemperatur: 1–5 °C
Auswertung: Besprühen mit Acridiniumhydrochlorid bzw. Aufnahme der
                  Aktivitätsverteilungskurve

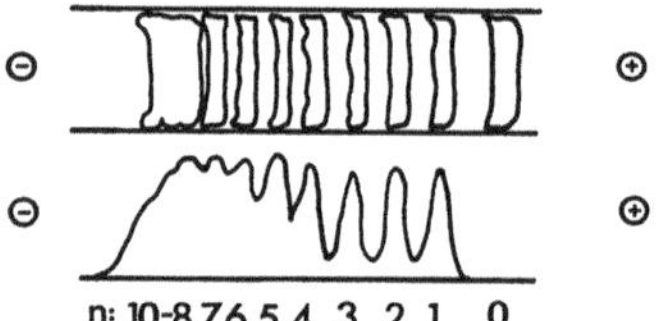

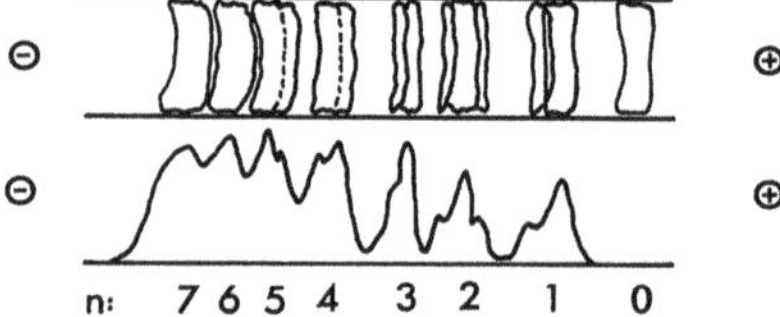

Abb. 10. Pherogramm (oben) und Aktivitätsverteilungskurve (unten) der mit ^{36}Cl markierten Chlorohydroborate $B_{10}H_{10-n}Cl_n^{2-}$ (n = 1–10)

Abb. 11. Pherogramm (oben) und Aktivitätsverteilung (unten) der mit ^{82}Br markierten Bromohydroborate $B_{10}H_{10-n}Br_n^{2-}$ (n = 1–7)

Bei den Chlorohydroboraten sind lediglich die letzten drei Glieder der Reihe nicht aufgetrennt.

Die Bromohydroborate (n = 1–7) dagegen werden bei gleichen Trennbedingungen vollständig getrennt.

Trennbedingungen

Träger: Filterpapier, Schleicher & Schüll Bmgl, 120 × 15 cm
Grundelektrolyt: 0,2 mol/l Trichloressigsäure—KOH (pH = 2,5)
Feldstärke: 60 V/cm
Trennzeit: 1–3 h
Trenntemperatur: 1–5 °C
Auswertung: Besprühen mit Acridiniumhydrochlorid bzw. Aufnahme der
                  Aktivitätsverteilungskurve

Bei den Iodohydroboraten, die bis zu 4 I-Atome enthalten, bilden sich mehrere gut aufgetrennte Unterzonen aus, die sich separat ausschneiden lassen. Die daraus isolierten Verbindungen ergeben jeweils die gleichen Analysenwerte, so daß es sich um geometrische Isomere handelt.

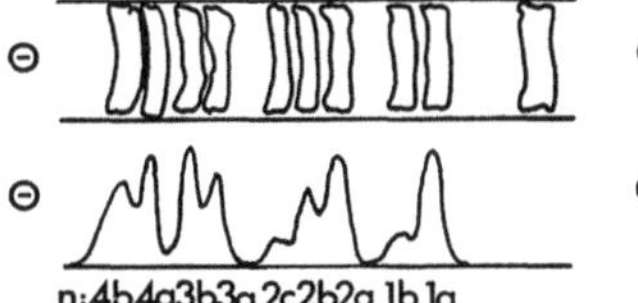

Abb. 12. Pherogramm (oben) und Aktivitätsverteilungskurve (unten) der mit ^{131}I markierten Iodohydroborate $B_{10}H_{10-n}I_n^{2-}$ ($n = 1\text{--}4$).

Trennbedingungen
Träger: Filterpapier, Schleicher & Schüll Bmgl, 120×15 cm
Grundelektrolyt: 0,2 mol/l Trichloressigsäure—KOH (pH = 2,5)
Feldstärke: 60 V/cm
Trennzeit: 1–3 h
Trenntemperatur: 1–5 °C
Auswertung: Besprühen mit Acridiniumhydrochlorid bzw. Aufnahme der Aktivitätsverteilungskurve

Der Trenneffekt läßt sich mit der unterschiedlichen Molekülgestalt der Isomeren erklären, und zwar ist die Abhängigkeit der Ionenbeweglichkeit von der Ionenform früher auch an organischen Verbindungen beobachtet worden [24]. So wandern kugelförmige Ionen im elektrischen Feld schneller als gleich schwere Teilchen mit länglicher ellipsoider Gestalt. $1\text{-}B_{10}H_9I^{2-}$ (Zone 1b, Abb. 12) ist im Vergleich zu $B_{10}H_{10}^{2-}$ stabförmig um 20% verlängert, während $2\text{-}B_{10}H_9I^{2-}$ (Zone 1a, Abb. 12) eine kompaktere Gestalt aufweist. Letzteres wandert deshalb erwartungsgemäß etwas schneller. Mit zunehmenden Iodierungsgrad wird dieser Einfluß der Substituenten auf die Molekülgeometrie geringer, läßt sich experimentell jedoch noch feststellen.

3.2 Chemisch ähnliche Anionen

Die folgenden Trennungen [25] stellen Beispiele dar für die Anwendung der Kapillarisotachophorese.

Anstelle des bei der Trennung von Anionen häufig verwendeten Chlorid als Leition wird hier jedoch Nitrat verwendet. Seine Konzentration legt somit die Konzentration der Ionen in den einzelnen Zonen fest. Chlorat dient als Bezugsion, um relative Ionenbeweglichkeiten angeben zu können, da seine Ionenbeweglichkeit unabhängig vom pH-Wert ist.

3.2.1 ClO_3^-, ClO_4^-, BrO_3^-, IO_3^- und IO_4^-

Die kapillarisotachophoretische Trennung mit Anwendung eines Leitfähigkeitsdetektors zeigt Abb. 13.

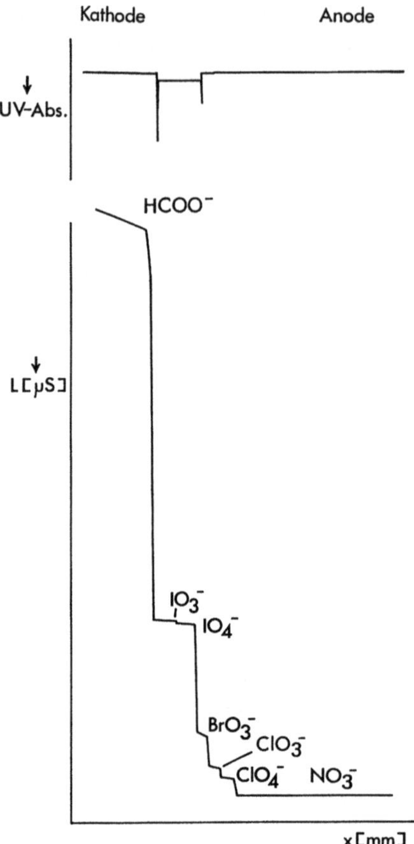

Abb. 13. Trennung von Anionen der Halogene durch Kapillarisotachophorese

Trennbedingungen

Leitelektrolyt:	0,01 mol/l HNO_3/0,0025 mol/l $Al(NO_3)_3$ $9\,H_2O$ 1:4 (v/v) pH = 2,5
Nachfolgeelektrolyt:	0,005 mol/l HCOOH
Probe:	5 µl einer Mischung aus je 1 ml mit 0,01 mol/l Probeion
Spannung:	ca. 7800 V
Stromstärke:	100 µA
Kapillarlänge:	480 mm
Trennzeit:	40 min
Trenntemperatur:	5 °C

Während sich ClO_4^-, ClO_3^- und BrO_3^- deutlich voneinander trennen lassen, zeigt das Leitfähigkeitssignal von IO_3^- und IO_4^- nur geringe Auftrennung an.

3.2.2 Carbonsäure- bzw. Sulfonsäureanionen

Bei pH = 7,6 läßt sich das Carbonsäuregemisch gut trennen, denn die Carbonsäuren sind ausreichend dissoziiert (Abb. 14).

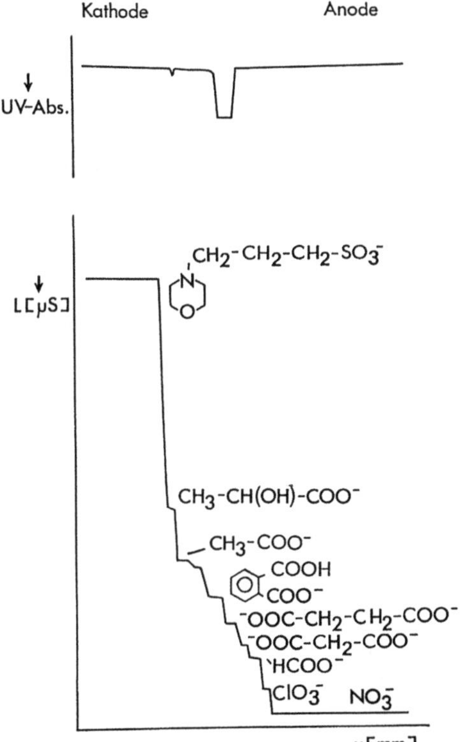

Abb. 14. Trennung von Carbonsäureanionen durch Kapillarisotachophorese

Trennbedingungen

Leitelektrolyt:	0,01 mol/l HNO_3 und Ammediol pH = 7,6
Nachfolgeelektrolyt:	0,01 mol/l N-Morpholinopropansulfonsäure Ammediol pH = 7,9
Probevolumen:	5 µl einer Mischung aus je 1 ml mit 0,01 mol/l Probeion
Spannung:	ca. 7600 V
Stromstärke:	100 µA
Kapillarlänge:	480 mm
Trennzeit:	41 min
Trenntemperatur:	5 °C

In dem Pherogramm befindet sich eine zusätzliche Stufe zwischen Acetat und Hydrogenphthalat, die auch bei Versuchen ohne Probe auftritt. Ursache ist das in alkalischen Elektrolytlösungen vorhandene HCO_3^-.

Bei pH 2,8 gelingt die Auftrennung eines Gemisches, bestehend aus neun verschiedenen Alkyl- und Arylsulfonaten (Abb. 15).

Trennbedingungen

Leitelektrolyt:	0,01 mol/l HNO_3 und Glycin pH = 2,8
Nachfolgeelektrolyt:	0,005 mol/l HCOOH
Probevolumen:	5 µl einer Mischung aus je 1 ml mit 0,01 mol/l Probeion
Spannung:	ca. 7000 V bzw. 3800 V
Stromstärke:	100 µA bzw. 50 µA

Kapillarlänge: 480 mm
Trennzeit: 34 min bzw. 73 min
Trenntemperatur: 5 °C

Bei einer Stromstärke von 100 µA sind von den neun Sulfonaten nur sieben voneinander getrennt. Vermindert man jedoch die Stromstärke auf 50 µA und erhöht damit die Verweilzeit der Ionen in der Kapillare, gelingt auch die Auftrennung der zuvor nicht getrennten Sulfonaten.

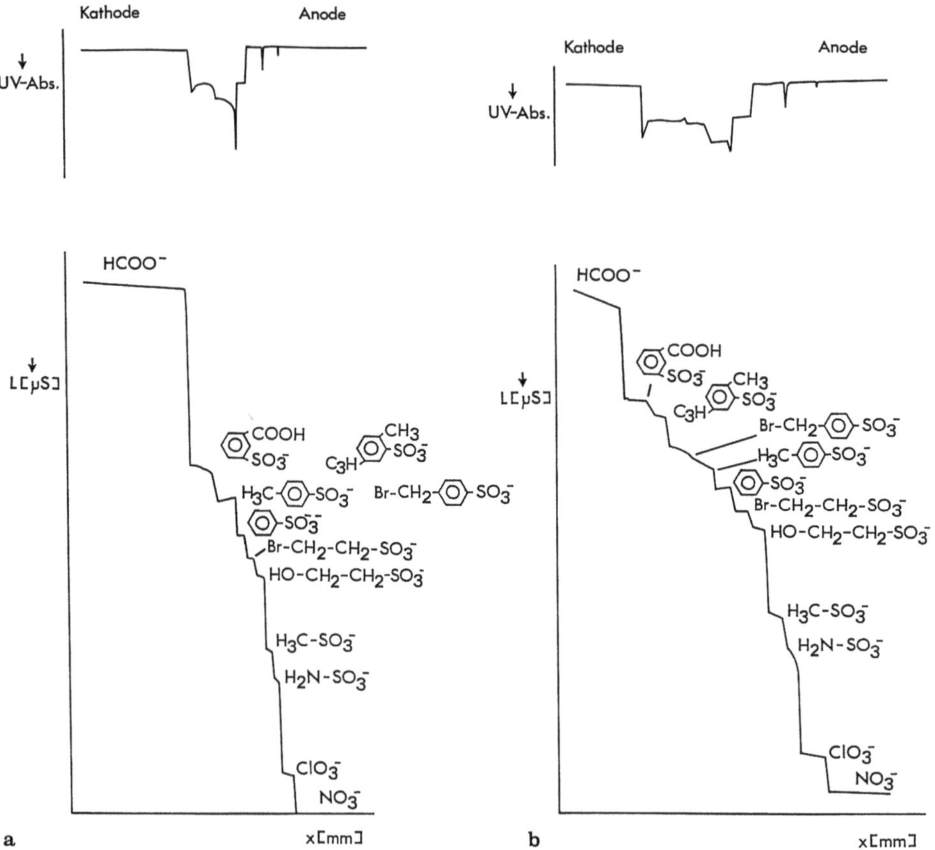

Abb. 15a, b. Trennung von Sulfonsäureanionen durch Kapillarisotachophorese. **a** bei 100 µA, **b** bei 50 µA

3.2.3 Anionen aus radioaktiven Abfallösungen

Die Auftrennung von sechs in mittelaktiven Wastelösungen vorliegenden Anionen bei pH 6 zeigt Abb. 16. Der Anteil von Komplexbildnern wie Citrat, EDTA usw. stammt aus Dekontaminationswäschen mit diesen Komplexbildnern während des Wiederaufarbeitungsprozeßes von Kernbrennstoffen.

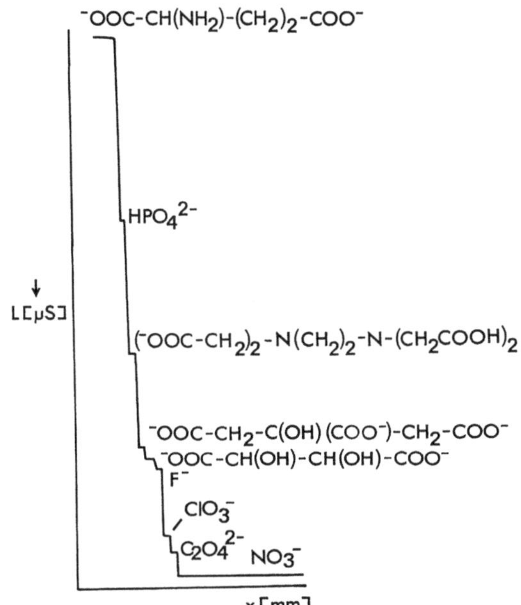

Abb. 16. Trennung von Anionen, die in mittelaktiven Wastelösungen vorliegen

Trennbedingungen

Leitelektrolyt:	0,01 mol/l HNO_3 und 0,02 mol/l Histidin pH = 6,0
Nachfolgeelektrolyt:	0,01 mol/l Glutaminsäure
Probevolumen:	4 µl einer simulierten Wastelösung
Spannung:	ca. 12 000 V
Stromstärke:	75 µA
Kapillarlänge:	480 mm
Trennzeit:	12 min
Trenntemperatur:	5 °C

3.3 Metallkomplexe

Wegen der Kühlmöglichkeit und der relativ kurzen Trenndauer ist die Elektrophorese hervorragend geeignet zur Auftrennung eines Gemisches kinetisch stabiler Komplexe in die einzelnen Komponenten. Diese können anschließend nach der Elution vom Träger leicht isoliert werden und auf ihre Zusammensetzung, ihr spektrophotometrisches Verhalten usw. hin untersucht werden.

Außerdem können elektrophoretische Einflüsse von Temperatur, Ligandenkonzentration u. a. auf die Lage der Komplexgleichgewichte untersucht werden.

3.3.1 Gemischtligandkomplexe von Pt-Elementen

Das Verhalten von Rh(III)- und Ru(III)-Komplexen in wäßrigen Lösungen bei Gegenwart von HCl, $H_2C_2O_4$, $HClO_4$, H_2SO_4 und HNO_3 wurde bereits ab 1958 papierelektrophoretisch untersucht [26–31].

Bei den Pt-Elementen ist in wäßriger Lösung Ligandenaustausch mit den anderen in Lösung befindlichen Ionen denkbar. Dadurch kommt es zur Bildung von Gemischtligandkomplexen, wobei auch Stereoisomere entstehen können.

In Tabelle 6 sind die bisher elektrophoretisch untersuchten homologen Reihen entsprechender Gemischtligandkomplexe zusammengestellt.

Tabelle 6. Elektrophoretisch untersuchte homologe Reihen gemischter Pt-Element-Komplexe

Formel	Name	Literatur
$[MCl_n(H_2O)_{6-n}]^{3-n}$	Chloro-aquo-rhodium(III)-Komplexe	[27, 32–35]
$M = Rh(III), Ir(III)$	Chloro-aquo-iridium(III)-Komplexe	[30]
$[PtCl_n(H_2O_{6-n}]^{4-n}$	Chloro-aquo-platin(IV)-Komplexe	[32–34]
$[MX_nY_{6-n}]^{2-}$	Chloro-bromo-	
$M = Os(IV), Ir(IV), Pt(IV), Re(IV)$	Chloro-iodo- rhenate(IV), osmate(IV), iridate(IV), platinate(IV)	[32–34, 36]
$X \neq Y = Cl^-, Br^-, I^-$	Bromo-iodo	
$n = 0,1 \dots 6$		
$[OsCl_nBr_mI_{6-n-m}]^{2-}$	Chloro-bromo-iodo-osmate(IV)	[37]
$[MF_6]^{2-}$	Hexafluoroosmate(IV)	
$M = Os(IV), Ir(IV), Pt(IV)$	Hexafluoroiridat(IV)	[36]
	Hexafluoroplatinat(IV)	
$[Os_nBr_{2n+4}(NH_2)_{2n-2}]^{2-}$	mehrkernige Bromo-amido-osmate(IV)	[39]
$n = 2, 3, 4, 5$		

Von den in Tabelle 6 wiedergegebenen Reihen soll näher eingegangen werden auf die Untersuchungen der Chloro-aquo-rhodium(III)-Komplexe, die bei der Alterung von Rh(III)-Chloridlösungen auftreten, und auf die der Chloro-bromo-iridate(IV), die wegen des Auftretens von cis-trans-Isomeren interessant sind.

3.3.1.1 Chloro-aquo-rhodium(III)-Komplexe

Zur Untersuchung der Alterung von Rh(III)-Lösungen wird $RhCl_3$ mehrere Stunden am Rückfluß in HCl konz. gekocht. Die tiefrote Lösung dampft man ein

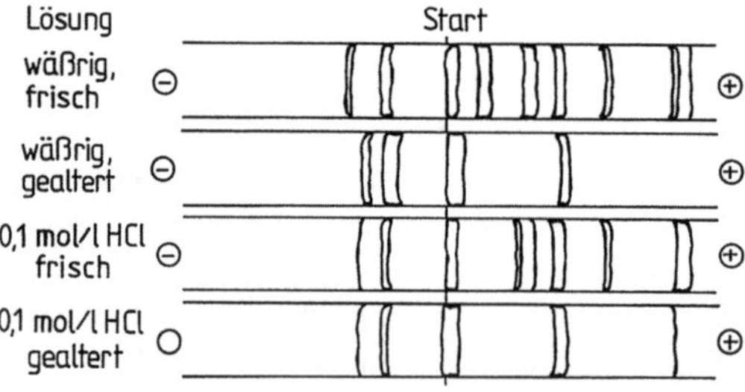

Abb. 17. Untersuchungen frischer und gealteter Rh(III)-chloridlösungen durch Papierelektrophorese

und trocknet anschließend bei tiefen Temperaturen. Einige mg des Rückstandes werden in H_2O bzw. in HCl der angegebenen Konzentration gelöst. Diese Proben werden einmal sofort, das anderemal nach einer Woche Alterung bei 40 °C elektrophoretisch untersucht (Abb. 17).

Trennbedingungen

Träger:	Papier, Schleicher & Schüll 2043 b Mgl
Grundelektrolyt:	0,3 mol/l CH_3COOH und 0,2 mol/l $NaCH_3COO$
Probe:	0,1 mol/l $RhCl_3$ in Wasser bzw. HCl
Feldstärke:	37,5 V/cm
Trennzeit:	30 min
Trenntemperatur:	0 °C
Auswertung:	Besprühen mit einer Lösung aus 5 g $SnCl_2 \cdot 2\,H_2O$ + 0,2 g KI in 100 ml 3,5 mol/l HCl

In den frischen Lösungen sind im Gegensatz zu den gealterten, bei denen sich die Ligandenaustauschgleichgewichte eingestellt haben, noch eine ganze Zahl von Zwischenzonen zu erkennen. Sie sind vermutlich den unbeständigen Chloro-hydroxo-aquo-Komplexen zuzuordnen.

Die Lage der Komplexgleichgewichte in Abhängigkeit von der HCl-Konzentration wird für fünf gealterte Lösungen in Abb. 18 gezeigt.

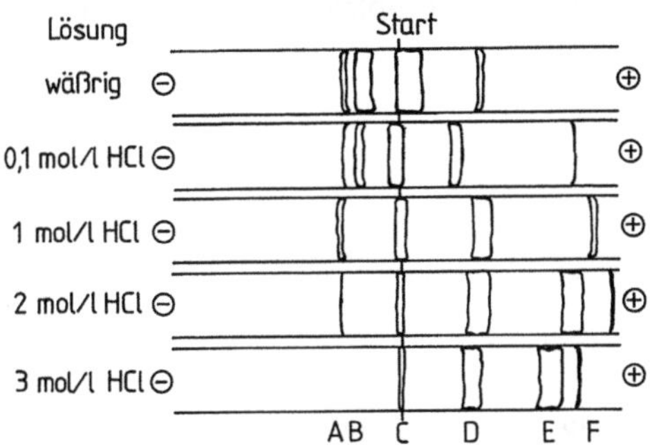

A $[RhCl(H_2O)_5]^{2+}$
B $[RhCl_2(H_2O)_4]^{+}$
C $[RhCl_3(H_2O)_3]$
D $[RhCl_4(H_2O)_2]^{-}$
E $[RhCl_5(H_2O)]^{2-}$
F $[RhCl_6]^{3-}$

Abb. 18. Untersuchung gealterter Rhodium(III)-Komplexlösungen durch Papierelektrophorese. Probelösungen enthalten steigende HCl-Konzentrationen

Trennbedingungen

Träger:	Papier, Schleicher & Schüll 2043 b Mgl
Grundelektrolyt:	0,3 mol/l CH_3COOH und 0,2 mol/l $NaCH_3COO$
Probe:	0,1 mol/l $RhCl_3$ in Wasser bzw. HCl
Feldstärke:	37,5 V/cm
Trennzeit:	30 min
Trenntemperatur:	0 °C
Auswertung:	Besprühen mit einer Lösung aus 5 g $SnCl_2 \cdot H_2O$ + 0,2 g KI in 100 ml 3,5 mol/l HCl

In wäßriger Lösung tritt nur eine anionische Zone auf. Ab etwa 2 mol/l HCl erkennt man drei anionische Zonen, außerdem treten noch die neutrale und eine kationische Zone auf. In Lösungen mit $c_{HCl} \geqq 3$ mol/l liegt keine kationische Zone mehr vor.

Die Wanderungswege der einzelnen Komplexe aus der salzsauren Probelösung weisen darauf hin, daß die Ionenladungen jeweils um eine Einheit differieren. Demnach liegen in 1 mol/l HCl bei Annahme einer Oktaederstruktur $[RhCl_2(H_2O)_4]^+$, $[RhCl_3(H_2O)_3]$, $[RhCl_4(H_2O)_2]^-$ und $[RhCl_5(H_2O)]^{2-}$ vor. Diese Aussage wird durch Elementaranalyse der isolierten Komplexe erhärtet. Die Isolierung der Einzelkomplexe kann erfolgen nach Zonenelektrophorese auf breiten Papierstreifen oder durch kontinuierliche Zonenelektrophorese bzw. trägerfreie Durchflußelektrophorese.

3.3.1.2 Chloro-bromo-iridate(IV)

Gemischtligandkomplexe der allgemeinen Formel $[MCl_nBr_{6-n}]^{2-}$ (M = Ir, Os, Pt, Re; $n = 0, 1 \ldots 6$) bilden sich in Lösungen, die neben dem Ausgangskomplex $[MCl_6]^{2-}$ noch freie Br^--Ionen enthalten [40], durch Ligandenaustausch.

Durch Papierelektrophorese wäßriger bzw. salzsaurer Lösungen der Komplexsalzgemische können die Einzelkomplexe erhalten werden [32, 33, 35, 36].

In Abb. 19 ist die Trennung der Chloro-bromo-Komplexe von Ir(IV) wiedergegeben.

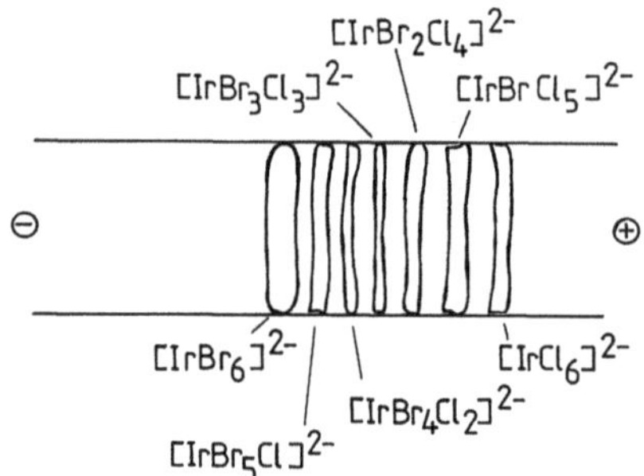

Abb. 19. Trennung von Komplexen der Reihe $[IrCl_nBr_{6-n}]^{2-}$ durch Papierelektrophorese ($n = 0, 1 \ldots , 6$)

Trennbedingungen
Träger: Papier, Schleicher & Schüll 2043 b Mgl
Grundelektrolyt: 0,3 mol/l CH_3COOH und 0,2 mol/l $NaCH_3COO$
Probe: Lösung der Kaliumkomplexe in Wasser
Feldstärke: 37,5 V/cm
Trennzeit: 1,5 h
Trenntemperatur: 0 °C
Auswertung: Eigenfarbe der Komplexe
Hinsichtlich der Wanderungsstrecken ist die Massenbeziehung (Abb. 1) recht gut erfüllt.

Bei Komplexen der Form $[IrCl_nBr_{6-n}]^{2-}$ mit $n = 2, 3$ und 4 sollten auch cis- und trans-Isomere auftreten. Der Versuch, solche Stereoisomeren aufgrund eventueller Unterschiede in ihren Ionenbeweglichkeiten papierelektrophoretisch zu trennen, ergibt keine reinen Isomeren. Eine Möglichkeit, gezielt reine cis- oder trans-

Isomere darzustellen, ist dagegen der gerichtete Ligandenaustausch und anschließende Elektrophorese [36].

Der gerichtete Ligandenaustausch ist auf den 1926 von Tschernayev entdeckten trans-Effekt [41] zurückzuführen. Setzt man z. B. $[IrCl_6]^{2-}$ mit Br^--Ionen um, so entstehen durch sukzessiven Ligandenaustausch die trans-Komplexe. Bei der Umsetzung von $[IrBr_6]^{2-}$ mit Cl^--Ionen bilden sich dagegen die cis-Komplexe. Abb. 20 zeigt die Pherogramme von Lösungen der Umsetzung von $[IrCl_6]^{2-}$ mit Br^- bei 50 °C (oben) bzw. von $[IrBr_6]^{2-}$ mit Cl^- bei 80 °C (unten). Deutlich zu erkennen ist der sukzessive Ligandenaustausch über die Beeinflussung der Wanderungsgeschwindigkeit durch die Ionenmasse.

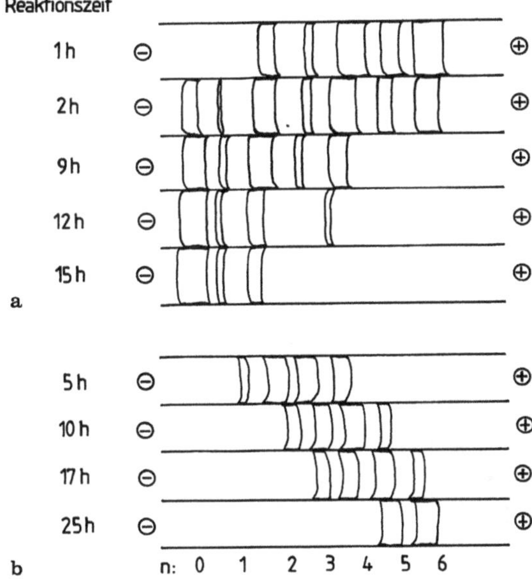

Abb. 20a, b. Trennung von Komplexen der Reihe $[IrCl_nBr_{6-n}]^{2-}$ durch Papierelektrophorese. a trans-Isomere hergestellt durch Umsetzung von $[IrCl_6]^{2-}$ mit Br^-, b cis-Isomere hergestellt durch Umsetzung von $[IrBr_6]^{2-}$ mit Cl^-

Trennbedingungen
Träger: Papier, Schleicher & Schüll 2043 b Mgl
Grundelektrolyt: 0,3 mol/l CH_3COOH und 0,2 mol/l $NaCH_3COO$ (um die Reduktion des Ir(IV) zu verhindern, wird etwas Cl_2-Wasser zugesetzt)
Probe: Kaliumsalze in Wasser
Feldstärke: 37,5 V/cm
Trennzeit: 2 h
Trenntemperatur: 0 °C
Auswertung: Eigenfarbe der Komplexe

3.3.2 Gemischtligandkomplexe des Cr(III)

Auch bei den Gemischtligandkomplexen des Cr(III) lassen sich die einzelnen Glieder homologer Reihen aus einem Reaktionsgemisch auftrennen, da sie kinetisch ausreichend stabil sind.

Tabelle 7. Elektrophoretisch untersuchte homologe Reihen gemischter Cr(III)-Komplexe

Formel		Name	Literatur
$[\mathrm{Cr(CN)}_n\mathrm{(NCS)}_{6-n}]^{3-}$	$n = 0$ bis 6	Cyano-thiocyanato-chromate(II)	[42–44]
$[\mathrm{Cr(CN)}_n\mathrm{(NCSe)}_{6-n}]^{3-}$	$n = 0$ bis 6	Cyano-selenocyanato-chromate(II)	[45, 46]
$[\mathrm{Cr(NCSe)}_{2n}\mathrm{(en)}_{3-n}]^{-2n+3}$	$n = 0$ bis 3	Selenocyanato-ethylendiamin-chrom(III)-Komplexe	[47]
$[\mathrm{Cr(CN)(NCS)}_{2n-1}\mathrm{(en)}_{3-n}]^{-2n+3}$	$n = 1$ und 2	Cyano-thiocyanato-ethylendiamin-chrom(III)-Komplexe	[48]
$[\mathrm{Cr(NCO)}_{2n}\mathrm{(en)}_{3-n}]^{-2n+3}$	$n = 0$ bis 3	Cyanato-ethylendiamiṅ-chrom(III)-Komplexe	[49, 50]
$[\mathrm{Cr(NCO)}_2\mathrm{(AA)}_2]^{+}$	AA = 1,2-Diaminopropan; 1,2-Diaminocyclohexan	Dicyanato-diaminoalkan-chrom(III)-Kation	[51]
$[\mathrm{Cr(NCO)}_{2n}\mathrm{(AA)}_{3-n}]^{-2n+3}$	$n = 0$ bis 3	Cyanato- bzw. Thiocyanato-Komplexe	[52]
$[\mathrm{Cr(NCS)}_{2n}\mathrm{(AA)}_{3-n}]^{-2n+3}$	AA = 1,3-Diaminopropan; Pyridin-2-carboxylat; 8-Hydroxychinolin; 1,10-Phenanthrolin; 2,2′Bipyridin; A = Pyridin, 2-Aminopyridin; 2-Amino-methylpyridine	AA mit weiteren zweizähnigen Liganden	[52, 53]

Somit kann man Aussagen machen über die Optimierung der Reaktionsbedingungen zur gezielten präparativen Darstellung der Einzelkomplexe. Diese erfolgt dann mit Hilfe der Säulenelektrophore bzw. Säulenchromatographie. Tabelle 7 gibt eine Übersicht über die bisher auf diese Weise untersuchten homologen Reihen gemischter Cr(III)-Komplexe.

Soweit es sich um hydrolyseempfindliche oder wasserschwerlösliche Komplexe handelt erfolgen die elektrophoretischen Trennungen im nichtwäßrigen Lösungsmittel.

Von den in Tabelle 7 aufgeführten Reihen soll näher eingegangen werden auf die Trennung von Cyanato-ethylendiamin-chrom(III)-Komplexen, weil hier die vorteilhafte Anwendung eines Temperaturgradienten bei der elektrophoretischen Trennung deutlich wird, und auf die Trennung der wasserschwerlöslichen Thiocyanato-8-Hydroxychinolin-chrom(III)-Komplexe, wo unbedingt der Einsatz nichtwäßriger Lösungsmittel erforderlich ist.

3.3.2.1 Cyanato-ethylendiamin-chrom(III)

Zur Trennung wird eine Elektrophoresekammer zur Papier- und Dünnschichtelektrophorese verwendet, die auch das Anlegen eines Temperaturgradienten längs der Trennstrecke erlaubt [49].

Die Trennverbesserung ist in Abb. 21 zu erkennen. Im Temperaturgradienten von 1,5°/cm gelingt eine vollständige Auftrennung in den cis- und trans-Komplex.

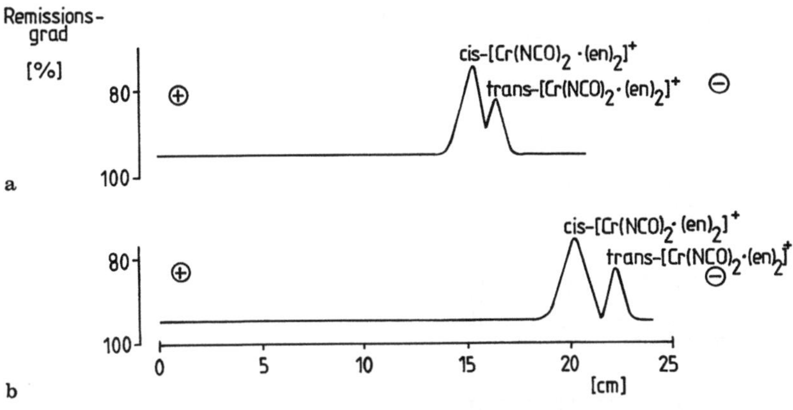

Abb. 21a, b. Remissionsgradortskurven der Pherogramme bei der Trennung von cis- und trans [Cr(NCO)$_2$-(en)$_2$]$^+$. **a** bei konstant 0 °C, R_s = 0,75, **b** im Temperaturgradienten von 1,5°/cm, R_s = 1,2

Trennbedingungen
Träger: Glasfaserpapier Nr. 6, Schleicher & Schüll
Grundelektrolyt: ges. Lösung von Na$_2$SO$_4$ in Formamid
Probe: 0,26 mol/l der beiden Isomere in Formamid
Feldstärke: 62,5 V/cm

Trennzeit: 40 min
Trenntemperatur: oben 0 °C konstant, unten 1,5 °C Temperaturgefälle/cm
Auswertung: Remissionsmessung bei 500 nm
Die Trenngüte errechnet sich nach [54] zu.

$$R_S = \frac{Z_2 - Z_1}{2(G_1 + G_2)}$$

R_S = Auflösung, Maß für die Trenngüte
$Z_2 - Z_1$ = Abstand der Mitten zweier getrennter Zonen
G_1 bzw. G_2 = Halbwertsbreite der Verteilungskurve einer Zone in 60,7% der Bandenhöhen

Die Auswertung der Remissionskurven von je 10 Trennungen ergibt für eine Trenntemperatur von konstant 0 °C (Abb. 17 oben) einen mittleren R_S-Wert von 0,77 $\pm$ 0,05 und bei einem Temperaturgradienten von 1,5°/Cm einen mittleren R_S-Wert von 1,19 $\pm$ 0,06.

Das entspricht einer Verbesserung der Trenngüte um 50,6%.

3.3.2.2 Thiocyanato-8-hydroxychinolino-chrom(III)-Komplexe

Aus den Ausgangskomplexen $K_3[C_3(NCS)_6]$ und 8-Hydroxychinolin läßt sich durch Kochen unter Rückfluß in Acetonitril Thiocyanat kontinuierlich durch den zweizähnigen Liganden 8-Hydroxychinolin (ox) ersetzen (Abb. 22).

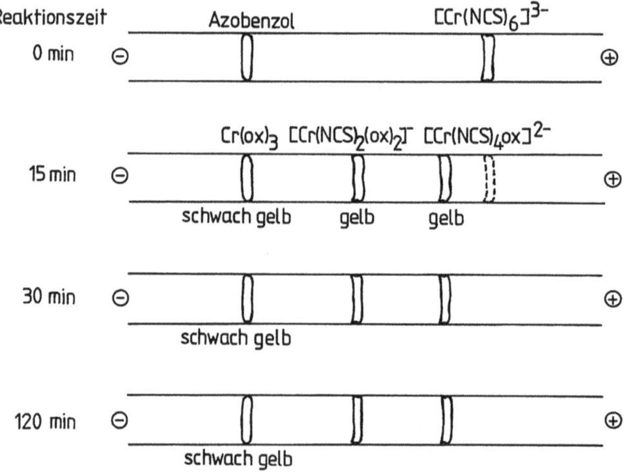

Abb. 22. Auftrennung des Reaktionsgemisches aus $K_3[Cr(NCS)_6]$ und 8-Hydroxychinolin durch Papierelektrophorese in nichtwäßrigen Lösungsmitteln

Trennbedingungen
Probevolumen: 5 ml
Spannung: 3000 V
Feldstärke: 50 V/cm

Trenntemperatur: 0 °C
Trennzeit: 15 min
Grundelektrolyt: NaSCN ($c = 0,2$ mol/l) in Dimethylformamid
Träger: Glasfaserpapier, Schleicher & Schüll
Auswertung: visuell, zur Korrektur der Wanderungsstrecken um die Endosmose wird Azobenzol als neutrale Indikatorsubstanz benutzt

Schon nach 15 min ist der Ausgangskomplex größtenteils umgesetzt und alle denkbaren Produktkomplexe gebildet, denen aufgrund der Lage im Pherogramm die Zusammensetzung $[Cr(NCS)_4ox]^{2-}$, $[Cr(NCS)_2ox_2]^-$ und $Cr(ox)_3$ zukommt.

Auf diese Weise lassen sich allgemein für die Komplexe der Reihe $[Cr(NCS)_{6-2x}(AA)_x]^{2x-3}$ und $[Cr(NCO)_{6-2x}(AA)_x]^{2x-3}$ mit unterschiedlichen zweizähnigen Liganden AA Aussagen über die Reaktionsabläufe machen und die optimalen Reaktionstemperaturen und -zeiten zu gezielten Darstellungen der Einzelkomplexe festlegen.

Insgesamt sind dadurch 19 neue Gemischtligandkomplexe des Cr(III) erstmals nachgewiesen und hergestellt [53] worden.

3.4 Rutheniumkomplexe in radioaktiven Abfallösungen

Bei der Auflösung der Brennelemente in HNO_3 entstehen viele verschiedene Nitrosyl- und Nitratkomplexe des Spalt-Rutheniums und dieses verteilt sich daher beim Purex-Prozeß unerwünscht und oft nicht voraussehbar auf mehrere Prozeßströme. Die bei der Wiederaufarbeitung abgebrannter Kernbrennelemente anfallenden MAW und HAW-Lösungen enthalten dieses Ruthenium in Form zahlreicher anionischer, neutraler und kationischer Rutheniumnitrosylnitrato-Komplexe, die sich ineinander umwandeln [55–57] (Abb. 23).
Man kann drei Hauptgruppen unterscheiden

— kationische Komplexe,
— neutrale Komplexe,
— anionische Komplexe.

In den MAW-Lösungen liegen trotz der hohen HNO_3-Konzentration von 1 bis 3,5 mol/l überwiegend die 6 kationischen Komplexe (90–80 %) vor. Der Anteil an anionischen Komplexen ist 2 %. Den restlichen Anteil von 8–18 % machen die neutralen Komplexe aus [55].

Die neutralen Komplexe lassen sich durch Extraktionschromatographie [58], die geladenen Komplexe durch Elektrophorese gut trennen. Aufgrund des geringen Anteils der anionischen Komplexe sind jedoch hauptsächlich die kationischen Komplexe von Interesse.

3.4.1 Kationische Rutheniumnitrosylnitrato-Komplexe

Bei der Trennung analytischer Probemengen eines Komplexgemisches mit Hilfe der Papierelektrophorese ist die Verwendung von Al(III) im Grundelektrolyten vorteilhaft. Durch Ionenpaarbildung verbessert sich die Trennung. Die Aufspaltung aller einfach positiv geladenen Komplexe gelingt bei zusätzlichem Einsatz eines Temperaturgradienten vollständig (Abb. 24).

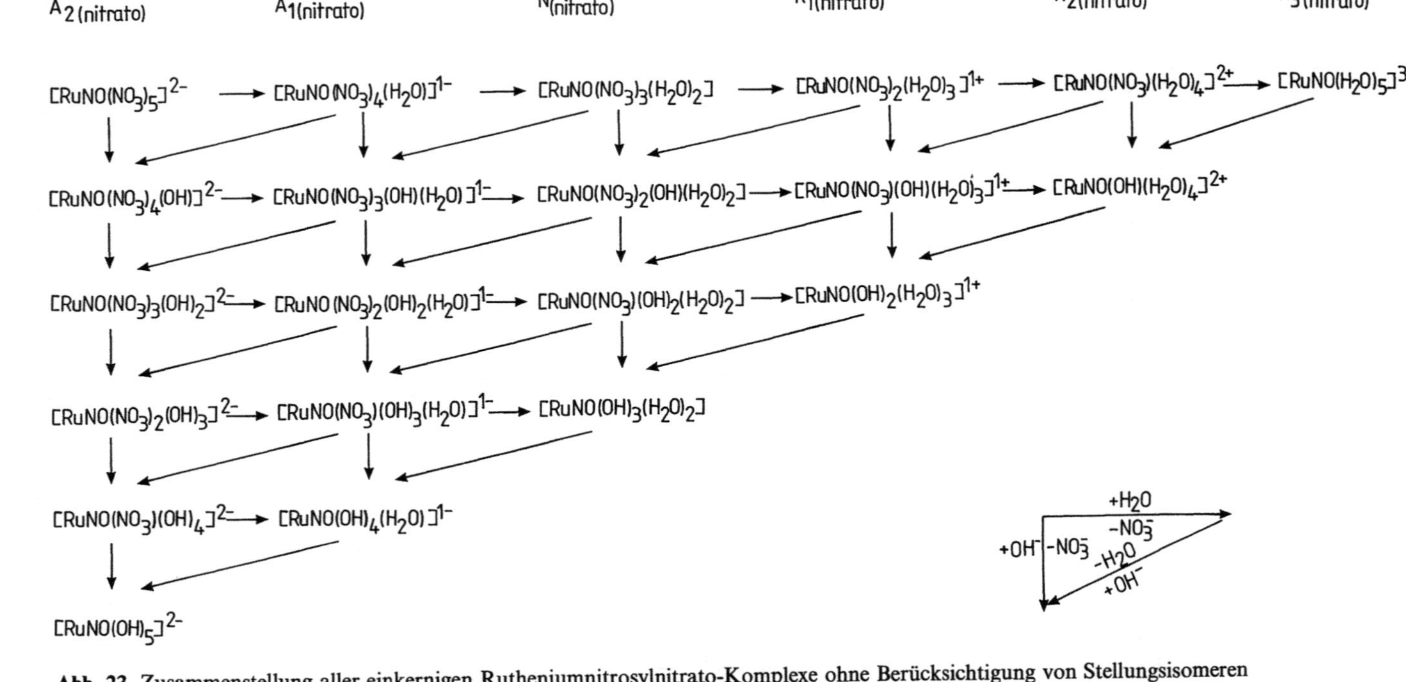

Abb. 23. Zusammenstellung aller einkernigen Rutheniumnitrosylnitrato-Komplexe ohne Berücksichtigung von Stellungsisomeren

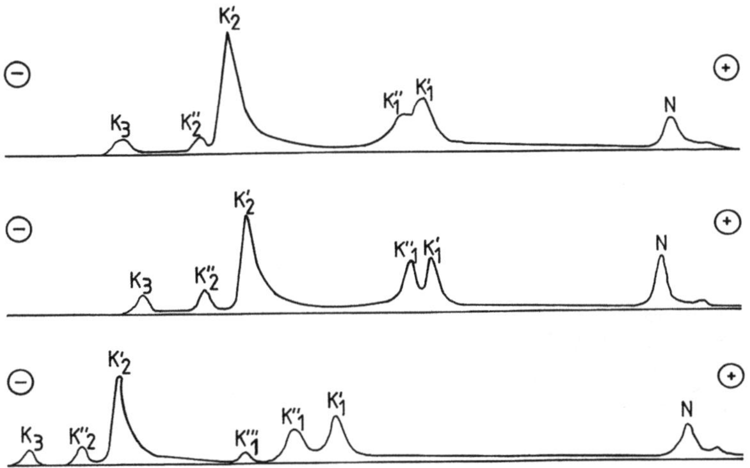

Abb. 24. Optimierung der Trennung von ^{106}Ru-markierten Rutheniumnitrosylnitrato-Komplexen durch Papierelektrophorese

Trennbedingungen

Grundelektrolyt: oben: 0,2 mol/l KNO_3/0,2 mol/l HNO_3 4:1

mitte: 0,05 mol/l $Al(NO_3)_3$/0,2 mol/l HNO_3 4:1

unten: 0,05 mol/l $Al(NO_3)_3$/0,2 mol/l HNO_3 4:1

Probe: 5 µl des Komplexgemisches in 1,35 mol/l HNO_3 gelöst, hergestellt aus $Ru_2N_6O_{15}$

Feldstärke: oben und mitte 20 V/cm; unten 50 V/cm

Trennzeit: oben und mitte 180 min; unten 210 min

Trenntemperatur: oben und mitte $-4\,^\circ$C; unten $0\,^\circ$C an der Anodenseite und $+15\,^\circ$C an der Kathodenseite

Durch Säulenelektrophorese an Lichroprep Si 60 gelingt es, die 6 kationischen Komplexe präparativ zu trennen und durch Elementaranalyse ihre Zusammensetzung zu bestätigen [55].

Noch bessere Trennergebnisse werden erzielt mit Hilfe der Kapillarisotachophorese. Hierbei gelingt sogar die Auftrennung in die denkbaren Stellungsisomeren.

Bei der Isotachophorese wird im Gegensatz zur Zonenelektrophorese kein gemeinsamer Grundelektrolyt verwendet. Die Detektion der Zonen erfolgt entweder durch Leitfähigkeitsmessung oder UV-Photometrie, z. B. bei 254 nm. Damit die isotachophoretischen Trennungen durch UV-Photometrie besser auszuwerten sind, werden oft Spacersubstanzen mit unterschiedlichen Ionenbeweglichkeiten eingesetzt, die bei 254 nm keine oder nur geringe UV-Aktivität zeigen. Speziell zur isotachophoretischen Trennung der Rutheniumnitrosylnitratokomplexe ist eine Spacermischung beschrieben [59, 60], deren Spacersubstanzen alle als Nitrate vorliegen und deren Kationen keine Komplexe mit der Rutheniumnitrosylnitrato-Gruppe bilden.

Abbildung 25 zeigt die kapillarisotachophoretische Auftrennung in 10 Zonen.

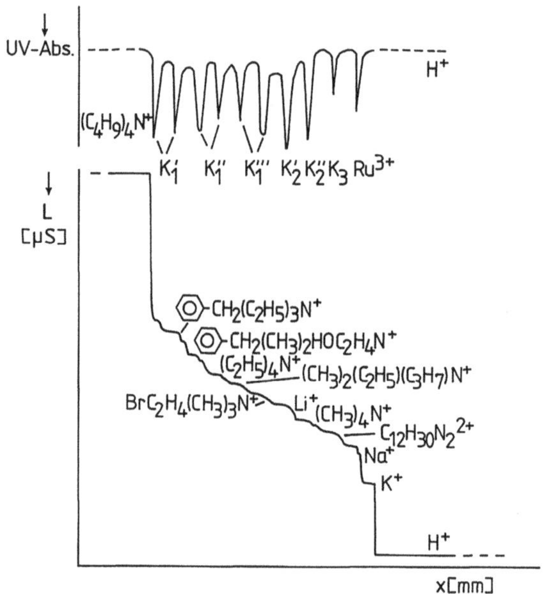

Abb. 25. Trennung der kationischen Rutheniumnitrosylnitrato-Komplexe in einer ausreichend gealterten Probelösung durch Kapillarisotachophorese mit Einsatz von Spacerionen

Trennbedingungen

Leitelektrolyt:	0,01 mol/l HNO_3
Nachfolgeelektrolyt:	0,01 mol/l $(C_4H_9)_4NNO_3$
Probe:	3,5 µl Spacermischung und 1 µl Komplexgemisch, bestehend aus 4,01 g/l $RuNO(NO_3)_3 \cdot 4\,H_2O$ (Firma Ventron) in 0,01 mol/l HNO_3
Spannung:	ca. 11 000 V
Stromstärke:	75 µA
Kapillarlänge:	610 mm
Trennzeit:	50 min
Trenntemperatur:	5 °C

Die vordere Zone ist dem freien Ru^{3+} zuzuordnen. Die nächsten drei Zonen sind auf die drei Einzelkomplexe der Ladung +3 bzw. +2 zurückzuführen, während die restlichen sechs Zonen durch die Stellungsisomeren der Komplexe der Ladung +1 (Abb. 26) hervorgerufen werden.

3.4.2 Umwandlung der Rutheniumnitrosylnitrato-Komplexe

Das Verhalten der einzelnen Rutheniumkomplexe im Purex-Prozeß (*Plutonium and Uranium Recovery by Extraction*) ist unterschiedlich und stört somit die Dekontamination erheblich. Bei der Aufarbeitung zur Abfallendlagerung stellt besonders die Rutheniumverflüchtigung beim Konzentrieren, Calcinieren und Verglasen ein großes Problem dar.

Die gegenseitige Umwandlung der Einzelkomplexe läßt sich mit Hilfe der Kapillarisotachophorese sehr gut verfolgen.

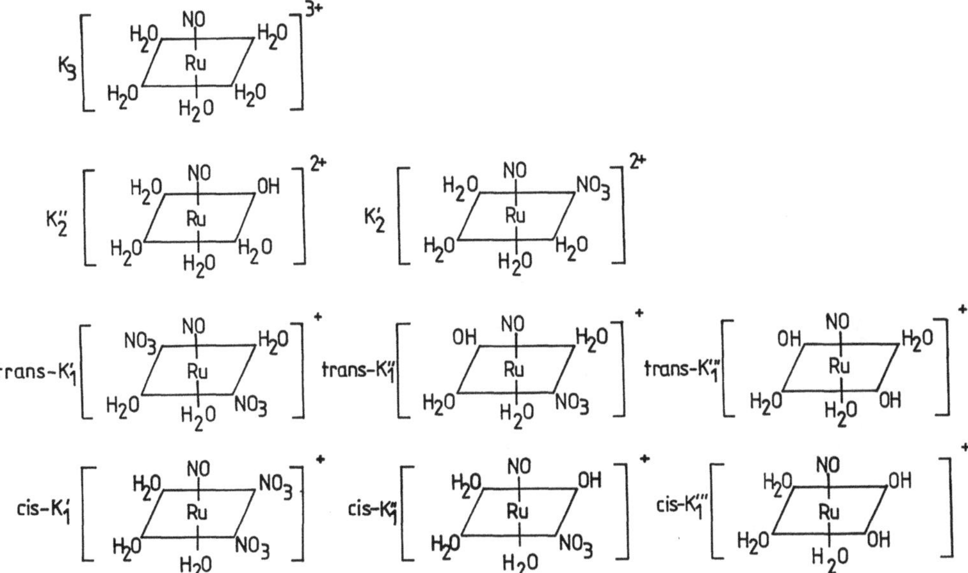

Abb. 26. Kationische Rutheniumnitrosylnitrato-Komplexe unter Berücksichtigung von Stellungsisomeren

So können z. B. die Gleichgewichtseinstellung einer frisch hergestellten salpetersauren Rutheniumnitrosylnitratokomplexlösung bei Zimmertemperatur, die Umwandlung einzelner isolierter Komplexe bei verschiedenen Lagerzeiten und Temperaturen sowie deren Verhalten beim Gefriertrocknen bzw. beim Eindampfen oder Calcinieren mit Hilfe der Kapillarisotachophorese untersucht werden.

3.4.2.1 Gleichgewichtseinstellung einer frisch hergestellten salpetersauren Rutheniumnitrosylnitratokomplexlösung bei Zimmertemperatur

Die Zusammensetzung einer frisch angesetzten salpetersauren Lösung aus 0,01 mol/l $RuNO(NO_3)_3 \cdot 4 H_2O$ als Ausgangskomplex in 0,01 mol/l HNO_3 ändert sich bei Zimmertemperatur bis ca. 45 d nach Herstellung. Abb. 27 gibt die nach kapillarisotachophoretischer Trennung ermittelte Zusammensetzung der Rutheniumnitrosylnitratokomplexlösung nach verschiedenen Zeiten.

Trennbedingungen

Leitelektrolyt:	0,01 mol/l HNO_3
Nachfolgeelektrolyt:	0,01 mol/l $(C_4H_9)_4NNO_3$
Probe:	3,5 µl Spacermischung und 1 µl Komplexgemisch, bestehend aus 4,01 g/l $RuNO(NO_3)_3 \cdot 4 H_2O$ (Firma Ventron) in 0,01 mol/l HNO_3
Spannung:	ca. 11 000 V
Stromstärke:	75 µA
Kapillarlänge:	610 mm
Trennzeit:	50 min
Trenntemperatur:	5 °C

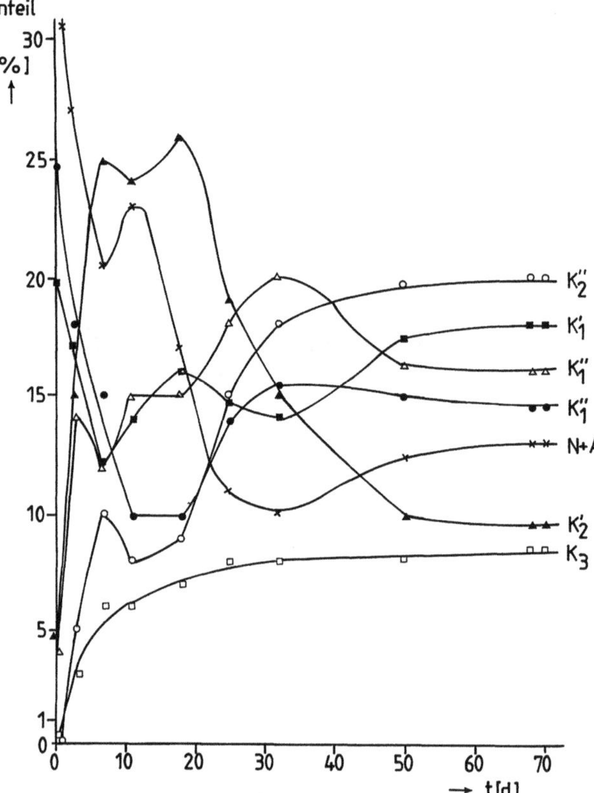

Abb. 27. Untersuchung der Gleichgewichtseinstellung einer Rutheniumnitrosylnitratokomplexlösung bei Zimmertemperatur durch Kapillarisotachophorese

Im Gleichgewichtszustand findet man bei Zimmertemperatur folgende Prozentanteile an kationischen Komplexen:

$$K_3 = 8{,}4\%, \qquad K_2'' = 20{,}0\%, \qquad K_2' = 9{,}5\%, \qquad K_1''' = 16{,}0\%,$$

$$K_1'' = 14{,}5\%, \qquad K_1' = 18{,}0\%$$

Die Lage des Gleichgewichts ist vor allem von der Säure- und der Nitratkonzentration abhängig.

Mit steigender Temperatur nimmt die Umwandlungsgeschwindigkeit stark zu.

3.4.2.2 Umwandlung einzelner isolierter Komplexe in Abhängigkeit von der Lagerzeit und der Temperatur

Die zeitliche Umwandlung der sechs aus 0,01 mol/l HNO_3 isolierten Rutheniumnitrosylnitratkomplexe ergibt sich aus Versuchsreihen bei —36 °C (gefrorene Lösung), bei 0 °C, +3 °C und +100 °C. Tiefgefroren bleiben die Einzelkomplexe über längere Zeit (40 d) stabil, bei 0 °C ist nach 3 h ebenfalls kaum eine Umwandlung zu beobachten, während beim Auftauen der Lösung je nach Temperatur langsamer oder schneller der Gleichgewichtszustand erreicht wird.

Bei +3 °C ist das Komplexgleichgewicht nach ca. 105 d erreicht, bei 100 °C bereits nach ca. 90 Minuten. Hinsichtlich der Geschwindigkeit der Gleichgewichtseinstellung besteht zwischen nitratreichen und nitratarmen Komplexen kein wesentlicher Unterschied.

Abbildung 28 veranschaulicht dies am Beispiel von K_2', K_1'' und K_1', die NO_3^- als Liganden enthalten sowie K_3, K_2'' und K_1''', die kein NO_3^- als Liganden enthalten. Der pH-Wert der untersuchten Lösungen liegt bei 3,4.

In Abb. 28 links nach 45 tägiger Lagerung bei $-36\,°C$ bzw. 3 stündiger bei $0\,°C$ treten fast ausschließlich eine bzw. die beiden Zonen der denkbaren cis-trans-Isomere des Ausgangskomplexes auf, während nach 45 Tagen bei $3\,°C$ bzw. 4 Stunden bei $100\,°C$ (Abb. rechts) die 9 Zonen aller denkbaren Komplexe zu beobachten sind.

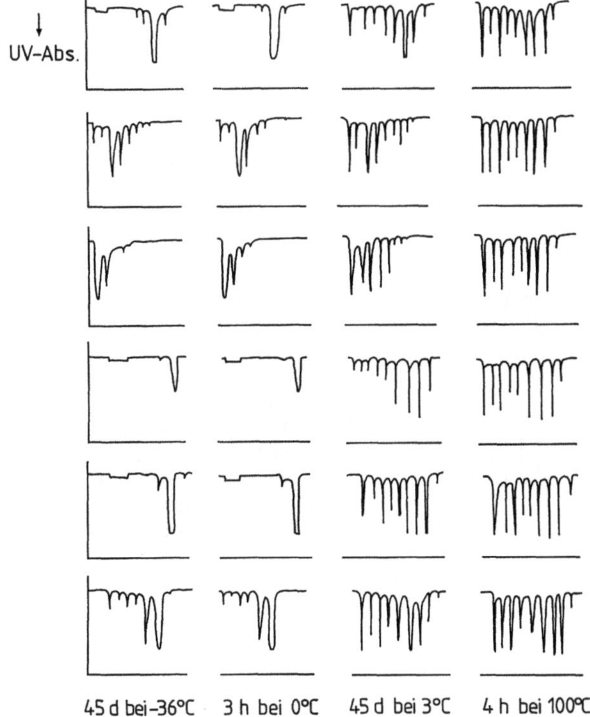

Abb. 28. Untersuchung der Gleichgewichtseinstellung einzelner Rutheniumnitrosylnitratokomplexe bei verschiedenen Lagerzeiten und Temperaturen durch Kapillarisotachophorese

Trennbedingungen

Stromstärke:	75 µA
Spannung:	ca. 10 kV
Temperatur:	5 °C
Kapillarlänge:	610 mm
Trennzeit:	ca. 40 min
Elektrolytsystem:	I
Probevolumen:	4 bzw. 2,5 µl
Probe:	Einzelkomplexlösungen + Spacermischung, 1 : 1,5 (v/v)
Detektion:	UV-Absorption bei 254 nm

3.4.2.3 Verhalten bei Gefriertrocknung

Da die Nitratkonzentration bei der Gefriertrocknung ansteigt, wandelt sich ein Teil des Ausgangskomplexes in nitratreichere Komplexe um. Besonders gut ist dies bei dem Komplex K_2'' zu sehen. Hier kann auch eine Temperaturerniedrigung auf $-75\ °C$ die Umwandlung nicht vollständig verhindern.

Es werden je zweimal 10 ml der Einzelkomplexlösungen K_2'' und K_1'' in flüssigem N_2 eingefroren. Die anschließende Gefriertrocknung erfolgt bei ca. 40 m Torr und $-13\ °C$ bzw. $-75\ °C$.

Abbildung 29 zeigt die Kapillarisotachophoresen der Ausgangslösungen (oben) und diejenigen der in 10 mmol/l HNO_3 aufgenommenen gefriergetrockneten Produkte.

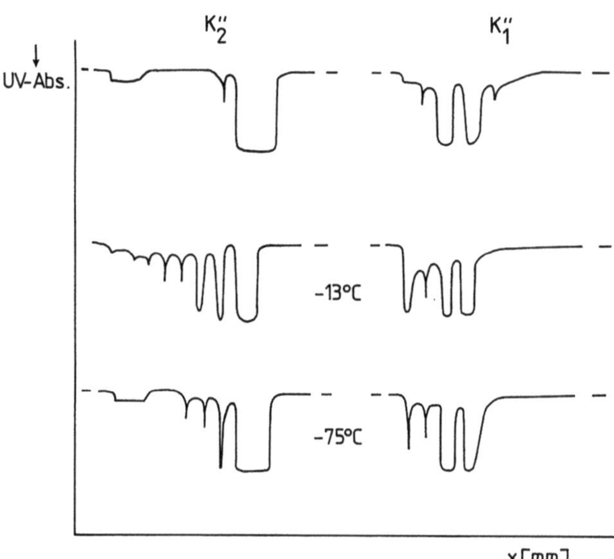

Abb. 29. Untersuchung des Verhaltens der Komplexe K_2'' und K_1'' bei der Gefriertrocknung durch Kapillarisotachophorese. Oben: vor der Gefriertrocknung; mitte: nach Gefriertrockung bei einer Außentemperatur von $-13\ °C$; unten: nach Gefriertrocknung bei einer Außentemperatur von $-75\ °C$

Trennbedingungen

Stromstärke:	75 µA
Spannung:	ca. 10 kV
Temperatur:	5 °C
Kapillarlänge:	610 mm
Trennzeit:	ca. 40 min
Elektrolytsystem:	I
Probevolumen:	4 bzw. 2,5 µl
Probe:	Einzelkomplexlösung + Spacermischung, 1:1,5 (v/v)
Detektion:	UV-Adsorption bei 254 nm

3.4.2.4 Verhalten beim Eindampfen und Calcinieren

Eine nach Abschnitt 3.4.2.1 hergestellte salpetersaure Lösung der Rutheniumnitrosylnitratokomplexe wird eingedampft und der Rückstand auf die entsprechenden

Temperaturen erwärmt. Er wird in wenig 0,01 mol/l HNO_3 aufgenommen und mit Hilfe der Kapillarisotachophorese untersucht. Die Ergebnisse sind folgende:

a) Nach Aufnahme eines bei 200 °C eingetrockneten Rückstandes in 0,01 mol/l HNO_3 sind nur noch trans-cis K_1' und trans-cis K_1'' Komplexe nachzuweisen. Abbildung 30 gibt die UV-Signale im Vergleich mit denen der Ausgangslösung wieder.

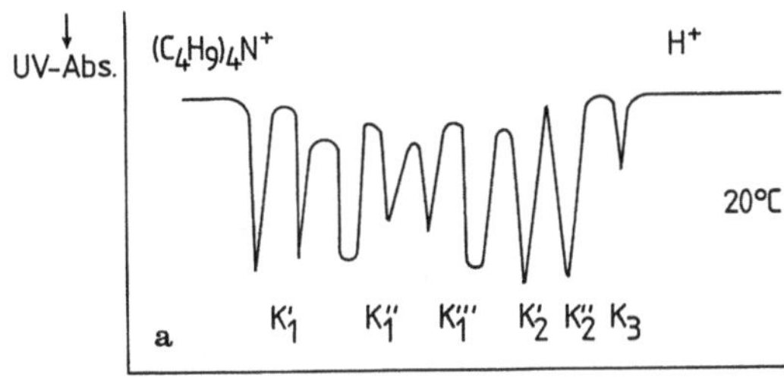

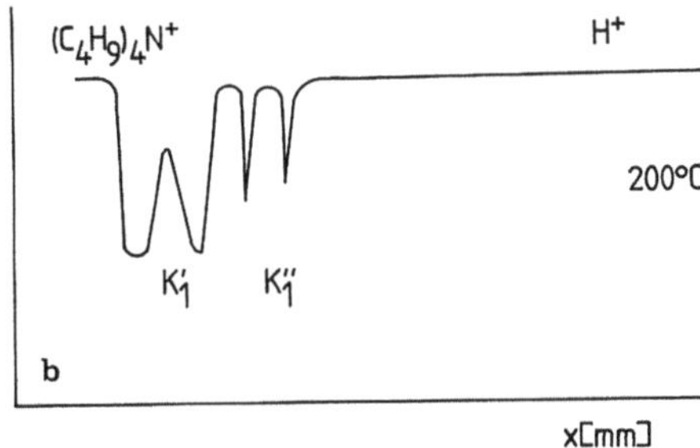

Abb. 30 a, b. Untersuchung des Verhaltens der Rutheniumnitrosylnitratokomplexe beim Eindampfen durch Kapillarisotachophorese. **a** Ausgangslösung, **b** nach Temperaturbehandlung bei 200 °C

Trennbedingungen
Stromstärke: 75 µA
Spannung: ca. 10 kV
Temperatur: 5 °C
Kapillarlänge: 610 mm
Trennzeit: ca. 40 min
Elektrolytsystem: I
Probevolumen: 4 bzw. 2,5 µl
Probe: Einzelkomplexlösung + Spacermischung, 1:1,5 (v/v)
Detektion: UV-Absorption bei 254 nm

b) Nach Erwärmung des Rückstandes bis auf 250 °C liegen ebenfalls nach kationische Rutheniumnitrosylnitratokomplexe vor.

Die prozentuale Veränderung der kationischen Rutheniumnitrosylnitratokomplexe gegenüber dem Ausgangszustand (Abschn. 3.4.2.1) ist in Abb. 31 dargestellt.

Trennbedingungen
Stromstärke: 75 µA
Spannung: ca. 10 kV

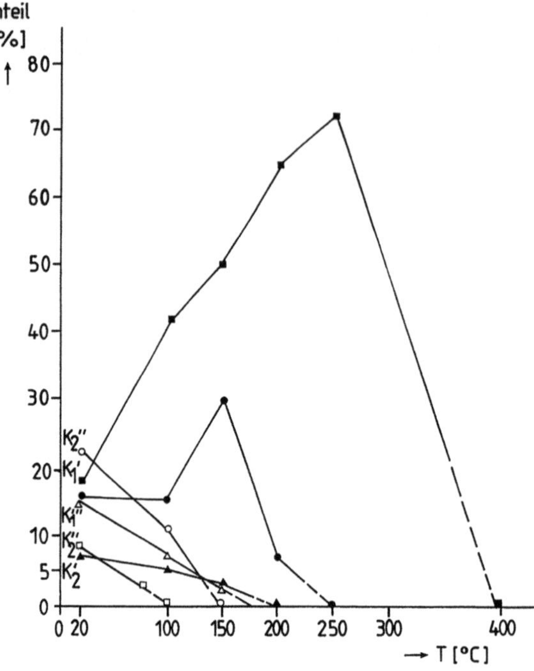

Abb. 31. Untersuchung der prozentualen Zu- bzw. Abnahme der kationischen Rutheniumnitrosylnitratokomplexe beim Trocknen bzw. Calcinieren gegenüber dem Ausgangsgleichgewicht in salpetersaurer Lösung durch Kapillarisotachophorese

Temperatur: 5 °C
Kapillarlänge: 610 mm
Trennzeit: ca. 40 min
Elektrolytsystem: I
Probevolumen: 4 bzw. 2,5 µl
Probe: Einzelkomplexlösung + Spacermischung, 1:1,5 (v/v)
Detektion: UV-Absorption bei 254 nm

Nitratfreie Komplexe zerfallen sehr schnell bzw. verschwinden ganz aus dem Gleichgewicht (Abb. 31, helle Punkte). Nitrathaltige Komplexe sind dagegen stabiler, in zwei Fällen ist sogar bei mittleren Temperaturen eine starke Zunahme zu verzeichnen (Abb. 31, dunkle Punkte). So steigt bei 150 °C der Anteil von K_1'' auf 30% und der von K_1' auf 50% bzw. bei 250 °C auf über 70%. Aus der Gesamtbilanz läßt sich weiterhin schließen, daß der Anteil der anionischen und neutralen Komplexe nur eine geringe Zunahme aufweist.

c) Bei Erwärmung über 250 °C tritt eine braune Rauchfahne auf, die auf eine NO_x-Entwicklung zurückzuführen ist. Der Rückstand bleibt zunächst noch graubraun.

d) Bei Erwärmung über 400 °C sind kationische Rutheniumnitrosylnitratokomplexe im Rückstand nicht mehr nachzuweisen. Von 400 °C an und auch noch bei 900 °C ist der Rückstand grau-schwarz. In Gegenwart von $NaNO_3$ tritt der gleiche Verlauf der Farbänderungen auf. Bei Temperaturen zwischen 400 °C und 900 °C überziehen sich die Wände der Calcinierungsapparatur mit einem grauschwarzen Schleier. Dies wird auf die Zerstörung der Rutheniumnitrosylnitratokomplexe und die Bildung von RuO_2 zurückgeführt.

Literatur

1. Lederer M (1951) Nature (London), 167, 816
2. Strain HH, Sullivan JC (1951) Anal Chem 23, 816
3. Sato TR, Diamond H, Norris WP, Strain HH (1952) J Amer Chem Soc 74, 6154
4. Sato TR, Norris WP, Strain HH (1952) Anal Chem 24, 776
5. Lederer M, Ward FL (1952) Anal Chem Acta 6, 355
6. Strain HH (1952) Anal Chem 24, 356
7. Lederer M (1953) Anal Chim Acta 8, 259
8. Lederer M (1954) Anal Chim Acta 11, 145
9. Evans G H, Strain H H (1956) Anal Chem 28, 1560
10. Martin H (1960) Chimia 14, 202
11. Lindemann FA (1921) Proc Roy Soc London, Ser. A, 99, 102
12. Blasius E, Augustin H, Klemm G (1975) J Chromatogr 108, 53
13. Blasius E, Thiele H (1963) Z Anal Chem 197, 347
14. Blasius E, Krämer R (1965) J Chromatogr 20, 367
15. Blasius E, Münch J (1973) J Chromatogr 84, 137
16. Blasius E, Münch J (1974) Z Anal Chem 272, 346
17. Blasius E, Schönhard G (1967) J Chromatogr 28, 385
18. Blasius E, Knöchel A (1973) J Radioanal Chem 13, 363
19. Blasius E, Knöchel A (1973) J Radioanal Chem 13, 381
20. Blasius E, Spannhake N (1973) Z anorg allg Chem 399, 315
21. Blasius E, Spannhake N (1973) Z anorg allg Chem 399, 321
22. Bührens K-G, Preetz W (1977) Angew Chem Int Ed Eng 89, 195
23. Bührens K-G, Preetz W (1977) J Chromatogr 139, 291
24. Edward JT, Waldron-Edward D (1965) J Chromatogr 20, 563
25. Schmidt-Jost G, Dissertation Universität des Saarlandes, im Druck
26. Kristjanson AM, Lederer M (1959) J Less Common Met 1. 245
27. Lederer M, The Contribution of Chromatographic and Electrophoretic Methods to the Study of the Chemistry of Aqueous Solutions of Metal Salts. Conferenza tenuta al IV Corso Estivo di chimica Inorganica avanzata. Varenna, Italy, 1959
28. Lederer M, Shukla SK (1961) J Chromatogr 6, 429
29. Shukla SK, Lederer M (1959) J Less Common Met 1, 255
30. Shukla SK (1959) J Less Common Met 1, 333
31. Shukla SK (1962) J Chromatogr 8, 96
32. Blasius E, Metodi di separazione nella chimica inorganic, Corso Estivo tenuto a Roma, Academia Naz. dei Lincei, 17–27 settembre 1962. Consiglio Nazionale delle Ricerche, Rome, 1963, S. 141
33. Blasius E, Preetz W (1984) Chromatogr Rev 6, 191
34. Blasius E, Preetz W (1965) Z Anorg Allg Chem 335, 1
35. Blasius E, Preetz W (1965) Z Anorg Allg Chem 335, 16
36. Preetz W (1966) Z Anorg Allg Chem 348, 151
37. Preetz W, Homborg H (1974) Z Anorg Allg Chem 407, 1
38. Preetz W, Petros Y (1971) Angew Chem 24, 1019
39. Preetz W, Pfeifer HL (1970) Z Anorg Allg Chem 377, 11
40. Preetz W, Blasius E (1964) Z Anorg Allg Chem 332, 140
41. Tschernayev II (1926) Izv Inst Tzuch Planting Drugikh Blagorodn Met, Akad. Nauk S.S.S.R., 4, 243
42. Blasius E, Augustin H, Wenzel U (1970) J Chromatogr 49, 520
43. Blasius E, Augustin H, Wenzel U (1970) J Chromatogr 50, 319
44. Blasius E, Augustin H (1972) J Chromatogr 73, 298
45. Blasius E, Augustin H (1975) J Chromatogr 417, 47
46. Blasius E, Augustin H (1975) Z Anorg Allg Chem 417, 55
47. Botar A, Blasius E, Augustin H (1976) Z Anorg Allg Chem 419, 171
48. Botar A, Blasius E, Augustin H (1976) Z Anorg Allg Chem 422, 54
49. Blasius E, Klemm G (1977) J Chromatogr 135, 323

50. Blasius E, Klemm G (1977) Z Anorg Allg Chem 428, 254
51. Blasius E, Klemm G (1978) Z Anorg Allg Chem 443, 265
52. Mernke E (1982) Dissertation. Universität des Saarlandes
53. Blasius E, Mernke E (1984) Z Anorg Chem 509, 167
54. Geiss F (1972) Die Parameter der Dünnschichtchromatographie, Braunschweig S. 66–67
55. Blasius E, Glatz JP, Neumann W (1981) Radiochim Acta 29, 159
56. Rühle W, Dissertation. Ruprecht-Karl-Universität, Heidelberg, 1972
57. Sperfeld R, Dissertation. Ruprecht-Karl-Universität, Heidelberg, 1969
58. Blasius E, Luxenburger HJ, Neumann W (1984) Z Anal Chem 319, 38
59. Blasius E (1983) Z Anal Chem 315, 448
60. Müller K, Dissertation. Universität des Saarlandes, Saarbrücken (1984)

Praxis der ultradünnschicht-isoelektrischen Fokussierung mit Trägerampholyten und immobilisierten pH-Gradienten für ein- und zwei-dimensionale Trennungen

A. Görg, W. Postel, S. Günther, R. Westermeier

Die isoelektrische Fokussierung (IEF) ist ein Elektrophoreseverfahren in einem pH-Gradienten. Hierbei werden amphotere Makromoleküle wie z. B. Peptide, Proteine, Enzyme und Hormone nach ihren isoelektrischen Punkten (pI) aufgetrennt. Die Bestimmung der Ladungsheterogenität ist ein empfindlicher Nachweis zur Unterscheidung sehr ähnlicher Moleküle. Da die getrennten Fraktionen an ihren isoelektrischen Punkten konzentriert (fokussiert) werden und nicht der Diffusion unterliegen, besitzt die Elektrofokussierung ein äußerst hohes Auflösungsvermögen. Entsprechend zahlreich sind daher die Anwendungsgebiete [1, 2].

1 Allgemeine Gesichtspunkte zur Arbeitstechnik

Für die analytische IEF werden kaum noch Flüssigkeiten, sondern Gele aus Polyacrylamid oder Agarose als antikonvektives Medium verwendet. Die Gele dienen zur Stabilisierung des pH-Gradienten und sollten möglichst keinen Molekularsiebeffekt aufweisen. Agarose hat gegenüber Acrylamid den Vorteil, daß sie nicht toxisch ist. Dank ihrer weiten Porengröße eignen sich Agarosegele insbesondere für die IEF von Molekülen mit hohen Molekulargewichten (> 500000). Störungsfreie Trennungen sind jedoch erst seit wenigen Jahren möglich, seitdem es gelang, elektroendosmosefreie Agarose herzustellen. Die IEF in Polyacrylamidgelen wurde zunächst gleichermaßen in Rundgelen [3, 4] (in Anlehnung an die IEF in Dichtegradienten) als auch in Flachgelen [5–9] durchgeführt. Gegenwärtig wird die IEF in Rundgelen fast nur noch für die zweidimensionale Elektrophorese verwendet. Ebenso ist die vertikale Flachgel-IEF fast ausschließlich von der horizontalen Flachgel-IEF verdrängt worden, insbesondere seitdem vorgefertigte Polyacrylamidgele in den Routinelabors Einzug gehalten haben. Flachgele weisen gegenüber Rundgelen eine Reihe von Vorteilen auf:

1. sie ermöglichen den direkten Vergleich vieler Proben in einem Gel bei identischen Trennbedingungen;
2. anstatt einer Vielzahl von Rundgelen wird nur ein Flachgel benötigt, was die Handhabung erleichtert;
3. bei horizontalen Flachgelen kann die Probenauftragsstelle beliebig zwischen Kathode und Anode variiert werden (mit oder ohne Vorfokussierung);
4. der pH-Gradient kann einfach mit einer Mikro-Oberflächenelektrode gemessen werden.

Eine entscheidende Neuerung erfuhr die analytische IEF durch die Einführung ultradünner, auf Folie polymerisierter Polyacrylamidgele [10]. Die Vorteile der Flachgele wurden damit um wesentliche Punkte erweitert: Mit der Verringerung der bis dahin üblichen Geldicke von 1–3 mm auf ein zehntel wird eine erhebliche Vergrößerung der Gelfläche im Verhältnis zum Gelvolumen erreicht. Die damit verbesserte Kühlung des Geles ermöglicht es, mit höheren Spannungen zu arbeiten, was wiederum zu schärferen Trennungen und verkürzten Trennzeiten führt. Weitere Vorteile sind die beträchtliche Zeitersparnis beim Färben, Entfärben und Trocknen der ultradünnen Gele, die Herabsetzung der benötigten Probenmenge sowie der reduzierte Reagenzienverbrauch (z. B. Trägerampholyte). Zymogramme werden innerhalb weniger Minuten entwickelt, wobei die Bandenschärfe erhalten bleibt. Die mechanische Stabilität und damit leichte Handhabung der ultradünnen Gele ist durch die Verwendung einer Trägerfolie gewährleistet. Zu Beginn wurden Cellophan [10, 11] bzw. unbehandelte Polyesterfolie [12] verwendet. Mittlerweile sind vorbehandelte kommerzielle Gelträgerfolien (z. B. GelBond, Gel-Fix) auf dem Markt, auf denen Polyacrylamid- bzw. Agarosegele gut haften bleiben [13].

Polyesterfolien oder Glasplatten kann man auch zur Verbesserung der Hafteigenschaften selbst silanisieren [14, 15]. Die Aufbewahrung von Trennergebnissen auf silanisierten Glasplatten ist allerdings unpraktischer als auf Folien.

Die Gießtechnik ultradünner Polyacrylamidgele mit Vertikalkassetten (Klammertechnik [10]) ist einfach, universell (siehe Abschn. 1.2) und erlaubt die Herstellung von klein- bis großformatigen Gelen mit einer Schichtdicke $\geq$ 100 µm. Für den täglichen Gebrauch haben sich Gele mit einer Schichtdicke von rund 200 µm am störungsunanfälligsten bei Beibehaltung aller Vorzüge der ultradünnen Gele bewährt.

Als Besonderheiten und Modifikationen dieser Gießtechnik seien noch die horizontale Klapptechnik [15] und Schiebetechnik [16] erwähnt. Die Klapptechnik eignet sich zur Herstellung extrem dünner Polyacrylamidgele ($\leq$ 100 µm) unter anderem für die Briefmarkentechnik mit Trenndistanzen von 3 cm. Die Schiebetechnik erlaubt die Herstellung besonders großer Gele z. B. mit 60 cm Trenndistanz für die Analyse von DNS und RNS. Eine weitere Gießmethode ist die horizontale Kapillargießtechnik, die von den einschlägigen Lieferanten für Elektrophoresegeräte empfohlen wird.

Von besonderer Bedeutung für sehr kleine Probemengen und kurze Trennzeiten ist die Mikro-isoelektrische Fokussierung [17, 18], die wahlweise in Kapillarröhrchen bzw. Mikro-Flachgelen durchgeführt wird.

Die Methode der IEF erfuhr eine entscheidende Innovation mit der Einführung von immobilisierten pH-Gradienten nach einem Patent von Gasparic, Bjellqvist und Rosengren [19]. Damit war es erstmals möglich, unendlich stabile pH-Gradienten herzustellen. Der immobilisierte pH-Gradient (IPG) wird im Gegensatz zu den bisherigen Gradienten mit Trägerampholyten nicht durch Anlegen eines elektrischen Feldes an das Gel erzeugt, sondern durch puffernde, saure bzw. basische Endgruppen von Acrylamidderivaten (Immobiline®), die durch Polymerisation kovalent an die Gelmatrix gebunden sind. Immobilisierte pH-Gradientengele werden mit der von uns beschriebenen Gießtechnik für ultradünne Gele [10] unter Verwendung eines kleinen Gradientenmischers gegossen [13, 20]. Hierbei entsteht ein linearer pH-Gradient, der nach der Polymerisation fest in die Gelmatrix inkorporiert ist. Bei immobilisierten pH-Gradienten gibt es weder die Kathodentrift noch Leitfähigkeitslücken, die bei der IEF mit Trägerampholyten vor allem bei engen pH-Bereichen auftreten [21]. Durch Variieren der Immobiline-Mengenverhältnisse in den Gellösungen besteht bei dieser Methode die Möglichkeit, maßgeschneiderte pH-Gradienten mit 1 bis 6 pH Einheiten sowie mit ultraengen pH-Intervallen herzustellen. Dabei ist eine maximale Auflösung von 0,001 pH-Einheiten zu erreichen [21–27].

1.1 Apparaturen

1.1.1 Stromversorgung

Bei der isoelektrischen Fokussierung wird die Auflösung stark von der elektrischen Feldstärke beeinflußt. Je höher die angelegte Feldstärke ist, umso höher ist die Auflösung. Da zu Beginn der Fokussierung während der Ausbildung des pH-Gradienten die Trägerampholyte geladen sind, ist bei einer hohen Anfangsspannung (Feldstärke) die Stromstärke ebenfalls sehr hoch. Dies kann zu einer Überhitzung der Gelmatrix und zu Störungen des pH-Gradienten führen. Die Spannung muß also zu Beginn der Trennung relativ niedrig gehalten werden. Während sich der pH-Gradient aufbaut, verlieren die Trägerampholyte ihre Nettoladungen, und die Stromstärke sinkt. Nun kann eine hohe Feldstärke zur Erreichung der optimalen Auflösung angelegt werden. Führt man die Trennung mit konstanter Leistung durch, so kann sich die Maximalspannung von selbst einstellen.

Ein ideales Stromversorgungsgerät für die isoelektrische Fokussierung sollte daher leistungsstabilisiert sein und eine Maximalspannung von 2000 V für Ampholinefokussierungen sowie bis zu 5000 V für Immobilinefokussierungen ermöglichen.

1.1.2 Trennkammern

Im Horizontalsystem wird das Flachgel auf einen Kühlblock gelegt (Abb. 1). Die Stromzufuhr erfolgt durch Band- oder Draht-Elektroden über zwei mit den jeweiligen Elektrodenlösungen getränkten Papierstreifen, die auf das Gel aufgelegt werden. Es gibt Kammern, die nur für die isoelektrische Fokussierung geeignet sind und solche, in denen man sowohl die isoelektrische Fokussierung als auch die übrigen Horizontalelektrophoresen durchführen kann, da sie über Puffertanks und Fokussierungsaufsatz verfügen.

Horizontalkammern werden von verschiedenen Firmen angeboten. In der Praxis hat sich erwiesen, daß auf einen Antikondensationsdeckel befestigte Drahtelektroden, die man ähnlich wie bei einem Geigenbogen nachspannen kann, einen optimalen Kontakt gewährleisten. Außerdem sollte der Elektrodenabstand stufenlos zu

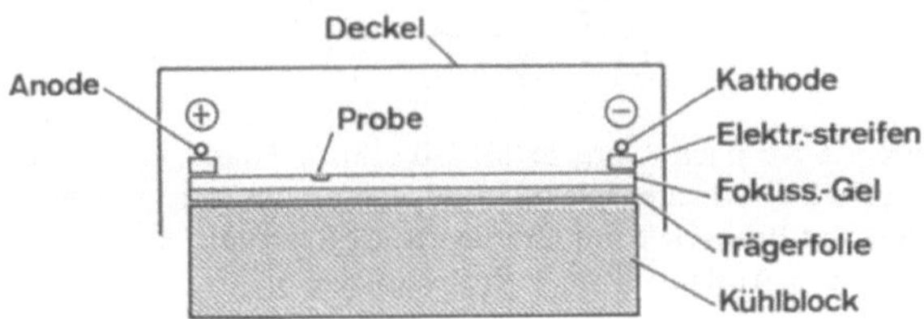

Abb. 1. Schematischer Aufbau einer horizontalen Trennkammer für die isoelektrische Fokussierung in Flachgelen

variieren und zu fixieren sein. Im allgemeinen wird ein Elektrodenabstand von 10 cm verwendet. Die Oberflächen der Kühlblöcke der verschiedenen Kammern bestehen entweder aus einer mit Kunststoff (z. B. Teflon) beschichteten Metallplatte oder aus einer Glasplatte. Die beste Wärmeleitfähigkeit besitzen die Metallplatten. Glasplatten sind chemisch und mechanisch am beständigsten und bieten damit die größere Sicherheit gegen einen etwaigen Kurzschluß. Aus Sicherheitsgründen wird bei allen Kammern die Stromzufuhr bei Abnahme oder Öffnen des Hauptdeckels unterbrochen.

1.1.3 Kühlung

Die isoelektrische Fokussierung muß bei definierten Temperaturen durchgeführt werden, da die pH-Werte sowohl der Trägerampholyte als auch der zu trennenden Substanzen temperaturabhängig sind. Außerdem muß die im Gel entstehende Joule'-sche Wärme konstant abgeführt werden. Die Temperatur des verwendeten Kryostaten soll deshalb stufenlos regelbar und genau einstellbar sein. Trennkammern werden meist mit Flüssigkeiten gekühlt, nur wenige sind luftgekühlt.

1.2 Herstellung ultradünner Gele für die IEF mit Trägerampholyten

Im folgenden wird die vertikale Gießtechnik für dünne, auf Folie polymerisierte Gele nach Görg, Postel und Westermeier [10] erläutert, da sie am universellsten einsetzbar ist [1]. Mit dieser Technik lassen sich im Gegensatz zu den schon erwähnten horizontalen Kapillar-, Klapp- und Schiebetechniken nicht nur homogene ultradünne Flachgele z. B. für die IEF mit Trägerampholyten oder kontinuierliche Elektrophorese, sondern auch diskontinuierliche Flachgele z. B. für die Disk-Elektrophorese sowie ultradünne Gele mit linearen oder exponentiellen Gradienten z. B. für die Gradientengel-Elektrophorese oder die IEF mit immobilisierten pH-Gradienten herstellen (Abb. 2). Ebenso können problemlos kleine Wannen (Slots) für die Aufnahme der Probelösung in das Gel mittels einer einfachen Schablone

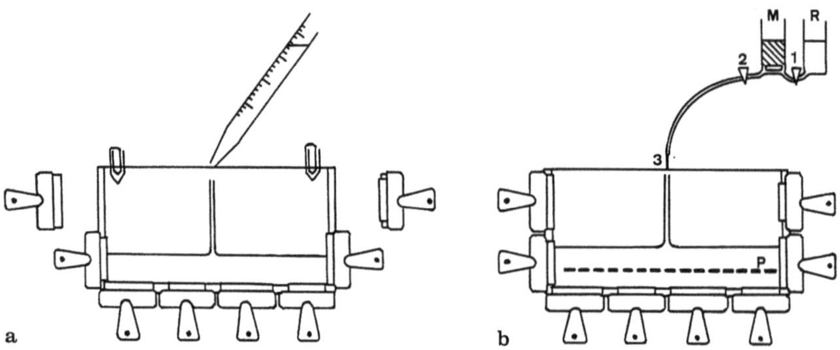

Abb. 2a, b. Gießvorrichtung für ultradünne Gele nach Görg et al. [10, 13]. a Homogene Gele (0,12—0,24 mm) für PAGE; IEF und Printgele. b Gradientengele (0,36—0,50 mm) für Porengradientengele, immobilisierte pH-Gradienten (IPG) und Print-Gele mit Gradienten. *R* Reservoir, *M* Mischkammer, *1* Verbindungshahn, *2* Auslaßklemme, *3* Auslaufspitze, *P* Probetaschen

einpolymerisiert werden. Dies ist mit den horizontalen Gießtechniken nicht möglich, da hierbei Luftblasen an den Slotkanten nicht zu vermeiden sind.

Aufbau der vertikalen Polymerisationsküvette

Die Polymerisation der ultradünnen Polyacrylamidgele erfolgt in einer vertikalen Glasküvette, deren schematischer Aufbau in Abb. 3 dargestellt ist:

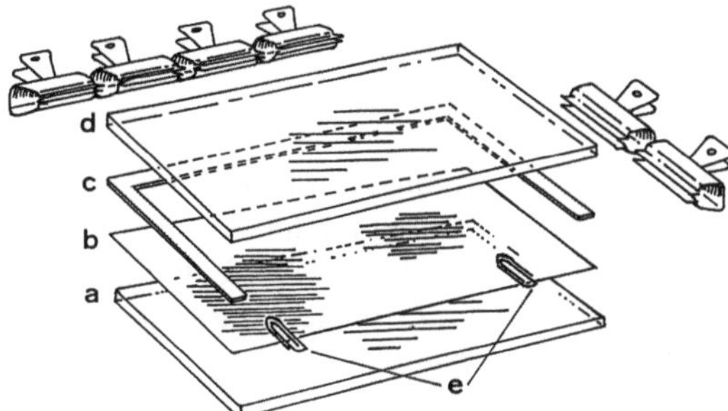

Abb. 3. Schematischer Aufbau einer Gelpolymerisationskassettte. *a* Glasplatte, *b* Trägerfolie, *c* U-förmige Dichtung, *d* Deckglasplatte bzw. Gießschablone, *e* Abstandhalter (Büroklammern), nur für Gele $\leq$ 240 µm

3a Die Glasplatte sollte mindestens 3 mm dick sein, um ein Durchbiegen zu vermeiden.

3b Die Gelträgerfolie (z. B. GelBond PAGfilm) wird mit einer Handgummiwalze auf eine mit Wasser benetzte Glasplatte aufgewalzt (Abb. 4). Der entstehende dünne Wasserfilm erzeugt eine Adhäsion der Folie an der Glasplatte; das an den Rändern austretende überschüssige Wasser wird mit Filterpapier abgesaugt. Eine Folienkante soll dabei um ca. 2 mm über die Oberkante der Glasplatte überstehen, damit man eine Führung für die Pipette bzw. für die Schlauchspitze des Gradientenmischers in der Glaskassette erhält.

3c Die gewünschte Dicke des Geles wird durch die Zahl der aufeinandergelegten Parafilmschichten der Dichtung erzielt, wobei eine Schicht Parafilm 120 µm, zwei Schichten Parafilm 240 µm usw. ergeben; für 0,5 mm dicke Dichtungen wird Neopren empfohlen. Glasplatten mit 0,5 mm dicken Dichtungen sind auch vorgefertigt im Handel erhältlich. Die Dichtung wird mit einem scharfen Messer U-förmig aus den aufeinandergelegten Parafilmschichten ausgeschnitten. Es lassen sich Gele beliebiger Schichtdicke und Größe herstellen, da Glasplatten und Dichtungen selbst zugeschnitten werden können.

3d Will man für den Auftrag der Probelösung kleine Wannen im Gel erzeugen, wird anstelle der Deckglasplatte eine selbsthergestellte Schablone verwendet, indem man auf die Deckglasplatte an geeigneter Stelle kleine Tesafilmstückchen aufbringt. Hierzu werden je nach gewünschter Wannentiefe im Gel ein bis drei Tesafilmstreifen übereinander auf die Glasplatte geklebt (1 Schicht Tesafilm entspricht 50 µm). Anschließend wird mit einem scharfen Messer der überschüssige Tesafilm abgeschnitten, sodaß Tesafilmstückchen in gewünschter Größe (z. B. 5×2 mm) auf der Glasplatte übrigbleiben (Abb. 5). Es ist darauf zu achten, daß die Tesafilmkanten sorgfältig auf der Glasplatte haften. Eingerissene oder schlecht sitzende Tesafilmkanten ergeben unscharfe Slotkanten im Gel. Man überzeuge sich davon, daß man die Wannentiefe so gewählt hat,

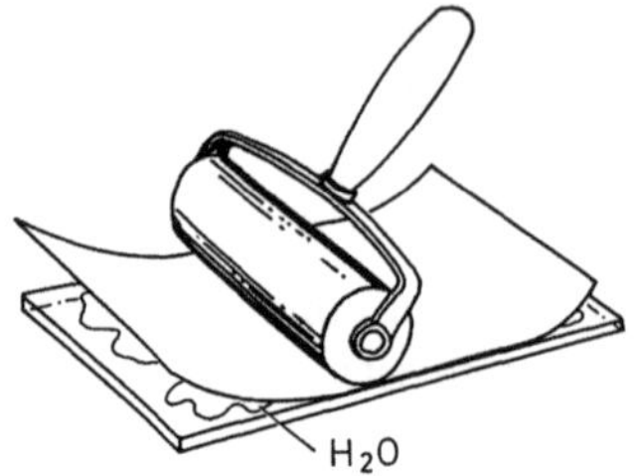

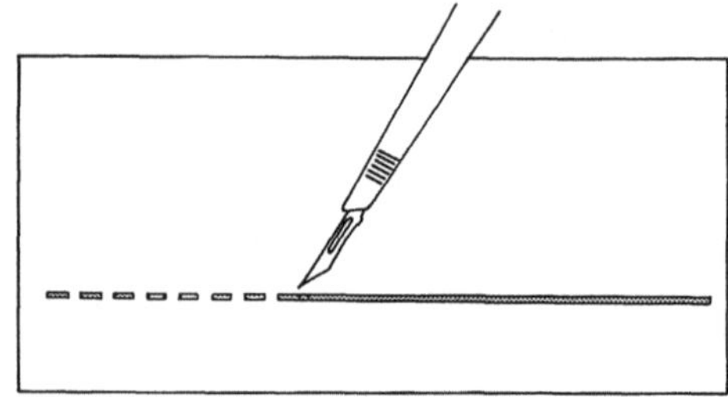

Abb. 4. Aufwalzen der Gelträgerfolie auf eine mit Wasser benetzte Glasplatte

Abb. 5. Herstellung einer Gießschablone

daß im auspolymerisierten Gel der Boden der Gelwannen mit einer durchgehenden Polyacrylamidschicht bedeckt ist (Abb. 6). So empfiehlt es sich, z. B. für ein 240 µm dickes Gel (2 Schichten Parafilm) 100 µm tiefe Gelwannen (2 Schichten Tesafilm) zu verwenden. Um für 0,5 mm dicke Gele tiefere Gelwannen zu erzeugen, eignet sich besonders Dymoband (z. B. Slots für Immobilinegele).

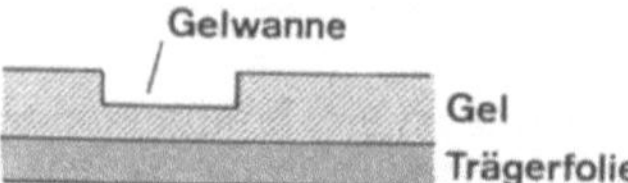

Abb. 6. Querschnitt der Probenauftragsstelle

Um später beim Öffnen der Kassette und Entfernen der Deckglasplatte bzw. Schablone von der Geloberfläche ein Haften des Gels am Glas zu vermeiden, sollte man diese mit Repelsilan (Repel coat) beschichten. Die so beschichtete Deckglasplatte kann immer wieder verwendet werden. Die Verwendung von Acrylglas („Plexiglas") als Deckglasplatte ist nicht zu empfehlen, da störende Einflüsse auf den pH-Gradienten und die Gelpolymerisation beobachtet wurden. 3e Abstandhalter (z. B. Büroklammern), die man für Gele mit einer Schichtdicke ≦240 µm benötigt, werden bereits vor dem Zuklammern der Glasküvette angebracht. Die Anordnung der Klammern ist aus Abb. 2 ersichtlich.

Gießen des ultradünnen Geles

Die berechnete Menge der 2 Minuten im Vakuum entlüfteten Gel-Polymerisationslösung (siehe Abschn. 2.1.3) — für ein 240 µm dickes Gel 120 × 250 mm benötigt man ca. 8 ml — wird mittels einer Pipette in die Gelkassette eingefüllt (Abb. 2a). Zur Vermeidung von Luftblasen wird während des Gießvorgangs die obere Spaltöffnung der Kassette durch das Einklemmen von Abstandhaltern, z. B. Büroklammern, verbreitert. Nach dem Einfüllen der benötigten Gellösungsmenge werden die Abstandhalter herausgezogen und die beiden oberen seitlichen Klammern angebracht (vgl. Abb. 2a), sodaß der Flüssigkeitsspiegel gleichmäßig und luftblasenfrei nach oben steigt.

Polymerisation

Die Polymerisation erfolgt chemisch oder photochemisch (vgl. Abschn. 2.1.3).

Öffnen der Kassette

Das fertig polymerisierte Gel wird aus der im Kühlschrank oder auf dem Kühlblock der Trennkammer vorgekühlten Kassette entnommen, indem man zuerst mit Hilfe eines kleinen Messers die Grundglasplatte von der Trägerfolie entfernt und dann die Folie mit dem Gel von der Deckglasplatte abzieht.

Nicht sofort benötigte Gele werden in der Kassette belassen und, sofern es Gele ohne hohe Harnstoffkonzentrationen sind, ohne Klammern im Kühlschrank aufbewahrt. Übriggebliebene Gelabschnitte werden mit einer Polyesterfolie abgedeckt.

Agarose-IEF-Gele werden nach dem gleichen Prinzip in eine vorgewärmte Kassette (Trockenschrank) gefüllt. Für Agarose-Gele sind spezielle Trägerfolien auf dem Markt.

1.3 Herstellung dünner Flachgele für die IEF in immobilisierten pH-Gradienten

Für das Gießen von IEF-Gelen mit immobilisierten pH-Gradienten benötigt man anstelle der Pipette einen einfachen Gradientenmischer (Abb. 2b). Der Aufbau der Polymerisationsküvette (Abb. 3) ist identisch mit dem oben beschriebenen für die Trägerampholyt-IEF-Gele. Gradienten-Gele können ebenfalls ultradünn bis zur minimalen Schichtdicke von 120 µm hergestellt werden. Die übliche Schichtdicke von Immobilinegelen beträgt 500 µm. Für Gele dieser Dicke werden keine Abstandshalter benötigt.

Bevor das Gradientengel gegossen wird, empfiehlt es sich, die Polymerisationsküvette im Kühlschrank zu kühlen. Damit erreicht man eine Verzögerung des Polymerisationsbeginns, sodaß sich der Gradient in der Kassette geradlinig ausgleichen kann. Zur Ermöglichung der kontinuierlichen Überschichtung des Gradienten wird das spezifische Gewicht einer der beiden Polymerisationslösungen, konventionell derjenigen mit dem niedrigeren pH-Wert, durch Zusatz von 25% (w/v) Glycerin erhöht (= „schwere Lösung"). Es folgt nun eine kurze Beschreibung der Vorgangsweise für das Gießen eines linearen pH-Gradienten (siehe Abb. 2b):

Zum Gießen eines 500 µm dicken Geles mit den Maßen 110 × 250 mm benötigt man 7,5 ml „schwere Lösung" und 7,5 ml „leichte Lösung" (basischere Lösung ohne Glycerinzusatz). Zuerst wird die „leichte Lösung" in das Reservoir (R) des Gradientenmischers einpipettiert, wobei die Verbindung (1) zwischen Reservoir und Mischkammer (M) geschlossen ist. Durch kurzes Öffnen dieser Verbindung läßt man die „leichte Lösung" bis zur Mischkammer vorlaufen. Nun wird die „schwere Lösung" in die Mischkammer pipettiert. Der Einfüllschlauch (2) zur Gelkassette ist dabei ebenfalls geschlossen. Nachdem die Polymerisationskatalysatoren zu den beiden Lösungen pipettiert und durch Rühren verteilt worden sind, wird der Hahn bzw. die Klemme (2) am Einfüllschlauch geöffnet, so daß sich der Schlauch mit „schwerer Lösung" füllt. Das Ende des Einfüllschlauches (3) ist hierzu in die Mitte des Spalts der Polymerisationsküvette leicht eingeklemmt worden. Zwischen dem Boden des Gradientenmischers und der Oberkante der Kassette sollte ein Niveauunterschied von 5 cm bestehen, damit die Gellösung aufgrund der Gravitation fließen kann. Wenn der Anfang des Strömungsfadens in die Kassette einfließt, wird die Verbindung zwischen Reservoir und Mischkammer geöffnet und

die Drehzahl des Magnetrührers, und damit des in der Mischkammer befindlichen
Rührstäbchens, so eingestellt, daß gerade keine Schlieren mehr in der Mischkammer sichtbar sind. Zu schnelles Rühren verursacht eine zu hohe Sauerstoff-
aufnahme, die sich polymerisationshemmend auswirkt. Es ist außerdem darauf zu
achten, daß die Gellösung in der Form eines Strömungsfadens zwischen den Kasset-
tenwänden und nicht als breitflächiger Strom nur an einer Wand nach unten
fließt. Die befüllte Gelkassette wird zur horizontalen Nivellierung des Gradienten
10 Minuten bei Zimmertemperatur stehengelassen und dann zur Polymerisation
des Geles für eine Stunde in den Trockenschrank (50 °C) gestellt.

2 Isoelektrische Fokussierung

Das Prinzip der IEF besteht darin, daß amphotere Moleküle wie z. B. Proteine
oder Peptide in einem pH-Gradienten elektrophoretisch aufgetrennt werden. Die
Richtung und Geschwindigkeit der elektrophoretischen Wanderung der amphoteren Moleküle im pH-Gradienten ist von ihrer Nettoladung, die sie beim jeweiligen
pH-Wert aufweisen, abhängig. Proteine mit einer positiven Nettoladung wandern
in Richtung Kathode, wobei sie mit steigendem pH-Wert immer mehr die positive
Ladung durch Deprotonierung z. B. der Carboxyl- und Aminogruppen verlieren
bis die Zahl der negativen und positiven Ladungen sich aufhebt und somit die
Nettoladung Null ist. Dies ist der isoelektrische Punkt (pI) eines amphotoren
Moleküls. Entfernt sich das Molekül (z. B. durch Diffusion) von seinem pI, erhält
es wieder eine positive oder negative Nettoladung, die es zur Rückwanderung
zum pI veranlaßt. Die amphoteren Moleküle konzentrieren (fokussieren) sich an
der Stelle im pH-Gradienten, der ihrem pI entspricht. Die IEF ist somit eine
Gleichgewichtsmethode, die der Diffusion entgegenwirkt.
   Die IEF kann in unterschiedlichen pH-Gradienten durchgeführt werden. Beispiele dafür sind: thermische pH-Gradienten [28], Polyol-pH-Gradienten [29] und
Puffer-pH-Gradienten [30, 31]. Sie sind jedoch nur beschränkt einsatzfähig. Domi-
nierend sind zweifelsohne die IEF mit Trägerampholyten sowie die IEF in immobilisierten pH-Gradienten.

2.1 IEF mit Trägerampholyten

2.1.1 Eigenschaften der Trägerampholyte

Die Geschichte der IEF ist unmittelbar mit der Entwicklung eines stabilen pH-
Gradienten verknüpft. Die ersten pH-Gradienten, wie man sie z. B. in der Elektrolysezelle mit Na_2SO_4 als Elektrolyt erhält, erwiesen sich als unbrauchbar. Kolins
[32] künstlicher pH-Gradient, der in der Diffusionszone zweier Puffer mit unterschiedlichen pH-Werten im elektrischen Feld entsteht, lieferte bereits scharfe
Proteinbanden, erwies sich jedoch als wenig reproduzierbar und bei längerer Ver-
suchsdauer als instabil. Die Entwicklung natürlicher pH-Gradienten mit amphoteren Elektrolyten geht auf Ikeda und Suzuki [33] zurück, die bei der Elektrolyse
eines Proteinhydrolysates zur Glutamatgewinnung beobachteten, daß sich in der drei-
kammerigen Elektrolysezelle saure Aminosäuren an der Anode, neutrale in der

Mitte und basische an der Kathode sammeln und einen ungefähren pH-Gradienten bilden. Da die Aminosäuren sowie auch Peptide an ihren isoelektrischen Punkten unterschiedliche Leitfähigkeiten und Pufferkapazitäten aufweisen, ist der gebildete pH-Gradient wenig definiert. Die Herstellung stabiler und gleichmäßiger pH-Gradienten ist erst seit Vesterbergs [34] Synthese amphoterer Elektrolyte mit definierten Eigenschaften möglich. Die Synthese dieser Trägerampholyte, einer Vielzahl von Polyamincarbonsäuren

$$-CH_2-N-(CH_2)_x-N-CH_2 \qquad X = 2 \text{ oder } 3$$
$$\quad\ \ | \qquad\qquad\quad | \qquad\qquad R = -H \text{ oder } -(CH_2)_x-COOH$$
$$(CH_2)_x \qquad\quad R$$

mit pIs von pH 2,5 bis 11, beruht auf Svensson-Rilbes theoretischen Grundlagen, die in einer Reihe von Artikeln unter dem Titel „Isoelectric fractionation, analysis and characterization of ampholytes in natural pH gradients" publiziert worden waren [35, 36]. Eine schnelle und weite Verbreitung fand die IEF dadurch, daß die Trägerampholyte nach Vesterbergs Patent, ein Jahr später von LKB Produkter AB, Schweden, synthetisiert und kommerziell unter dem Handelsnamen Ampholine vertrieben wurden.

Die zu Beginn im Trennmedium gleichmäßig verteilten Trägerampholyte wandern, wie bei den Aminosäuren und Peptiden beobachtet, im Gleichstromfeld je nach ihrer Nettoladung in Richtung Anode oder Kathode und bleiben stehen, wenn sie ihren isoelektrischen Punkt erreicht haben. Sie bauen auf diese Weise einen pH-Gradienten zwischen den Elektroden auf, indem sie mit dem pH-Wert ihres pI den pH-Wert im Gradienten bestimmen. Der Kontakt der Elektroden zum Trennmedium erfolgt über Elektrodenlösungen, deren pH-Werte kleiner bzw. größer als das pH-Intervall der Trägerampholyte sind. Dadurch wird ein Auseinandertriften der Trägerampholyte und ihren pI bestimmt.

Um einen stabilen und gleichmäßig ansteigenden pH-Gradienten für eine echte Gleichgewichtsfokussierung zu gewährleisten, sollten nach Svensson-Rilbes theoretischen Grundlagen [35], ideale Trägerampholyte folgende Eigenschaften haben:

1. Die Trägerampholyte sollten an ihrem pI in Lösung bleiben und eine hohe Pufferkapazität aufweisen. Die Pufferkapazität muß so hoch sein, daß die Trägerampholyte auch in Gegenwart anderer geladener Makromoleküle z. B. Proteine unbeeinflußt den pH-Wert an jeder Stelle des Gradienten bestimmen.

2. Die Trägerampholyte sollten an ihrem pI eine ausreichend hohe Leitfähigkeit besitzen, damit auch in Abwesenheit anderer Elektrolyte eine bestimmte Leitfähigkeit im System aufrechterhalten bleibt.

3. Im Idealfall sollten die Ampholyte gleichmäßig über den gesamten pH-Bereich mit gleichmäßiger Leitfähigkeit verteilt sein. Regionen mit niedriger Konduktivität verursachen nicht nur lokale Überhitzungen, sondern absorbieren auch einen beträchtlichen Teil der angelegten Spannung. Dies reduziert die Feldstärke und somit die Auflösung in anderen Teilen des pH-Gradienten.

4. Die synthetische Trägerampholyt-Mischung sollte so viele unterschiedliche Ampholyte wie möglich enthalten, um einen gleichmäßig verlaufenden Gradienten zu erzeugen. Svensson-Rilbes Gesetz der pH-Monotonie [37] besagt, daß bei der Elektrolyse von Trägerampholyten, die fokussierten Ampholytzonen (pI-Zonen)

sich überlappen und nicht in einzelne Banden getrennt werden. Damit steigt der pH monoton in Richtung des Stromes von Anode zu Kathode gleichmäßig positiv an. Würden zwei Ampholyte vollständig voneinander getrennt werden, entstünde zwischen beiden ein pH-Plateau bzw. ein pH-Sprung, verursacht durch einen Wasserfilm mit dem pI = 7.

Nach Svensson-Rilbe sollten Trägerampholyte niedrige Molekulargewichte aufweisen (MG < 1000) und sich in ihrem chemischen Verhalten von dem der Proteine unterscheiden. Dies sind Eigenschaften, die insbesondere für präparative Schritte und Visualisierungsmaßnahmen von Bedeutung sind.

Einen großen Teil der theoretischen Anforderungen erfüllen Vesterbergs Trägerampholyte. Inzwischen gibt es neben den Ampholinen eine Reihe weiterer kommerzieller Trägerampholyte, (z. B. Biolyte, Pharmalyte, Servalyte), die zusätzlich zu den Carboxyl- und Aminogruppen weitere ladungstragende Gruppen wie z. B. die der Phosphorsäure und Schwefelsäure enthalten. Untersuchungen [38] haben gezeigt, daß keine grundsätzlichen Unterschiede zwischen den verschiedenen Trägerampholytprodukten vorhanden sind. Eine ausführliche Beschreibung der physikalisch-chemischen Eigenschaften und Synthesewege von Trägerampholyten ist bei Righetti [1] zu finden.

2.1.2 Wahl des pH-Gradienten

Weitere pH-Bereiche

Der weitaus überwiegende Anteil der Proteine und ·Peptide besitzt isoelektrische Punkte im Bereich zwischen pH 3 und 11 und fokussiert somit innerhalb der pH-Gradienten, die durch die kommerziellen Trägerampholytgemische pH 3–10 aufgebaut werden. Sollen bei der isoelektrischen Fokussierung heterogener Proteingemische zusätzlich auch Proteine mit extremen isoelektrischen Punkten erfaßt werden, so kann der Gradient durch Beimischen von Trägerampholyten pH 2–4 und/oder pH 9–11 steiler gemacht werden. Der pH-Gradient kann aber auch in gewünschten pH-Intervallen zur Spreizung der in diesem Bereich fokussierenden Banden durch Beimischung der entsprechenden Trägerampholyte für einen engen pH-Bereich abgeflacht werden. Würde, zum Beispiel der Hauptanteil eines heterogenen Proteingemisches im Bereich zwischen pH 5 und 6 fokussieren, so kann man die Auflösung dieser Banden durch Zugabe von Trägerampholyten pH 5–6 erhöhen. Für die Fokussierung im weiten pH-Bereich wird als Anodenlösung 0,25 M Asparaginsäure/0,25 M Glutaminsäure und als Kathodenlösung 2 % Äthylendiamin empfohlen.

Enge pH-Bereiche

Wird eine isoelektrische Fokussierung in einem engen pH-Bereich, z. B. pH 4–6, durchgeführt, so ist darauf zu achten, daß die von den Trägerampholyt-Lieferanten empfohlenen Elektrodenlösungen verwendet werden, um Störungen des pH-Gradienten zu vermeiden. Fokussierungen in engen pH-Bereichen ($\hat{=}$ flachen pH-Gradienten) dauern länger als in weiten pH-Bereichen, da die Proteine aufgrund ihrer niedrigeren Nettoladungen entsprechend langsamer zu ihrem isoelektrischen Punkt wandern.

Separator-Technik

Ist in speziellen Trennproblemen die durch Fokussierung in engen pH-Bereichen erzielte höhere Auflösung noch nicht ausreichend, können einem Trägerampholyt-pH-Gradienten amphotere Substanzen (Separatoren oder pH-Gradienten-Modifizierer) zugegeben werden [39, 40]. In der Nähe der isoelektrischen Punkte (pI) dieser Substanzen wird der pH-Gradient abgeflacht, die Auflösung in diesem Bereich erhöht. Beispiele verwendeter Separatoren sind: Tetraglycin (pI 5,2), Prolin (pI 6,3), Threonin (pI 6,5), β-Alanin (pI 6,9), 5-Aminovaleriansäure (pI 7,5), 7-Aminocaprylsäure, Histidin (pI 7,6) und 6-Aminocapronsäure (pI 8,0).

Fokussierung bei hohen pH-Werten

Bei isoelektrischen Fokussierungen in Bereichen hoher pH-Werte (pH > 7) ist zu berücksichtigen, daß sich Kohlendioxid aus der Luft im Gel löst, wobei die Löslichkeit des CO_2 mit dem pH ansteigt. Im Gel werden Kohlensäureionen gebildet, die die pH-Werte im Gel absinken lassen [41]. Bedingt durch eine elektrophoretische Wanderung der HCO_3^--Ionen ergibt sich zusätzlich eine Anodentrift des pH-Gradienten. Durch unterschiedliche Konzentrationen der HCO_3^--Ionen innerhalb der Gelschicht (höchste Konzentration an der Oberfläche) entstehen unscharfe Banden. Folgende Maßnahmen eignen sich zur Verhinderung des CO_2-Einflusses:

1. Fokussieren unter Stickstoffatmosphäre in einer geschlossenen Trennkammer.
2. Filterkartons, mit konz. NaOH getränkt, werden auf freie Flächen bzw. in die Puffertanks der soweit wie möglich abgeschlossenen Trennkammer gelegt.
3. Die Geloberfläche wird mit einer dünnen Polyesterfolie (Mylar-Folie) bedeckt.

2.1.3 Gel-Zusammensetzung

Die am häufigsten verwendete Trägermatrix für die isoelektrische Fokussierung ist das Polyacrylamidgel. Da es keine polaren Gruppen besitzt, können sehr hohe Feldstärken ohne störende elektroendosmotische Effekte angewendet werden. Polyacrylamidgele haben keine adsorptiven Eigenschaften, sind chemich äußerst widerstandsfähig und werden von Enzymen nicht angegriffen. Die gewünschte Porengröße kann durch Variation der Monomerkonzentrationen und des Vernetzungsgrades im weiten Umfang bestimmt werden. Das monomere Acrylamid ist allerdings ein starkes Nervengift, und ist deshalb mit großer Vorsicht zu handhaben. Das Polyacrylamidgel besitzt Molekularsieb-Eigenschaften und ist somit zur Auftrennung von Makromolekülen, deren Molekularmasse über 500 000 Dalton beträgt, nicht geeignet. Solche großen Moleküle werden in Agarosegelen fokussiert.

Agarose-Gele

Für die isoelektrische Fokussierung muß absolut elektroendosmosefreie Agarose verwendet werden. Im allgemeinen enthält das Gel 1 % Agarose. Die Agarose löst sich im kochenden Wasser. Die Lösung muß auf etwa 75 °C abgekühlt werden, bevor die Trägerampholyte zugegeben werden.

Polyacrylamidgele

Etwas komplizierter ist die Polymerisation eines brauchbaren Polyacrylamidgels. Das Gel wird durch die Polymerisation aus dem Monomer Acrylamid und dem Vernetzer N,N'-Methylenbisacrylamid (Bis) gebildet. Diese Polymerisation findet nur in der Gegenwart von freien Radikalen statt. Diese Radikale können photochemisch mit Riboflavin oder chemisch durch Ammoniumpersulfat erzeugt werden. In den meisten Fällen wird Ammoniumpersulfat als Katalysator verwendet. Jedoch hat sich in der Praxis gezeigt, daß in Gegenwart von Trägerampholyten bestimmter Lieferanten die Fokussierungsgele auf photochemischem Wege erheblich besser auspolymerisieren als auf chemischem Wege. Für Gele mit diesem Trägerampholyttypus müßte für eine chemische Polymerisation eine so große Menge an Ammoniumpersulfat verwendet werden, daß Störungen des pH-Gradienten bei der Fokussierung nicht auszuschließen sind. Die Photopolymerisation erfolgt im UV-Licht; anstelle von Ammoniumpersulfat wird Riboflavin verwendet. Zur Reaktionsbeschleunigung sind außerdem tertiäre Aminogruppen notwendig, die man in der Form von N,N,N',N'-Tetramethyl-Äthylendiamin (TEMED) zugibt. Da die Trägerampholyte selbst tertiäre Aminogruppen besitzen, kann man ein Fokussierungsgel in Gegenwart von Trägerampholyten auch ohne TEMED polymerisieren. Die Polymerisationsreaktion wird durch hohe Sauerstoffkonzentration gehemmt, deshalb muß die Gellösung vor Gießen eines Geles sorgfältig mit einer Wasserstrahlpumpe entlüftet werden.

Da das Trennprinzip der Fokussierung ausschließlich auf den isoelektrischen Punkten der amphoteren Moleküle beruht, ist der Einfluß des Molekularsiebeffekts der Gelmatrix einzuschränken. Die Gelporen sollen also möglichst groß sein. Die Porengröße wird über die Acrylamidkonzentration (T) und den Vernetzungsgrad (C) eingestellt [42]. Die T- und C-Werte sind folgendermaßen definiert:

$$T = \frac{(a + b) \times 100}{V}$$

$$C = \frac{b \times 100}{a + b}$$

$a =$ g Acrylamid, $b =$ g Bis, $V =$ ml Gelvolumen.

Für die isoelektrische Fokussierung von Proteinen bis zur maximalen Molekularmasse von 500 000 wird eine Gelkomposition von 4 % T und 4 % C empfohlen, für die Fokussierung von Oligopeptiden 10 % T und 2,5 % C. Die erforderlichen Mengen an Acrylamid und Bis ergeben sich dann aus folgenden Beziehungen:

Acrylamid: $a = T \times V \times 10^{-2} - T \times C \times V \times 10^{-4}$ g

Bis: $b = T \times C \times V \times 10^{-4}$ g

Aus Acrylamid und Bis wird zweckmäßigerweise eine Stammlösung mit $T = 30 \%$ hergestellt (C z. B. $= 4 \%$). Bezogen auf das Gelvolumen werden zur Polymerisation eines Fokussierungsgels folgende Reagenzien verwendet (Aufbewahrung im Dunkeln im Kühlschrank):

Konzentration im Gel
$x\%$ T, $y\%$ C Acrylamid/Bis
2 % (w/v) Trägerampholyte

Stammlösung
z. B. 30 % T, 4 % C, 2 Wochen stabil
kommerzielle Lösung im allgemeinen
40 %ig

eventuell Additive (siehe unten)
Katalysatoren (werden nach Mischen und Entlüften der Gellösung
unmittelbar vor der Gelpolymerisation zugegeben):
0,05 % (v/v) TEMED   100 %ig
0,08 % (g/v) Ammoniumpersulfat   40 %ig, 1 Woche stabil
bzw. bei Photopolymerisation:
0,001 % (g/v) Riboflavin   0,004 %ig, 2 Tage stabil

Nicht mehr verwendete Acrylamidlösungen sollten aus Sicherheitsgründen vor ihrer Beseitigung auspolymerisiert werden, da das Polymer erheblich weniger toxisch ist als das Monomer.

Additive

Um eventuelle Verzerrungen von Banden einzuschränken, kann man durch Verwendung von Additiven elektroendosmotische Störungen kompensieren und die Viskosität im Gel erhöhen: 10 % (g/v) Sorbit, Glycerin oder Saccharose. Es wird jedoch darauf hingewiesen, daß Additive, besonders an pH-Extremen, die pH-Werte des Gradienten beeinflussen können.

Harnstoffhaltige Gele

Um bestimmte Proteine in Lösung zu halten, muß in vielen Fällen unter denaturierenden Bedingungen in Gegenwart von hohen Harnstoffkonzentrationen fokussiert werden. Die maximale Harnstoffkonzentration in Fokussierungsgelen ist 9 M; höhere Konzentrationen verursachen unerwünschtes Auskristallisieren von Harnstoff. Gele, die 9 M Harnstoff enthalten, dürfen nicht unter 15 °C abgekühlt werden und müssen kurzfristig innerhalb eines Tages verwendet werden, da sich Harnstoff in wässriger Lösung zu Ammoniumcyanat umsetzt, wodurch es zu Artefaktbildungen kommen kann. Der Harnstoff wird unmittelbar vor der Gelpolymerisation in der Gellösung aufgelöst. Bei der Herstellung von Harnstoff-Gellösungen ist zu berücksichtigen, daß 1,2 g Harnstoff in einer wäßrigen Lösung ein Volumen von 1,0 ml einnimmt.

Beim Gießen von Harnstoff-Agarosegelen besteht die Gefahr, daß die Trägerampholyte in der heißen Agaroselösung carbamyliert werden. Außerdem wird durch Harnstoff die Polysaccharidstruktur von Agarosegelen unterbrochen, sodaß diese eine niedrigere Gelierungstemperatur besitzen. Die Gele sollten daher 2 % Agarose enthalten, und bei der Zugabe des Harnstoffs und der Trägerampholyte darf die Temperatur der Gellösung nicht höher als 65 °C sein. Die Temperatur fällt dabei auf 30 °C ab. Das Gel soll über Nacht bei Zimmertemperatur fertig ausgelieren.

Detergenzien

Die IEF komplexer Proteingemische (z. B. Zell-Lysate einschließlich hydrophober Membranproteine) erfordert die Gegenwart von 9 M Harnstoff und Detergenzien sowohl in der Analysenlösung als auch im Fokussierungsgel. Zur Vermeidung von

Störungen des pH-Gradienten sollten ausschließlich nichtionische Detergenzien verwendet werden (z. B. Nonidet P-40, Triton X-100, Polyäthylenglykol). Diese Detergenzien, in Konzentrationen von 0,1 % bis 5 % angewandt, können allerdings die Hafteigenschaften der Gele auf den Trägerfolien vermindern. Keine Probleme gibt es mit neueren Trägerfolien, z. B. GelBond PAGfilm. Nach der Fokussierung wird durch Zugabe von 30 % Isopropanol zur Fixierlösung (Abschn. 2.4.1) eine Präzipitation des Detergenz im Gel verhindert; durch mehrmaliges Wechseln dieser alkoholischen Fixierlösung wird das Detergenz ausgewaschen, um eine Anfärbung des Hintergrundes zu vermeiden.

Reinheit der Chemikalien

Sowohl alle Reagenzien für die Gelpolymerisation als auch die verwendeten Additive müssen für die isoelektrische Fokussierung höchsten Reinheitsanforderungen genügen. Acrylamid muß absolut frei von Acrylsäure und Agarose absolut frei von Agaropektinresten sein, um die Elektrodendosmose zu vermeiden.

2.1.4 Probenvorbereitung und -applikation

Probenvorbereitung

Die zu trennenden Substanzen müssen in gelöster Form vorliegen. Wasserarme Proben, z. B. Pflanzensamen, Muskel- oder Hautgewebe, werden schonend gemahlen (z. B. bei tiefen Temperaturen unter Ausschluß von Luftsauerstoff) und mit Wasser oder Puffer extrahiert. Wasser, bzw. pufferunlösliche (z. B. Lipoproteine) oder denaturierte Proteine werden unter Zusatz hoher Harnstoffkonzentrationen (maximal 9 M) und nichtionischer bzw. zwitterionischer Detergenzien in Lösung gebracht. Harnstoff verhindert die Bildung von Proteinkomplexen und entfaltet die Protein-Molekül-Strukturen. Schwefelwasserstoffbrücken werden durch Zugabe von 2-Mercaptoäthanol oder Dithiothreitol aufgespalten. Die Herstellung von Acetontrockenpulver [43] empfiehlt sich zur schonenden Konzentrierung von Proteinen und Enzymen aus wasserreichem pflanzlichen Material. Manche Proteine gehen nur mit organischen Lösungsmitteln in Lösung (z. B. Dimethylsulfoxid DMSO). Zu stark verdünnte Proteinlösungen (z. B. Bier, Wein) werden durch Ultrafiltration konzentriert. Um Proteinüberladung, die sich störend auf den pH-Gradienten auswirken kann, zu vermeiden, müssen manche Proben verdünnt werden. In einigen Fällen ist eine Isolierung oder Vorfraktionierung der Proben mit chromatographischen Methoden notwendig, z. B. um bestimmte in geringen Konzentrationen vorliegende Fraktionen aus Blutplasma aufzutrennen, das einen sehr hohen Anteil an Albumin besitzt. Zu hohe Salzkonzentrationen ($> 10\ \mu$M) verursachen ebenfalls starke Verzerrungen der iso-pH-Linien und müssen daher durch Dialyse oder Gelfiltration der Probe vermindert werden. Etwaige Präzipitate und Feststoffe in der Probe müssen abzentrifugiert werden.

Probenaufgabe

Die Probenmenge für die Einzeltrennung sollte zwischen 1 und 15 µg Protein pro Bande in einem Probenlösungsvolumen zwischen 5 und 20 µl betragen. Zur Optimierung der Trennergebnisse sollte die günstigste Proteinkonzentration und das geeignete Probenvolumen von Fall zu Fall in einem Vorversuch ermittelt werden.

Da bei der isoelektrischen Fokussierung die Probenfraktionen an ihren isoelektrischen Punkten konzentriert werden, beschränkt sich das Auftragen der Proben nicht auf eine Startzone wie bei den Methoden der Elektrophorese. Dennoch ist eine freie Wahl der Auftragsstelle nicht möglich, da je nach Zusammensetzung des Probengemisches ein Teil der Proteine bzw. Peptide bei bestimmten pH-Werten des Gradienten präzipitiert. Für jeden Probentypus (z. B. Blutplasma, Muskelextrakt, Zell-Lysat, Getreideextrakt, Kartoffelzellsaft) muß daher in einem Vorversuch die optimale Auftragsstelle ermittelt werden. Man trägt hierzu die Probe stufenförmig nebeneinander auf ein Fokussierungsgel auf. Die Auftragsstelle des besten Trennergebnisses sollte für die folgenden Versuche exakt beibehalten werden. Bei empfindlichen Proben empfiehlt sich eine 30minütige Vorfokussierung des Geles, damit beim Probenauftrag der pH-Gradient bereits aufgebaut ist. Ist durch das Optimieren der Auftragsstelle die Verhinderung von Proteinpräzipitaten nicht möglich, muß in Gegenwart von Harnstoff und/oder Detergenzien fokussiert werden.

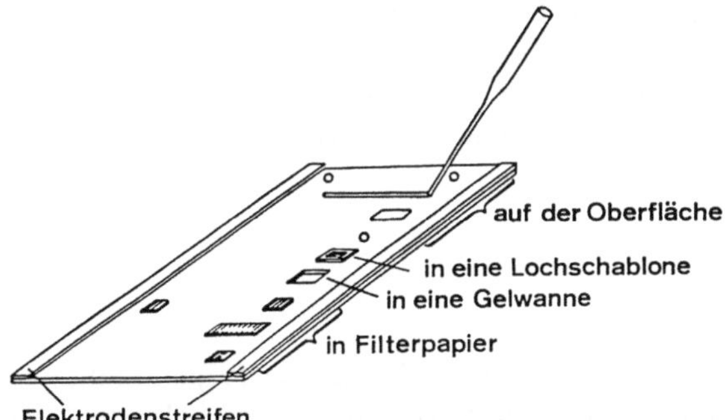

Abb. 7. Unterschiedliche Auftragsmöglichkeiten der Probelösung auf ein Fokussierungsgel. Von links nach rechts: Getränkte Filterpapierstücke unterschiedlicher Formen an verschiedenen Stellen; Pipettieren in eine Gelwanne, in Lochstreifen, auf die Oberfläche als kleiner Tropfen, als größere Fläche, als Streifen oder als zwei kleine Tropfen nahe den beiden Elektroden (nach Vesterberg [29])

Wie in Abb. 7 dargestellt ist, kann man die Probelösungen auf unterschiedliche Art und Weise auf das Gel aufgeben [29]:

1. Direkt mit einer Pipette auf die Oberfläche, entweder in Form kleiner Tropfen oder bei verdünnten Lösungen auf größere rechteckige Flächen bzw. als ein Strich in Richtung der Trennspur (in Trennrichtung).
2. Mit Hilfe von Filterpapierstückchen oder Fiberglasplättchen, die entweder in der Probenlösung getränkt werden oder auf die definierte Probenlösungsvolumina aufpipettiert werden.
3. Durch Einpipettieren der Lösungen in vorgestanzte Löcher von Plastik- oder Silikongummibändern, die auf die Geloberfläche aufgelegt werden.
4. Durch Einpipettieren der Lösungen in kleine Gelwannen, die mittels einer Gießschablone in das Gel mit einpolymerisiert werden. Dazu werden auf die Deckglasplatte der Gelkassette Tesafilmstückchen aufgeklebt (1 Schicht Tesafilm entspricht 50 μm). Die Schichtdicke der „Gelwannenformer" muß geringer sein als die Geldicke (vgl. hierzu Abschn. 1.2).

Am einfachsten ist die Probenaufgabe mit den Methoden 1 und 3. Bei diesen Methoden präzipitiert allerdings in vielen Fällen ein Teil der Proteine auf der Oberfläche. Zu große Makromoleküle und Molekülaggregate dringen nicht in die Geloberfläche ein. Beim Probenauftrag mit Papierstückchen oder Glasfiberplättchen (Methode 2) werden unkontrollierte Mengen der unterschiedlichen Probefraktionen zurückgehalten. Man kann dies sehr leicht nachweisen, indem man das Probenauftragsplättchen nach 30 Minuten Fokussieren auf dem Gel seitlich versetzt und weiterfokussiert. Abgesehen von einigen Ausnahmen zeigt sich nach Anfärbung des Gels an dieser Stelle ebenfalls ein Protein- bzw. Enzymmuster, das in einigen Fällen mit dem ersten Muster identisch ist, in anderen Fällen sich von ihm unterscheidet. Trotzdem wird diese Probenauftragsmethode am häufigsten angewandt, da Probenbegleitstoffe und Proteinpräzipitat im Papierstückchen bzw. Glasfiberplättchen verbleiben und somit den pH-Gradienten nicht stören. Für quantitative Analysen sollte die Probe in Gelwannen einpipettiert werden (Methode 4). Auch große Moleküle treten durch die Kanten der Gelwannen in das Gel ein. Im Gelwannenboden wird der pH-Gradient wegen der geringeren Schichtdicke erheblich abgeflacht [44], so daß nur sehr wenige bzw. keine Proteinbanden im Boden der Gelwanne fokussieren. Da es vorteilhaft ist, möglichst kleine Gelwannen zu verwenden, kann man stark verdünnte Lösungen in mehreren aufeinanderfolgenden Chargen einpipettieren.

2.1.5 Trennbedingungen

Temperatur

Die pH-Werte sowohl der Proteine, Enzyme und Peptide als auch der Trägerampholyte sind temperaturabhängig. Isoelektrische Fokussierungen müssen deshalb stets bei definierter Temperatur durchgeführt werden. Da die bei der Fokussierung entstehende Joule'sche Wärme abgeführt werden muß, sollte diese Temperatur nicht zu hoch sein. Für spezielle Untersuchungen z. B. des Austausches von Protein-Untereinheiten in Lösungen, Ligandenbindungen oder Enzym-Substrat-Komplexen werden isoelektrische Fokussierungen bei extrem tiefen Temperaturen (bis —20 °C) durchgeführt, wobei das Gel organische Lösungsmittel (z. B. DMSO) enthält [45]. Für den größten Teil von Untersuchungen eignet sich eine Fokussierungstemperatur von 10 °C. In Gegenwart von 9 M Harnstoff darf sie allerdings 15 °C nicht unterschreiten, um das Auskristallisieren von Harnstoff zu vermeiden.

Um eine gleichmäßige und effektive Wärmeabfuhr aus dem Gel zu erreichen, wird zwischen Kühlblock und Gelträgerfolie eine Kontaktflüssigkeit (ca. 1 ml Kerosin, Siedepunkt 70 °C) gegeben. Die Kühlung in ultradünnen Gelen ist besonders effektiv, so daß hohe Feldstärken angelegt werden können.

Elektrisches Feld

Wie bereits an anderer Stelle erwähnt, ist die Auflösung einer isoelektrischen Fokussierung von der Höhe der elektrischen Feldstärke und damit der angelegten Spannung abhängig. Da die Trägerampholyte zu Beginn der Fokussierung im ungeordneten Zustand hohe Nettoladungen besitzen, herrscht im Gel eine hohe Leitfähigkeit, die während der Etablierung des pH-Gradienten kontinuierlich abnimmt. Um Verzerrungen der iso-pH-Linien durch stellenweise Überhitzungen zu vermeiden, muß deshalb die Spannung zu Beginn niedriger gehalten werden; die Maximalspannung zur Erreichung einer hohen Auflösung kann erst angelegt werden, wenn die Leitfähigkeit entsprechend abgenommen hat. Dieser kontinuierliche Spannungsanstieg wird über eine Begrenzung der Leistung und der Stromstärke durch ein geeignetes leistungsstabilisierendes Stromversorgungsgerät geregelt. Bei der Begrenzung der Maximalwerte ist dabei zu beachten, daß die Stromstärke proportional zum Querschnitt des verwendeten Geles (Geldicke × Breite), die Spannung proportional zum Elektrodenabstand, und die Leistung proportional zum Gelvolumen (Geldicke × Breite × Elektrodenabstand) eingestellt werden.

Ein ultradünnes 240 µm dickes und 250 mm breites Gel wird bei einem Elektrodenabstand von 100 mm mit einer Maximalleistung von 5 W, einer Maximalstromstärke von 15 mA und einer Maximalspannung von 2000 bis 2500 V für 90 Minuten fokussiert. In Abschn. 4.1 ist das Leistungs-Strom-Spannungsdiagramm einer solchen Fokussierung dargestellt (Abb. 21).

2.1.6 Titrationskurven [47, 48]

Fokussierungsgele mit Trägerampholyten kann man auch zur Untersuchung von Titrationskurven von Proteinen bzw. von Proteingemischen verwenden. Rosengren, Bjellqvist und Gasparic [46] führten als erstes eine Elektrophorese eines Proteins durch, das in einer Linie entlang eines pH-Gradienten aufgetragen wurde. Dieser pH-Gradient wurde gebildet, indem ein Gel mit Trägerampholyten fokussiert wurde, ohne daß eine Probe aufgetragen war. Konventionelle Methoden zur Ermittlung von Protein-Titrationskurven sind äußerst aufwendig und verbrauchen viel Probenmaterial, das zudem hochgereinigt sein muß. Durch Titrationskurven gewinnt man Informationen über

— Ladungsmutanten-Untersuchungen,
— optimale pH-Puffer-Bedingungen für die Elektrophorese, Isotachophorese und Ionenaustauschchromatographie,
— optimale Probenauftragsstellen bei der isoelektrischen Fokussierung,
— Protein-Liganden-Bindungen,
— Protein-Protein-Wechselwirkungen,
— Eigenschaften von Proteinen unter denaturierenden Bedingungen.

Prinzip

Wenn ein Trägerampholyt-pH-Gradient fertig aufgebaut ist, tragen die individuellen Ampholyte, die sich an ihrem isoelektrischen Punkt befinden, keine Nettoladung. Wenn eine Elektrophorese im selben Gel senkrecht zur Fokussierungsrichtung durchgeführt wird, besitzen die Ampholyte keine Mobilität, der pH-Gradient bleibt erhalten. Wird nun ein Protein entlang einer geraden Linie über diesen pH-Gradienten hinweg aufgetragen, so erhält das Protein je nach pH-Wert eine entsprechende Nettoladung und damit entlang des pH-Gradienten unterschiedliche elektrophoretische Mobilitäten. Am isoelektrischen Punkt des Proteins ist diese Mobilität null. Im elektrischen Feld wandern die Proteinmoleküle, die sich nicht am isoelektrischen Punkt befinden, unterschiedlich schnell — es ergibt sich ein kurvenförmiger Verlauf der Proteinbande, der dem Verlauf der Titrationskurve des Proteins entspricht. Im

Allgemeinen wird die Methode mit Trägerampholyten für weite pH-Bereiche (pH 3–10) durchgeführt.

Methodik

Ein quadratisches Fokussierungsgel (10 × 10 cm) mit einem schmalen Gelgraben in der Mitte, dessen Tiefe geringer ist als die Geldicke, wird wie oben beschrieben polymerisiert. Wie Abb. 8 zeigt, wird eine Fokussierung ohne Proben in Richtung

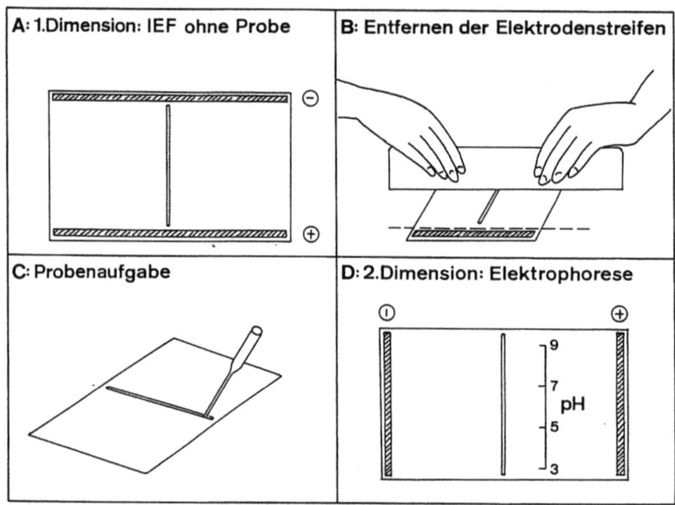

Abb. 8. Methode für Titationskurven durch IEF-Elektrophorese: Zuerst wird der pH-Gradient durch Fokussieren des Trägerampholyt-Gemisches aufgebaut **A**; dann werden die Elektrodenstreifen entfernt **B**; die Probe wird in einen Gelgraben senkrecht zum pH-Gradienten einpipettiert **C**; die Trennung in der zweiten Dimension wird senkrecht zur Achse der ersten Dimension durchgeführt **D**; nach Righetti und Gianazza [49]

des Gelgrabens durchgeführt, um den stationären pH-Gradienten aufzubauen. Nach Entfernen der Elektrodenstreifen und des darunterliegenden Teils des Gels mit einem langen Messer, wird die Probe in den Gelgraben einpipettiert und die Elektrophorese im rechten Winkel zur vorherigen Fokussierung durchgeführt. Die Elektrodenkontakte werden wie bei der Fokussierung über Elektrodenstreifen hergestellt, die mit Anodenlösung bzw. Kathodenlösung (Abschn. 2.1.2) getränkt wurden. Bei einem Elektrodenabstand von 10 cm und einer Spannung von 600 V dauert die Elektrophorese je nach Eigenschaften der Proteinprobe 10 bis 45 Minuten. Abb. 9 zeigt ein Beispiel einer Titrationskurve nach Righetti et al. [49].

2.2 IEF mit immobilisierten pH-Gradienten

2.2.1 Eigenschaften der Immobiline

Svensson-Rilbes Konzept der IEF mit natürlichen pH-Gradienten [35] ist seit 20 Jahren unverändert beibehalten worden, obwohl die Erfahrung gezeigt hat, daß die IEF mit

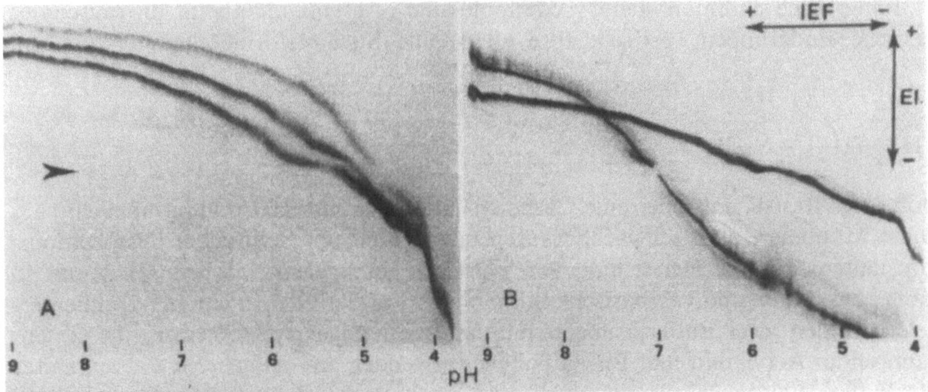

Abb. 9. Beispiel von Titrationskurven: Untersuchung von Hämoglobin-Haptoglobin-Komplexen. **A** 3:1 molarer Überschuß von Haptoglobin, **B** 3:1 molarer Überschuß von Hämoglobin. Die Pfeilspitze zeigt die Probenaufgabezone an (elektrophoretische Mobilität = 0; isoelektrische Ebene), nach Righetti und Gianazza [49]

Trägerampholyten entgegen der ursprünglichen Annahme keine echte Gleichgewichtsmethode ist. Der mit Trägerampholyten aufgebaute pH-Gradient ist nicht zeitstabil, sondern wandert mit zunehmender Fokussierungsdauer in Richtung Kathode, wobei im mittleren Bereich des pH-Gradienten ein Plateau entsteht. Die in der Literatur vieldiskutierte Kathodentrift [50] und das Plateauphänomen [51–53] machen sich insbesondere bei der IEF in engen pH-Bereichen mit langen Trennzeiten unangenehm bemerkbar. Zeitinstabile pH-Gradienten beeinträchtigen die Reproduzierbarkeit der IEF und deren Anwendbarkeit für die zweidimensionale Elektrophorese.

Erst mit der Einführung immobilisierter pH-Gradienten nach einem Patent von Gasparic, Bjellqvist und Rosengren [19] ist es möglich, unendlich stabile pH-Gradienten herzustellen [21, 54]. Der pH-Gradient wird immobilisiert, indem die pH-bestimmenden Substanzen (Immobiline) — es sind dies Acrylamidderivate — durch Polymerisation Teil der Gelmatrix werden. Die lineare Anordnung der Immobiline zu einem pH-Gradienten erfolgt beim Gießen des Geles mittels eines Gradientenmischers und wird durch die Polymerisation fixiert. Die bei der IEF mit im Gel freibeweglichen Trägerampholyten beschriebene Kathodentrift und das Plateauphänomen sind beim Immobilinesystem ausgeschlossen. Der an die Gelmatrix kovalent gebundene pH-Gradient wird durch lange Fokussierungszeiten nicht beeinflußt. Dies ist insbesondere für die IEF in engen pH-Bereichen von Bedeutung, wo die Kathodentrift im Wettlauf mit der langsamen Wanderungsgeschwindigkeit der Proteine im flachen pH-Gradienten zu ihrem pI sich äußerst unangenehm bemerkbar macht. Das heißt, die Proteine sind eventuell schon in die Kathodenlösung hinausgewandert, bevor sie ihren wahren pI erreicht haben. Mit immobilisierten pH-Gradienten ist die IEF erstmals eine echte Gleichgewichtsmethode. Proteine mit niedriger Wanderungsgeschwindigkeit in der Nähe ihres pI haben auch in flachen pH-Gradienten ausreichend Zeit, ihren wahren pI zu erreichen.

Immobiline sind monomere, niedermolekulare Acrylamidderivate, die saure oder basische Endgruppen besitzen. Ihre allgemeine Strukturformel lautet

$$CH_2{=}CH{-}\overset{\overset{\displaystyle O}{\|}}{C}{-}\overset{\overset{\displaystyle H}{|}}{N}{-}R$$

wobei der Rest R entweder eine Carboxyl- oder eine tertiäre Aminogruppe enthält. Diese Monomere sind schwache Säuren oder Basen mit definierten Dissoziationskonstanten. Für die Herstellung von pH-Gradientengelen zwischen pH 3 und 10 gibt es zwei saure und vier basische Immobiline. Für das Gießen von pH-Gradientengelen werden zwei Pufferlösungen mit unterschiedlichen pH-Werten, die gleiche Mengen an Acrylamid und Bis enthalten, verwendet. Im einfachsten Fall enthalten die Pufferlösungen jeweils ein saures und ein basisches Immobiline. Der pH-Wert der jeweiligen Pufferlösung wird durch die pK-Werte und Konzentrationen der beiden Immobiline bestimmt und errechnet sich nach der Gleichung von Henderson-Hasselbalch [21]: Ist das puffernde Immobiline eine Säure und sind C_A und C_B die molaren Konzentrationen der sauren und basischen Immobiline, dann gilt:

$$pH = pK_A + \log \frac{C_B}{C_A - C_B}$$

Ist das puffernde Immobiline eine Base, gilt:

$$pH = pK_B + \log \frac{C_B - C_A}{C_A}$$

pK = Dissoziationskonstante des puffernden Immobilines
A = saures Immobiline
B = basisches Immobiline
C = molare Konzentration
Abweichungen hiervon sind bei Bjellqvist et al. beschrieben [21].

Die beiden acrylamidhaltigen Pufferlösungen werden über einen einfachen Gradientenmischer in die Polymerisationsküvette nach Görg, Postel und Westermeier (Abb. 2b) gefüllt, wobei ein linearer pH-Gradient entsteht, der durch Polymerisation immobilisiert wird. Der Anfangs- und End-pH-Wert des pH-Gradienten im Gel entspricht den jeweiligen pH-Werten der beiden acrylamidhaltigen Pufferlösungen. Durch Auswahl der geeigneten Immobiline und Variation der Immobilinekonzentrationen lassen sich für die Trennung bestimmter Proteine maßgeschneiderte pH-Gradienten, insbesondere auch Gradienten mit ultraengen pH-Intervallen (bis herab zu 0,01 pH-Einheiten/cm Trenndistanz), herstellen [21–27].

Immobilisierte pH-Gradienten weisen eine gleichmäßige Pufferkapazität entlang der Trennstrecke auf. Bei Trägerampholyten kann von keinem Hersteller garantiert werden, daß bei der Vielzahl der amphoteren Elektrolyten, alle Einzelkomponenten in gleicher Konzentration vorliegen, bzw. alle gleiche Pufferkapazität aufweisen. Die ungleiche Verteilung der amphoteren Elektrolyte zeigt sich darin, daß einige Trägerampholyte zu scharfen Zonen fokussieren. Dadurch variiert nicht nur die Pufferkapazität, sondern auch die Ionenstärke entlang des pH-Gradienten, was wiederum die pK und pI-Werte der fokussierten Proteine beeinflußt. Außerdem gibt es bei immobilisierten pH-Gradienten keine sogenannten Leitfähigkeitslöcher, die zu lokalen Überhitzungen führen, wie sie bei der herkömmlichen IEF durch ungleiche Verteilung der Trägerampholyte beobachtet werden.

Der Verlauf des pH-Gradienten in Immobilinegelen wird weder durch hohe Salzkonzentrationen in der Probe noch durch Probenüberladung beeinflußt. Wegen der 10fach höheren Protein-Beladungskapazität von Immobiline-Gelen bietet sich auch die präparative Nutzung dieser Methode an, zumal die getrennten Peptide oder Proteine nicht von Trägerampholyten abgetrennt zu werden brauchen [21]. Das Auflösungsvermögen der IEF mit immobilisierten pH-Gradienten übertrifft die herkömmliche IEF mit Trägerampholyten um das 10fache. Proteine, deren pI sich nur um 0,001 pH-Einheiten unterscheiden, können eindeutig getrennt werden [27]. Dadurch, daß die IEF mit Immobilinen eine echte Gleichgewichtsmethode ist, kann die Reproduzierbarkeit zweidimensionaler Elektrophoresen erheblich gesteigert werden.

Immobilisierte pH-Gradienten weisen gegenüber den nunmehr klassischen Trägerampholyt-Gradienten viele Vorteile auf, die den erhöhten methodischen Aufwand mehr als rechtfertigen. Der IEF mit Immobilinen sollte immer dann der Vorzug gegeben werden, wenn hohe Auflösung und Reproduzierbarkeit erforderlich sind.

2.2.2 Wahl des pH-Gradienten

Mit den zur Zeit im Handel befindlichen sechs Immobiline-Typen mit den pK-Werten 3,6, 4,6, 6,2, 7,0, 8,5 und 9,3 können beliebige pH-Intervalle — ultraeng oder bis 6 pH Einheiten weit — im Bereich von pH 3 bis 10 hergestellt werden. Die benötigten Immobilinemengen werden entweder direkt aus den Tabellen der Literatur [55–57] entnommen oder, um maßgeschneiderte, ultraenge pH-Gradienten zu erzeugen, durch graphische Interpolation ermittelt. Berechnete Rezepturen für 1-pH-Bereiche, in 0,1 pH-Einheiten abgestuft zwischen pH 3,8 bis 10,5 findet man in Lit. [57]. Weite Gradienten von 1,5 bis 6 pH Einheiten können aus den Tafeln von Lit. [55, 56] und [57] entnommen werden; der am weitesten gespannte Gradient reicht von pH 4 bis 10. Die Herstellung saurer Gradienten wurde künstlich beschrieben [58, 59].

Sind die pIs der zu trennenden Proteine nicht bekannt, wird zunächst eine IEF im weiten pH-Bereich mit Trägerampholyten von 3–10 oder mit Immobilinen von 4–10 gemacht. Liegen die pIs z. B. zwischen pH 4 und 5 führt man eine IEF mit Immobilinen im pH-Intervall von pH 4–5 durch. Sind für das spezielle Trennproblem die pIs um pH 4,5 von besonderem Interesse, kann das pH-Intervall z. B. von 4,45–4,55 mit Immobilinen hergestellt, und somit die IEF in einem maßgeschneiderten pH-Gradienten von pH 4,45–4,55 mit 0,01 pH-Einheiten/cm Trenndistanz durchgeführt werden.

Immobilisierte pH-Gradienten werden wie Porengradientengele hergestellt (siehe Abschn. 1.3), die schwere und leichte Lösung enthalten jedoch nicht unterschiedliche Acrylamidkonzentrationen, sondern weisen unterschiedliche, mit Immobilinen eingestellte pH-Werte auf. Die pH-Werte der leichten und schweren Lösung bestimmen den Anfangs- und End-pH-Wert des durch lineares Mischen beider Lösungen hergestellten pH-Gradienten.

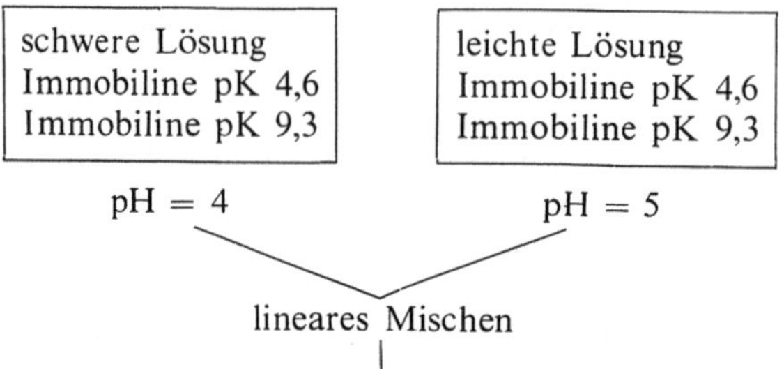

Die leichte und schwere Lösung enthält im einfachsten Fall jeweils ein pufferndes und ein nicht pufferndes Immobiline. Als pufferndes Immobiline wird dasjenige Immobiline gewählt, dessen pK-Wert dem Mittelpunkt des gewünschten pH-Intervalls am nächsten kommt. Das nicht puffernde (vollionisierte) Immobiline, dient als Titrant zur Einstellung des gewünschten pH-Wertes in der leichten oder schweren Lösung und sollte einen pK-Wert haben, der möglichst weit vom Mittelpunkt des gewünschten pH-Intervalls entfernt ist. Sind die Konzentrationen der puffernden Immobiline in der leichten und schweren Lösung identisch, verhält sich der beim linearen Mischen beider Lösungen entstehende pH-Gradient wie eine gewöhnliche Titrationskurve (Abb. 10).

Die besten pH-Gradienten bezüglich Linearität und Pufferkapazität sind diejenigen, bei denen der pK-Wert des puffernden Immobiline dem pH-Wert des Umschlagpunktes der Titrationskurve numerisch gleich ist. Abweichungen hiervon sind allerdings möglich [21].

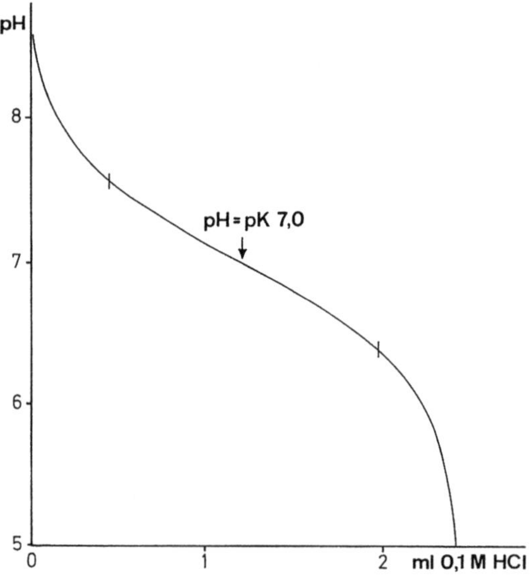

Abb. 10. Titrationskurve einer puffernden Immobiline pK 7,0

Für pH-Gradienten mit mehr als einer pH-Einheit müssen anstelle eines puffernden Immobilines zwei oder mehrere puffernde Immobiline verwendet werden. Dies gelang zunächst Dossi et al. [60] mit Hilfe eines mehrkammrigen Mischers, welcher sich jedoch nicht durchsetzen konnte. Heute liegen durch Computer-Simulation berechnete Rezepturen vor, die es erlauben, weite Gradienten auch mit dem Zweikammernmischer zu gießen [55–57].

In Tabelle 1 sind die berechneten Immobilinmengen zur Herstellung enger pH-Gradienten aufgelistet. Weite pH-Gradienten mit 1,5 bis 6-pH-Einheiten im Bereich pH 3,5 und 10 können aus Tabelle 2 entnommen werden.

Die in den Tabellen 1 und 2 in µl angegebenen Mengen an 0,2 M Immobilinen beziehen sich auf je 15 ml schwere bzw. 15 ml leichte Lösung, ausreichend für 2 Gradientengele (110 × 250 mm) mit einer Schichtdicke von 0,5 mm. Beide Lösungen enthalten gleiche Mengen an Acrylamid und Bis, die schwere Lösung zusätzlich Glycerin. Die genaue Beschreibung erfolgt in Abschn. 4.2.

Soll ein pH-Gradient auf ein Trennproblem zugeschnitten werden (ultraenge pH-Gradienten, Optimierung des gewünschten pH-Bereiches), ermittelt man die benötigten Immobiline-Mengen auf einfache Weise durch graphische Interpolation.

Als Beispiel soll die Ermittlung der Immobilinmengen für einen pH-Gradienten 4,3–4,8 gezeigt werden (Abb. 11).

a) Aus Tabelle 1 wird die Rezeptur des pH-Gradienten, der den gewünschten pH-Gradienten (4,3–4,8) einschließt, entnommen: pH 4,1–5,1;
b) die dort angegebenen Immobiline-Mengen werden auf Millimeterpapier übertragen;
c) man verbindet die aufgetragenen Punkte und
d) liest die benötigten Immobiline-Mengen bei den gewünschten pH-Werten 4,3 und 4,8 ab.

Immobiline	Schwere Lösung (15 ml)	Leichte Lösung (15 ml)
0,2 M	pH = 4,3	pH = 4,8
pK 4,6	730 µl	775 µl
pK 9,3	274 µl	515 µl

2.2.3 Gel-Zusammensetzung

Die Immobiline sind so konzipiert, daß sie mit Acrylamid und Bis copolymerisieren, d. h. die IEF in immobilisierten pH-Gradienten wird grundsätzlich in Polyacrylamidgelen durchgeführt. Für die Zusammensetzung des Geles gelten die gleichen Richtlinien wie für die IEF mit Trägerampholyten (vgl. Abschn. 2.1.3). Für die IEF von Proteinen wird eine Gelkomposition von 4 % T und 4 % C empfohlen, für die IEF von Oligopeptiden 10 % T und 2,5 % C.

Nachdem das Gel wie in Abschn. 1.3 beschrieben polymerisiert wurde, wird es aus der Kassette entnommen. Nicht vollständig einpolymerisierte Substanzen (Ammoniumpersulfat, TEMED, Immobiline) werden mit destilliertem Wasser aus dem Gel gewaschen, wobei das Gel je nach pH-Wert unterschiedlich stark quillt; das Waschwasser sollte dabei einige Male erneuert werden. In das letzte Waschwasser

Tabelle 1. Enge pH-Gradienten. Berechnete Immobiline-Mengen (0,2 M) in µl für die Herstellung von je 15 ml leichter bzw. schwerer Lösung [55]

Saure, schwere Lösung Menge (µl) 0,2 M Immobiline						pH-Gradient	basische, leichte Lösung Menge (µl) 0,2 M Immobiline					
pK 3,6	4,6	6,2	7,0	8,5	9,3		3,6	4,6	6,2	7,0	8,5	9,3
—	750	—	—	—	159	3,8– 4,8	—	750	—	—	—	591
—	710	—	—	—	180	3,9– 4,9	—	810	—	—	—	667
—	755	—	—	—	157	4,0– 5,0	—	745	—	—	—	584
—	713	—	—	—	177	4,1– 5,1	—	803	—	—	—	659
—	689	—	—	—	203	4,2– 5,2	—	884	—	—	—	753
—	682	—	—	—	235	4,3– 5,3	—	992	—	—	—	871
—	691	—	—	—	275	4,4– 5,4	—	1133	—	—	—	1021
—	716	—	—	—	325	4,5– 5,5	—	1314	—	—	—	1208
562	600	863	—	—	—	4,6– 5,6	—	863	863	—	—	105
458	675	863	—	—	—	4,7– 5,7	—	863	863	—	—	150
352	750	863	—	—	—	4,8– 5,8	—	863	863	—	—	202
218	863	863	—	—	—	4,9– 5,9	—	863	863	—	—	248
158	863	863	—	—	—	5,0– 6,0	—	863	803	—	—	338
113	863	863	—	—	—	5,1– 6,1	—	863	713	—	—	443
1251	—	1355	—	—	—	5,2– 6,2	337	—	724	—	—	—
1055	—	1165	—	—	—	5,3– 6,3	284	—	694	—	—	—
899	—	1017	—	—	—	5,4– 6,4	242	—	682	—	—	—
775	—	903	—	—	—	5,5– 6,5	209	—	686	—	—	—
676	—	817	—	—	—	5,6– 6,6	182	—	707	—	—	—
598	—	775	—	—	—	5,7– 6,7	161	—	745	—	—	—
536	—	713	—	—	—	5,8– 6,8	144	—	803	—	—	—
486	—	689	—	—	—	5,9– 6,9	131	—	884	—	—	—
447	—	682	—	—	—	6,0– 7,0	120	—	992	—	—	—
416	—	691	—	—	—	6,1– 7,1	112	—	1133	—	—	—
972	—	—	1086	—	—	6,2– 7,2	262	—	—	686	—	—
833	—	—	956	—	—	6,3– 7,3	224	—	—	682	—	—
722	—	—	857	—	—	6,4– 7,4	195	—	—	694	—	—
635	—	—	783	—	—	6,5– 7,5	171	—	—	724	—	—
565	—	—	732	—	—	6,6– 7,6	152	—	—	771	—	—

Tabelle 1 (Fortsetzung)

Saure, schwere Lösung Menge (µl) 0,2 M Immobiline						pH-Gradient	basische, leichte Lösung Menge (µl) 0,2 M Immobiline					
pK 3,6	4,6	6,2	7,0	8,5	9,3		3,6	4,6	6,2	7,0	8,5	9,3
509	—	—	699	—	—	6,7– 7,7	137	—	—	840	—	—
465	—	—	683	—	—	6,8– 7,8	125	—	—	934	—	—
430	—	—	684	—	—	6,9– 7,9	116	—	—	1058	—	—
403	—	—	701	—	—	7,0– 8,0	108	—	—	1217	—	—
381	—	—	736	—	—	7,1– 8,1	103	—	—	1422	—	—
1028	—	—	750	750	—	7,2– 8,2	548	—	—	750	750	—
983	—	—	750	750	—	7,3– 8,3	503	—	—	750	750	—
938	—	—	750	750	—	7,4– 8,4	458	—	—	750	750	—
1230	—	—	—	1334	—	7,5– 8,5	331	—	—	—	720	—
1037	—	—	—	1149	—	7,6– 8,6	279	—	—	—	692	—
885	—	—	—	1004	—	7,7– 8,7	238	—	—	—	682	—
764	—	—	—	893	—	7,8– 8,8	206	—	—	—	687	—
667	—	—	—	810	—	7,9– 8,9	180	—	—	—	710	—
591	—	—	—	750	—	8,0– 9,0	159	—	—	—	750	—
530	—	—	—	710	—	8,1– 9,1	143	—	—	—	810	—
482	—	—	—	687	—	8,2– 9,2	130	—	—	—	893	—
443	—	—	—	682	—	8,3– 9,3	119	—	—	—	1004	—
413	—	—	—	692	—	8,4– 9,4	111	—	—	—	1149	—
389	—	—	—	720	—	8,5– 9,5	105	—	—	—	1334	—
1208	—	—	—	—	1314	8,6– 9,6	325	—	—	—	—	716
1021	—	—	—	—	1133	8,7– 9,7	275	—	—	—	—	691
871	—	—	—	—	992	8,8– 9,8	235	—	—	—	—	682
753	—	—	—	—	884	8,9– 9,9	203	—	—	—	—	689
659	—	—	—	—	803	9,0–10,0	177	—	—	—	—	713
584	—	—	—	—	746	9,1–10,1	157	—	—	—	—	755
525	—	—	—	—	707	9,2–10,2	141	—	—	—	—	817
478	—	—	—	—	686	9,3–10,3	129	—	—	—	—	903
440	—	—	—	—	682	9,4–10,4	119	—	—	—	—	1017
410	—	—	—	—	694	9,5–10,5	111	—	—	—	—	1165

Tabelle 2. Weite pH-Gradienten. Berechnete Immobiline-Mengen (0,2 M) in µl für die Herstellung von je 15 ml leichter bzw. schwerer Lösung [56, 57]

Saure, schwere Lösung Menge (µl) 0,2 M Immobiline						pH-Gradient	basische, leichte Lösung Menge (µl) 0,2 M Immobiline					
pK 3,6	4,6	6,2	7,0	8,5	9,3		3,6	4,6	6,2	7,0	8,5	9,3
299	223	157	—	—	—	3,5– 5,0	212	310	465	—	—	—
569	99	439	—	—	—	4,0– 6,0	390	521	276	—	—	722
415	240	499	—	—	—	4,5– 6,5	—	570	244	235	—	297
69	428	414	—	—	—	5,0– 7,0	—	474	270	219	—	320
—	450	354	113	—	—	5,5– 7,5	347	—	236	287	284	—
435	—	323	208	44	—	6,0– 8,0	286	—	174	325	329	—
771	—	276	185	538	—	6,5– 8,5	192	—	153	278	362	—
1349	—	—	272	372	845	7,0– 9,0	484	—	—	232	189	546
668	—	—	445	226	348	7,5– 9,5	207	—	—	925	139	346
399	—	—	364	355	94	8,0–10,0	91	—	—	329	366	289
578	110	450	—	—	—	4,0– 7,0	302	738	151	269	—	876
702	254	416	133	346	—	5,0– 8,0	175	123	131	345	346	—
779	—	402	93	364	80	6,0– 9,0	241	—	161	449	237	225
542	—	—	378	351	—	7,0–10,0	90	—	—	324	350	280
588	254	235	117	170	—	4,0– 8,0	—	554	360	142	334	288
830	582	218	138	795	122	5,0– 9,0	—	249	263	212	292	230
941	—	273	243	260	282	6,0–10,0	100	—	333	361	239	326
829	235	232	22	250	221	4,0– 9,0	147	424	360	296	71	663
563	463	298	273	227	127	5,0–10,0	21	59	34	420	310	273
1102	—	455	89	334	—	4,0–10,0	—	114	50	488	157	357
Nicht-linearer Gradient mit gespreiztem sauren Bereich (2 D)												
692	325	671	—	—	—	4,0–10,0	43	—	195	238	87	138

gibt man zur besseren Rehydratisierbarkeit des getrockneten Geles 2% Glycerin. Anschließend wird es getrocknet, wofür sich eine staubfreie Kammer mit Ventilator bewährt hat. Es kann in Folie gewickelt, im Kühlschrank für einige Tage oder für einige Monate im Gefrierschrank, aufbewahrt werden. In dieser getrockneten Form sind die Gele mittlerweile auch kommerziell unter dem Namen „DryPlate" (Pharmacia-LKB, Bromma, Schweden) erhältlich.

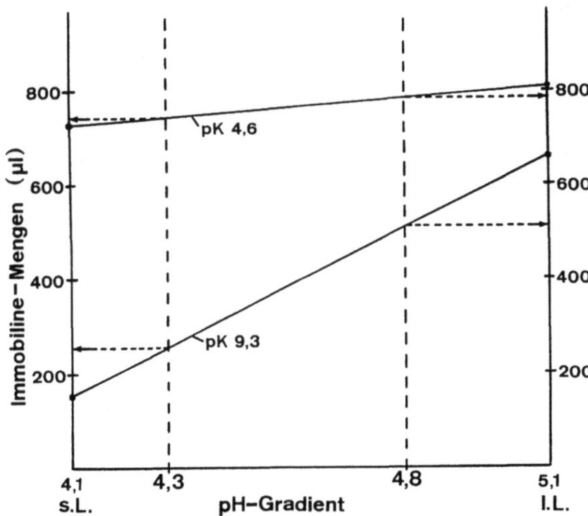

Abb. 11. Ermittlung der benötigten Immobiline-Mengen für einen ultraengen pH-Gradienten 4,3 bis 4,8 durch graphische Interpolation

Kurz vor Gebrauch wird das Gel in einer Quellkassette [61] oder in der Gießkassette rehydratisiert. Bei diesem Schritt werden auch die eventuell benötigten Additive in das Gel gebracht: z. B. Glycerin, Harnstoff, Detergentien. Der Zusatz von 20% Glycerin beim Wiederquellen verbessert im allgemeinen das Fokussierungsergebnis, da es stabilisierend wirkt und einem möglichen elektroendosmotischen Wassertransport am alkalischen oder sauren Ende des Geles entgegenwirkt. Immobilisierte pH-Gradienten mit Trägerampholytzusatz, kurz „IPG-CA" genannt, wurden zur gleichen Zeit von verschiedenen Arbeitsgruppen eingeführt [62–64]. Bei der IEF mit Immobilinen in Anwesenheit von 0,5% Trägerampholyten bleibt der pH-Gradient unverändert; die Trägerampholyte wandern an ihre pI's, bleiben während der IEF dort und erhöhen die Leitfähigkeit im Gel. Es hat sich gezeigt, daß bei speziellen Trennproblemen die Salzionen schneller aus dem Gel wandern, daß bestimmte Proteine besser fokussieren [63], daß manche Proteine (z. B. Membranproteine) Trägerampholyte in Kombination mit nichtionischen Detergentien zur Aufrechterhaltung ihrer Löslichkeit benötigen [64] und daß bei komplexen, pufferlöslichen Proteingemischen mehr Proteine in das Gel einwandern [65]. Man nimmt jedoch vermehrten Wasseraustritt an der Geloberfläche in Kauf, was zu gestörten Proteinbanden und unschärferen Fokussierungsmustern führt. Zugesetzte Trägerampholyte sollen den Bereich des immobilisierten pH-Gradienten umschließen; sie können zusammen mit anderen Additiven in der Kassette durch Rehydratisierung in das Gel gebracht werden.

Eine zeitsparende, aber weniger quantitative Methode, Additive in das Gel zu bekommen, besteht darin, dem letzten Waschwasser die gewünschten Additive zuzufügen und anschließend das Gel nicht vollständig, sondern lediglich auf das Ausgangsgewicht (= Gewicht nach der Entnahme aus der Polymerisationsküvette) zurückzutrocknen. Dies ist besonders bei Gelen mit engen pH-Gradienten, die lediglich mit Wasser, Glycerin oder/und Harnstoff rehydratisiert werden sollen, möglich.

2.2.4 Probenvorbereitung und -applikation

Die Probenvorbereitung wurde in Abschn. 2.1.4 bereits beschrieben. Für die Fokussierung in immobilisierten pH-Gradienten ist eine Entsalzung nicht notwendig, da der pH-Gradient nicht durch hohe Salz- und Pufferkonzentrationen gestört wird. Der Auftrag verdünnter Proteinlösungen hat jedoch den Vorteil, daß allgemein weniger Protein am Auftragspunkt präzipitiert und damit mehr Protein in das Gel wandert. Größere Mengen an Proteinlösung können portionsweise nach und nach aufgetragen werden, ohne die Trennschärfe zu beeinflussen.

Die geeignetsten Probenauftragsmethoden sind das Einpipettieren der Probenlösungen in einpolymerisierte Gelwannen oder Silikonauftragsbänder. Die optimale Auftragsstelle (Anode oder Kathode) wird durch einen Vorversuch ermittelt.

Salzreiche Proben werden am besten in 10 mm breiten Gelstreifen (Rennbahnen) aufgetrennt. Hierzu werden zwischen den Trennzonen mit einem Skalpell 5 mm breite Gelstreifen ausgeschnitten und mit einem Spatel entfernt. Proteinbanden von Probenlösungen mit höheren Leitfähigkeiten als die Umgebung zeigen zwar keine Verzerrungen im Immobilinesystem, verbreitern sich aber stark gegenüber der Auftragszone oder beeinflussen benachbarte Proben. Um ein Verbreitern der Proteinbanden zu verhindern, hilft oft schon der Wechsel der Auftragsstelle (Anode versus Kathode) insofern, daß die Proteine gegenläufig zur Salzfront aufgetragen werden [66].

2.2.5 Trennbedingungen

Anders als bei Trägerampholyt-IEF-Gelen ist bei immobilisierten pH-Gradienten darauf zu achten, daß das Gel für die Trennung richtig orientiert wird, d. h. daß die Seite mit dem niedrigen pH an der Anode, die Seite mit dem höheren pH an der Kathode liegt. Elektrodenlösungen sind nicht unbedingt notwendig. Die Elektrodenstreifen werden dann statt mit Elektrodenlösungen mit destilliertem Wasser getränkt. Die Fokussierungstemperatur hängt von der Probenbeschaffenheit und von der Gelzusammensetzung ab. Für harnstoffhaltige Gele muß die Temperatur auf 15 °C eingestellt werden; bei anderen Gelen oder z. B. Enzymtrennungen sollte die Temperatur in der Regel 10 °C nicht überschreiten. Die Trennbedingungen hängen von der Art der Proteine, dem Salzgehalt der Probe, dem pH-Bereich sowie den Additiven ab und sollten für jedes Trennproblem optimiert werden. Die Stromstärke wird relativ schnell unter 1 mA abfallen, in dem Maße, daß Salze, Katalysatoren und nicht einpolymerisierte Monomere das Gel verlassen haben. Danach verbleibt nur noch eine sehr geringe Leitfähigkeit im Verhältnis zur Trägerampholyt-Fokussierung. Während in älteren Arbeiten Trennbedingungen mit 5000 V (max), 5 W (max) und bis 25 mA angegeben werden, hat es sich inzwischen als vorteilhaft erwiesen, den Probeneintritt zu verlangsamen und Stromstärken über 2 bzw. 3 mA zu meiden.

Einen verbesserten Probeneintritt erhält man, indem man die Spannung in der ersten Stunde der Fokussierung auf 300 V begrenzt oder die Stromstärke so gering hält (1–2 mA), daß die Spannung in dieser Zeit 300 V nicht übersteigt.

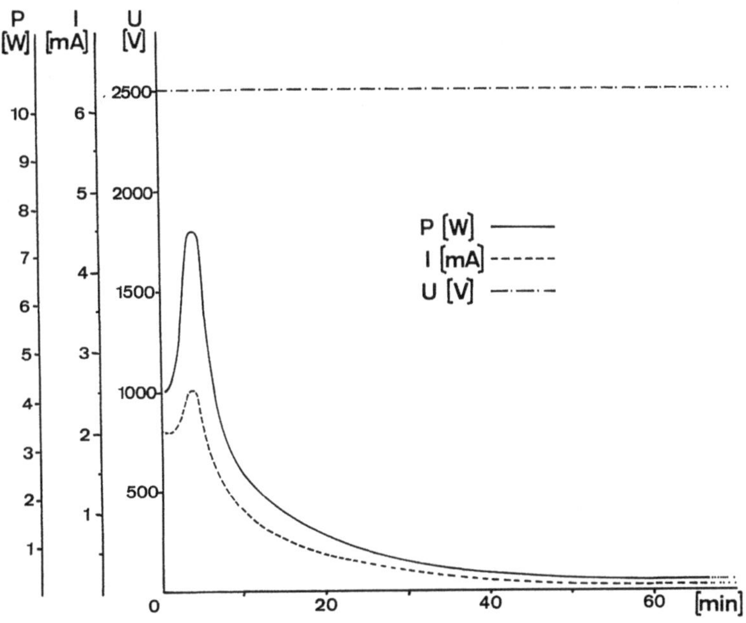

Abb. 12. Strom (*I*)-, Spannungs (*U*)- und Leistungsverlauf (*P*) während der ersten 60 Min. der IEF im ultraengen immobilisierten pH-Gradienten (Immobiline, pH = 4,45–4,75). 500 µm dickes Polyacrylamidgel, Elektrodenabstand 10 cm, Gelbreite 25 cm. Strombegrenzung 25 mA, Spannungsbegrenzung 2500 V, Leistungsbegrenzung 10 W, Temperatur 10 °C

2.3 Bestimmung der pI-Werte

Die Messung der pI-Werte nach der Trägerampholyt-Fokussierung mit einer Oberflächen-pH-Elektrode erscheint denkbar einfach. Die Ermittlung physiko-chemisch signifikanter und reproduzierbar exakter pI-Werte setzt jedoch die Beachtung der möglichen Einflußfaktoren auf den gemessenen pI-Wert voraus.

2.3.1 Einflußfaktoren auf den pI-Wert

Temperatur

Da die Säuren-Basen-Gleichgewichte und damit die isoelektrischen Punkte von Proteinen temperaturabhängig sind, muß der gemessene pI-Wert stets im Bezug zur Meßtemperatur gesehen werden. Die pI-Werte werden mit steigender Temperatur niedriger [67]. Der pI-Wert eines Proteins der bei 25 °C und 4 °C gemessen wurde kann um bis zu 0,6 pH-Einheiten variieren, wobei der höhere Wert der niedrigeren Temperatur entspricht [68]. Dieser pI-Unterschied ist im basischen pH-Bereich stärker als im sauren, da die Temperatur die Aminogruppen stärker beeinflußt als die Carboxylgruppen. Diese Temperaturabhängigkeit betrifft unglücklicherweise auch die Trägerampholyte, die ebenfalls variierende Temperaturkoeffizienten dpI/dT haben.

Da die Trägerampholyte höhere Pufferkapazitäten besitzen als die Proteine, mißt man den pI-Wert der Trägerampholyte im Gradienten und nicht den des Proteins. Wird eine pI-Messung bei einer anderen als der Fokussierungstemperatur durchgeführt, so ist der Wert auch bei Kenntnis des Temperaturkoeffizienten dpI/dT des Proteins ungenau. die pI-Werte müssen deshalb bei der Fokussierungstemperatur bestimmt werden.

pI-Werte, die bei 25 °C gemessen werden, besitzen eine spezielle physiko-chemische Signifikanz, da dies die Standardtemperatur für pK-Messungen ist. Auch reagiert die Glaselektrode bei dieser Temperatur schneller als bei niedrigen Temperaturen, wodurch Meßfehler verringert werden. Auf der anderen Seite sollen bei der Fokussierung Überhitzungen im Gel vermieden werden, weshalb eine ausreichende Kühlung gewährleistet sein muß. Für die analytische Fokussierung in dünnen und ultradünnen Gelen hat sich in der Praxis eine Temperatur von 10 °C als gut praktikabel erwiesen. Soll eine pI-Messung bei 25 °C durchgeführt werden, so empfiehlt sich im Anschluß an eine Fokussierung bei 10 °C eine 15- bis 30minütige Nachfokussierung bei 25 °C. In der Fokussierungsendphase ist die Stromstärke sehr niedrig; so entsteht auch bei hoher Spannung wenig Joule'sche Wärme im Gel. Die Wanderungsdistanzen der Trägerampholyte und Proteine vom pI bei 10 °C zum pI bei 25 °C sind relativ kurz. Wegen der kurzen Nachfokussierungsdauer ist das Risiko einer eventuellen Proteindenaturierung oder eines Verlustes an Enzymaktivität gering.

pI-Position

Bei der pI-Messung muß man sicher sein, daß das Protein seinen isoelektrischen Punkt wirklich erreicht hat. Die Proteine wandern je nach ihrer Nettoladung in verschiedenen pH-Bereichen unterschiedlich schnell. Die Auftragsstelle der Probe spielt dabei eine wichtige Rolle. Eine Möglichkeit zur Ermittlung der optimalen Auftragsstelle ist der in Abschn. 2.1.4 beschriebene Stufentest. Dieser Versuch gibt auch darüber Auskunft, ob eventuell die Fokussierungsdauer verlängert werden muß, wenn großmolekulare Proteine ihre pI-Position noch nicht erreicht haben. Sehr elegant und informativ ist die Titrationskurvenmethode (siehe Abschn. 2.1.6). Verläuft die Titrationskurve eines Proteins bzw. einer Proteinfraktion über eine gewisse Distanz eng entlang des Probenauftragsgrabens, zeigt dies, daß seine Mobilität in diesem pH-Bereich sehr gering ist. Die Probe wird in diesem Fall zweckmäßigerweise im entsprechenden pH-Gradienten an einer Stelle jenseits des Schnittpunkts der Titrationskurve mit dem Gelgraben aufgetragen. Aus einer Titrationskurve ist auch sofort ersichtlich, ob ein Protein in einem bestimmten pH-Bereich instabil ist. Somit kann eine Probenauftragung in diesem pH-Bereich von vorne herein vermieden werden.

Kohlendioxid aus der Luft

Die Beeinflussung des pH-Gradienten im basischen Bereich durch Luft-CO_2, sowie die Möglichkeiten zur Verminderung dieses Effekts wurden bereits in Abschn. 2.1.2 eingehend beschrieben.

Additive

Hohe Konzentrationen von Additiven im Gel wie z. B. Glycerin, Saccharose oder Sorbit können die pH-Werte verändern. Von Gelsema et al. [69, 70] wurden pH-Korrekturformeln und -tabellen in Abhängigkeit von Konzentration und Art eines Additivs für die Fokussierung aufgestellt. In der Praxis können jedoch pH-Korrekturen vernachlässigt werden, wenn die Additiv-Konzentration 10–15% nicht übersteigt.

Harnstoff-IEF

Ein in Gegenwart von Harnstoff gemessener pI-Wert kann nicht ohne weiteres mit einem in normaler wäßriger Lösung ermittelten verglichen werden [71, 72]. Der Grund hierfür ist nicht nur die in Harnstoff unterschiedliche Konformation der Proteinstruktur, durch die sich die Oberflächenladung und damit der pI ändern kann, sondern auch die Verschiebung der Dissoziationskonstanten der Trägerampholyte und des Wassers. sowie der Einflußfaktor von Harnstoff auf die Glaselektrode. Einige Autoren [71, 72] geben Korrekturfaktoren für Protein-pI-Bestimmungen in Harnstoff an. Proteine mit Quartärstruktur werden jedoch durch Harnstoff in ihre Untereinheiten aufgespalten, sodaß eine Korrelation der Trennergebnisse der Harnstoff-IEF mit denen der IEF ohne Harnstoff nicht mehr bestehen kann.

2.3.2 pI-Messung

Oberflächenelektroden

In der Praxis hat sich gezeigt, daß die Präzision einer pH-Messung mit Oberflächenelektroden umgekehrt proportional zur Membranfläche der Elektrode ist. Das bedeutet, daß bei der Messung einer extrem schmalen Zone in pH-Gradienten mit einem ungenauen Ergebnis gerechnet werden muß und daher wenig sinnvoll ist. Am häufigsten werden Oberflächenelektroden mit angeschweißter Referenzelektrode mit einem Meß-Membrandurchmesser von 3–4 mm verwendet. Das pH-Meter muß vor der Messung bei der Meßtemperatur geeicht werden. Die Elektrode sollte an einem beweglichen Stativarm befestigt sein, damit sich der Meßwert ohne mechanische Störungen in Ruhe einstellen kann.

Elution von Gelstückchen

Der Vollständigkeit halber sei die pH-Messung von eluierten Gelstückchen mittels einer konventionellen pH-Elektrode erwähnt. Aus dem Gel werden in gleichen Abständen über den pH-Gradienten verteilt gleichgroße Gelstückchen ausgeschnitten oder ausgestanzt, jeweils mit einer kleinen Menge von 10 mM KCl-Lösung eluiert, und der pH-Wert in der Flüssigkeit gemessen. Die Methode ist jedoch anfällig für Meßfehler und zudem sehr zeitraubend, so daß die Gefahr des CO_2-Effekts verstärkt ist.

pI-Marker-Proteine

Eine einfache und dazu noch exakte Methode ist die pI-Bestimmung in einer Eichkurve, die sich aus den Positionen von mitfokussierten Markerproteinen mit bekannten pI-Werten ergibt. Die pI-Werte der Probenfraktionen können auf einfache

Weise interpoliert werden. Im folgenden sind pI-Markerproteine aufgeführt, die sich in der Praxis bewährt haben. Manche dieser Proteine sind ladungsheterogen, die angegebenen pI-Werte beziehen sich auf die Hauptbanden:

Markerprotein	pI:
Amyloglukosidase	3,5
Ferritin aus Pferdemilz	4,2; 4,3; 4,5
Albumin aus Rinderserum	4,7; 4,8
β-Lactoglobulin	5,2
Conalbumin	5,9
Myoglobin vom Pferd	6,9; 7,3
Myoglobin vom Wal	7,7; 8,2
Ribonuclease	9,5
Cytochrom C	10,7

Righetti et al. [73, 74] haben Tabellen publiziert, aus denen man die isoelektrischen Punkte und Molekulargewichte einer großen Anzahl von Proteinen entnehmen kann.

2.4 Visualisierungsmethoden

Zur Auswertung der Trennergebnisse müssen die Protein-, Peptid- bzw. Enzymfraktionen im Gel sichtbar gemacht werden. Es gibt hierfür Methoden, die unspezifisch alle getrennten Fraktionen sichtbar machen (z. B. Proteinanfärbung mit Coomassie Blau oder Silberfärbung, Autoradiographie) und Methoden, die ausschließlich definierte Fraktionen visualisieren (z. B. Glykoproteinanfärbung, Zymogrammtechniken, Immunprints).

2.4.1 Proteine

Fällung mit Trichloressigsäure

Polypeptide mit Molekularmassen über 5000 Dalton lassen sich fast ausnahmslos mit 20%iger Trichloressigsäure (TCA) oder mit dem Gemisch aus 10%iger TCA und 5% Sulphosalicylsäure fällen. Trennungen von Polypeptiden, bei denen diese Fällung reversibel ist, wo die getrennten Fraktionen bei nachfolgenden Färbungsmaßnahmen und bei der Entfärbung aus der Gelmatrix herausgelöst werden, werden gleich in der TCA-Lösung gegen schwarzen Hintergrund bei seitlich einfallendem Licht ausgewertet bzw. photographiert. In vielen Fällen gelingt es, Oligopeptide durch Fixieren in 10% TCA, 5% Sulphosalicylsäure, 2,5% Quecksilberchlorid gelöst in Methanol: H_2O (30:70 v/v) irreversibel zu fällen und mit Proteinfärbemethoden sichtbar zu machen.

Coomassie Blau G-250 oder R-250

Für die Proteinanfärbung mit Coomassie Blau, die inzwischen die am häufigsten angewandte Visualisierungsmethode für Elektrophoresepherogramme ist, gibt es zahlreiche geringfügige Modifikationen. Im folgenden wird ein Beispiel einer gut reproduzierbaren Methode für ultradünne Polyacrylamidgele beschrieben:

1. 15 Min Fixieren in 20 % TCA oder einer alternativen Fixierlösung
2. 3 Min Waschen in Entfärbelösung: Methanol:Eisessig:H_2O (35:10:55 *v/v*), um Coomassie-Präzipitat auf der Geloberfläche zu verhindern.
3. 20 Min Färben in frisch angesetzter, filtrierter Coomassie-Lösung aus gleichen Teilen von Stammlösung A und B.
   Stammlösung A: 0,1 % (g/v) Coomassie Blau G-250 oder R-250 gelöst in Methanol: H_2O (90:10 (*v/v*))
   Stammlösung B: Eisessig:H_2O (20:80 (*v/v*))
   Die Anfärbung kann bei Erwärmung der Färbelösung auf 60 °C beschleunigt werden.
4. Entfärben des Hintergrundes in Methanol:Eisessig:H_2O (35:10:55 (*v/v*))

Für die Proteinanfärbung in *Agarosegelen* muß die Methode modifiziert werden:

1. 5 Minuten Fixieren (siehe Polyacrylamidgele)
2. 2 × 5 Minuten Waschen mit Methanol
3. 20 Minuten Pressen des Geles: 1 Lage in Methanol getränktes Filterpapier wird auf das Gel gelegt, darauf 4 Lagen trockenes Filterpapier, darauf eine Glasplatte und ein Gewicht von 1 kg.
4. Trocknen des Geles mit einem heißen Fön.
5. 5 Minuten Färben mit Coomassie Blau Lösung.
6. Entfärben des Hintergrunds.
7. Trocknen des Geles mit einem heißen Fön.

Silberfärbung

Die von Switzer, Merril und Shifrin [75] eingeführte Silberfärbung für Proteine ist deutlich empfindlicher als die Coomassie-Färbung. Mittlerweile gibt es zahlreiche Modifikationen der Methode [76–81]. Die Silberanfärbung ist äußerst empfindlich gegenüber Verunreinigungen in Reagenzien, die sowohl für die Färbeprozedur als auch zur Polymerisation des Geles verwendet werden. Da zum gegenwärtigen Zeitpunkt existierende Silberfärbetechniken noch ständig modifiziert werden, wird an dieser Stellen auf die nähere Beschreibung einer exemplarischen Technik verzichtet und anstatt dessen auf die neueste Literatur verwiesen.

2.4.2 Glykoprotein- und Lipoproteinanfärbung

Proteine können durch Anfärben ihrer Kohlenhydrat- bzw. Lipidanteile spezifisch sichtbar gemacht werden.
   PAS — (Perjodsäure/Schiffsches Reagenz) — Anfärbung auf Glykoproteine nach Kapitany und Zebrowski [82]

1. 10 Minuten Fixieren in 12,5 % TCA
2. 2 Stunden in 1 % Perjodsäure in H_2O (*g/v*)
3. 1 Stunde 4 × Waschen mit 15 % Eisessig (*v/v*).
4. 2 Stunden in Schiffschem Reagenz im Dunkeln im Kühlschrank (ca. 4 °C)
5. Über Nacht Entfärben in 7 % Eisessig, so oft wechseln bis die Entfärbelösung farblos bleibt.

Lipoproteinanfärbung

0,1 % Sudanschwarz B, Sudan III (Fettponceau G), Sudan IV (Fettponceau R) oder Sudanrot 7 B (Fettrot 7 B) bei 37 °C in 60 % Äthanol lösen, mehrmals filtrieren, unmittelbar vor Gebrauch 0,2 % einer 25 %igen NaOH-Lösung zugeben. Das Fokussierungsgel verbleibt in der Farblösung bis zur maximalen Bandenentwicklung.

2.4.3 Peptidanfärbung

Oligopeptidketten über 15 Aminosäuren

Bei dieser Methode nach Blakesley und Boezi [83] wird das Gel für 30 Minuten in einer kolloidalen Dispersion von Coomassie Blau G-250 in H_2SO_4 ohne vorheriges Fixieren angefärbt. Dabei bleibt der Hintergrund ungefärbt.

Gleiche Volumina einer 0,2 %igen (g/v) wässrigen Lösung von Coomassie-Blau G-250 und 2 N H_2SO_4 werden 3 Stunden gerührt und anschließend durch Whatman-Papier No. 1 filtriert, um das Präzipitat zu entfernen. Um das braune Filtrat zu klären, wird 1/9 des Volumens an 10 N KOH zugegeben, sodaß die Lösung eine Purpurfärbung erhält. Schließlich wird 100 %ige (g/v) TCA bis zur Gesamtkonzentration von 12 % hinzugegeben. Die gebrauchsfertige Lösung ist nun blaugrün.

Nach der Färbung wird das Gel in destilliertes Wasser gegeben, wobei sich die blau gefärbten Banden intensivieren und stabilisieren.

Niedermolekulare Peptide

Kürzere Peptidketten, bestehend aus 2 bis 14 Aminosäuren, die mit der oben beschriebenen Methode nicht erfaßt werden, können mit Aminosäure-spezifischen Reaktionen sichtbar gemacht werden. Bei dieser Methode nach Gianazza et al. [84] werden ultradünne Polyacrylamidgele nach der Trennung auf Filterpapier (Whatman 3 MM) aufgepreßt und im Trockenschrank bei 110 °C getrocknet. Die Rückseite des Filterpapiers wird anschließend mit den in der Papierchromatographie verwendeten Aminosäure-spezifischen Reagenzien besprüht. Kürzlich gelang es, Aminosäuren im immobilisierten pH-Gradienten (pH 3–4) aufzutrennen [58, 59].

2.4.4 Enzymanfärbung

Enzymatisch aktive Proteine und Enzyminhibitoren werden entweder unmittelbar im Fokussierungsgel durch Einlegen in eine Substratlösung, oder über einen Abklatsch in mit Substrat imprägnierten Chromatographiepapieren, Celluloseacetatfolien oder Agarosegelen durch die spezifische Substratreaktion direkt oder über eine angekoppelte Farbreaktion visualisiert. In einigen Fällen müssen zum Substrat Hilfsenzyme zugesetzt werden. Die meisten Zymogrammtechniken beruhen auf histochemischen Färbemethoden. Enzymvisualisierungen besitzen erheblich höhere Nachweisempfindlichkeiten als Proteinanfärbemethoden, da Enzymspuren hohe Substratumsätze katalysieren können.

Im folgenden wird je ein Beispiel einer Enzym- und einer Inhibitorvisualisierung für ultradünne Gele beschrieben.

Esterase-Isoenzyme

Nach der Fokussierung wird das Gel bei Zimmertemperatur in 200 ml 0,1 M Natriumphosphat-Puffer pH = 7,2 eingelegt. 60 mg α-Naphthylacetat werden in 5 ml Aceton gelöst und durch kräftige Hin- und Herbewegung der Färbewanne im Puffer verteilt. Im Anschluß werden 100 mg Echtblausalz B, in ca. 2 ml H_2O gelöst, zugegeben. Die vollständige Entwicklung der violettroten Esterasebanden dauert etwa 10 Minuten. Die Diazofarbe ist stabil. Die Reaktion wird mit Entfärbelösung, die bei der Coomassieanfärbung verwendet wird, gestoppt, der rötlichgelbe Hintergrund ausgewaschen.

Trypsin-Isoinhibitoren [85]

Das Gel wird für 10 Minuten bei 37 °C in 60 mg Trypsin (80 000 E/G), gelöst in 200 ml 0,1 M Natriumphosphatpuffer pH 7,6, inkubiert. Daraufhin wird das Gel 6mal mit H_2O gewaschen (Gesamtzeit ca. 2 Minuten), auf eine Glasplatte gelegt und nochmals für 10 Minuten bei 37 °C im Trockenschrank inkubiert. Nun wird das Gel in die frisch bereitete Substratlösung bei Zimmertemperatur gelegt: 100 mg Echtblausalz B, gelöst in 180 ml 0,05 M Natriumphosphatpuffer pH 7,6, vermischt mit 50 mg N-acetyl-DL-phenyl-α-alanin-2-naphthylester, gelöst in 20 ml Dimethylformamid. Nach 10 Minuten sind die weißen Inhibitorbanden gegen einen gleichmäßigen violettroten Hintergrund gut sichtbar. Die Diazofarbe ist stabil. Die Reaktion wird mit Entfärbelösung, die bei der Coomassieanfärbung verwendet wird, gestoppt.

2.4.5 Print-Techniken

Eine weitere Methode zur Visualisierung von Enzymen ist die Print-Technik mit ultradünnen, substrathaltigen, auf Folie polymerisierten Polyacrylamidgelen (Print-Gelen). Nach beendeter Fokussierung wird auf das Fokussierungsgel das Print-Gel, das das spezifische Substrat mit entsprechendem Puffer enthält, aufgerollt und nach einer definierten Reaktionszeit wieder abgenommen, kurz gewaschen, angefärbt und wieder entfärbt. Die im Fokussierungsgel erzielte Trennschärfe wird im Print-Gel exakt reproduziert und unterliegt weit weniger der Diffusion wie dies bei Abklatschtechniken mit Agarose oder Papier beobachtet wird. Die Nachweisempfindlichkeit ist erhöht. Anschließend kann das Fokussierungsgel ohne wesentliche Bandenverluste zur Proteinanfärbung weiterverwendet werden [86].

Es können auch ultradünne Polyacrylamid-Print-Gele gegossen werden, die pH-, Substrat- oder Inhibitorgradienten enthalten [87, 88]. Benutzt man diese Gele für einen Abklatsch, kann der Einfluß des pH-Wertes sowie der Substrat- oder Inhibitormenge auf das Enzym und seine Aktivität veranschaulicht werden. Somit können Zymogrammtechniken oder die Untersuchung von technischen Enzymen für technologische Zwecke optimiert werden. Solche Gradientengele werden ebenfalls mit Hilfe der Zweikammermischtechnik 0,24 mm dick gegossen; für homogene Gele wird eine Dicke von 0,12 mm empfohlen.

Soll z. B. das pH-Optimum einer Polygalacturonase bestimmt werden, wird ein Print-Gel mit einem Puffergradienten pH 3–7 wie folgt hergestellt [88]:
Schwere Lösung (pH 7,0): 2,8 ml Acrylamidlösung (28,8 g Acrylamid + 1,2 g Bis

auf 100 ml) + 50 g Na-Pektat gelöst in 4,0 ml 0,1 M KH$_2$PO$_4$/NaOH, pH 7,0 + 1,25 g Glycerin (Konz.) + 10 µl TEMED + 10 µl Ammoniumpersulfat (40 %ig).

Leichte Lösung (pH 3,0): 2,8 ml Acrylamidlösung + 50 mg Na-Pektat gelöst in 5,0 ml 0,1 M Citrat/HCl, pH 3,0 + 10 µl TEMED + 50 µl Ammoniumpersulfat (40 %ig).

Zum Gießen des Geles (110 × 250 × 0,24 mm) werden 3,9 ml der schweren und 3,9 ml der leichten Lösung in die beiden Kammern des Gradientenmischers pipettiert. Das Gradienten-Gel wird wie in Abschn. 1.3 beschrieben (Abb. 2b) gegossen und 60 Minuten bei 50 °C polymerisiert.

Nach beendeter Fokussierung wird das Print-Gel luftblasenfrei auf das Fokussierungs-Gel aufgerollt, nach 4 Minuten bei 40 °C wieder abgenommen, mit 0,02 %iger wässriger Rutheniumrotlösung angefärbt und mit Wasser wieder entfärbt.

2.4.6 Immunofixation und Immunoprint

Die Immunofixation ist eine Methode zur spezifischen Visualisierung und zur Identifizierung bestimmter Proteine durch Immunopräzipitation mit monospezifischen Antikörpern. Nach der isoelektrischen Fokussierung werden die mit Puffer verdünnten monospezifischen Antikörper auf die Geloberfläche aufgebracht. Diese diffundieren in das Gel und bilden mit der ihr entsprechenden Antigenfraktion ein Immunopräzipitat. Die übrigen, unpräzipitierten Proteine werden mit einer 1 %igen NaCl-Lösung ausgewaschen, die im Gel verbliebenen, fixierten Immunopräzipitate mit Proteinfärbemethoden angefärbt.

Die verdünnte Antikörperlösung kann man entweder direkt auf die Geloberfläche pipettieren; oder man legt in mit Antikörperlösung imprägnierte Celluloseacetatfolien bzw. Filterpapierstreifen auf die Geloberfläche [89]. Will man einen „Immunoprint" (Abklatsch) [90], beträgt die Kontaktzeit 3–5 Min.; für eine Immunofixation beträgt sie 5–10 Min. bei der IEF im Agarosegel, doppelt so lange bei der IEF im Polyacrylamidgel. Eine Übersicht über die Anwendungsbereiche ist in [91] zusammengestellt.

2.4.7 Autoradiographie

Autoradiographie ist die empfindlichste Visualisierungsmethode, mit der Proteinspuren von 0,0001–0,00001 % des Gesamtproteins nachgewiesen und quantifiziert werden können. O'Farrell [92] hat mit der Autoradiographie nach einer Zweidimensionalelektrophorese von Escherichia Coli — Lysat 1100 Proteinflecke gefunden.

Normalerweise werden die Proteine in vivo radioaktiv markiert (z. B. ^{35}S-Methionine). Die Autoradiographie wird deshalb hauptsächlich in der Mikrobiologie und für Zell- und Gewebekulturen angewandt. Die gefärbten bzw. ungefärbten Gele werden getrocknet und für die Dauer von einigen Tagen bis einigen Wochen auf einen hochempfindlichen Röntgenfilm gelegt, auf dem nach der Entwicklung die getrennten Fraktionen sichtbar sind.

Antikörper können auch durch Immunoreaktion mit radioaktiv markierten Antigenen (^{125}I, ^{14}C) und anschließender Autoradiographie visualisiert werden [93].

2.5 Aufbewahrung und Dokumentation

2.5.1 Trocknung der Gele

Die Trocknung ultradünner Gele ist gegenüber konventionell dicken Gelen problemlos. Die angefärbten Gele werden für 2 Minuten in eine Imprägnierlösung aus Methanol:Glycerin:H_2O (70:4:26 v/v) gelegt und einfach an der Luft getrocknet. Gele mit Polyacrylamidgradienten und einer Dicke von bis zu 0,36 mm werden nach der Imprägnierung auf eine Glasplatte gelegt; auf die Geloberfläche wird luftblasen- und faltenfrei eine in H_2O gequollene Cellophanfolie aufgezogen, deren überstehende Ränder auf die Unterseite der Glasplatte umgefaltet werden. Zur Fixierung der Cellophanfolie wird das Ganze auf eine zweite Glasplatte gelegt. Bei der Trocknung zieht sich das dampfdurchlässige Cellophan zusammen und haftet fest auf der Geloberfläche. Die Polyester-Trägerfolie läßt sich vom getrockneten Gel leicht abziehen. Ultradünne Gele kann man auch auf Papier trocknen, wobei man sehr kontrastreiche Pherogramme erhält. Man kann Porengradientengele auch in feuchtem Zustand aufbewahren, nachdem man sie in eine Folie eingeschweißt hat.

2.5.2 Densitometrie

Die Bandenmuster kann man auf einfache Weise mit einem optischen Densitometer erfassen und die Densitogramme quantitativ auswerten. Der Abtast-Lichtstrahl sollte möglichst scharf gebündelt sein, damit die Auflösung der Trennung erhalten bleibt. Seit kurzer Zeit sind speziell zur Auswertung von Elektrophoresepherogrammen Laser-Densitometer auf dem Markt, die an einen Integrator angeschlossen werden können.

2.5.3 Photographie

Zur Dokumentation von Pherogrammen ist eine Kleinbildformat-Spiegelreflexkamera mit einem Makroobjektiv völlig ausreichend. Zur Aufnahme von Farbdiapositiven sollte ein Kunstlichtfilm verwendet werden. Für Schwarz-Weiß-Aufnahmen eignet sich ein panchromatischer Negativfilm. Da allgemein die Filmempfindlichkeit für die Farbe Blau (Coomassie-Anfärbung) schwach ist, sollten, um kontrastreiche Reproduktionen zu erhalten, blaue Pherogramme durch einen gelben Filter photographiert werden. Erweist sich der Kontrast in der Schwarz-Weiß-Reproduktion als noch nicht ausreichend, kann dieser durch nochmaliges Abphotographieren dieser Reproduktion erhöht werden. Diese Reproduktion soll einen grauen Hintergrund von etwa 20% haben, um sicherzustellen, daß auch schwache Fraktionen noch sichtbar sind.

3 Weitere horizontale Ultradünnschicht-Elektrophorese-Verfahren [94]

Die ersten elektrophoretischen Trennmethoden in Gelschichten, z. B. die Stärkegelelektrophorese nach Smithies [95] wurden im horizontalen System durchgeführt. Da jedoch bei diesen 3 mm dicken Gelen Störungen der Trennungen aufgrund der Elektrodekantation an den Kanten der Probeschlitze und Bandenverzerrungen aufgrund der ungleichmäßigen Temperaturverteilung in der Gelschicht auftraten, wurde diese Technik von Smithies modifiziert, indem er die Vertikalelektrophorese einführte [96]. Seitdem werden Gelelektrophoresen, insbesondere die verschiedenen Varianten der Polyacrylamidgel-Elektrophorese (PAGE) fast ausschließlich im vertikalen System durchgeführt: die PAGE unter nicht denaturierenden Bedingungen, die Disk-Elektrophorese nach Ornstein [97] und Davis [98], die Gradientengelelektrophorese nach Margolis und Kenrick [99], die SDS-Elektrophoresen nach Shapiro, Vinuela und Maizel [100], nach Weber und Osborne [101], und nach Laemmli [102], sowie die zweidimensionalen (2D)-Elektrophoresen nach O'Farrell [93], Klose [103], und nach Anderson und Anderson [104, 105]. Verwendet man ultradünne Gele nach Görg, Postel und Westermeier [11], spielen die Probleme der Elektrodekantation und der unzureichenden Wärmeabführung keine Rolle. Es ist somit möglich, zur ursprünglichen, weit bequemeren Horizontal-Technik mit all ihren Vorteilen zurückzukehren. Der methodische und apparative Aufwand ist für die Horizontalelektrophorese wesentlich geringer als für die Vertikalelektrophorese. Die Proben werden auf einfache Weise in kleine Gelwannen an der Geloberfläche in frei wählbarem Abstand zur Anode bzw. Kathode einpipettiert. Es ergibt sich unter anderem daraus gegenüber der Vertikaltechnik der Vorteil, daß bei der Elektrophorese unter nicht denaturierenden Bedingungen sowohl die anodisch als auch die kathodisch wandernden Proteine in einer Trennung erfaßt werden. Bei der Vertikalelektrophorese können die Proben nur am oberen Gelende aufgetragen werden; dabei gehen je nach Trennsystemen entweder die anodisch oder die kathodisch wandernden Proteine im oberen Puffertank verloren.

Ultradünnschicht-Elektrophoresen können zudem wegen der gegenüber dicken Gelen effektiveren Wärmeabfuhr mit bedeutend höheren Feldstärken durchgeführt werden, wodurch sich eine erhebliche Trennzeitersparnis ergibt. Bei verkürzten Trennzeiten wird die Diffusion eingeschränkt. Man erreicht dadurch deutlich schärfere Proteinbanden und eine erhöhte Nachweisempfindlichkeit. Aufgrund der geringen Diffusionswege in ultradünnen Gelen ergibt sich eine schnelle Fixierung, Anfärbung und Trocknung der Gele. Durch die kürzeren Trenn- und Anfärbezeiten sind die Ergebnisse in einem Bruchteil der Zeit verfügbar, die man für die konventionellen Vertikalmethoden benötigt. Ein weiterer Vorteil ultradünner Gele ist die einfache Trocknung. Auch Gradientengele mit hohen Polyacrylamidkonzentrationen können problemlos ohne Anwendung von Vakuum getrocknet werden. Die Gele können sowohl auf Papier als auch auf einer durchsichtigen Folie getrocknet werden, ohne daß sie zersplittern.

Eine Übersicht über die im horizontalen System durchgeführten Elektrophoreseverfahren (IEF, PAGE und hochauflösende zweidimensionale Elektrophorese) wird in [94] gegeben.

3.1 Polyacrylamidgel-Elektrophorese (PAGE)

Die auf Folie polymerisierten Gele für die PAGE werden mit den je nach Trennproblem gewählten homogenen Acrylamidkonzentrationen, Vernetzungsgraden und Puffersystemen analog zu den Fokussierungsgelen für die Ultradünnschicht-Trägerampholyt-IEF gegossen (Abb. 2a). Für die Aufnahme der Probenlösungen werden kleine Gelwannen in die Oberfläche mit einpolymerisiert, indem vorher auf die Deckglasplatte kleine Tesafilmstückchen an geeigneter Stelle aufgeklebt werden (siehe Abb. 5). Für die Auswahl des dem jeweiligen Trennproblem angepaßten Puffersystems sei auf die Tabelle der Trenngelsysteme in [106] bzw. in Kap. 9 dieses Buches verwiesen.

Das auspolymerisierte Gel wird in derselben Weise, wie für die Ultradünnschicht-IEF beschrieben, aus der Kassette entnommen und auf den Kühlblock der Horizontalkammer gelegt. In den beiden Elektrodentanks befinden sich die Elektrophoresepuffer. Die Verbindung zwischen Elektrodentanks und Gel erfolgt über Papierdochte (sog. Elektroden-Wicks), die mit Elektrophoresepuffer getränkt sind (siehe Abb. 13). Die Papierdochte bestehen aus mehreren Lagen Chromato-

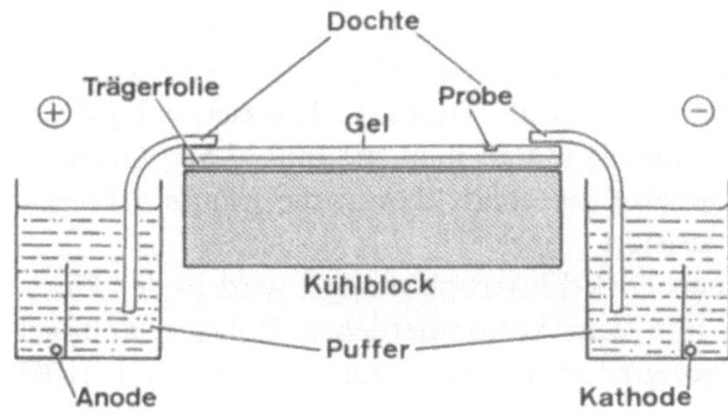

Abb. 13. Schematischer Aufbau einer Trennkammer für die Horizontalelektrophorese

graphiepapier (z. B. Whatman 3MM) oder besonders saugfähigem und haltbarem Material (z. B. UltraWicks, BioRad), die auf gleiche Größe zugeschnitten werden. Um auszuschließen, daß Verunreinigungen aus dem Papier in das Gel gelangen, empfiehlt sich eine Vorelektrophorese zur Papierreinigung: 2–5 Lagen Chromatographiepapier werden in Elektrophoresepuffer getränkt, auf den Kühlblock gelegt, über die Dochte mit den Elektrophoresetanks verbunden, und nun wird für ca. 2 Stunden eine Elektrophorese durchgeführt. Anschließend wird das anstelle des Gels auf dem Kühlblock liegende Papier verworfen.

Bei der Gelelektrophorese ist darauf zu achten, daß die Kanten der Dochte, die in 1 cm breiten Kontaktflächen auf den Gelenden aufliegen, exakt parallel zueinander und exakt parallel zu den Proben-Gelwannen verlaufen. Außerdem müssen an diesen Kontaktflächen zwischen Gel und Dochten Falten oder Luftblasen vermieden werden. Beim Vergleich der Trennungen in einem Tris-Glycin-Puffersystem pH 8,9 bei einer Gelkonzentration $T = 10\%$ und einem Vernetzungsgrad $C = 2,6\%$ in einem konventionellen 2 mm dicken Gel und einem 240 µm dünnen Gel, wurde für das ultradünne Gel nur 1/6 der für das dicke Gel verwendeten Probemenge benötigt. Bei einer Wanderungsdistanz des beigemischten Bromphenolblaus von 7 cm dauerte die Elektrophorese im dicken Gel 5 Stunden (bei 150 V, 15 mA), im ultradünnen Gel 2 Stunden (bei 200 V/15 mA). Das Pherogramm der Ultradünnschicht-Elektrophorese zeigte wesentlich schärfere und stärker angefärbte Banden als das der konventionellen Elektrophorese [11, 107].

3.2 Disk-Elektrophorese (Disk-PAGE)

Trotz der Bandenschärfe, die mit der Ultradünnschicht-PAGE erzielt wird, empfiehlt es sich in den meisten Fällen, wenn auf die Verwendung von Acrylamidgradienten-gelen verzichtet werden soll, eine diskontinuierliche Elektrophorese (Disk-PAGE) nach Ornstein [97] und Davis [98] durchzuführen. Bei der Disk-PAGE wird die Probe vor Eintritt in das Trenngel durch ein Sammelgel konzentriert. Das weitporige Sammelgel unterscheidet sich vom Trenngel durch unterschiedlichen pH-Wert und geringere Acrylamidkonzentration.

Trenn- und Sammelgel können kontinuierlich oder diskontinuierlich gegossen werden. Eine exakte scharfe Linie zwischen Trenngel und Sammelgel erhält man, indem man zunächst die Trenngellösung (mit 10 % Glycerin) in die Küvette bis zu einer Höhe von 4 cm unterhalb der oberen Kante der Polymerisationsküvette (Abb. 2a) füllt. Die Trenngellösung wird mit ca. 2 ml H_2O überschichtet. Nachdem das Trenngel auspolymerisiert ist, wird das Überschichtungswasser abgekippt und der in der Gelkassette verbliebene Rest mit Filterpapier abgesaugt. Nun wird die Kassette mit der Sammelgellösung vollständig befüllt. Dünne Gele lassen sich jedoch auch ohne Zwischenpolymerisation herstellen, indem man die mit 37,5 % Glycerin beschwerte Sammelgellösung in die Kassette pipettiert, darauf die leichtere Trenn-gellösung gibt und anschließend polymerisiert.

Mit dem polymerisierten ultradünnen Disk-Elektrophoresegel wird in der Horizontalkammer ebenso verfahren wie mit dem kontinuierlichen Polyacrylamidgel in Abschn. 3.1. Zur Auswahl der geeigneten Puffersysteme sei hier auf [106] verwiesen.

3.3 Gradientengel-Elektrophorese (Gradienten-PAGE)

Auch Polyacrylamid-Gradienten-Gele können (wie im Abschn. 1.3 bereits erwähnt) in ultradünnen Schichten hergestellt werden (Abb. 2b). Durch den kontinuierlich zunehmenden Molekularsiebeffekt eines Porengradienten wird eine Erhöhung der Auflösung erreicht. Gradientengele für die Elektrophorese wurden erstmals von Margolis und Kenrick [99] eingeführt. Während des Gießens der Gellösung in die Polymerisationskassette wird mittels eines Gradientenmischers einer mit 25 % Glycerin beschwerten Acrylamidlösung kontinuierlich eine Acrylamidlösung mit höherem Acrylamidgehalt beigemischt, so daß die Acrylamidkonzentration immer weiter zunimmt. Im auspolymerisierten Gel nimmt die Porengröße mit zunehmender Acrylamidkonzentration ab. Während der Elektrophorese wandern die einzelnen Proteinfraktionen so weit im Gel, bis sie entsprechend ihrer Molekülgröße im immer enger werdenden Polyacrylamid-Netzwerk fast stecken bleiben. Dieses System wirkt der Diffusion entgegen, so daß sich scharf getrennte Fraktionen einheitlicher Molekül-größen ergeben. Durch Vergleich mit den Fraktionen eines Gemisches von Komponenten bekannter Molekülgrößen (Eichproteingemisch) lassen sich im Gelphero-gramm die Molekülgrößen der Probenkomponenten abschätzen. Bei globulären Proteinen sind die ermittelten Molekülgrößen den Molekularmassen äquivalent.

Es lassen sich ultradünne Gele mit wahlweise linearen oder exponentiellen Porengradienten mit der gewünschten Steigung des Gradienten herstellen. Zur Erzeugung linearer Gradienten wird technisch ebenso verfahren wie im Abschn.

1.3 für IEF-Gele mit immobilisierten pH-Gradienten beschrieben. Die Acrylamidkonzentrationen der beiden Gellösungen werden hierzu auf die gewünschte Anfangs- und Endkonzentration im Gel eingestellt, z. B. 10% T, 2,5% C in der mit Glycerin beschwerten „schweren Lösung" und 20% T, 2,5% C in der „leichten Lösung".

Durch das Gießen von exponentiellen Gelgradienten erreicht man einen relativ flachen Anstieg der Acrylamidkonzentration im großporigen Bereich und einen steilen Anstieg im engporigen Bereich. Solche exponentiellen Gradienten werden insbesondere zur optimalen Auftrennung von Proben mit einer sehr hohen Variationsbreite der Molekülgrößen empfohlen. Die Wahl der Gradientenform und der Acrylamidkonzentrationen wird vom jeweiligen Trennproblem bestimmt, d. h. von dem Intervall des Molekülgrößenspektrums, das am stärksten aufgelöst werden soll.

Einen linearen Gradienten erhält man, indem sowohl das Mischgefäß als auch das Reservoir des Gradientenmischers unverschlossen bleiben (Abb. 2b). Einen exponentiellen Gradienten erhält man, indem man das Mischgefäß des Gradientenmischers mit einem Stopfen dicht verschließt, sodaß das Volumen der Gellösung in der Mischkammer während des Gießvorgangs konstant bleibt. Der Mischkammer fließt aus dem Reservoir kontinuierlich die gleiche Menge an „leichter Lösung" zu, wie an gemischter Gellösung über den Auslaßschlauch in die Polymerisationsküvette ausfließt [20].

3.4 SDS-Elektrophorese [108]

Zur Theorie, Anwendung und Auswertung der SDS-Elektrophorese siehe S. 54ff. Die oben beschriebenen Gießtechniken und Vorteile der horizontalen Ultradünn-

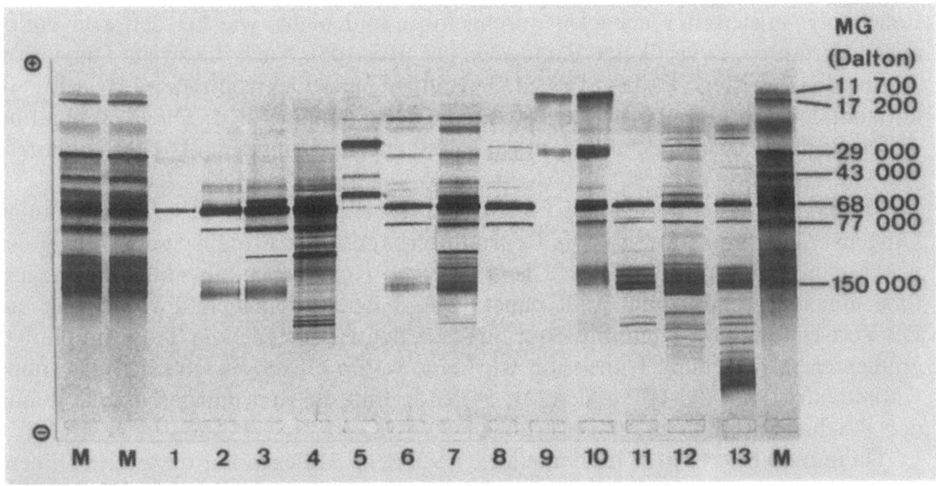

Abb. 14. Horizontale Ultradünnschicht-SDS-Gradientengelelektrophorese nicht-konzentrierter oder verdünnter Urinproben (100–300 mg/l Urinprotein). Linearer Gradient: T = 4–22,5%, C = 4%, 0,1% SDS, 375 mM Tris/HCl, pH 8,8. Gelgröße: 120 × 250 × 0,36 mm; Trenndistanz: 10 cm. Trennbedingungen: max 600 V, 50 mA, 30 W, 5 °C, 100 Min. Silberfärbung. Proben: *1* physiologischer Urin, *2–8* Urine verschiedener Proteinurien, *9* Erythrozyten-Hämolysat, *10* Blut-Hämolysat, *11* Serum mit IgG, *12* Serum mit IgA, *13* Serum mit IgM, *M* Markerproteine

schicht-Elektrophorese-Methoden sind auch für das SDS-Elektrophorese-System gültig [109]. Die horizontale Ultradünnschicht-SDS-Elektrophorese kann im diskontinuierlichen System z. B. nach Lämmli [102], im Porengradienten [99] oder durch Kombination beider Techniken angewendet werden.

Die Vorteile der horizontalen Ultradünnschicht-SDS-Porengradientengel-Elektrophorese [10, 109] konnten u. a. erfolgreich für die Routineanalyse von Urinproteinen [108, 110, 111] angewendet werden. Wegen der hohen Nachweisempfindlichkeit der Elektrophorese in ultradünnen Gelen [107] mit anschließender Silberfärbung brauchen pathologische Urine (> 100 mg Protein/Liter) nicht konzentriert zu werden. Mit dieser Methode erhält man sehr scharfe und hochaufgelöste Proteinbandenmuster. In einem Gel können problemlos mehr als 25 Proben aufgetrennt werden. Wegen der dünnen Gelschichten ist die Kühlung so effektiv, daß eine höhere Feldstärke angelegt werden kann als bei den konventionellen Methoden. Dadurch wird die Auflösung erhöht und die Elektrophoresezeit auf ca. 100 Minuten reduziert. Die auf Plastikfolie polymerisierten Gradientengele sind einfach zu handhaben, schnell zu färben, zu entfärben und zu trocknen. Man erhält transparente, dauerhafte Pherogramme für die densitometrische Auswertung und die Dokumentation. Abbildung 14 zeigt eine horizontale Ultradünnschicht-SDS-Porengradientengel-Elektrophorese verschiedener Proteinurietypen.

3.5 Zweidimensionale Elektrophorese [117]

Zweidimensionale (2D) Elektrophoresemethoden, s. S. 198ff., können ebenfalls in horizontalen, ultradünnen Gelen durchgeführt werden. In der von Görg, Postel und Westermeier [107] eingeführten Technik wird die Trennung in der ersten Dimension — in den meisten Fällen die isoelektrische Fokussierung — in horizontalen auf Folie polymerisierten Flachgelen durchgeführt und nicht, wie bei den konventionellen Verfahren, in vertikalen Rundgelen [92, 103–105]. Auch die zweite Dimension — in den meisten Fällen die SDS-Gradientengel-Elektrophorese — wird in horizontalen ultradünnen, foliengestützten Gelen durchgeführt. Die Kombination dieser beiden Flachgeltechniken führt somit zur horizontalen 2D-Elektrophorese [94, 113, 114].

Da das Fokussierungsgel auf Folie polymerisiert ist, findet beim Transfer keine Längenveränderung statt, was die Reproduzierbarkeit der Protein-Spots entlang der x-Achse im 2D-Gel erhöht. Das SDS-Gradienten-Gel ist ebenfalls durch die Trägerfolie dimensionsstabil und quillt daher beim Färbeprozeß nicht trapezförmig an. Bei Verwendung von immobilisierten pH-Gradienten anstelle von Trägerampholytgradienten in der ersten Dimension wird eine wahre Gleichgewichtsmethode (ohne Kathodendrift) mit der IEF erzielt [21, 54] und somit die Reproduzierbarkeit entlang der x-Achse nochmals erheblich erhöht.

Da immobilisierte pH-Gradientengele nach dem Auflegen auf die zweite Dimension, elektroendosmotische Effekte im SDS-Gel [115] verursachen, mußte die Arbeitsvorschrift für die 2D-Elektrophorese modifiziert werden [65]. Es wird deshalb der Zusatz von Harnstoff und Glycerin zur Äquilibrierlösung empfohlen; gleichzeitig mußte die Äquilibrierzeit von zwei auf zweimal fünfzehn Minuten verlängert werden [65]. Ein Jodacetamidzusatz zur zweiten Äquilibrierlösung vermindert die Bildung störender vertikaler Streifen im silbergefärbten SDS-Gel [116]. Um Störungen im 2-D Muster, verursacht durch nichtionische Detergentien (z. B. NP-40) aus der ersten Dimension zu verhindern, wird das Verhältnis der Gelvolumina der ersten und zweiten Dimension, sowie die Konzentration des Detergenz (NP-40) in der ersten Dimension optimiert. Um eine vollständige Rehydratisierung des immobilisierten pH-Gradienten-Geles zu erreichen, darf bei Anwesenheit von Detergenz kein Glycerin in der Quell-Lösung verwendet werden [112].

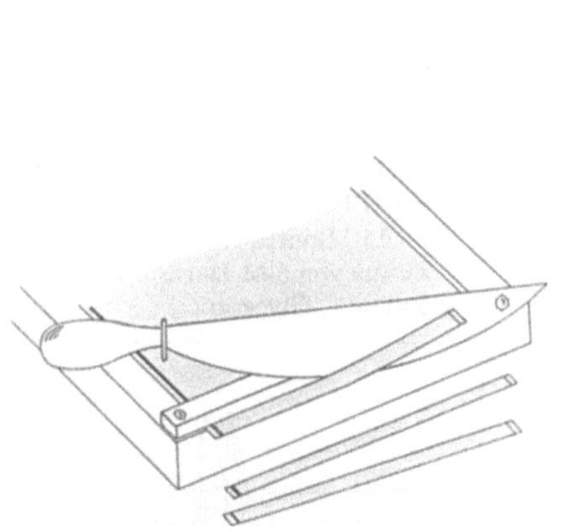

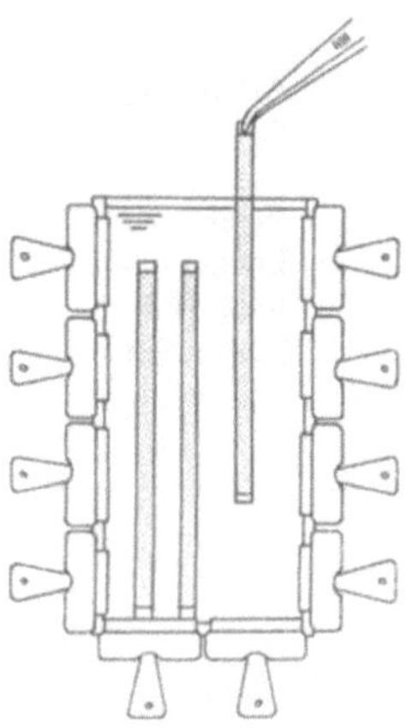

Abb. 15. Präzises und einfaches Schneiden trockener, auf Folie polymerisierter Immobilinegele mit Hilfe einer Papierschneidemaschine für die IEF in Einzelstreifen

Abb. 16. Rehydratisieren der für die 2D-Elektrophorese benötigten Immobiline-Gelstreifen

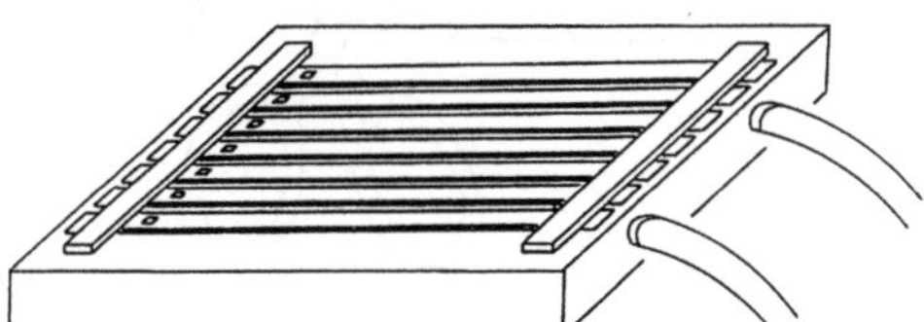

Abb. 17. IEF in IPG-Gelstreifen (erste Dimension der 2D-Elektrophorese)

Das gewaschene und getrocknete IPG-Gel wird in 5 mm breite Streifen (Papierschneidemaschine) geschnitten (Abb. 15). Zum Rehydratisieren werden die einzelnen Streifen rasch in die zuvor befüllte Quell-Kassette geschoben (Abb. 16); die Quell-Lösung enthält die gewünschten Additive. Nach dem Quellen (3–24 Stunden) werden die einzelnen Fokussierungsstreifen in einem Abstand von 2 mm auf den mit Kerosin beschichteten Kühlblock gelegt. Die Probe wird mit Hilfe kleiner Silikonstückchen (Auftrageband) aufgetragen und die Fokussierung in den Einzelstreifen durchgeführt (Abb. 17). Nach beendeter Fokussierung werden die Streifen vom Kühlblock genommen und im Reagenzglas mit 10 ml Äquilibrierlösung geschüttelt; bei IPG-Gelen wird der Vorgang nach 15 Minuten mit frischer Lösung wiederholt. Die äquilibrierten Streifen werden mit Filterpapier abgetupft und einfach mit der Gelseite nach unten — ohne weitere Hilfsmaßnahmen — auf die Oberfläche des SDS-Geles gelegt (Abb. 18). Eventuelles Einbetten des Fokussierungsstreifens mit Agarose ist nicht notwendig. IEF-Streifen, die nicht unmittelbar verwendet werden, können in flüssigem Stickstoff oder bei —80 °C gelagert werden. Ampholyt-gele werden erst nach der isoelektrischen Fokussierung mit einer Schere oder einem Skalpell in Streifen geschnitten (Abb. 19), 2 min äquilibriert und auf das horizontale SDS gelegt.

Die wesentlichen methodischen Unterschiede zwischen Trägerampholyt- und Immobiline-IEF für die 2D-Elektrophorese lassen sich wie folgt zusammenfassen:

	Ampholyte CA	Immobiline IPG
Probenauftrag	Papier Lochstreifen nach IEF	Gelwannen Lochstreifen vor IEF
Streifen schneiden	2 Minuten	2 × 15 Minuten
Äquilibrieren		Zusatz von 6 M Harnstoff
Äquilibrier-Lösung		und 30 % Glycerin

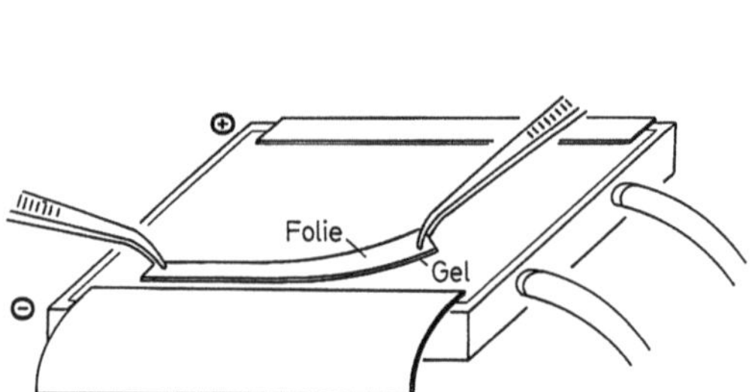
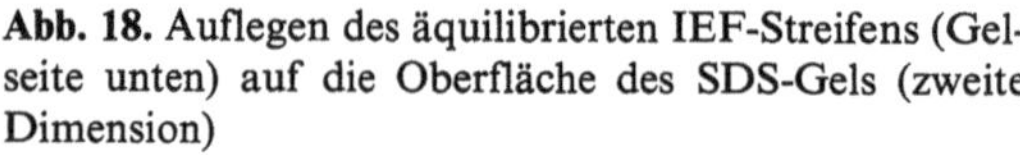

Abb. 18. Auflegen des äquilibrierten IEF-Streifens (Gel-seite unten) auf die Oberfläche des SDS-Gels (zweite Dimension)

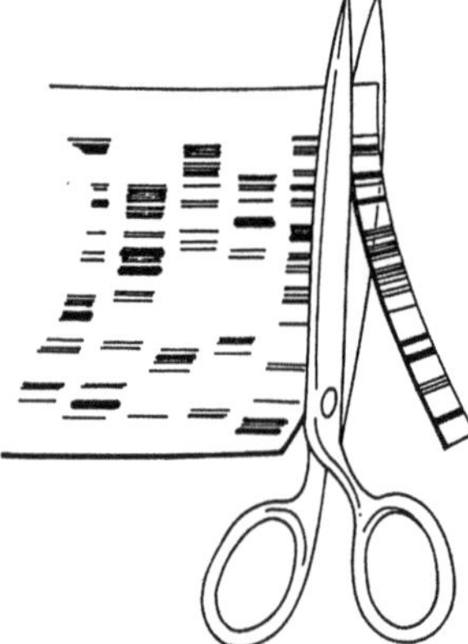

Abb. 19. Abschneiden von Ampholine-IEF-Gelstreifen mit Hilfe einer Schere nach der Fokussierung für die 2D-Elek-trophorese

4 Versuche zur isoelektrischen Fokussierung

4.1 IEF mit Trägerampholyten

Analyse von Leguminosensamenproteinen (Abb. 20)

Proben

Kommerzielle Proteinpräparate Conalbumin, Chymotrypsinogen, Soja-Trypsin-inhibitor werden in 0,25 M Tris/Glycin-Puffer pH 8,6 gelöst: 2 mg/ml; Marker-proteine: je 2 mg/ml 0,25 M Tris/Glycin-Puffer pH 8,6. Leguminosensamen werden

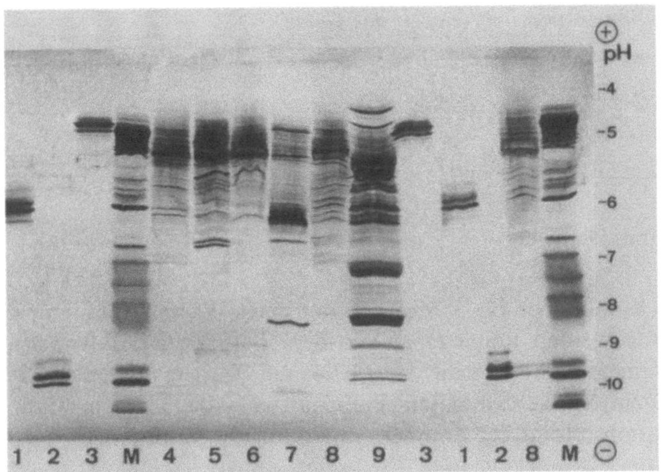

Abb. 20. Ultradünnschicht-IEF im 240 µm dicken Polyacrylamidgel (T = 4%, C = 6%). Trennbedingungen siehe Abbildung 21, pH-Wertskala ergibt sich aus der Eichkurve der Markerproteine (M): Perritin (Pferdemilz) pI = 4,2; 4,3; 4,5; Rinderserumalbumin pI = 4,7; 4,8; β-Lactoglobulin pI = 5,2; Conalbumin pI = 5,9; Pferdemyoglobin pI = 6,9; Walmyoglobin pI = 7,7; 8,3; Ribonuclease pI = 9,5; Cytochrom c pI = 10,7. Proben: *1* Conalbumin, *2* Chymotrypsonogen, *3* Soja-Trypsin-Inhibitor, *4–9* Proteinextrakte aus Samen von *4* Erbse, *5* Kichererbse, *6* Linse, *7* Gartenbohne, *8* Dicke Bohne, *9* Flügelbohne. Anfärbung mit Coomassie Brilliant Blue R-250

bei 4 °C gemahlen; 0,5 g des Pulvers mit 2,5 ml 0,25 M Tris-Glycin-Puffer pH 8,6 extrahiert (30 Min. Mazeration), 10 Min. bei 19 000 Upm zentrifugiert (4 °C), der Überstand abdekantiert.

Chemikalien
Trägerampholyte Ampholine pH 3,5–9,5, Acrylamid, Bis, Ammoniumpersulfat, TEMED, Repelsilan, Trägerfolie GelBond PAG-Film und Elektrodenstreifen waren von LKB (Bromma, Schweden). Kommerzielle Proteinpräparate, Markerproteine und Tris waren von SERVA (Heidelberg).

Apparate
IEF-Kammer Ultrophor LKB 2217, Stromversorger LKB 2197, Laborkryostat LKB 2209, Laserdensitometer Ultroscan LKB 2202.

Gelzusammensetzung
— pH-Intervall: Ampholine pH 3,5–9,5
— Gelkomposition: 4% T, 6% C, 10% Saccharose, 2% Ampholine (w/v)
— Gelgröße: 250 × 120 × 0,24 mm.

Lösungen
— Acrylamidlösung: 22,2 g Acrylamid, 1,4 g Bis mit H_2O auf 100 ml. Filtrieren. Im Dunkeln bei 4 °C aufbewahren.
— Ammoniumpersulfatlösung: 0,4 g + 1 ml H_2O
— TEMED
— Ampholine pH 3,5–9,5 (40% w/v)

Vorbereiten der Polymerisationslösung und Gießen des Geles

1   g   Saccharose
1,8 ml   Acrylamidlösung
7,3 ml H_2O
0,5 ml   Ampholine

2,5 µl   TEMED
10   µl   Ammoniumpersulfatlösung

Die Gellösung wird ohne Katalysator für 3 Minuten mit einer Wasserstrahlpumpe entlüftet. Die Katalysatoren werden unmittelbar vor dem Befüllen der Polymerisationsküvette zur Gellösung pipettiert. 8 ml der Gellösung werden mit einer Pipette in die Küvette (Dichtung: 2 Schichten Parafilm $\cong$ 0,24 mm) eingefüllt (Abb. 2a). Die Polymerisation erfolgt bei Zimmertemperatur (30 Minuten).

Trennung
Die Polymerisationsküvette wird auf dem Kühlblock vorgekühlt, die Deckglasplatte (auf der Gelseite mit Repelsilan beschichtet) mit Hilfe der Spitze eines Messers vom Gel abgehoben und das auf die Trägerfolie polymerisierte Gel auf den mit Kerosin beschichteten Kühlblock gelegt.

Die Elektroden-Papierstreifen werden in 0,025 M Asparaginsäure/0,025 M Glutaminsäure (Anode) bzw. in 2% Äthylendiamin (Kathode) getränkt und auf das Gel aufgelegt. Auf eine Vorfokussierung wird verzichtet.

In die vorgeformten Gelwannen (10 × 3 mm) werden je 5 µl Probe 1, 2, 3 und Markerproteingemisch einpipettiert; je 10 µl von Probe 4–9, 1–3, 8 werden mit Papierstückchen 2 × 10 mm (Whatman 3 MM) aufgegeben (siehe Abb. 20). Probenauftragsstelle bei pH = 5,3 (Probe 9 bei pH = 5,5).

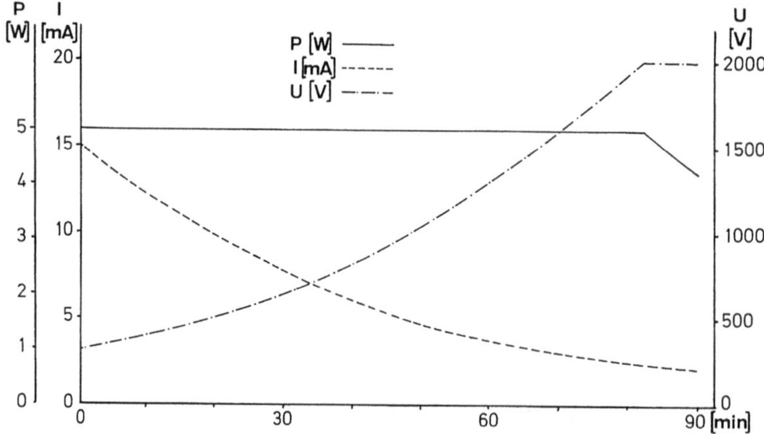

Abb. 21. Strom (*I*)-, Spannungs (*U*)- und Leistungsverlauf (*P*) bei der Ultradünnschicht-IEF mit Trägerampholyten (Ampholine pH 3,5–9,5) im 240 µm dicken Polyacrylamidgel (Elektrodenabstand 10 cm, Gelbreite 25 cm). Strombegrenzung 20 mA, Spannungsbegrenzung 2000 V, Leistungsbegrenzung 5 W, Temperatur 10 °C

Die Ultradünnschicht-IEF wird bei max 200 V, max 5 W, max 20 mA für 90 Minuten bei 10 °C durchgeführt. Der Strom-, Spannungs- und Leistungsverlauf während der Fokussierung ist in Abb. 21 dargestellt.

Anfärbung

Nach der Trennung wird das Gel für 10 Minuten in 20% TCA (1 × Wechseln zur Auswaschung der Trägerampholyte) fixiert, 2 × für 2 Minuten in Entfärberlösung (Methanol:Eisessig:H_2O (35:10:55 v/v)) gewaschen, 20 Minuten in 0,1% Coomassie Brilliant Blue R-250 (gelöst in Methanol:Eisessig:H_2O (45:10:45 v/v)) gefärbt, und der Hintergrund mit Entfärbelösung bei mehrmaligem Wechsel der Lösung entfärbt. Das Gel wird nach 5 Minuten Imprägnieren in Methanol:Glycerin:H_2O (70:4:26 v/v) an der Luft getrocknet.

Ermittlung des pH-Gradienten

Der pH-Gradient, dargestellt in Abb. 22, ergibt sich, indem die pH-Werte der bekannten isoelektrischen Punkte der Markerproteinbanden (siehe Abb. 20) über deren Fokussierungs-Positionen im Gel aufgetragen werden (Abb. 22).

Abbildung 20 zeigt die Photographie des getrockneten Ultradünnschicht-IEF-Pherogramms; Abb. 22 die Profile des pH-Gradienten und der Densitometrie der IEF-Spur von Probe 9 (Flügelbohne).

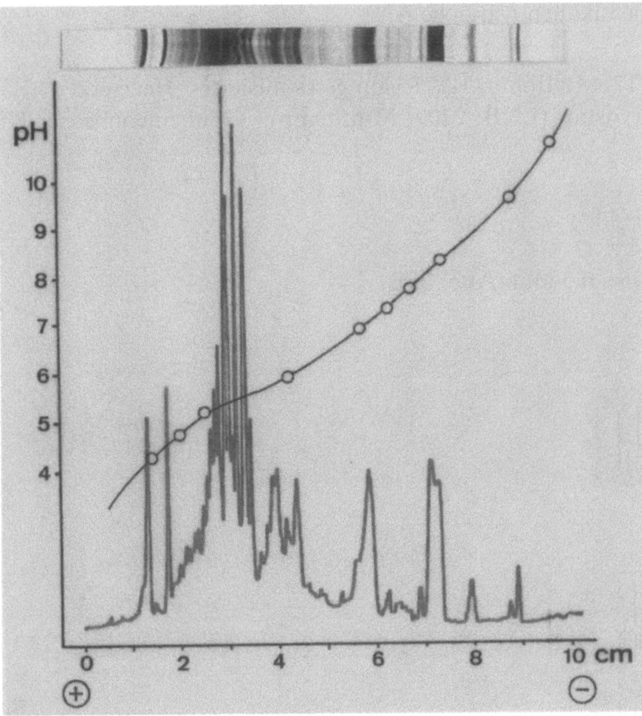

Abb. 22. Densitogramm des Protein-Musters der IEF von Probe 9 aus Abb. 20 — Flügelbohnen-Extrakt. pH-Gradientenkurve -o-o- durch pI-Positionen der Markerproteine (Abb. 20) ermittelt

4.2 IEF im immobilisierten pH-Gradienten

4.2.1 IEF im ultraengen pH-Gradienten

Analyse von α_1-Antitrypsin-Varianten (Abb. 24)

α_1-Antitrypsin (Pi) gehört zu den genetischen Markern des Blutserums, deren Analyse für die forensische Serologie (Vaterschaftsbegutachtung, Spurenkunde), für humangenetische Fragestellungen (Genkartierung) und pädiatrisch-klinische Aspekte (z. B. Defektallele) von großer Bedeutung ist. Zum Nachweis der Mikroheterogenität von α_1-Antitrypsin-Varianten ist die IEF in ultraengen immobilisierten pH-Gradienten die aussichtsreichste Analysenmethode [24, 27].

Proben
Humanserum (Überstand des geronnenen Blutes). Je 20 µl der frischen, unbehandelten bzw. bei —60 °C gelagerten Seren werden in die Gelwannen des Fokussierungsgels pipettiert, wobei der Probenauftrag auf der basischen Seite des Gradienten erfolgt.

Chemikalien
Immobiline® pK 4,6 und pK 9,3, Acrylamid, N,N'-Methylenbisacrylamid (Bis), Ammoniumpersulfat, N,N,N',N'-Tetramethyläthylendiamin (TEMED), Repelsilan und Coomassie Brilliant Blue R-250 und GelBond PAGfilm waren von LKB, Bromma. Alle übrigen Chemikalien waren p. A.

Apparate
Trennkammer: (LKB 2117 Multiphor II), leistungsstabilisiertes Netzgerät (LKB 2297 Macrodrive 5), Kryostat (LKB 2209 Multitemp), Gradientenmischer-Kit (LKB 2117-901).

Gelzusammensetzung
pH-Intervalle: IPG 4,3–4,8
Gelkomposition: 4% *T*, 4% *C*
Gelgröße: 250 × 195 × 0,5 mm (Abb. 23).

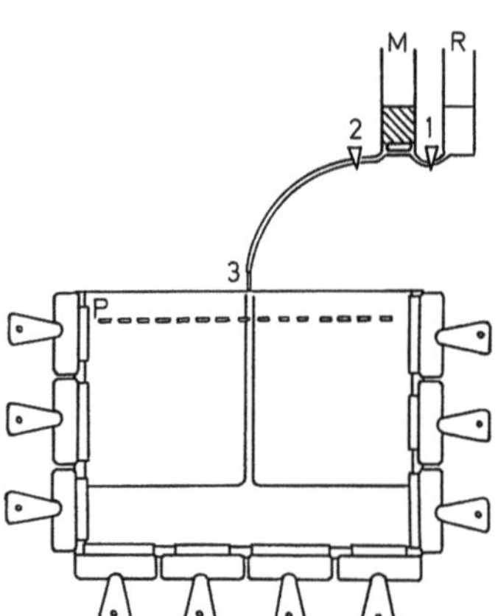

Abb. 23. Polymerisationsküvette für große Gradientengele (195 × 250 × 0,5 mm)

Lösungen
— Acrylamid/Bis-Stammlösung: 28,8 g Acrylamid und 1,2 g Bis in H_2O dest. lösen, auf 100 ml auffüllen. Grundsätzlich filtrieren. Im Dunkeln aufbewahren. Hautkontakt vermeiden, Neurotoxin.
— Ammoniumpersulfat, 40 %. Wöchentlich frisch.
— TEMED
— Glycerin, konz.
— Polymerisationslösungen.

Für die Herstellung eines Gradientengeles werden eine leichte und eine schwere Polymerisationslösung benötigt. Beide Lösungen enthalten die gleichen Mengen an Acrylamid und Bis. Die schwere Lösung enthält zur Erhöhung des spezifischen Gewichts zusätzlich Glycerin. Die pH-Werte der beiden Polymerisationslösungen entsprechen dem Anfangs- bzw. Endpunkt des gewünschten pH-Gradienten. Der pH-Wert der Lösungen wird durch Zugabe der errechneten Immobiline-Mengen eingestellt.

Ermittlung der Immobiline-Konzentrationen
Die benötigten Immobiline-Konzentrationen für den pH-Gradienten 4,3–4,8 werden durch graphische Interpolation aus der Rezeptur pH 4,1–5,1 (Tabelle 1) ermittelt. Die Mengen werden aus dem Diagramm entnommen (Abb. 11), welches als Beispiel in Abschn. 2.2.2 dargestellt ist.

Vorbereitung der beiden Polymerisationslösungen

	schwere Lösung	leichte Lösung
	pH 4,30	pH 4,80
Immobiline pK 4,6 (0,2 M)	730 µl	775 µl
Immobiline pK 9,3 (0,2 M)	274 µl	515 µl
Acrylamidlösung	1,95 ml	1,95 ml
Glycerin konz.	3,75 g	—
H_2O dest.	9,05 ml	11,75 ml
	pH überprüfen	
TEMED konz.	9 µl	9 µl
Persulfatlösung	15 µl	15 µl

Die Katalysatoren werden unmittelbar vor dem Mischen der Gradienten zugegeben.

Arbeitsgänge des pH-Gradientengel-Gießens (Abb. 3–5, 23).
1. Polymerisationsküvette zusammenbauen (Abb. 3–5, 23). Da bei diesem Beispiel die Probe bevorzugt an der Kathode aufgetragen wird, wird die Küvette so zusammengesetzt, daß die Gelwannenformer oben, an der basischen Seite des pH-Gradienten angebracht sind. Vorkühlen (Kühlschrank).
2. Gradientenmischer so befestigen, daß der Höhenunterschied zwischen Boden des Mischers und Küvettenoberkante ca. 5 cm beträgt (Abb. 23).
3. Verbindungshahn (1) und Auslaßklemme (2) schließen, Spitze des Auslaßschlauchs (3) in der Mitte zwischen Küvettenoberkanten aufsetzen.

4. 15,0 ml leichte Lösung und Katalysatoren in Reservoir (R) einpipettieren.
5. Verbindungshahn (1) kurzzeitig öffnen, damit sich die Verbindung zwischen Mischkammer (M) und Reservoir (R) füllt.
6. 15,0 ml schwere Lösung und Katalysatoren in Mischkammer (M) einpipettieren und Magnetrührer einschalten.
7. Auslaßklemme (2) öffnen.
8. Verbindungshahn (1) öffnen.
9. Nach dem Füllen die Küvette für 15 Min. bei Zimmertemperatur stehen lassen (Niveauausgleich des Dichtegradienten).
10. 60 Min. bei 50 °C polymerisieren (Trockenschrank).
11. Bei Zimmertemperatur abkühlen lassen.

Vorbereiten des Gels für die isoelektrische Fokussierung
Die Deckglasplatte wird mit Hilfe einer Messerspitze abgehoben und das Gel aus der Küvette entnommen. Dann wird das Gel gewogen und in destilliertem Wasser für 30 Minuten (2× wechseln) gewaschen (Schüttler), um Persulfat- und nicht polymerisierte Acrylamid/Immobiline-Reste zu entfernen. Da bei der Waschprozedur das Gel quillt, wird es anschließend bei Zimmertemperatur auf sein ursprüngliches Gewicht zurückgetrocknet. Alternativ kann es auch vollkommen getrocknet, kühl aufbewahrt (−20 °C) und in der Gießküvette rehydratisiert werden (Abschn. 4.2.2).

Trennung
Das für die IEF vorbereitete Gel wird auf den mit Kerosin beschichteten Kühlblock der Trennkammer gelegt, saure Seite des Gradienten zur Anode, basische Seite (Gelwannen) zur Kathode. Die Elektrodenstreifen werden mit 10 mM Glutaminsäure (Anode) und 10 mM NaOH (Kathode) getränkt und auf die anodischen bzw. kathodischen Ränder des Gels gelegt.
Der Probenauftrag (20 µl pro Gelwanne) erfolgt ohne Vorfokussierung. Die isoelektrische Fokussierung wird über Nacht bei max. 5000 V, 15 mA und 10 W bei 10 °C durchgeführt.

Anfärbung
Das Gel wird 20 Minuten in 20% Trichloressigsäure fixiert, 5 Minuten in Entfärbelösung (Methanol:Eisessig:H_2O (35:10:55 v/v) gewaschen, 20 Minuten in 0,1% Coomassie Brilliant Blue R-250 gelöst in Methanol:Eisessig:H_2O (45:10:45 v/v) gefärbt, und der Hintergrund mit Entfärbelösung bei mehrfachem Wechsel der Lösung entfärbt. Das Gel wird nach einer Imprägnierung für 3 Minuten in Methanol:Glycerin:H_2O (70:4:26 v/v) an der Luft getrocknet.
Abbildung 24 zeigt eine Photographie des getrockneten Pherogramms.

4.2.2 IEF mit Immobiline-Fertiggelen (DryPlates)

Differenzierung verschiedener Erbsensorten (Pisum sativum) (Abb. 25)

Proben
20 mg gemahlener Samen von verschiedenen Erbsensorten werden mit 1 ml Solubilisationsmix (8 M Harnstoff, 2% NP-40, 2% 2-Mercaptoäthanol, 0,8% Ampholine pH 3,5–10) für 30 Minuten extrahiert, 10 Minuten bei 19000 Upm zentrifugiert

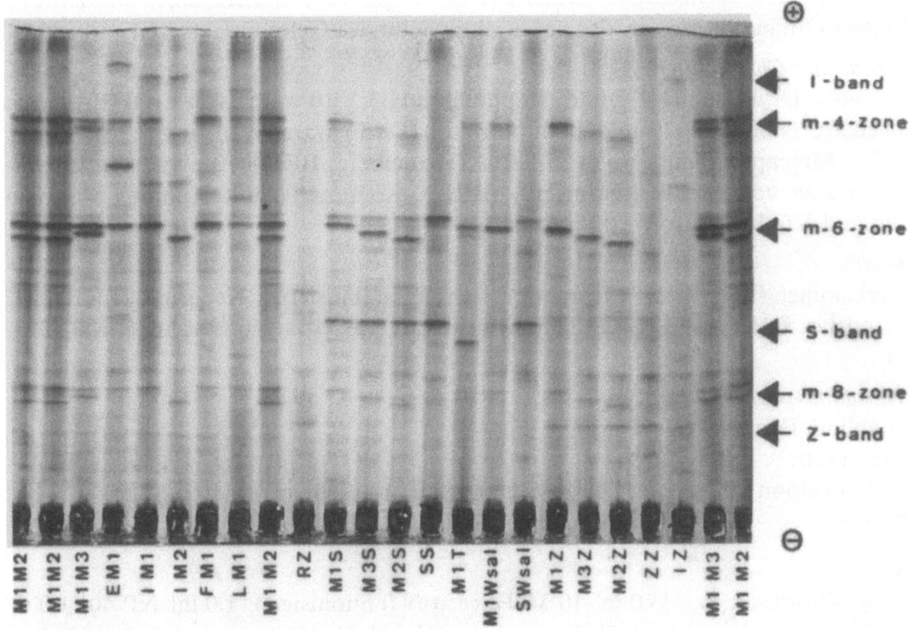

Abb. 24. IEF im ultraengen immobilisierten pH-Gradienten 4,30–4,80 ($T = 4\%$, $C = 4\%$). Gelgröße: $0,5 \times 195 \times 250$ mm. Trennbedingungen: max 5000 V, 15 mA, 10 W bei 10 °C über Nacht ohne Vorfokussierung. Proben: Humanseren zur Pi (α_1-Antitrypsin)-Typisierung. Anfärbung mit Coomassie Brilliant Blau R-250

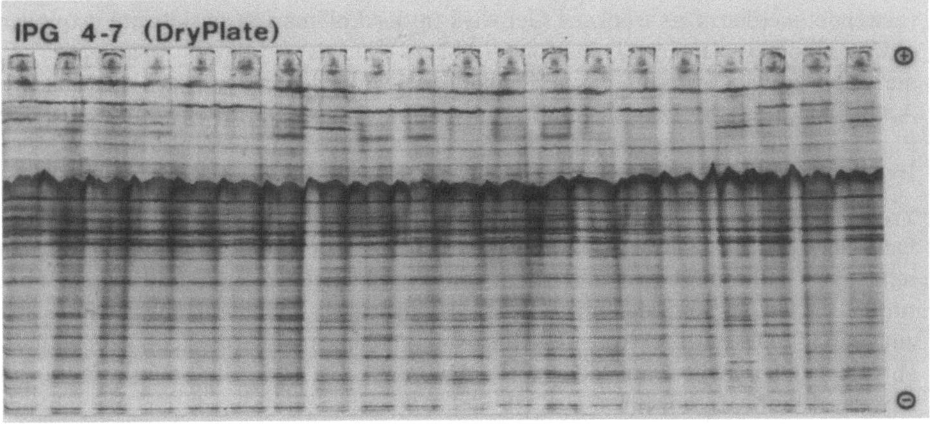

Abb. 25. IEF mit Immobiline-Fertiggel („DryPlate") pH 4,0–7,0 (in 8 M Harnstoff, 15% Glycerin und 10 mM DTT wiedergequollen). Trennbedingungen: 1 Stunde max. 300 V, 5 1/2 Stunden max. 5000 V, 2 mA, 5 W bei 15 °C. Proben: Samenproteine verschiedener Erbsensorten (Pisum sativum). Coomassie-Färbung

(15 °C) und der Überstand abdekantiert. Je 20 µl dieses Überstandes werden mit Hilfe eines Silikonbandes an der anodischen Seite des Geles aufgetragen.

Material und Chemikalien
Immobiline DryPlate pH 4–7 und Ampholine pH 3,5–10 waren von LKB (Bromma, Schweden). Nonidet P-40 und Dithiothreitol (DTT) waren von Sigma (St. Louis, USA). 2-Mercaptoäthanol war von Serva (Heidelberg, BRD). Alle anderen Chemikalien waren von Merck (Darmstadt, BRD). Kleinmühle mit Kühlung war von Janke und Künkel (IKA-Werk, Staufen).

Apparate
Trennkammer (LKB 2217 Ultrophor), leistungsstabilisiertes Netzgerät (LKB 2297 Macrodrive 5), Kryostat (LKB 2209 Multitemp), Rehydratisierkassette (LKB 2217-915).

Gelzusammensetzung
Immobiline Fertiggel (DryPlate)
pH Intervall: IPG 4–7
Gelkomposition: 4% T, 3% C, 8 M Harnstoff, 15% Glycerin, 10 mM DTT
Gelgröße: 245 × 105 × 0,5 mm.

Lösungen
— Solubilisationsmix: 45,0 ml 10 M Harnstoff (entionisiert), 1,0 ml NP-40, 1,0 ml 2-Mercaptoäthanol, 1,0 ml Ampholine pH 3,5–10 (40% w/v) und 2,0 ml dest. Wasser mischen. Die Lösung wird portionsweise im Tiefkühlschrank aufbewahrt.
— Quell-Lösung: 31 mg DTT, 9,6 g Harnstoff und 3,0 g Glycerin werden mit dest. Wasser auf 20 ml aufgefüllt.

Rehydratisieren des trockenen Immobiline-Geles
Das Immobiline-Fertiggel wird aus dem Tiefkühlschrank genommen und ca. 10 Min. bei Raumtemperatur liegen gelassen. Alternativ kann auch ein selbst gegossenes Gel, welches nach der Polymerisation gewaschen (im letzten Waschwasser mit 2% Glycerin) und in einem staubfreien Raum unter Raumtemperatur getrocknet wurde, verwendet werden. Das trockene Gel wird in der Polymerisationsküvette gequollen, indem man es wie eine Trägerfolie (Abb. 4) auf eine Glasplatte aufwalzt und die Küvette wie gewohnt zusammenbaut. Die Quellösung mit den gewünschten Additiven (hier 8 M Harnstoff, 15% Glycerin, 10 mM DTT) wird mit Hilfe einer Pipette in die Küvette gefüllt. Die Quellzeit beträgt in Gegenwart von NP-40 19 Stunden (über Nacht).

Trennung
Das Gel wird aus der Kassette entnommen. Auf dem Gel schwimmende, überschüssige Quellösung wird mit einem mit Wasser befeuchteten Filterpapier abgetupft. Das Gel wird auf den mit Kerosin beschichteten Kühlblock gelegt (saure Seite zur Anode). Die mit Elektrodenlösung getränkten Elektrodenstreifen werden an den entsprechenden Seiten auf dem Gel angebracht (10 mM Glutaminsäure für die Anode, 10 mM Lysin für die Kathode) und ein Silikonband zur Aufgabe der Proben ca. 3 mm vom Anodenstreifen entfernt auf das Gel gelegt.

Je 20 µl der Proben werden einpipettiert. Die isoelektrische Fokussierung wird ohne Vorfokussierung für 1 Stunde bei max. 300 V, 2 mA, 5 W und für weitere 5 1/2 Stunden bei max. 5000 V, 2 mA und 5 W bei 15 °C durchgeführt.

Anfärbung
Das Gel wird 20 Min. in 20% Trichloressigsäure fixiert, 5 Min. in Entfärbelösung (Methanol/Eisessig/Wasser = 35/10/55) gewaschen, 20 Min. mit 0,05% Coomassie Blau-R in Methanol/Eisessig/Wasser = 45/10/45 gefärbt und wieder entfärbt. Nach 3 Minuten Schwenken in Imprägnierlösung (Methanol/Glycerin/Wasser = 70/4/26) wird das Gel an der Luft getrocknet.

Abbildung 25 zeigt eine Photographie des getrockneten Geles. Die wellige, diffuse Bande ist typisch für Glykoproteine.

4.2.3 IEF im immobilisierten pH-Gradienten für die Hochauflösende 2D-Elektrophorese von Bohnensamenproteinen (Abb. 26) [117]

Probe
20 mg gemahlenen Bohnensamen (Vicia faba, Herz Frey) werden in 1 ml Solubilisationsmix 30 Minuten extrahiert, 10 Minuten zentrifugiert (19000 Upm, 15 °C) und der Überstand abdekantiert. Die Probe wird 1:1 mit 40 mg Ultrodex/ml Solubilisationsmix verdünnt.

Chemikalien
Immobiline DryPlate pH 4–7, Ampholine pH 3,5–10, Ultrodex und GelBond PAG-film waren von LKB (Bromma, Schweden). Tris, Nonidet P-40 (NP-40), Dithiothreitol (DTT) und Jodacetamid waren von Sigma (St. Louis, USA). SDS, Glycin und 2-Mercaptoäthanol waren von Serva (Heidelberg, BRD). Alle anderen Chemikalien waren von Merck (Darmstadt, BRD).

Apparate
Trennkammern (LKB 2217 Ultrophor und LKB 2117 Multiphor II), leistungsstabilisiertes Netzgerät (LKB 2297 Macrodrive 5), Kryostat (LKB 2209 Multitemp).

Gelzusammensetzung
— Immobiline Fertiggel (DryPlate)
    pH Intervall: IPG 4–7
    Gelkomposition: 4% T, 3% C, 8 M Harnstoff, 0,5% Nonidet P-40, 10 mM DTT
    Gelgröße: 245 × 105 × 0,5 mm
— SDS-Porengradienten-Gel
    Gelkomposition: Sammelgel $T = 8\%$, $C = 4\%$, 125 mM Tris/HCl, pH 6,8
                       Trenngel $T = 12$–15%, $C = 4\%$, 375 mM Tris/HCl, pH 8,8.

Lösungen
1. Solubilisationsmix: 45,0 ml 10 M Harnstoff (entionisiert), 1,0 ml NP-40, 1,0 ml 2-Mercaptoäthanol, 1,0 ml Ampholine pH 3,5–10 (40% w/v) und 2,0 ml dest. Wasser mischen. Portionsweise im Tiefkühlschrank aufbewahren.
2. Quellösung: 31 mg DTT, 9,6 g Harnstoff und 100 µl NP-40 mit dest. Wasser auf 20 ml auffüllen.
3. Äquilibrierlösung: 36 g Harnstoff, 30 g Glycerin, 2 g SDS und 10 ml Sammelgelpuffer in dest. Wasser lösen und auf 100 ml auffüllen. Zu je 10 ml 400 µl DTT-Lösung (D) zufügen. Beim Erneuern der Äquilibrierlösung zusätzlich 481 mg Jodacetamid in 10 ml Äquilibrierlösung lösen.

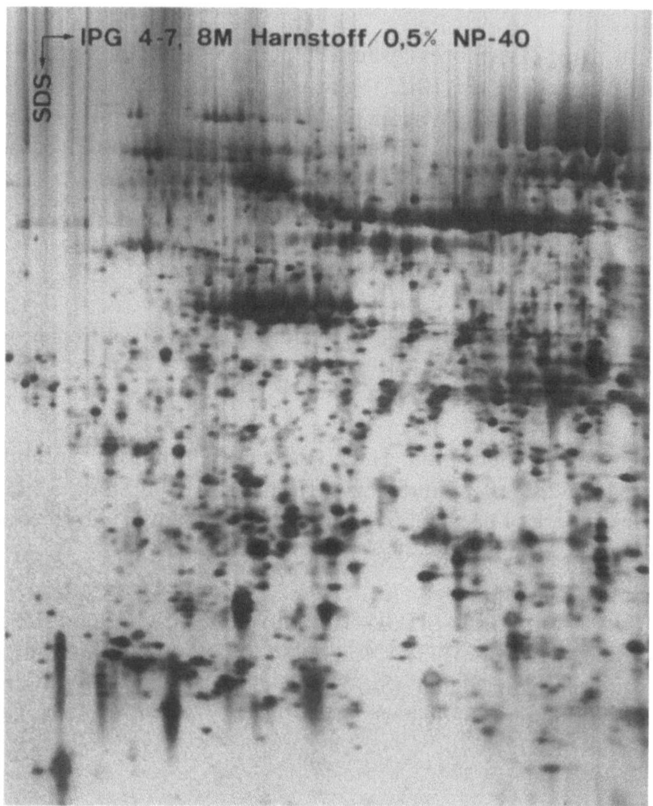

Abb. 26. Horizontale hochauflösende 2D-Elektrophorese von Bohnensamenproteinen. 1. Dimension: IPG 4–7 (8 M Harnstoff, 0,5 % NP-40, 10 mM DTT). Trennbedingungen: max. 5000 V, 1 mA, 5 W, 15 °C für 6 Stunden. Äquilibrierung: 2 × 15 Min. in 50 mM Tris/HCl, pH 6,8, 6 M Harnstoff, 30 % Glycerin, 2 % SDS, 65 mM DTT; zusätzlich 260 mM Jodacetamid in der zweiten Äquilibrierungslösung. 2. Dimension: SDS-Elektrophorese (0,5 mm dick auf GelBond PAGfilm). Sammelgel: $T = 6\%$, $C = 4\%$, 125 mM Tris/HCl, pH 6,8. Trenngel: $T = 12$–15%, $C = 4\%$, 375 mM Tris/HCl, pH 8,8. Trennbedingungen: max. 200 V für 75 Minuten, 600 V für 5 1/2 Stunden, 30 mA, 30 W bei 10 °C. Silberfärbung. Probe: Vicia faba, Herz Frey

4. DTT-Lösung: 250 mg DTT in 1 ml dest. Wasser lösen.
5. Sammelgelpuffer: 6,06 g Tris, 0,4 g SDS und 10 mg NaN_3 in ca. 80 ml dest. Wasser lösen, mit 4 N HCl pH 6,8 einstellen und auf 100 ml auffüllen.
6. Trenngelpuffer: 18,2 g Tris, 0,4 g SDS und 10 mg NaN_3 in ca. 80 ml dest. Wasser lösen, mit 4 N HCl pH pH 8,8 einstellen und auf 100 ml auffüllen.
7. Acrylamidlösung: 28,8 g Acrylamid und 1,2 g Bis in dest. Wasser lösen und auf 100 ml auffüllen.
8. Persulfatlösung: 400 mg Ammoniumpersulfat in 1 ml dest. Wasser lösen.
9. Elektrodenpuffer pH 8,3: 30,28 Tris, 144,0 g Glycin, 10,0 g SDS und 100 mg NaN_3 in dest. Wasser lösen und auf 1 l auffüllen. Zur Elektrophorese 1:10 mit dest. Wasser verdünnen.

Rehydratisieren der trockenen Immobiline-Gelstreifen
Das getrocknete Immobiline-Gel wird aus dem Tiefkühlschrank genommen und ca. 10 Minuten bei Raumtemperatur liegen gelassen. Dann werden mit einer Papierschneidemaschine 5 mm breite Gelstreifen abgeschnitten (Abb. 15). Es brauchen nur die benötigten Gelstreifen abgeschnitten werden, der Rest des Gels kann weiter im Tiefkühlschrank aufbewahrt werden. Die Gießküvette wird mit einer 0,7 mm dicken Dichtung (0,5 mm Gel + 0,2 mm Folie) zusammengebaut und mit der Quellösung (B) gefüllt. Dann werden die abgeschnittenen Gelstreifen in die gefüllte Kassette geschoben und bei Raumtemperatur über Nacht gequollen (Abb. 16).

IEF in 5 mm Gel-Streifen
Die gequollenen IEF Streifen werden der Kassette entnommen und überschüssige Quellösung mit feuchtem Filterpapier entfernt. Dann werden die einzelnen Streifen im Abstand von ca. 2 mm auf den mit Kerosin beschichteten Kühlblock gelegt (saure Seite zur Anode), die Elektrodenstreifen an Anode (mit 10 mM Glutaminsäure getränkt) und Kathode (10 mM Lysin) angebracht und Silikonstücken (5 × 10 mm) ca. 3 mm von der Anode entfernt auf das Gel gelegt (Abb. 17). Je 20 µl Probe werden in die Löcher (3 × 7 mm) der Silikonstückchen pipettiert. Für 15 Gel-Streifen wird die isoelektrische Fokussierung bei max. 5000 V, 1 mA, 5 W, 15 °C für 6 Stunden durchgeführt. Die Gelstreifen werden nach beendeter Fokussierung bei −80 °C im Tiefkühlschrank oder in flüssigem Stickstoff aufbewahrt oder direkt für die 2D-Elektrophorese verwendet.

Äquilibrierung
Die für die 2D-Elektrophorese benötigten Fokussierungsstreifen werden für 2 × 15 Minuten mit je 10 ml Äquilibrierlösung (*C*) geschüttelt: 481 mg Jodacetamid werden zur zweiten Äquilibrierlösung zusätzlich zugegeben, um vertikale Streifenbildung im silbergefärbten Gel zu vermeiden [116].

SDS-Porengradientengel-Elektrophorese

Herstellung des SDS-Geles (Abb. 23)
Das SDS-Gel (195 × 250 × 0,5 mm) wird auf GelBond PAGfilm polymerisiert. Das Trenngel enthält einen Acrylamidgradienten von 12 bis 15 % *T*, 4 % *C* konst.,

Folgende Polymerisationslösungen werden hergestellt:

| | Sammelgel | Trenngel | |
| | | schwere Lösung | leichte Lösung |
	6 % *T*	12 % *T*	15 % *T*
Sammelgelpuffer (E)	2,5 ml	—	—
Trenngelpuffer (F)	—	5,0 ml	5,0 ml
Acrylamidlösung (G)	2,0 ml	8,0 ml	10,0 ml
Glycerin (konz.)	3,75 g	5,0 g	—
dest. Wasser	2,5 ml	3,0 ml	5,0 ml
Endvolumen	10 ml	20 ml	20 ml
TEMED (konz.)	5 µl	10 µl	10 µl
Persulfatlösung (I)	10 µl	20 µl	20 µl

0,1 % SDS und 375 mM Tris/HCl, pH 8,8. Das Sammelgel (6 % *T*, 4 % *C*) ist 3,5 cm lang und enthält 0,1 % SDS und 125 mM Tris/HCl, pH 6,8. Die Sammelgellösung wird mit 37,5 % Glycerin beschwert, die schwere Lösung des Trenngels erhält 25 % Glycerin.

Das Gel wird mit Hilfe der Zweikammer-Mischtechnik nach Görg et al. [13] in gleicher Weise wie Immobilinegele (siehe Abschn. 4.2.1) gegossen. Das Trenngel wird dabei ohne vorherige Polymerisation des Sammelgeles direkt auf die Sammelgellösung gegossen.

Arbeitsgänge des Porengradienten-Gießens
1. Polymerisationsküvette (260 × 200 × 0,5 mm) zusammenbauen; die Deckglasplatte besitzt keine Gelwannenformer. Vorkühlen.
2. Gradientenmischer auf Magnetrührer befestigen (5 cm über der Oberkante der Gießküvette).
3. Verbindungshahn (1) und Auslaßklemme (2) schließen. Spitze des Auslaufes (3) auf die Mitte der Küvette aufsetzen.
4. Katalysatoren der Sammelgellösung zufügen.
5. 5,5 ml Sammelgellösung mit einer Pipette in die Küvette füllen.
6. 12,2 ml leichte Lösung (mit vorher zugefügten Katalysatoren) in das Reservoir (R) des Gradientenmischers füllen.
7. Verbindungshahn (1) zum Füllen der Verbindung zwischen Mischkammer und Reservoir kurz öffnen.
8. 12,2 ml schwere Lösung (mit vorher zugefügten Katalysatoren) in die Mischkammer (M) füllen und Magnetrührer einschalten.
9. Auslaßklemme (2) öffnen.
10. Verbindungshahn (1) öffnen.
11. Küvette nach dem Füllen für 15 Minuten bei Zimmertemperatur stehen lassen (Niveauausgleich des Dichtegradienten).
12. 30 Min. bei 50 °C im Trockenschrank polymerisieren.
13. Bei Raumtemperatur abkühlen lassen.

Trennung
Das polymerisierte SDS-Gel wird aus der Kassette entnommen und auf die Kühlplatte der Multiphor II gelegt. Papier-Elektrodenbrücken werden in Elektrodenpuffer getränkt und so auf das Gel gelegt, daß sie auf jeder Seite 15 mm überlappen (Abb. 18). Die äquilibrierten und abgetupften IEF-Streifen werden mit der Gelseite nach unten auf das SDS-Gel entlang der Elektrodenbrücke (Kathode) gelegt. Die Elektrodenbrücken werden durch eine schwere Glasplatte fixiert. Die Elektrophorese erfolgt bei 10 °C für 75 Minuten bei max. 200 V, 30 mA und 30 W. Danach werden die Fokussierungsstreifen vom SDS-Gel entfernt und die Elektrodenbrücke über die Auftragstelle gelegt. Die Trennung wird fortgeführt bei max. 600 V, 30 mA und 30 W für weitere 5 1/2 Stunden.

Anfärbung
Das SDS-Gel wird über Nacht in 50 % Methanol/12 % Eisessig fixiert, dann gewaschen in
a) 25 % Methanol/5 % Eisessig,
b) 5 % Eisessig,

c) 1 % Eisessig und

d) dest. Wasser für je 30–60 Minuten, dann nach Merril et al. [76] silbergefärbt.

Abbildung 26 zeigt die horizontale 2D-Elektrophorese von Bohnensamenproteinen (Vicia faba, Herz Frey).

Literatur

1. Righetti PG (1983) Isoelectric Focusing: Theory, Methodology and Applications. Elsevier Biomedical Press, Amsterdam, New York, Oxford
2. Electrophoresis '86 (Dunn MJ ed.) VCH Verlagsgesellschaft, Weinheim, 1986
3. Wrigley CJ (1968) Chromatogr 36, 362–365
4. Dale G, Latner AL (1968) Lancet April 20, 847–848
5. Fawcett JS (1968) FEBS Letters 1, 81–82
6. Riley RF, Coleman MK (1968) J Lab Clin Med 72, 714–720
7. Catsimpoolas N (1968) Clin Chim Acta 22, 237–238
8. Awdeh ZL, Williamson AR, Askonas BA (1968) Nature, 219, 66–67
9. Leaback DH, Rutter AC (1968) Biochem Biophys Res Commun 32, 447–453
10. Görg A, Postel W, Westermeier R (1978) Anal Biochem 89, 60–70
11. Görg A, Postel W, Westermeier R (1979) GiT Labor Medizin 1, 32–40
12. Görg A, Postel W, Westermeier R (1979) Z Lebensm Unters Forsch 168, 25–28
13. Görg A, Postel W, Westermeier R, Gianazza E, Righetti PG (1980) J Biochem Biophys Methods 3, 273–284
14. Bosisio AB, Loehrlein C, Snyder RS, Righetti PG (1980) J Chromatogr 189, 317–330
15. Radola BJ (1980) Electrophoresis 1, 43–56
16. Ansorge W, De Meyer L (1980) J Chromatogr 202, 45–53
17. Grossbach U (1972) Biochem Biophys Research Commun 49, 667–672
18. Poehling HM, Neuhoff V (1980) Electrophoresis 1, 90–102
19. Gasparic V, Bjellqvist B, Rosengren A, LKB Produkter, Bromma, Schwedisches Patent 1975, U.S. Patent 1978, Deutsches Patent 1981
20. Görg A, Postel W, Westermeier R, Righetti PG, Ek K (1982) LKB Application Note 320
21. Bjellqvist B, Ek K, Righetti PG, Gianazza E, Görg A, Westermeier R, Postel W (1982) J Biochem Biophys Methods 6, 317–339
22. Görg A, Postel W, Weser J, Westermeier R (1984) in: Electrophoresis '83 (Hirai H, ed.), de Gruyter, Berlin, 525–532
23. Cleve H, Patutschnick W, Postel W, Weser J, Görg A (1982) Electrophoresis 3, 342–345
24. Görg A, Postel W, Weser J, Weidinger S, Patutschnick W, Cleve H (1983) Electrophoresis 4, 321–326
25. Görg A, Weser J, Westermeier R, Postel W, Weidinger S, Patutschnick W, Cleve H (1983) Hum Genet 64, 222–226
26. Weidinger S, Cleve H, Schwarzfischer F, Postel W, Weser J, Görg A (1984) Hum Genet 66, 356–360
27. Görg A, Postel W, Weser J, Patutschnick W, Cleve H (1984) Am J Human Genet 37, 922–930
28. Luner SJ, Kolin A (1970) Proc Natl Acad Sci 66, 898–903
29. Vesterberg O (1973) Science Tools 20, 22–29
30. Davies H (1975) in: Isoelectric Focusing (Arbuthnott JP, Beeley JA, Eds.), Butterworth, London, 97–113
31. Söderholm J, Wadström T (1975) in: Isoelectric Focusing (Arbuthnott JP, Beeley JA, Eds.), Butterworth, London, 132–142
32. Kolin A (1958) Methods of Biochem Anal Vol. VI, 259–288
33. Ikeda K, Suzuki S (1912) U.S. Patent 1, 015–891
34. Vesterberg O (1968) British Patent 110818,
35. Svensson H (1961) Acta Chem Scand 15, 325–341
36. Svensson H (1961) Acta Chem Scand 16, 456–466

37. Svensson H (1967) Prot Biol Fluids 15, 515–522
38. Gelsema WJ, de Liqny CL, van der Veen NG (1979) J. Chromatogr 173, 33–41
39. Caspers ML, Posey Y, Brown RK (1977) Anal Biochem 79, 166–180
40. Beccaria L, Chiumello G, Gianazza E, Luppis B, Righetti PG (1978) Am J Hematol 4, 367–374
41. Delincée H, Radola BJ (1978) Anal Biochem 90, 609–623
42. Hjerten S (1962) Arch Biochem Biophys Suppl 1, 147–151
43. Clements RL (1965) Anal Biochem 13, 390–397
44. Laas T, Olsson I (1981) Anal Biochem 114, 167–172
45. Righetti PG, Gianazza E, Breuna O, Galante E (1977) J Chromatogr 137, 171–181
46. Rosengren A, Bjellqvist B, Gasparic V (1977) in: Electrofocusing and Isotachophoresis (Radola BJ, Graesslin D eds). de Gruyter, Berlin, 165–171
47. Righetti PG, Gianazza E (1980) in: Electrophoresis '79 (Radola BJ, ed.) de Gruyter, Berlin, 23–38
48. Righetti PG, Krishnamoorthy R, Gianazza E, Labie D (1978) J Chromatogr 166, 455–460
49. Righetti PG, Gianazza E (1977) Prot Biol Fluids 27, 711–714
50. Righetti PG, Drysdale JW (1973) Ann NY Acad Sci 209, 163–186
51. Chrambach A, Doerr P, Finlayson GR, Miles LEM, Sherins R, Rodbard D (1973) Ann NY Acad Sci 209, 44–69
52. Fawcett JS (1975) in: Isoelectric Focusing and Isotachophoresis (Righetti PG, ed.), North-Holland American Elsevier, Amsterdam, 25–37
53. Rilbe H (1977) in: Electrofocusing and Isotachopheris (Radola BJ, Graesslin D, eds). de Gruyter, Berlin 35–70
54. Görg A, Postel W, Günther S, Weser J (1986) in: Prot Biol Fluids 34, 827–830
55. Application Note 324, LKB Bromma (Schweden)
56. Gianazza E, Celentano F, Dossi G, Bjellqvist B, Righetti PG (1984) Electrophoresis 5, 88–97
57. Gianazza E, Astrua-Testori S, Righetti PG (1985) Electrophoresis 6, 113–117
58. Mosher RA, Bier M, Righetti PG (1986) Electrophoresis 7, 59–66
59. Bianchi-Bosisio A, Righetti PG, Egen NB, Bier M (1986) Electrophoresis 7, 128–133
60. Dossi G, Celentano F, Gianazza E, Righetti PG (1983) J Biochem Biophys Meth 7, 123–142
61. Altland K, Banzhoff A, Hackler R, Rossmann U (1984) Electrophoresis 5, 379–381
62. Fawcett JS, Chrambach A (1985) Prot Biol Fluids 33, 439–442
63. Altland C, Rossmann U (1985) Electrophoresis 6, 314–325
64. Rimpilainen M, Righetti PG (1985) Electrophoresis 6, 419–422
65. Görg A, Postel W, Günther S, Weser J (1985) Electrophoresis 6, 599–604
66. Bjellqvist B, Östergren K, Ek K (1986) in: Elektrophorese Forum '86 (Radola BJ, ed), 59–65
67. Vesterberg O, Svensson H (1966) Acta Chem Scand 20, 820–834
68. Fredriksson S (1977) in: Electrofocusing and Isotachophoresis (Radola BJ, Graesslin D eds). de Gruyter, Berlin, 71—83
69. Gelsema WJ, De Ligny CL, Van der Veen NG (1977) J Chromatogr 140, 149–155
70. Gelsema WJ, De Ligny CL, Van der Veen NG (1978) J Chromatogr 154, 161–174
71. Uli N (1971) Biochem Biophys Acta 229, 567–581
72. Gelsema WJ, De Ligny CL, Van der Veen NG (1979) J Chromatogr 171, 171–181
73. Righetti PG, Caravaggio T (1976) J Chromatogr (Chromatogr Reviews) 127, 1–28
74. Righetti PG, Tudor G, Ek K (1981) J Chromatogr (Chromatogr Reviews) 220, 115–194
75. Switzer RC, Merril CR, Shifrin S (1979) Anal Biochem 98, 231–237
76. Merril CR, Goldman D, Sedman SA, Ebert H (1981) Science 211, 1437–1438
77. Oakley BR, Kirsch DR, Morris NR (1980) Anal Biochem 105, 361–363
78. Sammons DW, Adams LD, Nishizawa EE (1981) Electrophoresis 2, 135–141
79. Poehling HM, Neuhoff V (1981) Electrophoresis 2, 141–147
80. Marshall T, Latner AL (1981) Electrophoresis 2, 228–235
81. Heukeshoven J, Dernick R (1985) Electrophoresis 6, 103–112
82. Kapitany RA, Zebrowski EJ (1973) Anal Biochem 56, 361–369
83. Blakesley RW, Boezi JA (1977) Anal Biochem 82, 580–582
84. Gianazza E, Chillemi F, Gelfi C, Righetti PG (1979) J Biochem Biophys Meth 1, 237–251
85. Uriel J, Berges J (1968) Nature (London) 218, 578–580
86. Günther E, Haßelbeck G, Bürger E (1984) Z Lebensm Unters Forsch 178, 93–96

87. Görg A, Postel W, Weser J, Johann P (1984) in: Electrophoresis '84 (Neuhoff V ed). Verlag Chemie, Weinheim, 433–436
88. Görg A, Postel W, Johann P (1985) J Biochem Biophys Meth 10, 341–350
89. Marshall MO (1980) Clin Chim Acta 104, 1–9
90. Cotton RGH, Milstein C (1973) J Chromatogr 86, 219–221
91. Chapuis-Cellier C, Francina A, Arnaud P (1980) in: Electrophoresis '79 (Radola BJ, ed) de Gruyter, Berlin, 711—725
92. O'Farrell PH (1975) J Biol Chem 250, 4007–4021
93. Keck K, Grossberg AL, Pressmann D (1973) Eur J Immunol 3, 99–102
94. Görg A, Postel W, Günther S, Weser J (1986) in: Electrophoresis '86 (Dunn MJ, ed) VCH, Weinheim, 435–449
95. Smithies O (1955) Biochem J 61, 629–641
96. Smithies O (1959) Biochem J 71, 585–587
97. Ornstein L (1964) Ann NY Acad Sci 121, 321–349
98. Davis BJ (1964) Ann NY Acad Sci 121, 404–427
99. Margolis J, Kenrick KG (1967) Nature (London) 214, 1334
100. Shapiro AL, Vinuela E, Maizel JV (1967) Biochem Biophys Res Commun 28, 815—820
101. Weber U, Osborne M (1969) J Biol Chem 244, 4406–4412
102. Laemmli UK (1970) Nature (London) 227, 680–685
103. Klose J (1975) Humangenetik 26, 231–243
104. Anderson NG, Anderson NL (1978) Anal Biochem 85, 331–340
105. Anderson NL, Anderson NG (1978) Anal Biochem 85, 341–354
106. Maurer HR (1971) Disc Electrophoresis. de Gruyter, Berlin
107. Görg A, Postel W, Westermeier R (1980) in: Electrophoresis '79 (Radola BJ, Ed) de Gruyter, Berlin, 67–78
108. Görg A, Postel W, Weser J, Schiwara HW, Boesken WH (1985) Science Tools 32, 5–9
109. Görg A, Postel W, Westermeier R (1982) Z Lebensm Unters Forsch 174, 282–285
110. Schiwara HW, Weser J, Postel W, Görg A (1984) in: Electrophoresis '84 (Neuhoff V ed) VCH, Weinheim, 429–432
111. Schiwara HW, Hebell T, Kirchherr H, Postel W, Weser J, Görg A (1986) Electrophoresis 7, 496–505
112. Görg A, Postel W, Weser J, Günther S, Strahler JR, Hanash SM, Somerlot L (1987) Electrophoresis 8, 45–51
113. Görg A, Postel W, Westermeier R, Gianazza E, Righetti PG (1981) in: Electrophoresis '81 (Allen RC, Arnaud P, eds). de Gruyter, Berlin, 257–270
114. Görg A, Postel W, Westermeier R (1982) Z Lebensm Unters Forsch 174, 286–289
115. Westermeier R, Postel W, Weser J, Görg A (1983) J Biochem Biophys Meth 8, 321–330
116. Görg A, Postel W, Weser J, Günther S, Strahler JR, Hanash SM, Somerlot L (1987) Electrophoresis 8, 122–124
117. Görg A, Postel W, Günther S (1988) Electrophoresis 9, 531–546

Praxis der zwei-dimensionalen Elektrophorese von Proteinen

J. Klose, M. Schmid

1 Einleitung

Die Methode wurde unter verschiedenen Namen bekannt: High Resolution Two-Dimensional Electrophoresis, Protein Mapping, Protein Subunit Mapping, ISO-DALT System. Im Laufe der Zeit hat diese Methode jedoch eine so starke Verbreitung gefunden, so daß sich für diese Technik der allgemeine Name „zwei-dimensionale Elektrophorese" (2DE oder 2D) durchgesetzt hat, obwohl es sich hier um eine spezielle Form der zweidimensionalen Elektrophorese handelt. Im Folgenden wird nur auf diese spezielle Technik eingegangen. Sie wird mit der Abkürzung 2DE bezeichnet.

Das Prinzip der 2DE wurde 1969 von Macko und Stegemann [1] und unabhängig davon von Dale und Latner [2] und Kenrick und Margolis [3] entdeckt und erstmals angewendet[1]. Das Prinzip dieser Methode besteht darin, Proteine in zwei aufeinanderfolgenden Schritten so zu trennen, daß jeder Trennschritt auf einem anderen Kriterium basiert. Im ersten Schritt werden die Proteine durch isoelektrische Fokussierung (IEF) in Polyacrylamidgelen (PAGIEF) getrennt, d. h. nach ihrem isoelektrischen Punkt (pI). Das zylindrische Fokussierungsgel wird dann auf ein vertikales Flachgel gelegt und die fokussierten Proteinbanden werden durch Polyacrylamidgelelektrophorese (PAGE) in Richtung der zweiten Dimension weiter aufgetrennt. In dem zweiten Trennschritt spalten die Proteinbanden in viele Proteinflecken (Spots) auf und zwar aufgrund ihres unterschiedlichen Molekulargewichtes (MG) (Abb. 1). Diese Methode führt zu einer hohen Auftrennung von komplexen Proteinlösungen, da die Wahrscheinlichkeit gering ist, daß zwei Proteine sowohl in ihrem pI als auch in ihrem MG übereinstimmen.

Die 2DE fand in ihrer ursprünglichen Form trotz ihres hohen Auflösungsvermögens und ihrer guten Reproduzierbarkeit keine allgemeine Verbreitung, auch dann nicht, als eine Reihe von Modifikationen (IEF in harnstoffhaltigen Gelen, PAGE in natriumdodecylsulfat (SDS)-haltigen Gelen, Gradientengele, Autoradiographie) entwickelt wurden, die später auch in die moderne Version dieser Methode Eingang fanden. Die ursprüngliche 2DE, in ihren verschiedenen Modifikationen, wurde zur besseren Auftrennung einiger spezieller Gruppen von Proteinen verwendet, die schon durch Untersuchungen mit herkömmlichen Methoden mehr oder weniger bekannt waren: Proteine des menschlichen Serums [2], chromosomale Proteine

---

[1] Andere zwei-dimensionale Elektrophoresetechniken wurden jedoch schon früher entwickelt [4, 5, 6].

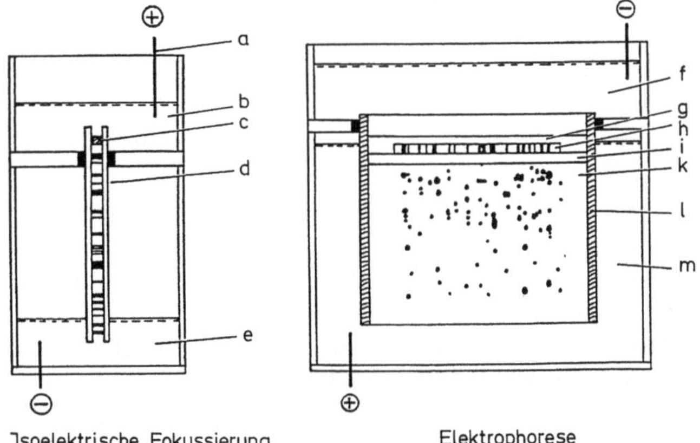

Abb. 1. Prinzip der zweidimensionalen Elektrophorese. Die Proteine einer Probe werden durch iso-elektrische Fokussierung und anschließend, in der zweiten Dimension, durch Elektrophorese getrennt. a: Elektrode; b: obere Elektrodenlösung (Säure); c: Proteinprobe; d: Glasröhrchen mit Fokussie-rungsgel (Polyacrylamidgel mit Trägerampholyten) im Inneren; zur Veranschaulichung wurden auf-getrennte Proteine in das Gel eingezeichnet; e: unterer Elektrodenlösung (Base); f: oberer Elektroden-puffer; g: Einbettgel; h: Fokussierungsgel; i: Sammelgel (Stackinggel); k: SDS-Polyacrylamidgel; l: Plastikstab als Abstandhalter für die Glasplatten; m: untere Elektrodenpuffer

[7, 8], Proteine von Erythrozytenmembranen [9], Proteine der Kartoffelknolle [1, 10], Gliadine des Weizens [11]. Erst 1975 erhielt die 2DE einen entscheidenden Auf-schwung. Zu dieser Zeit wurden die ersten Versuche gemacht [12, 13, 14, 15] mit dieser Methode auch hochkomplexe, unbekannte Proteinlösungen (Protein-extrakte von ganzen Zellen, ganzen Organen oder sogar ganzen Organismen) aufzu-trennen. Durch Weiterentwicklung und Verbesserung der 2DE wurde von O'Farrell [15] und uns [12, 13, 14] gezeigt, daß solche Proteinlösungen in Hunderte und sogar über Tausend diskrete Spots aufgetrennt werden können.

Wir haben 1975 ein Mutagenitätstestsystem entwickelt [12], das auf dem Grund-gedanken basiert, Mutationen, die in Mäusen induziert wurden, durch Änderungen in der elektrophoretischen Wanderungsgeschwindigkeit von Proteinen dieser Mäuse zu erkennen. Da die Chance eine Mutation zu entdecken umso größer ist, je mehr Proteine daraufhin analysiert werden, waren wir daran interessiert, zwei-dimensio-nale (2D) Elektrophoresemuster zu erhalten, die eine möglichst große Zahl ver-schiedener Proteine aufweisen. Ausgehend von Stegemann's Methode [1] entwickel-ten wir eine 2DE-Technik [12, 13], mit der wir zu dieser Zeit Proteinextrakte von ganzen Mäuseembryonen in mehr als 400 Spots [13, 14] auftrennen konnten. Die Proteinspots wurden durch Färbung (Coomassie-Blau) sichtbar gemacht.

Mit dem gleichen Ziel, d. h. Proteinextrakte von ganzen Zellen in möglichst viele Einzelproteine aufzutrennen, entwickelte O'Farrell zur gleichen Zeit eine ähn-liche 2DE-Technik [15]. Er trennte die Proteine von E. coli (und anderen Zellen) auf. Die Proteinmuster wurden autoradiographisch dargestellt. Durch die Anwen-dung der Autoradiographie, einer wesentlich empfindlichere Methode als Protein-färbung (Coomassie-Blau) erhielt O'Farrell 2DE-Muster mit mehr als 1000 Spots.

Ebenfalls zu der Zeit, als die zwei genannten 2DE-Techniken veröffentlicht wurden, beschrieben zwei weitere Arbeitsgruppen ganz ähnliche 2DE-Techniken: Scheele [16] und Iborra und Buhler [17]. Ihr Ziel war es jedoch nicht, das Gesamtprotein von Zellen aufzutrennen. Sie benutzten die Methode zur Trennung der sekretorischen Pankreasproteine [16] bzw. zur Trennung der eukaryontischen RNA-Polymerase [17].

In den folgenden Jahren wurde die 2DE sowohl in unserem Laboratorium [18, 19, 20, 21] als auch von anderen Arbeitsgruppen [22, 23, 24, 25, 52] in verschiedener Weise modifiziert. Mit der Einführung der Immobiline (LKB, Bromma, Schweden), d. h. der IEF in immobilisierten pH-Gradienten [33] und der sog. Hybridfokussierung (Kombination von Immobilinen und Trägerampholyten) [53], erfuhr die 2DE in neuerer Zeit eine weitere Modifikation [54, 55]. Die klassische Methode, d. h. die Durchführung der isoelektrischen Fokussierung mit Trägerampholyten in zylindrischen, harnstoffhaltigen Polyacrylamidgelen und die Trennung der Proteine in der zweiten Dimension durch vertikale Polyacrylamidgelelektrophorese in SDS-haltigen Gradientengelen ist jedoch die verbreitetste und bisher am besten bewährte Form der 2DE und wird in den folgenden Kapiteln beschrieben. Auf andere Versionen dieser Technik wird nicht eingegangen, obwohl sie für spezielle Probleme von großer Bedeutung sein können. Erwähnt sei die Durchführung der 2DE unter nicht-denaturierenden Bedingungen (PAGIEF × PAGE) [12, 19, 26]. Diese Methode ist von Bedeutung, wenn der native Zustand der Proteine und damit ihre biochemische Aktivität (Enzyme) nach der Trennung noch erhalten sein soll. Das Auflösungsvermögen dieser Methode ist jedoch geringer als das der Standardmethode. Die 2DE kann auch im Mikromaßstab durchgeführt werden [18, 19, 27]. Die Mikrotechnik findet besonders dann ihre Anwendung, wenn die Proteinprobe nur in sehr geringen Mengen zur Verfügung steht. Es sind Übersichtsartikel erschienen, die sich mit verschiedenen zwei-dimensionalen Elektrophoresetechniken befassen [28, 29].

Die 2DE hat sich heute zu einer etablierten Methode der Biochemie entwickelt. Sie hat auf vielen Gebieten der Forschung Anwendung gefunden, z. B. in der Zellbiologie, in der Genetik, der Ontogenese und Phylogenese. Die 2DE eröffnet heute aber auch neue Wege auf Gebieten, die für den Menschen von unmittelbarer praktischer Bedeutung sind: Klinische Diagnostik, Testung von Chemikalien unserer Umwelt auf mutagene, cancerogene und teratogene Eigenschaften.

Der interessanteste Aspekt der 2DE ist deren Fähigkeit, von einem einzelnen Zelltyp eine riesige Zahl von Proteinen, möglicherweise alle Proteine aufzutrennen und sichtbar zu machen. Konventionelle Methoden der Proteintrennung erlauben nur solche Proteine darzustellen, für die spezielle Nachweismethoden (spezifische Färbung, Aktivitätsmessung) existieren. Demnach wird die 2DE die aussichtsreichste Anwendung dann finden, wenn ihre Fähigkeit, eine enorme Fülle an Information zu liefern, voll ausgenutzt wird. Die Genetik ist ein solches Anwendungsgebiet. Hier besteht das grundlegende Problem, unter vielen Tausenden von Genen solche herauszufinden, die durch Mutationen verändert wurden. Änderungen in der elektrophoretischen Wandergeschwindigkeit, aber auch Änderungen in der Intensität der Proteinspots können Ausdruck solcher Mutationen sein. Die Chance, solche Mutationen zu finden, ist aber nur gegeben, wenn eine große Zahl von Proteinen eines Individuums analysiert werden kann.

Die klinische Diagnostik ist ein anderes Gebiet, für das eine möglichst weitgehende Auftrennung der Zellproteine große Bedeutung erlangen kann. Allen genetischen Erkrankungen liegt mindestens ein abnormales, d. h. quantitativ oder qualitativ verändertes Protein zugrunde. Darüber hinaus kann man annehmen, daß bei vielen anderen Erkrankungen charakteristische Proteinveränderungen auftreten. Der Nachweis und die Identifizierung solcher spezifischer Proteinvarianten kann für die Diagnostik einer Krankheit, aber auch für die Aufklärung ihrer Ätiologie und Pathogenese von großer Wichtigkeit sein. Eine realistische Chance, solche krankheitsspezifischen Proteinveränderungen zu finden ist aber nur gegeben, wenn man möglichst viele Proteine eines Menschen auf einfache Weise erfassen kann.

Die Analyse aller Proteine einer Zelle kann schließlich ein wichtiger Beitrag zur modernen Molekularbiologie sein. Während heute Methoden existieren, um die Struktur der einzelnen Gene eines Genoms systematisch aufzuklären, kann die Kenntnis der Funktion dieser Gene nur auf dem Wege über die Proteine der Zelle gewonnen werden.

2 Arbeitstechnik

2.1 Charakterisierung der zwei-dimensionalen Elektrophorese

In den folgenden Abschnitten wird die 2DE-Technik beschrieben, die wir in unserem Laboratorium benutzen. Sie basiert auf der von uns ursprünglich entwickelten Methode [12, 13]; in sie wurden aber inzwischen auch alle positiven Erfahrungen aufgenommen [18, 19, 20, 21], die wir bei der Erprobung von technischen Bedingungen, die in anderen Laboratorien angewendet werden, gemacht haben.

Wir führen die 2DE in zwei Versionen durch, die wir als Klein-Gel (small-Gel, SG) Technik und Groß-Gel (Large-Gel, LG) Technik bezeichnet haben. Die SG-Technik wird mit relativ kleinen und dicken Gelen durchgeführt. Durch die Dicke der Gele ist es möglich, ein großes (im Vergleich zur Gelgröße) Probevolumen auf das Gel aufzutragen. Auf diese Weise können durch herkömmliche Färbemethoden (z. B. Coomassie-Blau), d. h. nicht nur durch Anwendung der Autoradiographie oder Silberfärbung, eine große Zahl von Spots sichtbar gemacht werden, selbst wenn es sich um verdünnte Proteinproben handelt. Der andere Vorteil dieser Methode ist ihre einfache und schnelle Durchführbarkeit: Equilibrieren der Fokussierungsgele und die Verwendung von Gradientengelen ist nicht notwendig, die elektrophoretischen Laufzeiten sind relativ kurz, die Gele sind gut zu handhaben, Coomassie-Blau-Färbung ist wesentlich einfacher durchzuführen als Autoradiographie oder Silberfärbung. Diese Methode ist demnach besonders geeignet, wenn eine große Zahl von Proben untersucht werden muß. Der Nachteil der SG-Technik liegt in der relativ kleinen Trennfläche, die die Zahl der trennbaren Spots limitiert.

Die LG-Technik erlaubt, aufgrund der großen Trennfläche, eine maximale Auftrennung komplexer Proteinlösungen. Dagegen ist sie wesentlich komplizierter durchzuführen. Für eine gute Auftrennung sind sehr dünne Gele erforderlich, sowohl für die Fokussierung als auch für die Elektrophorese. Ferner sind für die Trennung in der zweiten Dimension Gradientengele zu bevorzugen. Die geringe Dicke der Gele reduziert deren Ladungskapazität. Das erfordert für den Nachweis der Proteine die Anwendung der empfindlichen Autoradiographie. Coomassie-Blau würde in diesen Gelen nur die starken Spots hervorbringen. Wir verwenden die LG-Technik, wenn es darauf ankommt, Proteinproben in eine Höchstzahl von einzelnen Proteinen aufzutrennen. Die LG-Technik mit einer Gelgröße von 42 (Höhe) × 33 cm (2. Dimension) kann durch geringe Modifikation auch in mittelgroßen Gelen von 30 × 16 cm oder 30 × 23 cm (Medium-sized Gels, MG) durchgeführt werden. Die meisten käuflichen Flachgel-Elektrophoresegeräte sind für solche mittelgroßen Gele vorgesehen. Sie bieten offenbar für die meisten Probleme eine hinreichend hohe Auftrennung. In den folgenden Kapiteln wird die SG 2DE-Technik und die MG 2DE-Technik beschrieben. Die LG-Technik wurde an anderer Stelle ausführlich dargestellt [21].

Wir haben versucht, die 2DE in einer Form durchzuführen, die alle Vorteile vereinigt: große Trennfläche, hohe Protein-Ladungskapazität, einfache Durchführbarkeit. Wir erhielten keine guten Trennungen, wenn große *und* dicke (3 mm) Gele verwendet wurden. Die Spots waren im allgemeinen groß und zeigten häufig eine Verzerrung zwischen der vorderen und hinteren Oberfläche des Flachgels. Als nachteilig erwies sich in unseren Untersuchungen auch die „Eintrichterung" der Proteine von einem dicken Fokussierungsgel in ein dünnes Elektrophoresegel. Ein guter Kompromiß kann erreicht werden, wenn die Gele (die Rundgele für die Trennung in der 1. Dimension und die Flachgele für die Trennung in der 2. Dimension) 1,5 mm dick sind [22, 23]. Eine optimale Lösung scheint sich zu ergeben (abgesehen von dem größeren Aufwand), wenn man die LG-Technik verwendet und in den Fällen, in denen der autoradiographische Nachweis der Proteine nicht möglich oder nicht wünschenswert ist, die Silberfärbung benutzt. Diese Färbung ist nahezu so empfindlich wie die Autoradiographie. Die Silberfärbung zeigt jedoch gewisse Nachteile, auf die noch kurz hingewiesen werden wird.

Die IEF, d. h. die Trennung der Proteine in der ersten Dimension, führen wir in zylindrischen Gelen (Rundgelen) durch. Es wurden einige 2DE-Techniken beschrieben [16, 17, 30, 31, 32], bei denen die IEF in horizontalen Flachgelen durchgeführt wird. Nach Beendigung der IEF wird die Trennbahn des Gels streifenförmig herausgeschnitten und auf das Elektrophoresegel gebracht. Obwohl diese Technik gewisse Vorteile hat (Vereinfachung und bessere Reproduzierbarkeit der IEF), ist sie weniger verbreitet. Nachteile mögen sein, daß die Ladungskapazität für Flachgele geringer als für Rundgele ist, und, daß bei der IEF in Flachgelen häufig Verzerrungen im Bandenmuster auftreten, die sich dann nachteilig auf das Spotmuster (strichförmige Spots) auswirken. Eine Verbesserung stellt die IEF in immobilisierten pH-Gradienten dar, besonders in Form der sog. Hybridfokussierung [53].

Viele Anwender der 2DE führen die IEF so durch, daß die Proteine der Probe von der Kathode (basische Seite) her in das Gel einwandern. Wir gehen den umgekehrten Weg und tragen die Probe auf der Anodenseite (saure Seite) auf. Die Überlegungen, die zu der einen oder zu der anderen Technik führen, oder die Anwendung beider Techniken erforderlich machen, wurden kürzlich an anderer Stelle ausführlich diskutiert [21].

Die IEF-Gele werden üblicherweise vor dem Auflegen auf das SDS-Elektrophoresegel in einer SDS-haltigen Lösung equilibriert. Dabei reagieren die Proteine mit dem SDS und bilden Monomere. Gleichzeitig sollen die Ampholyte ausgewaschen werden. Die Reaktion der Proteine mit dem SDS kann allerdings auch erfolgen, wenn zu Beginn der Elektrophorese die stark SDS-haltige Pufferfront durch das IEF-Gel wandert. Es kann jedoch möglicherweise hierbei die Zeit nicht ausreichen, um alle Proteine vollständig in Monomere aufzuspalten. Wie haben die Erfahrung gemacht, daß sich bei kurzen Laufstrecken (SG-Technik) diese unvollständige Reaktion mit dem SDS nicht nachteilig auswirkt. Bei langen Laufstrecken (LG-Technik) jedoch kann es sein, daß die unvollständig gespaltenen Proteine als Zusatzspots im 2D-Muster hervortreten (vertikale Spotserien). Die Ampholyte in den IEF-Gelen reagieren ebenfalls mit dem SDS und bilden, besonders im basischen Bereich, mit dem SDS Komplexe. Diese werden bei Färbung der Gele im rechten unteren Bereich des 2D-Musters als großer, dunkler Fleck sichtbar. Zum großen Teil werden diese Komplexe jedoch bei der Fixierung der Gele ausgewaschen. Aus dem Gesagten geht hervor, daß das Equilibrieren der IEF-Gele von Vorteil ist. Andererseits führt es zu einem starken Verlust an Proteinen [34]. Aufgrund dieser Überlegungen führen wir bei der SG-Technik, bei der wegen der Dicke der Gele lange Equilibrierungszeiten notwendig wären, diesen Schritt nicht durch. Bei der LG-Technik, bei der die IEF-Gele sehr dünn sind, werden die Gele nur sehr kurz equilibriert.

Die Trennung der Proteine in der zweiten Dimension erfolgt in dem klassischen diskontinuierlichen Gel- und Puffersystem von Ornstein [35] und Davis [36]. Demzufolge wird ein Stackinggel auf das Separationsgel geschichtet. Es hat sich jedoch gezeigt, daß bei sehr dünnen und niederprozentigen IEF-Gelen das Stackinggel (und das Einbettgel) auch weggelassen werden kann [24]. Der Stackingprozeß findet dann bereits in dem IEF-Gel statt.

Bei Verwendung großer Gele für die Trennung der Proteine in der zweiten Dimension, haben sich Gele mit einem Polyacrylamidgradienten als vorteilhaft erwiesen, obwohl auch kontinuierliche Gele (z. B. 15%ige) gute Trennungen zeigten. Wir verwenden einen linearen Gradienten. Wir haben in einer Reihe von Versuchen verschiedene nicht-lineare Gradienten erprobt [37] mit dem Ziel, eine gleichmäßigere Verteilung der Proteinspots in der zweiten Dimension zu erreichen. Diese Versuche führten aber zu keiner Verbesserung des 2D-Musters.

Bei Verwendung der SG-Technik färben wir die Proteine mit Coomassie Brilliant Blue R-250. Unter den herkömmlichen Proteinfärbungen gilt diese als eine besonders empfindliche Färbung. In den letzten Jahren wurde jedoch eine neue, hochempfindliche Proteinfärbung eingeführt, die Silberfärbung. Sie erreicht mit ihrer Empfindlichkeit nahezu die der Autoradiographie. Die Silberfärbung zeigte jedoch häufig gewisse Nachteile: Maximale Färbung der Spots und ein farbfreier und klarer Hintergrund des Musters sind zwei Ziele, die kaum in ein und demselben Gel zu erreichen sind. Ferner ist die Quantifizierung der Spots schwierig, da in den verschiedenen Spots sehr unterschiedliche Beziehungen zwischen Proteinmenge und Intensität der Färbung bestehen können und weil die Spots unterschiedliche Farbtöne zeigen können. Die Silberfärbung ist darüber hinaus wesentlich aufwendiger als die klassischen Färbeverfahren. Schließlich hängt das Gelingen der Silberfärbung von mehreren Faktoren ab, die die Färbemethode nicht direkt betreffen (z. B. Geldicke, Reinheit des Wassers), so daß inzwischen für die Silberfärbung eine ganze Reihe von verschiedenen Methoden existieren (Tabelle 1), die möglicherweise nur unter sehr eng begrenzten Voraussetzungen optimal funktionieren. Zur Einarbeitung in dieses Gebiet gibt Tabelle 1 eine Literaturübersicht.

Tabelle 1. Silberfärbung von zwei-dimensionalen Proteinmustern: Literatur

Kerényi and Gallyas, 1972: Clin Chim. Acta 38, 465.

Kerényi and Gallyas, 1973: Clin. Chim. Acta 47, 425.

Merril et al., 1979: Proc. Natl. Acad. Sci. USA 76, 4335.

Switzer et al., 1979: Anal. Biochem. 98, 231.

Allen, 1980: Electrophoresis 1, 32.

Oakley et al., 1980: Anal. Biochem. 105, 361.

Pochling and Neuhoff, 1980: Electrophoresis 1, 198.

Marshall and Latner, 1981: Electrophoresis 2, 228.

Merril et al., 1981: Science 211, 1437.

Merril et al., 1981: Anal. Biochem. 110, 201.

Morrissey, 1981: Anal. Biochem. 117, 307.

Ochs et al., 1981: Electrophoresis 2, 304.

Poehling and Neuhoff, 1981: Electrophoresis 2, 141.

Sammons et al., 1981: Electrophoresis 2, 135.

Wray et al., 1981: Anal. Biochem. 118, 197.

Guevara et al.. 1982: Electrophoresis 3, 197.

Merril et al., 1982: Electrophoresis 3, 17.

Ansorge, 1983: Electrophoresis '83, Ed. D. Stathakos, Walter de Gruyter, Berlin, New York, in press.

Berson, 1983: Anal. Biochem. 134, 230.

Dion and Pomenti, 1983: Anal. Biochem. 129, 490.

Gibson, 1983: Anal. Biochem. 132, 171.

Giulian et al., 1983: Anal. Biochem. 129, 277.

Hallinan, 1983: Electrophoresis 4, 265.

Mold et al., 1983: Anal. Biochem. 135, 44.

Ohsawa and Ebata, 1983: Anal. Biochem. 135, 409.

Perret et al., 1983: Anal. Biochem. 131, 46.

Willoughby and Lambert, 1983: Anal. Biochem. 130, 353.

Marshall, 1984: Anal. Biochem. 136, 340.

Marshall, 1984: Electrophoresis 5, 245.

Marshall, 1984: Electrophoresis 5, 377.

Merril and Harrington, 1984: Clin. Chem. 30, 1938.

Merril et al., 1984: Electrophoresis 5, 289.

Nielsen and Brown, 1984: Anal. Biochem. 141, 311.

Vesterberg and Gramstrup-Christensen, 1984: Electrophoresis 5, 282.

Amess et al., 1985: Electrophoresis 6, 186.

Butcher and Tomkins, 1985: Anal. Biochem. 148, 384.

Casero et al., 1985: Electrophoresis 6, 367.

De Moreno et al., 1985: Anal. Biochem. 151, 466.

Heukeshoven and Dernick, 1985: Electrophoresis 6, 103.

Slisz and Van Frank, 1985: Electrophoresis 6, 405.

Tsutsui et al., 1985: Anal. Biochem. 146, 111.

Yüksel and Gracy, 1985: Electrophoresis 6, 361.

Amess and Spragg, 1986: Electrophoresis 7, 444.

Biel et al., 1986: Electrophoresis 7, 232.

Chuba and Palchaudhuri, 1986: Anal. Biochem. 156, 136.

Gersten et al., 1986: Electrophoresis 7, 327.

Granier and Vienne, 1986: Anal. Biochem. 155, 45.

Hempelmann and Kaminsky, 1986: Electrophoresis 7, 481.

Merril and Pratt, 1986: Anal. Biochem. 156, 96.

Stastny and Fosslien, 1986: Electrophoresis 7, 544.

Blut et al., 1987: Electrophoresis 8, 93.

Görg et al., 1987: Electrophoresis 8, 122.

Die Darstellung des Proteinmusters auf einem Röntgenfilm, bei Verwendung radioaktiv markierter Proteine (Autoradiographie), ist die empfindlichste Nachweismethode und liefert im allgemeinen klare und kontrastreiche Muster. Sie ist jedoch nicht unbedingt eine Alternative zur Proteinfärbung. Autoradiographische Proteinmuster sind Ausdruck der Proteinsynthese (abgesehen von der Möglichkeit der in vitro Markierung der Proteine), gefärbte Muster dagegen zeigen die Proteinmengen an. Der Prozeß der Autoradiographie kann in einen autofluorographischen Vorgang (Fluorographie) umgewandelt werden [38, 39]. Durch diese Technik kann die Expositionszeit für den Film drastisch reduziert werden.

Die Autoradiographie bzw. Fluorographie bietet den Vorteil der Protein-Doppelmarkierung [40/41, 42, 43]. Diese Technik erleichtert und präzisiert den Vergleich von zwei Proteinmustern. Die zwei Proteinproben, die verglichen werden sollen, werden mit verschiedenen Isotopen markiert, eine mit ^{3}H-Aminosäuren, die andere mit ^{14}C-Aminosäuren (oder ^{75}Se-Selenomethionin und ^{35}S-Methionin [44]). Die Markierung erfolgt üblicherweise durch Verabreichung der radioaktiven Aminosäuren an lebende Zellen. Sie kann aber auch durch Bindung der Isotope an die extrahierten Proteine erfolgen [45, 46]. Die zwei markierten Proteinproben werden gemischt und im gleichen Gel getrennt. Durch Anwendung unterschiedlicher Bedingungen bei der Exposition des Filmes, können zwei verschiedene Muster vom gleichen Gel erhalten werden: das ^{14}C-Muster und das ^{3}H-Muster. Durch Übereinanderlegen der Filme können die zwei Muster sehr genau verglichen werden. Die Doppelmarkierungstechnik ist jedoch keine grundsätzliche Lösung für das Problem der Auswertung von 2D-Proteinmustern. Sie kann nicht in allen Fällen eingesetzt werden (nicht anwendbar für unmarkierte Proteine; zu aufwendig, wenn eine große Zahl von Proben analysiert werden müssen) und erlaubt auch nicht eine Quantifizierung von Intensitätsunterschieden zwischen zwei Spots.

Zur Auswertung der 2D-Proteinmuster werden jeweils zwei Muster verglichen und unter folgenden Aspekten analysiert:

1. Treten in einem Muster Spots auf, die in dem anderen Muster fehlen? a) Fehlt der Spot in einem Muster tatsächlich (quantitativer Unterschied) oder b) hat der Spot in einem Muster nur seine Position geändert (qualitativer Unterschied)?

2. Zeigt ein Spot in einem Muster eine andere Intensität (und Größe) als in dem Kontrollmuster (quantitativer Unterschied); wie groß ist der Intensitätsunterschied? Die Auswertung der Proteinmuster unter diesen Aspekten kann bis zu einem gewissen Grad durch visuellen Vergleich der Muster vorgenommen werden. Die Grenzen dieses Vorgehens sind jedoch erreicht, wenn die Muster aus Hunderten oder sogar Tausenden von Spots bestehen, und insbesondere dann, wenn es darauf ankommt, Intensitätsunterschiede präzise zu messen. Aus diesen Gründen wurden Versuche unternommen, die Auswertung zwei-dimensionaler Proteinmuster zu automatisieren. Die Muster werden entweder mit einem Photodensitometer gescannt oder mit einer Videokamera aufgenommen. Die immense Zahl an Meßdaten wird dann durch einen Computer analysiert. Es ist möglich, auf diesem Wege alle Spots eines Musters zu erfassen und hinsichtlich ihrer Lage, Größe, Form und Intensität zu charakterisieren. Auch für den Vergleich zweier Muster auf automatischem Wege wurden Programme entwickelt. Zur Einarbeitung in die Problematik der automatischen Auswertung von 2D-Proteinmustern bietet Tabelle 2 eine Literaturübersicht.

Zum Schluß der allgemeinen Diskussion über die 2DE soll noch etwas zu der zu trennenden Proteinprobe gesagt werden. Die Proteinprobe für die 2DE sollte eine hohe Proteinkonzentration in einem kleinen Volumen enthalten. Eine hohe Probesäule auf dem Fokussierungsgel schneidet den oberen Teil des pH-Gradienten ab. Eine niedrige Proteinkonzentration (Proteinmenge) reduziert die Zahl der Spots im 2D-Muster, besonders wenn die Proteine gefärbt werden sollen. Bei radioaktiven Proben sollte die spezifische Aktivität möglichst hoch sein. Dadurch kann das Volumen der Probe, aber auch die Proteinmenge niedrig gehalten werden. Die Probenpräparation sollte so einfach und schnell wie möglich durchführbar sein, um Interaktionen zwischen Proteinen und anderen Molekülen (Isocyanat, Proteasen) zu reduzieren oder ganz zu verhindern.

Zur Extraktion sowohl der gelösten Proteine als auch der strukturgebundenen Proteine der Zelle verwenden wir Harnstoff in hoher Konzentration und Merkaptoethanol. Von verschiedenen Autoren wurde zusätzlich noch die Verwendung von SDS als Detergens empfohlen [15, 30, 47, 24]. Systematische Untersuchungen in unserem Laboratorium haben jedoch gezeigt, daß der Zusatz von SDS in der Proteinprobe die Zahl der Spots im 2D-Muster reduziert [20], obwohl durch SDS ein höherer Prozentsatz (oder alles) an Proteinen der Zelle extrahiert wird. Ebenso fanden wir, daß auch andere methodische Schritte [15], die von anderen Arbeitsgruppen bei der Probenherstellung durchgeführt werden, zu keiner Verbesserung des 2D-Musters hinsichtlich der Zahl der Spots und der Qualität der Trennung führte, die Probenherstellung jedoch verkomplizierten. Im einzelnen sehen wir keinen Vorteil in der Zugabe von NP-40 (Triton X-100) bei der Proteinextraktion, in der DNase/RNase-Behandlung, der Lipidextraktion, der Extraktion in Gegenwart von K_2CO_3, der Lyophilisierung der Proteine oder der Ultraschallbehandlung. Es sei jedoch darauf hingewiesen, daß anstelle von Merkaptoäthanol in der Probe auch Dithiothreitol verwendet werden kann, das von manchen Autoren [22, 24, 48] bevorzugt wird. Ferner wurden spezielle Zusätze zur Probe empfohlen, wenn es darauf ankommt, die Auftrennung der basischen Proteine zu verbessern [49, 50].

2.2 Apparaturen

2.2.1 Gerät für die isoelektrische Fokussierung

Die IEF wird in herkömmlichen Apparaten für die Diskelektrophorese durchgeführt: 8 Röhrchen werden vertikal zwischen zwei Kammern gespannt, die die Behälter für die Elektrodenlösung sind. Die obere Kammer wird mit der Anode verbunden, die untere mit der Kathode. Die Röhrchen haben folgende Ausmaße: SG-Technik: 9,0 × 0,35 cm (innerer Durchmesser), Länge der Gele: 6,8 cm. MG-Technik: 16,0 cm × 0,09 cm (innerer Durchmesser), Länge der Gele: 14,0 cm. Die kurzen, dicken Röhrchen wurden aus Plastikrohren geschnitten, die langen, dünnen aus 0,1 ml-Meßpipetten.

2.2.2 Geräte für die Elektrophorese

Bei der Flachgelelektrophorese werden ein, zwei oder mehrere Gelzellen vertikal zwischen die obere und untere Pufferkammer gespannt. Die obere Kammer ist mit der Kathode verbunden, die untere mit der Anode. Die Gelzelle besteht aus zwei Glasplatten, die durch zwei Plastikstäbe (Spacerstäbe) rechts und links in einem bestimmten Abstand voneinander gehalten werden. Die Gelzellen haben folgende Größe: SG-Technik: Glasplatten: 8,2 cm × 8,0 cm (Breite) × 0,1 cm. Spacerstäbe: 8,2 cm × 0,28 cm (Breite) × 0,31 cm (Plattenabstand). Gel: 6,5 cm × 7,44 cm (Breite) × 0,31 cm. MG-Technik: Glasplatten: 32 cm × 18 cm (Breite) × 0,30 cm. Spacerstäbe: 32 cm × 1 cm (Breite) × 0,085 cm (0,075 cm Spacerstab + 0,010 cm Tesaband; Plattenabstand). Gel: 30 cm × 16 cm (Breite) × 0,085 cm. Wir verwenden für die SG-Technik das Gerät „Gel Elektrophoresis Apparatus GE-4" der Firma Pharmacia (Uppsala, Schweden), für die MG-Technik das Gerät „Protean Dual 32 cm Slab Cell" von Bio-Rad (Richmond, Cal.). Die Firma DESAGA (Heidelberg, FRG) bietet ein Elektrophoresegerät mit 25 cm breiten Gelzellen an. Dieses Format ist möglicherweise den 18 cm breiten Gelzellen vorzuziehen (bedeutet aber auch Änderung der Stromverhältnisse für IEF und PAGE).

Wie bereits erwähnt, verwenden wir die SG-Technik besonders dann, wenn eine große Zahl von Proben getrennt werden soll. Zu diesem Zweck haben wir einen speziellen Apparat konstruiert, mit dem 8 Fokussierungsgele gleichzeitig für die Trennung in der zweiten Dimension verwendet werden können. Der Apparat enthält zwei sehr breite Gelzellen, so daß auf jedes Flachgel 4 IEF-Gele *nebeneinander* aufgelegt werden können [42]. Es werden demnach die Proteine von 4 IEF-Gelen im gleichen 2D-Gel getrennt. Das bedeutet eine Vereinfachung für die Gelherstellung und eine Verbesserung der Reproduzierbarkeit der Muster gegenüber anderen Geräten, bei denen jedes IEF-Gel auf ein eigenes Flachgel gelegt wird und bei denen dann mehrere Gelzellen *hintereinander* geschaltet sind [23].

2.2.3 Stromgeräte

Für die Regulierung des Stromes sowohl während der IEF als auch während der SDS-GE verwenden wir das 2197 Power Supply der Firma LKB (Bromma, Schweden). Dieses Gerät hat eine Kapazität von maximal 250 mA und 2500 Volt.

2.2.4 Geräte zur Geltrocknung

Für die fluorographische Darstellung der 2D-Proteinmuster muß das Flachgel nach der Elektrophorese getrocknet werden. Die Trocknung erfolgt unter Druck, Vakuum und Hitze. Geltrockengeräte, die käuflich zu erhalten sind, bestehen aus einer Metallplatte mit Abflußrinnen und einem Ansatzstück für den Schlauch einer Wasserstrahlpumpe und ferner aus einem Gummilappen, mit dem die Metallplatte abgedeckt werden kann. Beim Andrehen der Wasserstrahlpumpe entsteht ein Vakuum zwischen Metallplatte und Gummilappen. Dazwischen wird das Gel gelagert. Um zu verhindern, daß sich die Absaugrinnen in das Gel drücken, und um die Feuchtigkeit gleichmäßig zu verteilen, liegen zwischen Metallplatte und Gel noch ein durchlöchertes Blech und mehrere Schichten von Filterpapier. Das Gel wird auf der Ober- und Unterseite durch eine Zellophanfolie abgedeckt. Die Metallplatte wird durch ein untergebautes Heizgerät erhitzt. Wir benutzen selbstgefertigte Metallplatten und legen diese in einen Brutschrank (mit Durchbohrung für die Wasserstrahlpumpe).

2.2.5 Geräte zur Auswertung

Die automatische Auswertung von zweidimensionalen Proteinmustern ist eine noch nicht ganz ausgereifte Technik. Verschiedene Strategien wurden sowohl hinsichtlich der Softwareentwicklung als auch hinsichtlich der Gerätekonfiguration angewendet (Tabelle 2). Allgemein gesehen bestehen die verwendeten Auswertesysteme aus einem Densitometer, einem Computer und einem Plotter für die Datenausgabe. Als Densitometer werden Photodensitometer (auch Laserscanner) oder Videokameras verwendet (z. B. von der Firma Hamamatsu Photonics Europa, Herrsching, FRG). Die Photodensitometer können ein Flachbettscanner oder ein Trommelscanner sein. Photodensitometer haben eine bessere Grautonauflösung

Tabelle 2. Automatische Auswertung von zwei-dimensionalen Proteinmustern: Literatur

Zimmer and Neuhoff, 1977: In: Informatik-Fachberichte 8, Digital Image Processing, Ed. H. H. Nagel, Springer Berlin, Heidelberg, New York, p. 12.

Lutin et al., 1978. In: Electrophoresis '78, Ed. N. Catsimpoolas, Elsevier/North Holland, Amsterdam, New York, p. 93.

Zimmer et al., 1978: In: Proc. 4th Int. Joint Conf. on Pattern Recognition, IEEE Computer-Society, p. 834.

Bossinger et al., 1979: J. Biol. Chem. 254, 7986.

Garrels, 1979: J. Biol. Chem. 254, 7961.

Lemkin et al., 1979: Comput. Biomed. Res. 12, 517.

Garrels, 1980: TIBS-Nov., 281.

Klose et al., 1980: In: Electrophoresis '79, Ed. B. J. Radola, Walter de Gruyter, Berlin, New York, p. 297.

Kronberg et al., 1980: Electrophoresis 1, 27.

Lipkin and Lemkin, 1980: Clin. Chem. 26, 1403.

Taylor et al., 1980: In: Electrophoresis '79, Ed. B. J. Radola, Walter de Gruyter, Berlin, New York, p. 329.

Anderson et al., 1981: Clin. Chem. 27, 1807.

Aycock et al., 1981: Comput. Biomed. Res. 14, 314.

Lemkin and Lipkin, 1981: Comput. Biomed. Res. 14, 272.

Lemkin and Lipkin, 1981: Comput. Biomed. Res. 14, 355.

Lemkin and Lipkin, 1981: Comput. Biomed. Res. 14, 407.

Nikodem et al., 1981: Proc. Natl. Acad. Sci. USA, 78, 4411.

Vo et al., 1981: Anal. Biochem. 112, 258.

Brown and Ezer, 1982: Clin. Chem. 28, 1041.

Davidson and Case, 1982: Sci. 215, 1398.

Fox, 1982: Clin. Chem. 28, 932.

Garrison and Johnson, 1982: J. Biol. Chem. 257, 13144.

Lemkin et al., 1982: Clin. Chem. 28, 840.

Mariash et al., 1982: Anal. Biochem. 121, 388.

Miller et al., 1982: Clin. Chem. 28, 867.

Skolnick, 1982: Clin. Chem. 28, 979.

Skolnick et al., 1982: Clin. Chem. 28, 969.

Taylor et al., 1982: Clin. Chem. 28, 861.

Schneider and Klose, 1983: Electrophoresis 4, 284.

Burbeck, 1983: Electrophoresis 4, 127.

Jansson et al., 1983: Electrophoresis 4, 82.

Kruppa, 1983: Electrophoresis 4, 331.

Lemkin and Lipkin, 1983: Electrophoresis 4, 71.

Manabe and Okuyama, 1983: J. Chromatogr. 264, 435.

Spragg et al., 1983: Anal. Biochem. 129, 255.

Davidson, 1984: In: Electrophoresis '84, Ed. V. Neuhoff, Verlag Chemie, Weinheim, p. 235.

Hruschka, 1984: Clin. Chem. 30, 2037.

Jansson, 1984: Anal. Chem. 56, 303A.

Kronberg et al., 1984: Clin. Chem. 30, 2059.

Kronberg et al., 1984: In: Electrophoresis '83, Ed. H. Hirai, Walter de Gruyter, Berlin, New York, p. 245.

Lemkin et al., 1984: Clin. Chem. 30, 1965.

McFerran and Quigley, 1984: Biochem. Soc. Trans. 12, 1000.

Miller, 1984: In: Electrophoresis '84, Ed. V Neuhoff, Verlag Chemie, Weinheim, p. 226.

Miller et al., 1984: Electrophoresis 5, 297.

Pardowitz et al., 1984: Clin. Chem. 30, 1985.

Ridder et al., 1984: Clin. Chem. 30, 1919.

Toda et al., 1984: Electrophoresis 5, 42.

Toda et al., 1984: In: Electrophoresis '83, Ed. H. Hirai, Walter de Gruyter, Berlin, New York, p. 140.

Valiron et al., 1984: Clin. Chem. 30, 1943.

Bishop et al., 1985: Anal. Biochem. 148, 133.

Marsman and van Resandt, 1985: Electrophoresis 6, 242.

Spragg et al., 1985: Anal. Biochem. 147, 120.

Miwa et al., 1986: Anal Biochem. 152, 391.

Tyson and Haralick, 1986: Electrophoresis 7, 107.

Vincens et al., 1986: Electrophoresis 7, 347.

Vincens, 1986: Electrophoresis 7, 357.

Vincens and Tarroux, 1987: Electrophoresis 8, 100.

Prehm et al., 1987: Electrophoresis 8, in press.

als die zur Zeit erhältlichen Videokameras. Dafür haben die Videokameras den Vorteil, daß sie mit einer hohen Scannrate und einer guten Reproduzierbarkeit arbeiten und billiger in der Anschaffung sind. Arbeitsgruppen, die sich mit der automatischen Auswertung von 2DE-Mustern befassen, benutzen gewöhnlich selbst

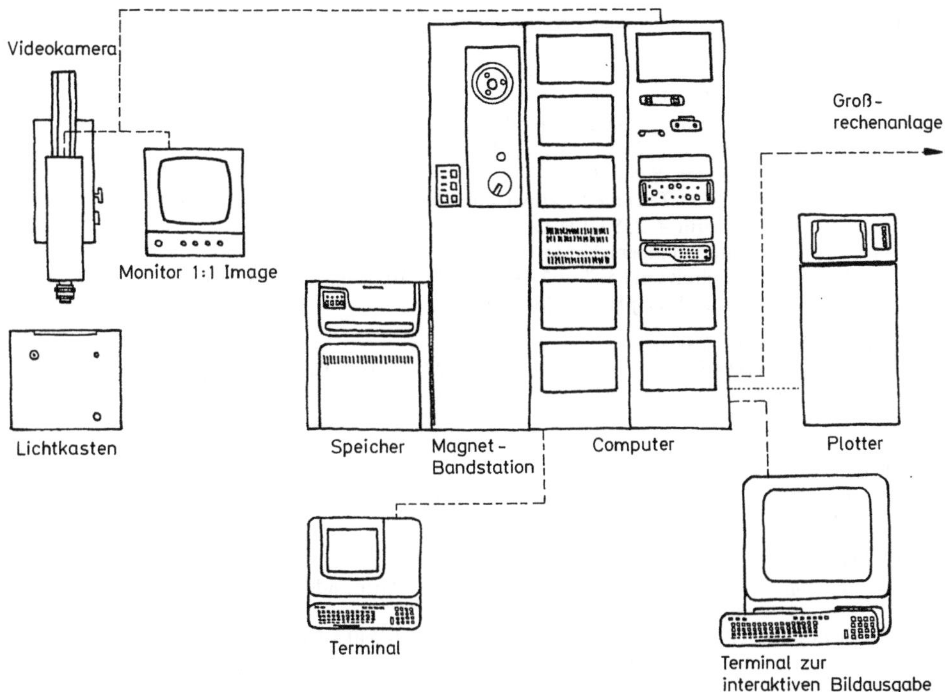

Abb. 2. Schematische Darstellung eines Gerätesystems zur automatischen Auswertung von zwei-dimensionalen Proteinmustern

zusammengestellte Geräteanlagen (Abb. 2). Neuerdings werden aber auch Geräte speziell für diesen Zweck hergestellt.

2.3 Gele und Lösungen

2.3.1 Gele und Lösungen für die isoelektrische Fokussierung

Die Gele für die IEF bestehen aus 3,8% Acrylamid und 0,2% Bisacrylamid und enthalten 9 M Harnstoff und Ampholyte (im Falle der SG-Technik 1%, im Falle der MG-Technik 2%). Die genaue Zusammensetzung der Stammlösungen und der Gellösung ist in Tabelle 3 angegeben. Das Acrylamid und Bisacrylamid wird vor dem Gebrauch umkristallisiert. Alle Stammlösungen werden mit Whatman Filterpapier Nr. 2 filtriert. Die Lösungen werden im Kühlschrank aufbewahrt; die Ammonium-persulfatlösung nicht länger als eine Woche, die Acrylamidlösung nicht länger als drei Wochen. Als Anodenlösung wird Phosphorsäure verwendet, als Kathoden-lösung Äthylendiamin (Tabelle 3). Die Elektrodenlösungen werden für jeden Lauf frisch hergestellt.

2.3.2 Gele und Lösungen für die Elektrophorese

Das Flachgel für die Trennung der Proteine in der zweiten Dimension besteht aus dem eigentlichen Trenngel, einem schmalen aufgeschichteten Sammelgel (Stacking-

Tabelle 3. Gel- und Elektrodenlösungen für die isoelektrische Fokussierung (Trennung in der 1. Dimension)

Stammlösungen für die IEF-Gele:
 Lösung 1: 16,0 g Acrylamid + 0,8 g Bisacrylamid, in 100 ml H$_2$O
 Lösung 2: 4 Teile Ampholyt pH 5–7 (Serva, Heidelberg, FRG) + 2 Teile pH 3,5–10
  (LKB, Bromma, Schweden)
 Lösung 3: 1 ml N,N,N′,N-Tetramethyläthylendiamin (TEMED) in 100 ml H$_2$O
 Lösung 4: 5,5 ml Glycerin + 255 ml H$_2$O
 Lösung 5: 0,07 g Ammoniumpersulfat in 10 ml H$_2$O
 Lösung 6: 4 Teile Ampholyt pH 5–7 + 2 Teile pH 3,5–10 + 0,5 Teile pH 2–4
  (Serva) + 0,5 Teile pH 9–11 (Serva)

Zusammensetzung der Gellösungen:

Kleine Gele (SG-Technik):	*Mittelgroße Gele (MG-Technik):*
2,250 ml Lösung 1	←
0,225 ml Lösung 2	0,450 ml Lösung 6
0,600 ml Lösung 3	←
3,100 ml Lösung 4	←
4,980 g Harnstoff	←
0,310 ml Lösung 5	←

Elektrodenlösungen:
 Anoden-Lösung: 50 ml Phosphorsäure (85 %, Merck, Darmstadt, FRG) + 180 g Harnstoff,
  in 1000 ml H$_2$O
 Kathoden-Lösung: 50 ml Äthylendiamin (99 %, Merck) + 540 g Harnstoff + 57,5 ml Glycerin,
  in 1000 ml H$_2$O

Tabelle 4. Gel- und Elektrodenlösungen für die Elektrophorese (Trennung in der 2. Dimension)

Elektrophorese mit kleinen Gelen (SG-Technik)

Stammlösungen für die Elektrophorese-Gele:
 Lösung 1: 36,6 g Tris + 1 N HCL (~48 ml) → pH 8,9 + 0,23 ml TEMED, in 100 ml H$_2$O
 Lösung 2: 56 g Acrylamid* + 0,8 g Bisacrylamid, in 100 ml H$_2$O
 Lösung 3: 0,32 g Natriumdodecylsulfat (SDS) (Sigma, St. Louis, Mo.) in 180 ml H$_2$O
 Lösung 4: 1,4 g Ammoniumpersulfat in 100 ml H$_2$O
 Lösung 5: 5,7 g Tris + 1 M H$_3$PO$_4$ (~15 ml) → pH 6,9 + 0,10 ml TEMED, in 100 ml H$_2$O
 Lösung 6: 20 g Acrylamid + 2,5 g Bisacrylamid, in 100 ml H$_2$O
 Lösung 7: 40 g Saccharose + 0,2 g ← DS, in 100 ml H$_2$O
 Lösung 8: 0,004 g Riboflavin in 100 ml H$_2$O
 Lösung 9: 0,63 ml TEMED in 100 ml Lösung 5
 Lösung 10: 20 g Acrylamid + 0,8 g Bisacrylamid, in 100 ml H$_2$O
 Lösung 11: 10 g Saccharose + 0,4 g SDS, in 100 ml H$_2$O

Zusammensetzung der Gellösungen:

Separationsgel:	*Stackinggel:*	*Einbettgel:*
4 ml Lösung 1	1 ml Lösung 5	1 ml Lösung 9
8 ml Lösung 2	2 ml Lösung 6	2 ml Lösung 10
18 ml Lösung 3	4 ml Lösung 7	4 ml Lösung 11
2 ml Lösung 4	1 ml Lösung 8	1 ml Lösung 4

Elektrodenlösungen:
 Stammlösung: 6,0 g Tris + 28,8 g Glycin, in 1000 ml H$_2$O → pH 8,3
 Gebrauchslösung: 1 Teil Stammlösung + 9 Teile H$_2$O* + 0,25 % (Endkonzentration) SDS
  (Sigma)
  2 ml Bromophenolblaulösung (30 mg in 100 ml H$_2$O) pro 1000 ml
  Elektrodenlösung werden in die obere Pufferkammer gegeben.

Tabelle 4 (Fortsetzung)

Elektrophorese mit mittelgroßen Gelen (MG-Technik)

Stammlösungen für die Elektrophorese-Gele:
  Lösung 12: Lösung 1 mit 0,20 ml TEMED (anstelle von 0,23 ml)
  Lösung 13: 44 g Acrylamid + 0,8 g Bisacrylamid, in 100 ml H_2O
  Lösung 14: 44 g Acrylamid + 0,4 g Bisacrylamid, in 100 ml H_2O
  Lösung 15: 0,32 g SDS (Serva) in 180 ml H_2O
  Lösung 16: 0,32 g SDS (Serva) in 45 ml H_2O

Zusammensetzung der Gellösungen:

11%iges Separationsgel	*22%iges Separationsgel*
4,00 ml Lösung 12	←
8,00 ml Lösung 13	16,0 ml Lösung 14
18,00 ml Lösung 15	4,5 ml Lösung 16
0,85 ml Lösung 4	←
1,15 ml H_2O	←
	9,6 g Saccharose

32,00 ml × 4	32,00 ml × 4

Stackinggel: Wie angegeben für kleine Gele, aber unter Verwendung von Serva-SDS
Einbettgel: Wie angeg°ben für kleine Gele, aber unter Verwendung von nur 0,2 g SDS (Serva)
        in Lösung 11

Elektrodenlösung:
  Gebrauchslösung: 1 Teil Stammlösung (s. kleine Gele) + 1 Teil H_2O + 0,1 % (End-
        konzentration) SDS (Sigma).
        Bromophenolblaulösung wird, wie angegeben für die SG-Technik, zur oberen
        Pufferkammer gegeben.

---

* Gute Ergebnisse wurden auch erhalten, wenn 15% Acrylamid in der Separationslösung verwendet wurde und der Elektrodenpuffer aus 1 Teil Stammlösung + 7 Teile H_2O + 0,25% SDS
bestand.

gel) und einer Gelschicht (Einbettgel) zum Einpolymerisieren des IEF Gels auf dem
Stackinggel. Für die SG-Technik wird ein 14%iges Polyacrylamidgel verwendet. Die
größeren Gele sind lineare Gradientengele aus 11–22% Polyacrylamid. Alle Gellösungen, mit Ausnahme der Einbettgellösung für die kleinen Gele, enthalten 0,1%
SDS. Das Einbettgel für die SG-Technik enthält 0,2% SDS. Die genaue Zusammensetzung der Stammlösungen und Gellösungen für die Elektrophorese ist in Tabelle 4
angegeben. Acrylamid und Bisacrylamid werden vor dem Gebrauch umkristallisiert.
Alle Stammlösungen werden filtriert und kühl aufbewahrt; Ammoniumpersulfat
nicht länger als eine Woche, Acrylamid- und Pufferlösungen nicht länger als drei
Wochen.

Die Zusammensetzung des Elektrodenpuffers gibt Tabelle 4 an. Der Puffer ist
bei der MG-Technik viermal konzentrierter als bei der SG-Technik. Auch die SDS-
Konzentration des Puffers ist unterschiedlich für die beiden Techniken (Tabelle 4).
Die Herkunft des SDS hat einen deutlichen Einfluß auf die Qualität der Protein-
trennung. Bei der SG-Technik verwenden wir Sigma-SDS im gesamten Gel- und
Puffersystem. Bei der MC-Technik enthalten alle Gellösungen Serva-SDS, der
Elektrodenpuffer dagegen Sigma-SDS. Der Elektrodenpuffer wird für jeden Lauf
frisch aus der Stammlösung angesetzt.

2.3.3 Lösungen für die Färbung

Für die Färbung der 2D-Proteinmuster werden drei Lösungen benötigt:

1. Fixierlösung: 10% v/v Essigsäure und 50% v/v Methanol in destilliertem Wasser,
2. Farblösung: 10% v/v Essigsäure, 50% v/v Methanol und 0,05% g/v Serva Blue R (entspricht Coomassie Brilliant Blue R-250) in destilliertem Wasser,
3. Entfärbelösung: 12,5% v/v Essigsäure und 5% v/v Methanol in destilliertem Wasser. Die Fixier- und Farblösungen werden 3–4mal verwendet. Die Entfärbelösung wird durch Kohlefilter gereinigt und auch mehrmals verwendet.

2.3.4 Lösungen für die Fluorographie

Für die Fluorographie wird Dimethylsulfoxyd (DMSO) benötigt und eine Lösung bestehend aus 180 g Diphenyloxazol (PPO) und 927 ml DMSO (= 15%ige PPO-Lösung). DMSO und PPO/DMSO werden zweimal verwendet. Vor der zweiten Verwendung der PPO/DMSO-Lösung werden 20 g PPO als Ergänzung zugegeben. Entsprechend einer anderen Vorschrift [51] kann man statt DMSO auch konzentrierte Essigsäure verwenden. Wir erhielten mit dieser Methode auch gute Ergebnisse.

3 Versuchsdurchführung

3.1 Versuch 1: 2DE in kleinen Gelen (SG-Technik)

3.1.1 Probenherstellung

Im folgenden soll die praktische Durchführung der 2DE bei Anwendung der SG-Technik und bei Verwendung von Proteinen eines Mäuseembryos beschrieben werden. Ein Embryo wird am 13. Tag nach der Befruchtung der trächtigen Maus entnommen, von allen anhängenden Häuten befreit, gespült in physiologischer Kochsalzlösung und gewogen. Vor dem Wiegen wird alle Flüssigkeit, die noch am Embryo hängt, mit einer feinen Pasteurpipette abgesaugt. Der Embryo wird danach in einen kleinen Glashomogenisator mit eingeschliffenem Pistill gebracht und mit einer bestimmten Menge destilliertem Wasser versetzt: Wiegt der Embryo z. B. 185 mg, dann werden 185 µl Wasser (1:1) zugegeben. Die Summe aus beiden Werten (370) wird als Gesamtvolumen (a) bezeichnet. Der Embryo wird homogenisiert und danach 1- oder 2mal kurz eingefroren (−20 °C) und wieder aufgetaut. Zu dem Homogenat werden dann Harnstoff, Merkaptoäthanol und Ampholyte pH 5–7 zugegeben, in Mengen, die zu folgenden Endkonzentrationen führen: 9 M Harnstoff, 5% Merkaptoäthanol, 2% Ampholyte. Die definitiven Mengen, die zu dem Homogenat zugegeben werden müssen, um die entsprechenden Endkonzentrationen zu erreichen, werden wie folgt berechnet: Gesamtvolumen $a \times 1{,}08^1 = b$ mg Harnstoff; Gesamtvolumen $a \times 0{,}1^1 = c$ µl Merkaptoäthanol bzw. Ampholytlösung[2]. Nach Zugabe

---

[1] Diese Faktoren wurden bestimmt, nachdem die Zunahme des Volumens a durch Zugabe der entsprechenden Substanzen experimentell gemessen wurde.

[2] Für Merkaptoäthanol und die Ampholytlösung ergibt sich der gleiche Wert, da die käufliche Ampholytlösung gewöhnlich nur 40%ig ist.

aller Substanzen und Auflösung des Harnstoffs wird die Mixtur noch einmal homogenisiert (10× auf/ab). Das Homogenat wird dann in einem 50Ti-Rotor bei 40 000 rpm (145 000 × g max.) für 40 Min. zentrifugiert. Durch die hohe Zentrifugation wird auch die DNA sedimentiert, die anderenfalls beim Einwandern der Proteine in das IEF-Gel stören kann. Der Überstand enthält alle gelösten Proteine der Zellen und alle strukturgebundenen Zellproteine, soweit diese in 9 M Harnstoff und Merkaptoäthanol löslich sind. Die Proteinlösung wird in flüssigem Stickstoff aufbewahrt. Für den endgültigen Ansatz der Proteinprobe verwenden wir noch eine Sephadexlösung, die wie folgt hergestellt wird: Sephadex G-200 Superfine in destilliertem Wasser quellen lassen, kochen, mit 20%iger Saccharoselösung waschen und frei von flüssigem Überstand in kleinen Gefäßen einfrieren. Vor dem Gebrauch wird das Sephadex mit 9 M Harnstoff, 5% Merkaptoäthanol und 1% Ampholytlösung (Endkonzentrationen) versetzt. Für die zwei-dimensionale Trennung werden 25 µl Proteinlösung und 25 µl der Sephadexmixtur gemischt und auf ein Fokussierungsgel aufgetragen. Das Sephadex fängt Proteine auf, die am Beginn der IEF möglicherweise präzipitieren oder agglutinieren und verhindert so ein Verstopfen der Geloberfläche. Die Menge an Proteinlösung und Sephadex pro Gel sowie ihr Mischungsverhältnis kann variiert werden. Das Gesamtvolumen an Probe/Sephadex sollte etwa 40 µl (nicht mehr als 80 µl) sein. Ein hoher prozentualer Anteil an Sephadex gegenüber der Proteinlösung ist von Vorteil. Er kann aber auch auf 10 µl reduziert werden, wenn eine geringe Proteinkonzentration ein großes Probevolumen erfordert. Die beschriebene Herstellung der Proteinlösung zielt darauf ab, eine hohe Proteinkonzentration in der Probe zu erreichen (aus diesem Grund kann das Verhältnis von Zellmaterial zu Wasser auch 1:0,5 oder 1:0,25 sein; s. oben). Außerdem soll diese Konzentration mit großer Reproduzierbarkeit herstellbar sein. Das kann nach unserer Erfahrung durch Einhaltung konstanter Volumina bei der Probeherstellung eher erreicht werden als durch Proteinbestimmung (vorausgesetzt, man untersucht vergleichbares Material, z. B. Embryo-Embryo).

3.1.2 Isoelektrische Fokussierung

Die Plastikröhrchen für die IEF werden unten mit Parafilm verschlossen und mit einem Gummiband gegen einen Kunststoffblock gespannt. Vertikale Rillen in dem Block halten die Röhrchen in ihrer Position. Dann werden die Röhrchen 1 cm hoch mit 40%iger Saccharoselösung gefüllt, die noch 9 M Harnstoff enthält. Darauf werden 7 cm Gellösung geschichtet, die zuvor 25 sec mit der Wasserstrahlpumpe abgesaugt wurde (Entgasung). Die Gellösung wird mit einer Wasserschicht abgedeckt. Nach dem Polymerisieren wird die Wasserschicht entfernt und auf das Gel werden noch 50 µl einer Gellösung geschichtet, die 11,8% Acrylamid enthält, im übrigen aber mit dem Separationsgel identisch ist. Nach dem Polymerisieren des „Capgels" werden die Gelröhrchen über Nacht im Kühlschrank aufbewahrt. Am nächsten Tag werden die Röhrchen umgedreht, Parafilm und Saccharoselösung werden entfernt und die Röhrchen werden in den Elektrophoreseapparat gespannt. Das Capgel am unteren Ende des Separationsgels verhindert, daß die Gele während der IEF aus dem Plastikröhrchen gleiten. Außerdem verhindert es ein gewisses Schrumpfen des unteren Separationsgelendes, wodurch Elektrodenlösung zwischen der Wand des Röhrchens und dem Gel aufsteigen kann und so den pH-Gradienten verzerren kann. Die Probe wird auf das Gel geschichtet und mit 15 µl einer 11 %igen Saccharoselösung überdeckt, die 6 M Harnstoff und 1 % Ampholyt (pH-Bereich wie im Gel) enthält. Die Röhrchen sowie die ganze obere Kammer werden mit der Anodenlösung (Phosphorsäure) gefüllt, unten tauchen die Röhrchen in die Kathodenlösung (Äthylendiamin) ein. Es werden 8 Gelröhrchen verwendet. Die Pole des Elektrophoresegerätes werden mit der Stromquelle verbunden und der Strom wird wie folgt reguliert: 40 Minuten 100 V, 40 Minuten 200 V, 40 Minuten 300 V, 40 Minuten 400 V, 2 Minuten 600 V, 2 Minuten 800 V. Nach Beendigung der IEF werden die Gele aus den Röhrchen herausgeholt. Mit einer feinen Kanüle und einer Spritze mit Wasser wird das Gel von der Wand gelöst und herausgezogen. Es wird dann mit Wasser und Einbettungsgellösung kurz gespült und unmittelbar danach auf das Flachgel gebracht.

3.1.3 Elektrophorese

Die Gelzellen, bestehend aus zwei Glasplatten und zwei Spacerstäben, werden seitlich und unten mit Tesaband verschlossen und bis zu einer Höhe von 6,7 cm mit Separationsgellösung gefüllt. Die Gellösung wird zuvor 1 Min. abgesaugt (Persulfatlösung und restliche Gellösung getrennt). Die Gellösung wird mit Wasser überschichtet. Die Polymerisation erfolgt innerhalb einer viertel Stunde. Etwa eine halbe Stunde vor Gebrauch des Gels wird die Stackinggellösung aufgetragen. Die Oberfläche des Separationsgels wird vom Wasser befreit, mit Stackinggellösung gespült und dann mit dieser Gellösung 0,4 cm hoch überschichtet. Das Stackinggel wird mit Wasser überschichtet und polymerisiert unter Lichteinwirkung (Neonröhren). Danach wird es mit Einbettgellösung gespült. Dann wird das Fokussierungsgel aufgelegt und gut angedrückt. Die Einbettgellösung überdeckt das IEF-Gel etwa 2–3 mm. Die Gellösung, wiederum unter Wasserabschluß, polymerisiert innerhalb von 3 Minuten.

Zwei Gelzellen, die in dieser Weise präpariert wurden, werden zwischen die beiden Pufferkammern des Elektrophoresegerätes gebracht. Das Tesaband an der Unterseite der Gelzelle wird abgerissen. Die Pufferlösung wird eingefüllt und der Stromfluß hergestellt. Die Zeit von der Beendigung der IEF bis zum Start der Elektrophorese soll möglichst kurz sein, um die Diffusion der Proteine im Fokussierungsgel niedrig zu halten. Während der Elektrophorese wird die mA-Zahl stufenweise hochgestellt, aber auf dem jeweiligen Niveau konstant gehalten. Folgende Stromverhältnisse werden verwendet (bei 2 Gelzellen): 5 Minuten 40 mA, 10 Minuten 60 mA, 15 Minuten 90 mA, etwa 40 Minuten 100 mA. Der Elektrodenpuffer wird auf 12–15 °C gekühlt. Die Elektrophorese wird beendet, wenn die Bromphenolblaubande das untere Ende des Gels erreicht hat.

3.1.4 Färbung

Nach Beendigung der Elektrophorese werden die Gele sofort in die Fixierlösung gebracht; 2 Gele in 3 L. Unter Rühren der Lösung werden sie darin bis zum nächsten Tag belassen (Zimmertemperatur) und dann 2 Std. bei 45 °C erhitzt. Zur Färbung der Proteine werden die Gele in die Coomassie-Blau-Lösung gebracht

(2 Gele in 2 L) und verbleiben hier unter Rühren der Lösung wiederum über Nacht. Zur Entfärbung werden die beiden Gele in 3 L Entfärbelösung gelegt, unter Rühren 2 Std. bei 45 °C erhitzt und in frischer Lösung etwa 6 Stunden weiter entfärbt (Zimmertemperatur). Die vollständige Entfärbung des Hintergrundes erfolgt in 7 %-iger Essigsäure über Nacht. Die Gele werden dann in Plastikbeuteln eingeschmolzen.

3.1.5 Auswertung der Proteinmuster

Abbildung 3 zeigt das Ergebnis des hier beschriebenen Versuches. Bei sorg-fältiger Analyse des 2D-Musters auf dem Leuchtkasten kann man 1250 Spots

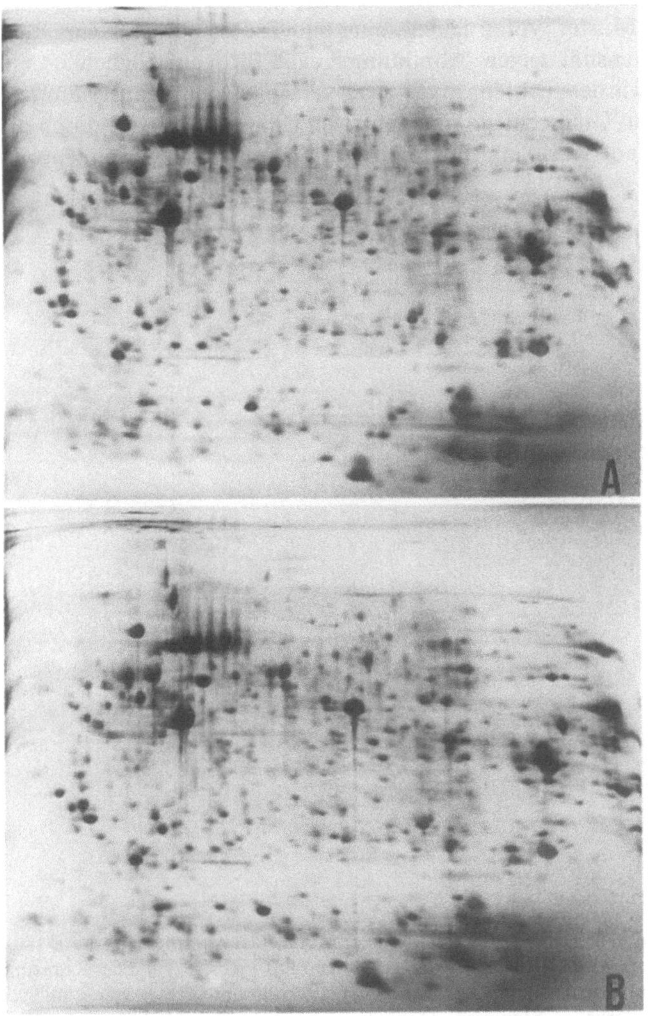

Abb. 3. Zwei-dimensionale Proteinmuster von Mäuseembryonen (13 Tage nach Befruchtung). Die Methode zur Trennung der Proteine ist in Versuch 1 beschrieben. A und B sind Muster von jeweils einem einzelnen Embryo.

erkennen. Zwei Proben, die gleichzeitig im selben Apparat getrennt wurden, zeigen eine hohe Reproduzierbarkeit. In Abb. 3 ist kaum ein Unterschied in der relativen Position der Spots zu finden. Auch in der Intensität der Spots zeigen die Muster große Übereinstimmung. Diesbezüglich können jedoch Unterschiede gefunden werden. Sie gehen aber, zumindest teilweise, auf interindividuelle Unterschiede zwischen den Embryonen zurück. Bei der Beurteilung der Intensität eines Spots muß man die umliegenden Spots mit in Betracht ziehen, da zwei Muster in ihrer Gesamtheit oder in bestimmten Regionen etwas unterschiedlich stark gefärbt sein können (relative Intensitätsunterschiede).

Die Auswertung eines 2DE-Musters erfolgt im Vergleich zu einem anderen Muster. Wie bereits ausgeführt wurde, können Unterschiede zwischen entsprechenden Spots zweier Muster in drei verschiedenen Formen auftreten: Ein Spot kann, gegenüber einem anderen Muster, völlig fehlen, eine andere Position eingenommen haben oder eine andere Intensität zeigen. Abbildung 4 zeigt für jede Möglichkeit ein Beispiel. In diesem Fall wurden Proteine von zwei verschiedenen Mäusestämmen verglichen. Die abgebildeten Unterschiede sind genetisch bedingt. Das wird durch die Untersuchung der Hybriden (Kreuzung aus den zwei Stämmen) bewiesen, die im

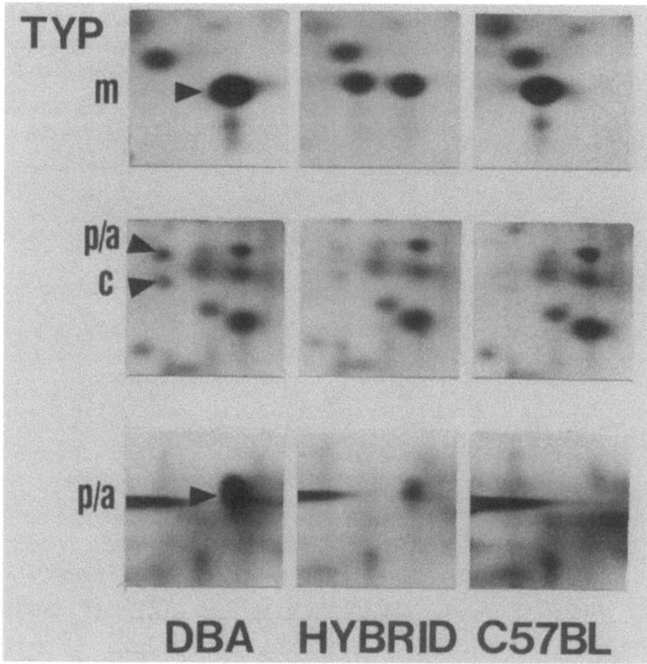

Abb. 4. Ausschnitte aus zwei-dimensionalen Proteinmustern von Gehirnproteinen der Maus. Gezeigt sind Muster von zwei verschiedenen Mäuseinzuchtstämmen (DBA, C57BL) und der Kreuzung aus beiden Stämmen (Hybriden). Die Ausschnitte enthalten genetisch variante Proteinspots: m-Typ: Positionsunterschied bei den elterlichen Stämmen, Doppelspot bei dem Hybriden; p/a-Typ: Der Spot ist bei einem Stamm vorhanden und fehlt bei dem anderen, der Hybrid zeigt eine intermediäre Intensität; c-Typ: Der Spot tritt bei einem Stamm stärker auf als bei dem anderen, der Hybrid zeigt eine intermediäre Intensität.

Falle eines Positionsunterschiedes beide elterlichen Spots zeigen, oder im Falle eines quantitativen Unterschiedes die mittlere Intensität zeigen (Abb. 4).

Positionsunterschiede oder das Fehlen eines Spots können durch rein visuelle Beurteilung der Muster, d. h. ohne Densitometer und Computeranalyse, objektiv erkannt werden. Auch drastische Intensitätsunterschiede können mit dem Auge leicht erfaßt werden. Es wurde festgestellt [15], daß Intensitätsunterschiede größer als 10% mit dem Auge erkannt werden. Die Registrierung von feineren Unterschieden jedoch, und insbesondere die genaue Quantifizierung von Intensitätsunterschieden, ist nur mit einem Densitometer möglich. Darüber hinaus wird die automatisierte Auswertung notwendig, wenn sehr viele Muster oder Muster mit sehr vielen Spots ausgewertet werden müssen.

Der visuelle Vergleich von zwei Proteinmustern wird auf einem Leuchtkasten vorgenommen. Die gefundenen Unterschiede kann man auf Fotographien dieser Muster eintragen. Komplizierter wird die Auswertung, wenn sich die zwei Muster grundsätzlich voneinander unterscheiden, z. B. Proteine von verschiedenen Organen eines Organismus, oder Proteine von Organismen, die verschiedenen Arten angehören. Hier wird es notwendig, Referenzproteine in der 2DE mitlaufen zu lassen. Um bei solchen Mustern im Detail entscheiden zu können, welche Spots aufgrund ihrer Lage und Form (Größe, Intensität) identisch sind und welche nicht, empfiehlt es sich, von beiden Mustern Umrißzeichnungen anzufertigen. Eine durchsichtige Folie wird auf die Fotographie des Musters gelegt und die Umrisse der Spots werden nachgefahren. Werden die beiden Muster in verschiedenen Farben gezeichnet, so kann man durch Übereinanderlegen der beiden Folien die Spots gut vergleichen.

3.2 Versuch 2: 2DE in mittelgroßen Gelen (MG-Technik)

3.2.1 Probenherstellung

In dem hier beschriebenen Versuch sollen radioaktiv markierte Proteine in dünnen, mittelgroßen Gelen getrennt werden. Verwendet werden Hep-Zellen, d. h. eine bestimmte, etablierte Fibroblastenzellinie des Menschen, die käuflich zu erwerben ist. Die Zellen werden in Petrischalen unter Verwendung bestimmter Kulturbedingungen (Medium, Begasung, Temperatur) gezüchtet. In der Phase starker Zellvermehrung (d. h. bei einer Zelldichte von 50000 Zellen/cm^2) wird der Zellkultur eine Mischung aus ^{14}C-markierten Aminosäuren (Amersham Buchler, England) zugesetzt, und zwar 34 µCi/ml Kulturmedium. Die Mischung enthält 15 verschiedene Aminosäuren. Nach 20 Std. werden die Zellen durch mehrmalige Zentrifugation (jeweils 10 Min., 1000 rpm, Tischzentrifuge) in physiologischer Kochsalzlösung gewaschen. Nach der letzten Zentrifugation wird die Flüssigkeit über den sedimentierten Zellen restlos abgenommen und das Gewicht des zellulären Rückstandes bestimmt. Die weitere Aufarbeitung der Zellen bis zur fertigen Proteinprobe erfolgt wie in Versuch 1 für den Mäuseembryo angegeben. Die Zellen werden jedoch mit einem kleineren Anteil an Wasser (1:0,5) versetzt.

Das Auftragen der Proteinprobe auf das dünne Fokussierungsgel erfolgt in folgenden Schichtungen: 2 mm der in Versuch 1 beschriebenen Sephadexmischung, 5 mm (= 3,5 µl) Proteinlösung, 3 mm Saccharoselösung (s. Versuch 1). Bis zu 5 µl

Proteinlösung und bis zu 4×10^6 dpm ^{14}C pro Gel wurden bisher mit gutem Ergebnis aufgetragen.

3.2.2 Isoelektrische Fokussierung

Die Glasröhrchen für die IEF werden an einem Ende durch einen Gummischlauch mit einer Spritze verbunden. Die Gellösung (entgast) wird mit der Spritze auf die vorgeschriebene markierte Höhe aufgesaugt. Danach werden noch 9 mm Luft nachgesaugt, so daß am unteren Ende des Röhrchens ein gelfreier Raum entsteht. Das untere Ende wird dann mit Parafilm verschlossen. Zur Polymerisation des Gels bleiben die Röhrchen (mit der Spritze oben) 1–2 Stunden bei Zimmertemperatur (oder über Nacht im Kühlschrank) stehen. Der 9 mm freie Raum am unteren Ende des Gelröhrchens wird dazu benutzt, um ein 5 mm hohes Capgel aufzuschichten. Das Capgel erweist sich als vorteilhaft, wenn das Gel später aus dem Röhrchen ausgestoßen wird (s. unten). Die Gelröhrchen werden in den Elektrophoreseapparat eingespannt und mit Probe überschichtet. Die Elektrodenlösungen werden abgesaugt und in die Kammern gefüllt, wie in Versuch 1 angegeben. Der Strom wird wie folgt reguliert: 1 Std. 50 V, 1 Std. 100 V, 17,5 Std. (über Nacht) 200 V, 1 Std. 400 V, 30 Minuten 600 V, 5 Minuten 1000 V. Nach Beendigung der IEF werden die Gele von der Capgelseite her mit einem Draht ausgestoßen. Der Draht muß genau den Durchmesser des Lumens des Röhrchens haben. Zwischen Drahtende und Gelanfang wird etwas Wachs gebracht, um eine Verletzung des Gels zu vermeiden. Die Gele werden in eine Lösung mit folgender Zusammensetzung ausgestoßen: Stackingelpuffer (1 Teil + 7 Teile H_2O) mit 3% SDS (Serva), 10% Glycerin und 5% Merkaptoäthanol (Endkonzentrationen). Die Gele werden in dieser Lösung unter Schütteln für 10 Min. equilibriert (Zimmertemperatur) und dann auf das Flachgel gelegt. Zur Übertragung des dünnen, langen Fokussierungsgels von einer Lösung in die andere und schließlich auf das Flachgel wird das Gel in eine Pipette gesaugt, dessen Innendurchmesser geringfügig größer ist als die Dicke des Gels.

3.2.3 Elektrophorese

Zum Gießen des Flachgels steht die Gelzelle in einem speziellen Ständer, der mit dem Elektrophoresegerät gekauft werden kann. Zur Herstellung von Gradientengelen haben wir den Fuß des Ständers in der Mitte durchbohrt und in die Bohrung eine passende Kanüle gesteckt. An die Kanüle wird ein feiner Schlauch angeschlossen, der über eine Pumpe zu einem Durchflußregler läuft, sich dort aufteilt und dann mit den beiden Vorratsgefäßen für die hochprozentige und niederprozentige Gellösung in Verbindung tritt (Gradient Mixer 11 300 Ultrograd, LKB). Es werden immer zwei Gradienten gleichzeitig gegossen, dabei werden die gleichen Gellösungen verwendet. Die Gellösungen werden vor Zugabe der Persulfatlösung 1 Min. abgesaugt und dann kalt gestellt. Die Persulfatlösung wird ebenso abgesaugt und auch kalt gestellt. Erst unmittelbar vor Gebrauch werden die beiden Lösungen zusammengegossen. Das Gießen der Gradienten wird im Kühlraum durchgeführt und dauert etwa 1 Std. Um ein Polymerisieren der Gellösung in den Vorratsgefäßen zu verhindern, werden die Lösungen in Eis gestellt und langsam von einem Magnetrührer gerührt. Wenn die Gellösung in den Gelzellen die vorgeschriebene Höhe erreicht

hat, werden sie mit einer Schicht entgastem Wasser abgedeckt. Die Polymerisation erfolgt bei Zimmertemperatur. Bis die Polymerisation beginnt, haben sich
die unterschiedlichen Gelkonzentrationen waagerecht eingestellt. Die Gele werden
über Nacht aufbewahrt und dabei kühl gestellt. Zuvor wird das Wasser auf dem Gel
entfernt und durch Separationsgelpuffer (1 Teil + 7 Teile H_2O), der 0,1 % SDS enthält, ersetzt. Die Präparation des Stackingels und das Auflegen und Einbetten des
Fokussierungsgels erfolgt wie in Versuch 1 angegeben. Das dünne Fokussierungsgel
wird erst auf den Rand einer Glasplatte der Gelzelle gelegt und von da aus mit
einem dünnen, zurechtgebogenen Draht auf das Stackingel gedrückt. Die Elektrophorese läuft unter folgenden Stromverhältnissen: 60 mA (2 Gele) über etwa 6 Std.;
die Spannung steigt währenddessen von etwa 350 V auf etwa 2000 V. Der Elektrodenpuffer wird auf etwa 7 °C gekühlt. Der Lauf wird beendet, wenn die Bromphenolblaubande etwa 3 cm vor Ende des Gels ist.

3.2.4 Fluorographie

Unmittelbar nach Beendigung der Elektrophorese wird das Flachgel für eine Std.
in Fixierlösung gelegt. Die Lösung wird mit einem Magnetrührer bewegt. Danach
kommt das Gel in eine Glasschale, die auf einem Schüttelapparat steht. Das Gel
wird nacheinander mit folgenden Lösungen behandelt: Entfärbelösung, 10 Minuten;
500 ml DMSO, über Nacht; 500 ml PPO/DMSO, 3,5 Std.; Wasser mit 5 % Glycin,
1 Std. (weißliche Körnchen, die sich sofort nach Wasserzugabe bilden, werden erst
abgespült).

Das weiße, etwas spröde Gel wird dann getrocknet. Auf das Lochblech der
Trockenplatte werden 10 Blatt nasses, dünnes Filterpapier gelegt, darauf 1 Blatt
nasse, zuvor eingeweichte Zellophanmembran, darauf das Gel und darüber wieder
1 Blatt nasse Zellophanmembran. Darauf wird eine poröse Platte aus Polyethylene
(käuflich) gelegt. Über diese Platte und den Metallrahmen der Grundplatte wird ein
Gummilappen gedeckt. Danach wird die Wasserstrahlpumpe angestellt. Durch das
Vakuum werden alle Schichten fest zusammengepreßt. Der Trockenapparat steht
in einem Brutschrank, der auf 50 °C geheizt wird. Die Trocknung erfolgt über
Nacht. Am nächsten Morgen läßt man die Trockenplatte abkühlen und beseitigt das
Vakuum durch Anheben des Gummilappens.

Das getrocknete Gel wird in eine Kassette gelegt, wie sie normalerweise in der
Klinik zur Exposition von Röntgenfilmen verwendet wird. Auf das Gel wird ein
Röntgenfilm (Kodax X-Omat AR5) gelegt und darauf eine 3 mm Schaumgummi-
platte. Zur Exposition des Filmes wird die Kassette in eine Tiefkühltruhe gelegt.
Die Temperatur muß −70 °C betragen.

Ein gut entwickeltes Proteinmuster zeigt sich bereits nach einer Expositionszeit
von 2–3 Tagen. Der Film wird dann in üblicher Weise entwickelt (6 Min. ent-
wickeln, 10 Min. fixieren, 10–20 Min. wässern).

3.2.5 Auswertung der Proteinmuster

Alles Wesentliche zur Auswertung von 2DE-Mustern wurde bei Versuch 1 beschrieben.

Abbildung 5 zeigt ein fluorographisches Muster von Proteinen der Hep-Zellen,

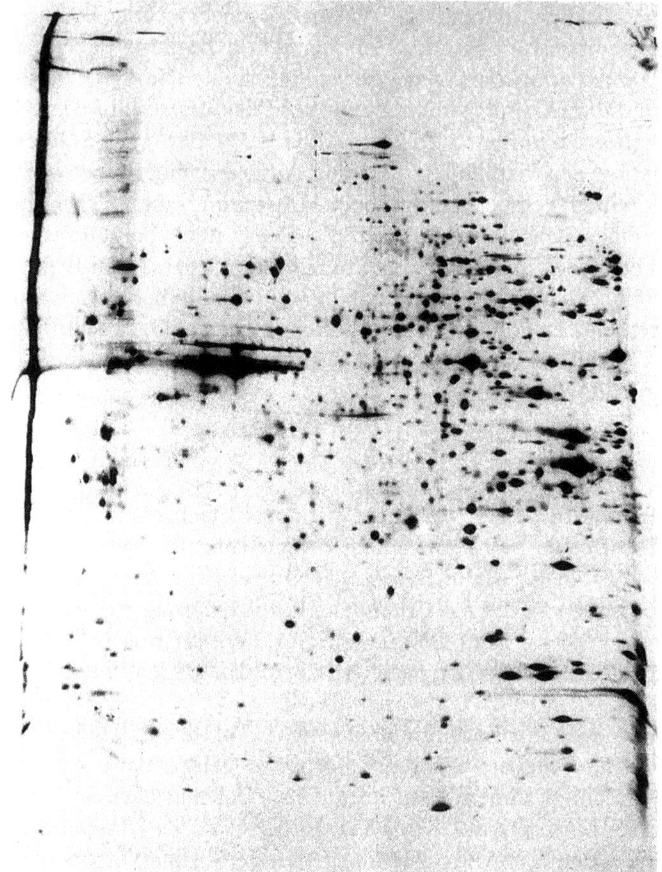

Abb. 5. Zwei-dimensionales Proteinmuster von kultivierten Fibroblasten des Menschen (Hep-Zellen). Die Methode zur Trennung der Proteine ist in Versuch 2 beschrieben.

die nach der hier beschriebenen Methode extrahiert und aufgetrennt wurden. Das Muster besteht aus 1520 Spots, bei einer Expositionszeit von 2 Tagen und einer Radioaktivität in der Probe von $1,7 \times 10^6$ dpm (^{14}C). Bei längerer Expositionszeit treten über 2000 Spots auf. Die Zahl der Spots kann noch unwesentlich gesteigert werden, wenn die Trennung der Proteine in noch größeren Gelen erfolgt. Bei Anwendung der LG-Technik [21] mit Flachgelen von 42 cm × 33 cm (Breite) wurden von Hep-Zellen Proteinmuster mit 3000–4000 Spots erhalten. Bei extrem langen Expositionszeiten, die allerdings in großen Bereichen zu Backgroundschwärzung führen, konnten wir etwa 6000 Spots auszählen.

Literatur

1. Macko V, Stegemann H (1969) Hoppe-Seyler's Z Physiol Chem 350, 917–919
2. Dale G, Latner AL (1969) Clin Chim Acta 24, 61–68
3. Kenrick KG, Margolis J (1970) Anal Biochem 33, 204–207

4. Raymond S (1964) Annals N.Y. Acad Sci 121, 350–365
5. Margolis J, Kenrick KG (1969) Nature 221, 1056–1057
6. Kaltschmidt E, Wittmann HG (1970) Anal Biochem 36, 401–412
7. Barrett T, Gould HJ (1973) Biochim Biophys Acta 294, 165–170
8. MacGillivray AJ, Rickwood D (1974) Eur J Biochem 41, 181–190
9. Bhakdi S, Knüfermann H, Hoelz/Wallach DF (1974) Biochim Biophys Acta 345, 448–457
10. Stegemann H, Francksen H, Macko V (1973). Z F Naturforsch 28. 722–732
11. Wrighley C (1970) Biochem Gentics 4, 509–516
12. Klose J (1975) Humangenetik 26, 231–243
13. Klose J (1975) In: New Approaches to the Evaluation of Abnormal Embryonic Development, Eds. Neubert D, Merker HJ, Thieme G Stuttgart, 375–387
14. Klose J, von Wallenberg-Pachaly H (1976) Dev Biol 51, 324–331
15. O'Farrell PH (1975) J Biol Chem 250, 4007–4021
16. Scheele GA (1975) J Biol Chem 250, 5375–5385
17. Iborra F, Buhler JM (1976) Anal Biochem 74, 503–511
18. Klose J, Blohm J, Gerner I (1977) In: Methods in Prenatal Toxicology. Eds. Neubert D, Merker H-J, Kwasigroch TE, Thieme G, Stuttgart, 303–313
19. Klose J (1979) Genetics 92 (suppl.), 13–24
20. Klose J, Feller M (1981) Electrophoresis 2, 12–24
21. Klose J (1983) In: Modern Methods in Protein Chemistry, Ed. Tschesche H. Walter de Gruyter Berlin, New York, in press
22. Anderson NG, Anderson NL (1978) Anal Biochem 85, 331–340
23. Anderson NL, Anderson NG (1978) Anal Biochem 85, 341–354
24. Garrels JI (1979) J Biol Chem 254, 7961–7977
25. Voris BP, Young DA (1980) Anal Biochem 104, 478–484
26. Manabe T, Tachi K, Kojima K, Okuyama T (1979) J Biochem 85 649–659
27. Poehling HM, Neuhoff V (1980) Electrophoresis 1, 90–102
28. Sinclair J, Rickwood D (1981) In: Gel Electrophoresis of Proteins: A Practical Approach, Eds. Hames BD, Rickwood D, IRL Press Ltd., London, 189–218
29. Sidmann C (1981) In: Immunological Methods, Vol. II, Eds. Lefkovits I, Pernis B, Academic Press, New York, 57–74
30. Ames GFL, Nikaido K (1976) Biochemistry 15, 616–623
31. Goldsmith MR, Rattner EC, Koehler MD, Balikov SR, Bock SC (1979) Anal Biochem 99, 33–40
32. Görg A, Postel W, Westermeier R, Gianazza E, Righetti PC (1980) J Biochem Biophys Methods 3, 273–284
33. Bjellqvist B, Ek K, Righetti PG, Gianazza E, Görg A, Westermeier R, Postel W (1982) J Biochem Biophys Methods 6, 317–339
34. Tracy RP, Currie RM, Young DS (1982) Clin Chem 28, 908–914
35. Ornstein L (1964) Annals NY Acad Sci 121, 321–349
36. Davis BJ (1964) Annals N Y Acad Sci 121, 404–427
37. Klose J, Nowak J, Kade W (1980) In: Electrophoresis '79, Ed. Radola BJ, Walter de Gruyter, Berlin, 297–312
38. Bonner WM, Laskey RA (1974) Eur J Biochem 46, 83–88
39. Laskey RA, Mills AD (1975) Eur J Biochem 56, 335–341
40. Gruenstein EI, Pollard AL (1976) Anal Biochem 76, 452–457
41. Walton KE, Styer D, Gruenstein EI (1979) J Biol Chem 254, 7951–7960
42. McConkey EH (1979) Anal Biochem 96, 39–44
43. Choo KH, Cotton RGH, Danks DM (1980) Anal Biochem 103, 33–38
44. Lecocqu R, Hepburn A, Lamy F (1982) Anal Biochem, in press
45. Kuhn O, Wilt FH (1980) Anal Biochem 105, 274–280
46. Finger JM, Choo KH (1981) Biochem J 193, 371–374
47. Wilson DL, Hall ME, Stone GC, Rubin RW (1977) Anal Biochem 83, 33–44
48. Horst MN, Mahaboob S, Basha M, Baumbach GA, Mansfield EH, Roberts RM (1980) Anal. Biochem. 102, 309–408
49. Willard KE, Giometti C, Anderson NL, O'Connor TW, Anderson NG (1979) Anal Biochem 100, 289–298

50. Sanders MM, Groppi VE, Browning ET (1980) Anal Biochem 103, 157–165
51. Pulleyblank DE, Booth GM (1981) J Biochem Biophys Methods 4, 339–346
52. O'Farrell PZ, Goodman HM, O'Farrell PH (1977) Cell 12, 1133–1142
53. Altland K, Rossmann U (1985) Electrophoresis 6, 314–325
54. Gianazza E, Frigerio A, Tagliabue A, Righetti PG (1984) Electrophoresis 5, 209–216
55. Görg A, Postel W, Günther S, Weser J (1985) Electrophoresis 6, 599–604
Siehe noch Literaturangaben in Tabelle 1 und 2.

Praxis der präparativen Free-Flow-Elektrophorese

H. Wagner, R. Kuhn, S. Hoffstetter

1 Einleitung und geschichtliche Entwicklung

Das Prinzip der Free-Flow-Elektrophorese wird erstmals von Hannig und Grassmann [1–4] beschrieben. Während es sich bei den etablierten physikalisch-chemischen
Trennverfahren zur Reinigung und Isolierung von Biopolymeren meist um diskontinuierliche Prozesse handelt, deren Trennkapazität durch die jeweils einsetzbare
Probenmenge begrenzt ist, stellt die Free-Flow-Elektrophorese ein kontinuierliches
Verfahren dar, bei dem die Elektrolyt- und Probenlösung die Trennanordnung senkrecht zu einem angelegten elektrischen Feld durchströmen. Je nach Trennprinzip
lassen sich dabei folgende Verfahren unterscheiden:

Zonenelektrophorese
Isotachophorese
Isoelektrische Fokussierung
Feldsprungelektrophorese

Somit steht mit der Free-Flow-Elektrophorese eine vielseitige Arbeitstechnik zur
Verfügung, deren Anwendungsbereich die Trennung von anorganischen und organischen Ionen, von Peptiden, Proteinen, Enzymen bis hin zur Trennung von Zellen, sub-
zellulären Partikeln, Viren sowie Bakterien umfaßt. Ein großer Vorteil der Free-Flow-
Elektrophorese beruht auf dem Verzicht von Trägermaterialien zur antikonvektiven
Stabilisierung des Trennsystems. Dadurch werden alle störenden Wechselwirkungen
der Probe mit einem Träger vermieden. Die Anforderungen an die Apparaturen und
an die Arbeitstechniken sind jedoch relativ hoch.

Durch die kontinuierliche Fraktionierung entfallen weiterhin sämtliche Elutions-
probleme, die bei den üblichen diskontinuierlichen Elektrophoresetechniken auftreten können. Jede Elution führt zu einer Verdünnung der Substanzen. Gleichzeitig
kann es zur Rückvermischung bereits getrennter Substanzzonen und damit zu einer
nachträglichen Verschlechterung des Trennergebnisses kommen.

Mit der Einführung der kontinuierlichen Ablenkungselektrophorese ist die Entwicklung einer geeigneten Trennapparatur zur Free-Flow-Elektrophorese eng verknüpft. Die heute am weitesten verbreitete Anordnung geht auf die von Barrolier,
Watzke und Gibian beschriebene Apparatur zurück [5]. Diese Apparatur arbeitet
mit freiem Pufferfluß ohne Fremdzusätze. Der Puffer fließt als etwa 0,5 mm dicke
Schicht zwischen zwei gekühlten, horizontal angeordneten Glasplatten (60 × 60 cm)
und wird über einen Zellstoffstreifen zugeführt. Die Spannung wird senkrecht zur
Flußrichtung der Pufferlösung angelegt. Der Stromtransport wird durch Filterpapier-

streifen. die in seitliche Elektrodentröge eintauchen, aufrechterhalten. Schmale Dochte aus Zellstoff am unteren Ende der Trennkammer dienen zum Abtropfen des Puffers. Die Probelösung wird dem Pufferstrom über eine Dosierpumpe durch ein Loch in der oberen Platte zudosiert.

Die Verwendung von Dochten bzw. saugfähigen Streifen führt zu einer Störung des laminaren Flusses in der Trennkammer. Außerdem ist die Aufrechterhaltung eines gleichmäßigen Plattenabstandes durch Verwendung von mit Flüssigkeit gekühlten Glasplatten wegen Durchbiegungsgefahr nicht gewährleistet. Hannig und Grassmann [6] ersetzen die Zellstoffstreifen durch Bohrungen entlang des oberen Randes der Glasplatte und führen die Pufferlösung mittels einer Schlauchpumpe zu. Die Entnahme der Fraktionen erfolgt ebenfalls ohne Zwischenschaltung von Dochten mit einer geeigneten Entnahmevorrichtung. Die Glasplatten werden mit gekühlter Luft beströmt.

Bei dieser waagerechten Anordnung kommt es bei der Auftrennung von Zellen sowie Zellbestandteilen zur Sedimentation in Richtung der unteren Glasplatte. Dies kann durch eine vertikale Anordnung der Trennkammer vermieden werden [7]. Hierbei erfolgt die Kühlung nur noch einseitig durch eine mit Wasser gekühlte Kupferplatte. Die Trennkammer wird durch zwei miteinander verschraubbaren Rahmen zusammengehalten. Ionenaustauscher-Membranen zwischen Elektroden-räumen und Trennspalt gewährleisten den Stromtransport. Die Entnahmevorrichtung besteht aus einer Vielfachschlauchpumpe mit parallel angeordneten Silikonschläuchen.

2 Trennapparatur

2.1 Einleitung

Heute sind zwei Apparaturen zur Free-Flow-Elektrophorese im Handel. Für analytische oder mikropräparative Zwecke bietet die Firma Hirschmann, München, eine Elektrophoreseapparatur nach Hannig an. Zur Durchführung von Trennungen im präparativen Maßstab eignen sich vor allem die Apparaturen der Serie „Elphor VaP" der Firma Bender & Hobein, München.

2.2 Beschreibung der Apparatur Elphor VaP 22

Diese Free-Flow-Elektrophoreseapparatur der Firma Bender & Hobein erlaubt die Durchführung aller derzeit bekannten Free-Flow-Elektrophoresetechniken, wie Zonenelektrophorese, Feldsprungelektrophorese, Isotachophorese und Isoelektrische Fokussierung (Abb. 1).

Die Apparatur setzt sich im wesentlichen aus folgenden Teilen zusammen:

— Trennkammer
— optisches Detektionssystem „Elphor Scan 3"
— 5fach Schlauchpumpe zur kontrollierten Dosierung der Elektrolyte in den Trennspalt
— 90fach Schlauchpumpe zur Fraktionierung
— Perfusor zur Probendosierung

— 2fach-Membranpumpe zur Umwälzung der Elektrodenraumelektrolyte
— Netzgerät
— Kühlaggregat

Die Trennkammer besteht aus dem Trennkammervorderteil aus durchsichtigem
Plexiglas und dem kühlbaren Trennkammerrückteil aus Messing. Beide Trenn-
kammerteile werden durch 8 Schnellverschlüsse zusammengehalten. Die höchst-
planare Oberfläche der Messingplatte ist zur Isolierung mit einer 0,2 mm dicken
Glasfolie bezogen. Im Trennkammervorderteil befinden sich die Elektroden, die
Bohrungen für die Elektrolyt- und Probenzuführung und für die Entnahme der
Fraktionen sowie die Dichtungselemente. Der Trennspalt selber wird durch eine
Spacerfolie, die zwischen Vorder- und Rückteil eingelegt wird, gebildet und ist zwischen 0,3 bis 0,8 mm frei wählbar. Die Elektrodenräume lassen sich vom Trennspalt
durch Celluloseacetat- oder Ionenaustauscher-Membranen, die lediglich den elektrischen Ladungstransport erlauben, abtrennen. Die Länge des Trennspaltes beträgt
50 cm, die Breite 10 cm. Die Schlauchpumpen zur Dosierung der Elektrolyte, zur
90fach Fraktionierung der Probelösungen und zur Umwälzung der Elektrodenraumelektrolyte arbeiten weitgehend pulsationsfrei und besitzen eine von der Firma
garantierte Förderkonstanz von ±0,5%.

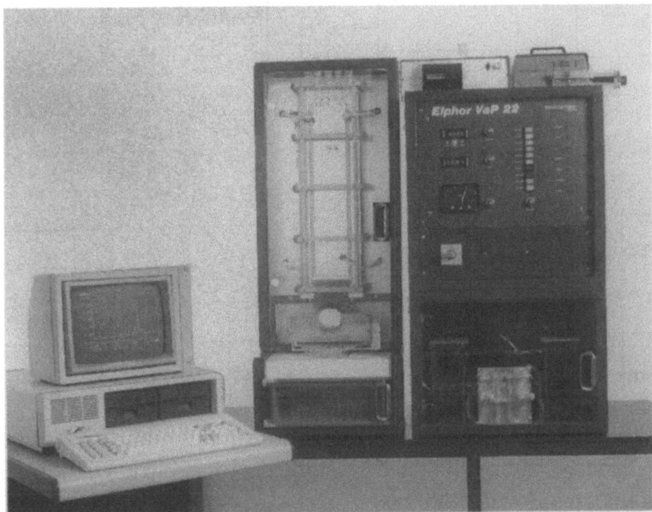

Abb. 1. Free-Flow-Elektrophoreseapparatur „Elphor-VaP 22" der Firma Bender & Hobein,
München

Das Netzgerät mit einem Bereich von 0–3000 Volt ist üblicherweise stromstabili-
siert und gewährleistet bei gleichbleibenden Arbeitsbedingungen eine Konstanz der
angelegten Spannung von ±1%.
Die gewünschte Arbeitstemperatur wird mit Hilfe eines Temperaturfühlers im
Flüssigkeitsfilm des Trennspaltes mit einer Genauigkeit von ±0,05 °C kontrol-
liert und über ein leistungsfähiges Kühlaggregat, das mit dem Kammerrückteil

verbunden ist, durch Abführung der entstehenden Jouleschen Wärme konstant
gehalten.

Der funktionelle Zusammenhang der einzelnen Bauteile ist schematisch in Abb. 2
wiedergegeben.

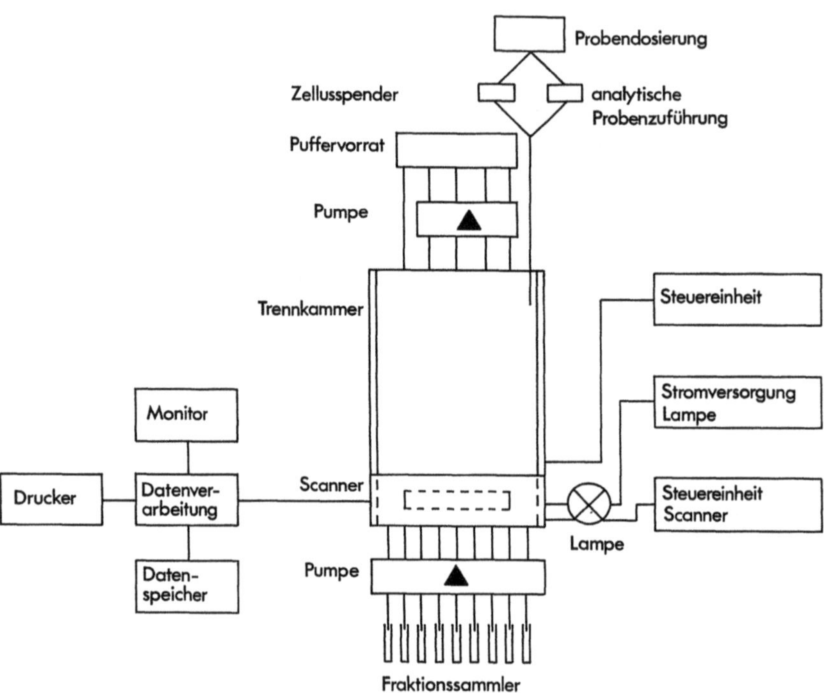

Abb. 2. Blockschaltbild der Free-Flow-Elektrophoreseapparatur

2.3 Das Detektionssystem

Das Detektionssystem „Elphor Scan" erlaubt die Detektion unmittelbar im Trennspalt. Der Einsatz verschiedener Filter läßt die Messung der optischen Dichte des
Flüssigkeitsfilms bei verschiedenen Wellenlängen zu.

Das Detektionssystem setzt sich aus folgenden Teilen zusammen:

— Scanner,
— Apple 2e-Computer mit Monochrommonitor und zwei Diskettenlaufwerken,
— Matrix-Drucker NEC PC-8023B-N,
— Software „Elphor Reflektion" und „Elphor Absorption" einschließlich Multi-
  scanning zur Verbesserung des Signal/Rauschverhältnisses, Karl Blome KG,
  Engelskirchen.

Der Scanner ist im Prinzip wie ein Zweistrahlphotometer aufgebaut. In Abb. 3 ist der
Strahlengang wiedergegeben.

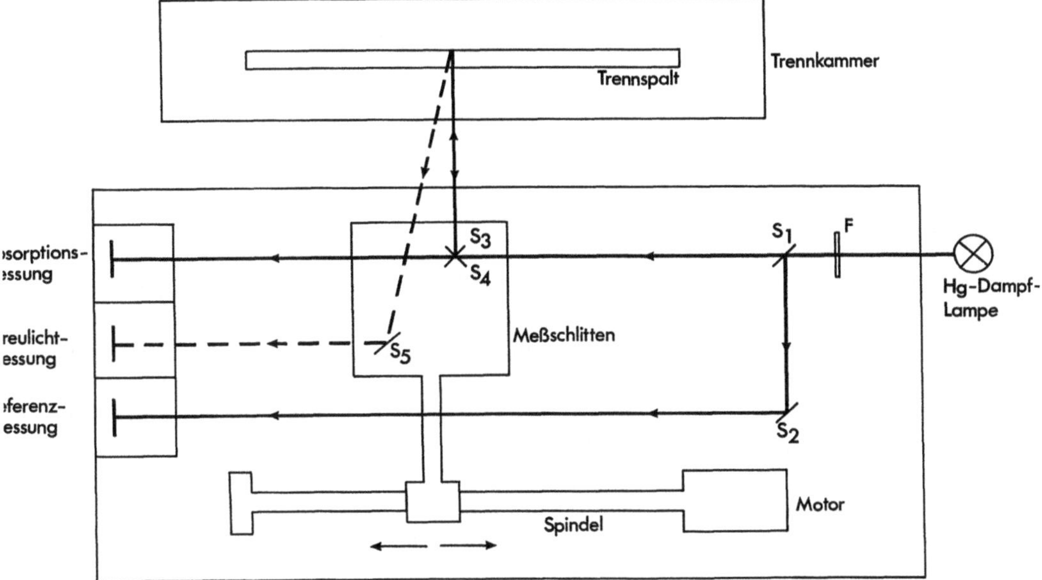

Abb. 3. Schematischer Strahlengang des „Elphor-Scan"-Detektionssystems

Der Teilerspiegel S_1 zerlegt die Strahlung einer Hg-Hochdrucklampe in einen Meß- und einen Referenzstrahl. Der Meßspiegel S_4 lenkt den Meßstrahl rechtwinklig in den Trennspalt. Der am Kammerrückteil reflektierte Strahl wird über den Umlenkspiegel S_3 bei Absorptionsmessung im sichtbaren Bereich bzw. S_5 bei Streulichtmessung zur entsprechenden Detektionseinheit gelenkt. Die Schichtdicke dieser „Reflektionsküvette" wird durch die Dicke der verwendeten Spacerfolie festgelegt.

Bei Absorptionsmessungen im UV muß zusätzlich ein verspiegeltes, 0,5 mm dickes Quarzfenster auf die Glasfolie des Kammerrückteils aufgebracht werden. Die Dicke der Spacerfolie muß daher mindestens 0,8 mm betragen, damit eine Schichtdicke von 0,3 mm gegeben ist.

Der motorgetriebene Meßschlitten erlaubt die Messung über die gesamte Breite des Trennspaltes. Das Startsignal erhält der Meßschlitten vom Rechner über eine separate Steuereinheit. Die hohe Auflösung wird durch 1024 Meßpunkte, die innerhalb von zwei Sekunden optisch abgetastet werden, gewährleistet. Zur Verarbeitung der Meßwerte stehen als Software „Elphor Reflektion" und „Elphor Absorption" zur Verfügung.

Vor jeder elektrophoretischen Trennung wird die Streuung bzw. Absorption der reinen Pufferlösung im Trennspalt gemessen, als Basislinie im Rechner abgespeichert und von den Meßwerten der Probe subtrahiert. Man erhält im Rahmen der Meßgenauigkeit die korrigierten Streu- bzw. Absorptionswerte in Abhängigkeit von ihrer Lage im Trennspalt. Ihre visuelle Darstellung erfolgt auf einem Monitor und kann auch über einen Drucker als Hardcopy ausgegeben werden. Alle Meßwerte lassen sich zur späteren Weiterverarbeitung auf Diskette abspeichern. Mit dem Programm für Multiscanning wird die Einzelmessung mehrfach wiederholt, wahlweise bis zu

499mal. Durch Auswertung über Mittelwertbildung erhält man ein im Signal/
Rauschverhältnis im Vergleich zur Einzelmessung wesentlich verbessertes Spektrum.

Die Vorteile des Detektionssystems liegen in der enormen Zeit- und Substanz-
ersparnis gegenüber der herkömmlichen Auswertung mittels Fraktionierung und
anschließender photometrischer Bestimmung. Darüber hinaus ist eine ständige
Kontrolle der Elektrophorese möglich.

2.4 Strömungsprofile [8]

Die elektrophoretische Wanderung eines Teilchens wird nicht nur von der Natur
des Teilchens selbst und des umgebenden Mediums bestimmt, sondern auch von verschiedenen Faktoren, die sich aus der apparativen Anordnung ergeben (vgl. auch
Kap. 1 dieses Buches).

Bedingt durch die Doppelschicht an der Grenzfläche zwischen Lösung und Oberfläche des Trennspaltes, tritt bei allen elektrophoretischen Verfahren als störender
Effekt die Elektroosmose oder Endosmose auf. Bei wäßrigen Lösungen ist die
bewegliche diffuse Elektrolytschicht positiv geladen. Dadurch entsteht eine kathodische Trift der gesamten Lösung mit den darin befindlichen Ladungsträgern (Abb. 4).

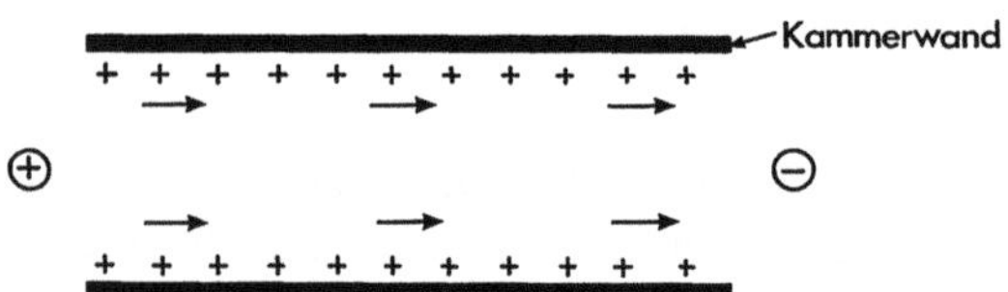

Abb. 4. Elektroosmotische Strömung in einem seitlich offenen System

In einem geschlossenen Gefäß entsteht zwangsläufig ein Kreislauf der Lösung
(Abb. 5).

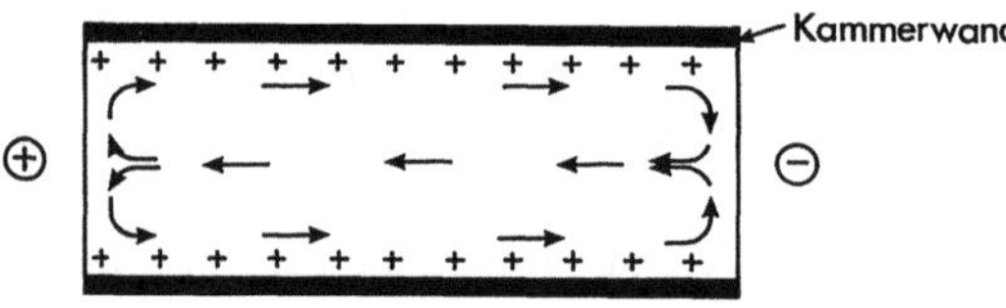

Abb. 5. Elektroosmostische Strömung in einem seitlich abgeschlosseenen System

Dieser Kreislauf führt zu Störungen des Trennprofils und zu einer sichelförmigen
Bandenverbreiterung (Abb. 6).

Eine weitere Störung kann durch das parabolische Geschwindigkeitsprofil der
Lösung in der Trennkammer hervorgerufen werden. In der Nähe der Kammerwände
herrscht eine viel langsamere Strömungsgeschwindigkeit, so daß die Probe hier
dem elektrischen Feld länger ausgesetzt ist und somit weiter wandert als die
Probe im Zentrum des Trennspaltes (Abb. 7).

Bei anionischer Wanderung der Probe wirken die beiden Effekte entgegengesetzt,
so daß sie sich im Idealfall gegenseitig aufheben. Bei kathodischer Wanderung addie-
ren sie sich, und es resultiert eine noch stärkere Bandenverbreiterung.

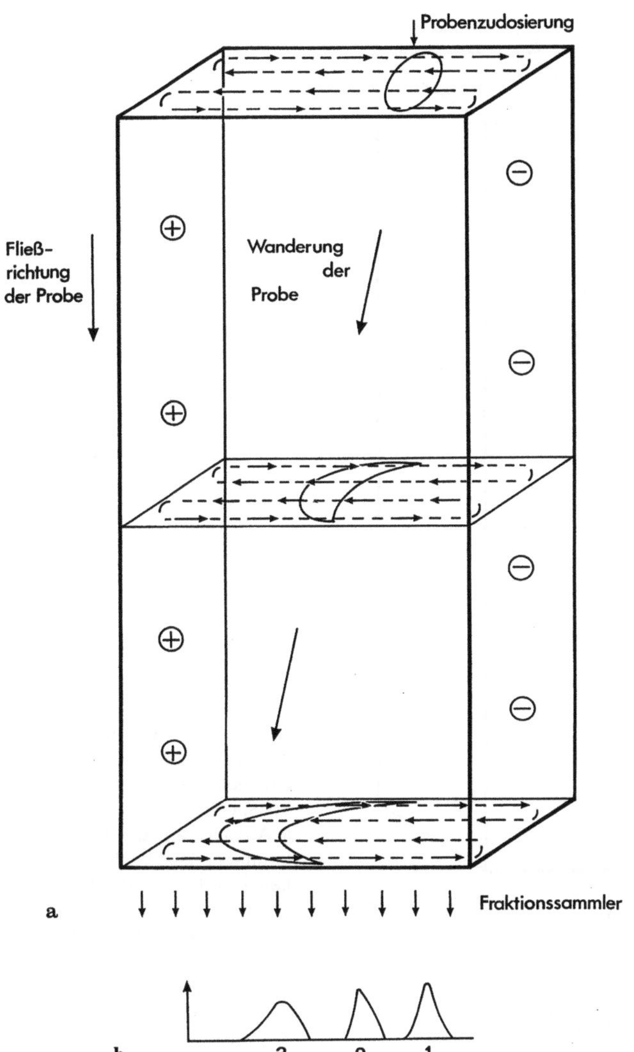

Abb. 6a, b. Beeinflussung des Trennprofils durch Elektroosmose
a Aufsicht auf die Trennkammer; die elektroosmotische Strömung ist durch die durchbrochenen Pfeile angezeigt.
b Trennprofile der Probe am Einlaß (1), in der Mitte der Trennkammer (2) und nach dem Durchlauf durch die Trennkammer (3)

Die Elektroosmose kann unterdrückt werden, wenn das Zetapotential der Kammerwände mit dem der zu trennenden Teilchen übereinstimmt. Um dies zu gewährleisten, kann man die Kammerwand, die im allgemeinen aus Glas besteht, mit einer entsprechenden Substanz beladen. In der Praxis spült man die Trennkammer mit 1%iger Albuminlösung, wobei das Protein an der Glasoberfläche adsorbiert wird.

Der gleichmäßige und laminare Fluß der Elektrolyte im Trennspalt wird schließlich durch die Thermokonvektion gestört. Die Abführung der Joule-Wärme verursacht einen Temperaturgradienten über den Querschnitt des Trennspaltes. Die Thermokonvektion macht sich vor allem bei senkrechter Anordnung der Trennkammer bemerkbar.

Schließlich hängt die Wanderungsgeschwindigkeit der Teilchen von der Temperatur und damit von der Entfernung zur Kammerwand ab.

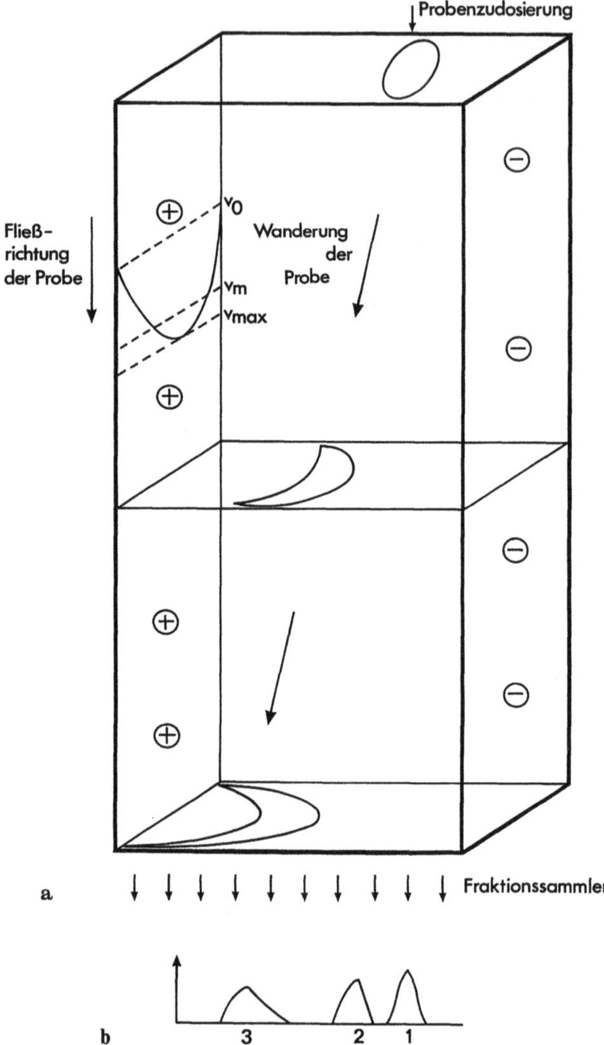

Abb. 7a, b. Beeinflussung des Trennprofils durch das parabolische Geschwindigkeitsprofil
a Aufsicht auf die Trennkammer; das Geschwindigkeitsprofil ist an der linken Kammerwand eingezeichnet.
b Trennprofile der Probe am Einlaß (1), in der Mitte der Trennkammer (2) und nach dem Durchlauf durch die Trennkammer (3)

In der Literatur findet man Berechnungen der oben geschilderten Effekte mit mathematischen Näherungsformeln [9, 10], doch sind die Ergebnisse zu ungenau. Da noch weitere bandenverbreiternde Effekte bekannt sind, erweist es sich als zweckmäßig, die optimalen Trennbedingungen unter Minimierung der trennleistungsvermindernden Effekte experimentell zu ermitteln.

3 Trennmethoden

Derzeit existieren vier verschiedene Trennmethoden, die teilweise miteinander kombiniert werden können.

3.1 Zonenelektrophorese

Die Zonenelektrophorese oder kontinuierliche Ablenkungselektrophorese ist die am längsten bekannte und am häufigsten beschriebene Methode, die vor allem in der Reinigung und Isolierung von Zellen und Zellbestandteilen eingesetzt wird.

3.1.1 Prinzip

Bei der Zonenelektrophorese arbeitet man in einem einheitlichen Grundelektrolyten, der fast den gesamten Stromtransport übernimmt. Die Probe wird dem Grundelektrolyten, bei dem es sich im allgemeinen um eine Pufferlösung handelt, an einer eng begrenzten Stelle zudosiert. Das Trennprinzip wird aus der Abb. 8 ersichtlich.

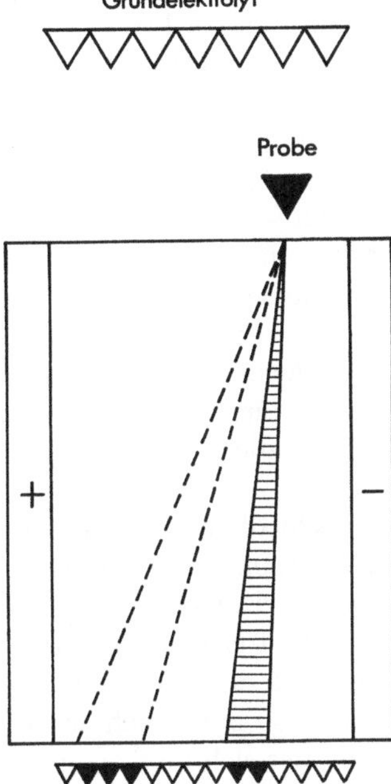

Abb. 8. Schematische Darstellung der Zonenelektrophorese im Free-Flow-System

Zwei geladene Komponenten werden aufgrund ihrer unterschiedlichen Beweglichkeit bzw. ihres unterschiedlichen Ladungssinns um unterschiedliche Winkel aus der Strömungsrichtung abgelenkt. Dabei ergibt sich der Winkel als Resultierende aus der Strömungsgeschwindigkeit und der elektrophoretischen Wanderungsgeschwindigkeit, die von der Stärke des angelegten elektrischen Feldes und von dem pH-Wert der eingesetzten Pufferlösung abhängig ist. Die Konzentration der Pufferlösung sollte im Vergleich zur Probelösung so groß sein, daß über den gesamten Trennbereich der gleiche pH-Wert und die gleiche Feldstärke herrschen.

Die zudosierte Probe erfährt während der Trennung eine Bandenverbreiterung, verursacht durch die Elektroosmose, das parabolische Geschwindigkeitsprofil und

Diffusionsvorgänge. Dies führt zu einer zusätzlichen Verdünnung der getrennten Substanzen mit dem Grundelektrolyten.

Die Konzentration der Probe ist innerhalb gewisser Grenzen frei wählbar und unabhängig von der des Grundelektrolyten. Unterschiede der Dichte und der Viskosität zwischen Probe und Grundelektrolyt sollten aber möglichst vermieden werden. Die Konzentration in den aufgefangenen Fraktionen wird festgelegt durch die Ausgangskonzentration, die Zugabebreite und, aufgrund der Bandenverbreiterung, durch die Verweilzeit im Trennraum. Abgesehen von der Injektionslinie der Probe treten über die Breite des Trennspaltes weder Leitfähigkeitssprünge noch pH-Sprünge auf.

Jede Trennung muß im Hinblick auf Trennleistung und Durchsatz optimiert werden. Eine Erhöhung der Durchsatzrate geht meist mit einer Verringerung der Trennleistung einher.

Für die Verweilzeit der Probe in der Trennkammer gibt es je nach Versuchsbedingungen einen optimalen Wert: eine zu kurze Verweilzeit hat eine zu kleine Wanderungsstrecke in Richtung des elektrischen Feldes zur Folge und damit eine begrenzte Auflösung bei der Fraktionierung. Bei längeren Verweilzeiten kann dagegen die Probe in die Nähe der Kammerwände gelangen und damit in den Bereich vermehrter Störung durch den elektroosmotischen Fluß und den deutlich reduzierten Strömungsfluß. Auch die bei höheren Verweilzeiten theoretisch zu erwartenden größeren Unterschiede in den Ablenkungswinkeln der einzelnen Komponenten werden durch die Thermokonvektion zunichte gemacht. Allgemein führen demzufolge zu lange Verweilzeiten zu schlechteren Trennergebnissen.

Die Höhe der anzulegenden Spannung wird durch die Leistung des Kühlaggregates begrenzt. Außerdem führt bei niedrigen Stromstärken eine zu hohe Feldstärke z. B. bei ganzen Zellen zu einem erheblichen Spannungsabfall über die Zelle selbst und damit eventuell zur Schädigung.

Anhand einer Modelltrennung von Latexpartikeln unterschiedlicher Größe wird anschaulich dargestellt, wie sich eine Erhöhung der Feldstärke (a) bzw. eine Erhöhung der Verweilzeit (b) auf die elektrophoretische Ablenkung auswirkt (Abb. 9).

Der Probedurchsatz ist bei vorgegebener Verweilzeit nicht frei wählbar. Beim Überschreiten eines Verhältnisses der Zudosiergeschwindigkeit der Probe zu der Durchflußgeschwindigkeit des Grundelektrolyten von etwa 1:100 bildet sich an der Eintrittsstelle der Probe eine Verdickung des Probenstrahles, der sich ungünstig auf die Trennleistung auswirkt.

Ein höherer Durchsatz läßt sich jedoch durch den Einsatz mehrerer nebeneinander liegender Dosierstellen erzielen.

3.1.2 Anwendung

Das Hauptanwendungsgebiet der Zonenelektrophorese ist die Trennung und Isolierung von Zellen und Zellorganellen. Demgegenüber spielt diese Methode in der Protein- und Enzymisolierung eine untergeordnete Rolle, was vor allem auf die im Vergleich zu anderen Free-Flow-Elektrophoresetechniken schlechtere Auflösung und die starke Verdünnung der Probe zurückzuführen ist.

Hannig und Heidrich [11] beschreiben zahlreiche Beispiele für den Einsatz der Zonenelektrophorese zur Trennung und Reinigung von Zellen (z. B. Humanlympho-

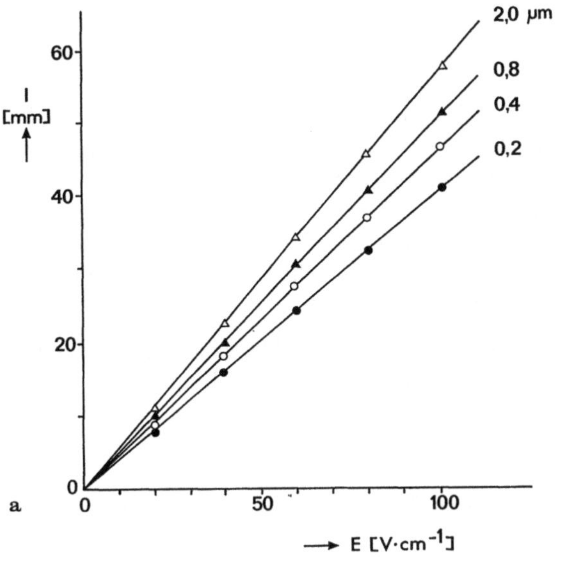

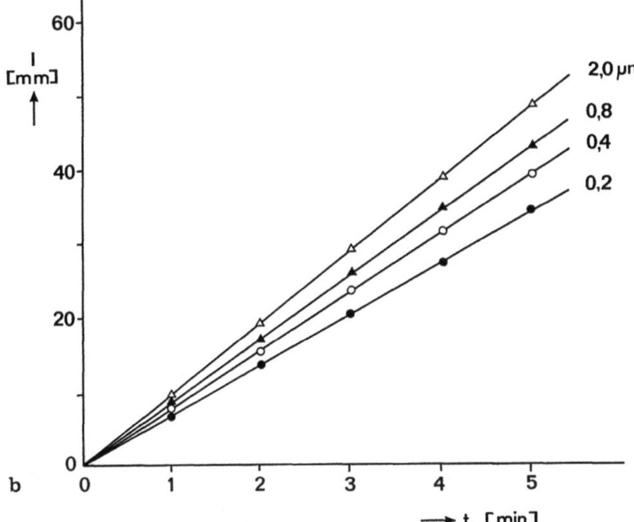

Abb. 9a, b. Abhängigkeit der elektrophoretischen Wanderung von der Feldstärke (**a**) und der Verweilzeit (**b**) Elektrodenraumlösung: 0,03 mol/l Tris/Borat-Puffer pH 8,4; $k = 1480$ µS/cm; Grundelektrolyt: 7,5 mmol/l Tris/Borat-Puffer pH 8,4; $k = 100$ µS/cm; Probe: Latexpartikel 0,233 µm, 10^7 Teilchen/ml, 0,4 µm, $2,5 \cdot 10^7$ Teilchen/ml, 0,845 µm, $5 \cdot 10^7$ Teilchen je ml, 2,02 µm, 10^8 Teilchen je ml; Vereilzeit (**b**) $t = 3$ min; Feldstärke (**a**) $E = 50$ V/cm; Elektrophoresekammer Elphor VaP 21

zyten, Nierenzellen, Tumorzellen), von Zellorganellen (z. B. Lysosomen, Golgi-Apparat, Mitochondrien-Membranen, Membran-DNS-Komplexe usw.) sowie von löslichen Bestandteilen (Proteine, Nukleotide usw.). Praktische Anwendung findet die Zonenelektrophorese bei der Reinigung von aus Hefezellen exprimiertem t-Plasminogenaktivator [12] und von rDNA-Produkten wie z. B. rekombinantem (AC)-EGLIN-C [13].

Bei der Wahl eines geeigneten Grundelektrolyten für die Zonenelektrophorese sind folgende Punkte zu beachten:

— die Leitfähigkeit des Puffers liegt im allgemeinen zwischen 0,8 und 2 mS/cm,
  wobei auch bei höheren Ionenstärken, wie z. B. bei physiologischen Bedingungen,
  gearbeitet werden kann.
— für Zelltrennungen muß der pH-Wert des Puffers den physiologischen Verhält-
  nissen angepaßt sein (pH 7,0 bis 7,4). Der Puffer muß entsprechend dem zu
  trennenden Zellmaterial durch Zugabe von Saccharose, Glucose, Ribose, Glycin
  usw. isoosmotisch eingestellt werden.
— für Proteintrennungen sollten die Ionenstärken von Probe und Grundelektrolyt
  einander angepaßt werden. Grundsätzlich lassen sich alle für biochemische Fragestellungen geeignete Puffergemische einsetzen.

Im Anhang (Tabelle 1) ist eine Übersicht über die gebräuchlichsten Pufferlösungen
und ihren Einsatz bei speziellen Trennproblemen zu finden (vgl. Hannig [11]).

3.1.3 Beispiel

Ein interessantes Beispiel ist die quantitative Trennung von menschlichen T- und
B-Lymphozyten (Abb. 10).
    Obwohl sich die Lymphozyten kaum in ihrer Größe unterscheiden, gelingt die
elektrophoretische Trennung aufgrund ihrer unterschiedlichen Oberflächenladung.

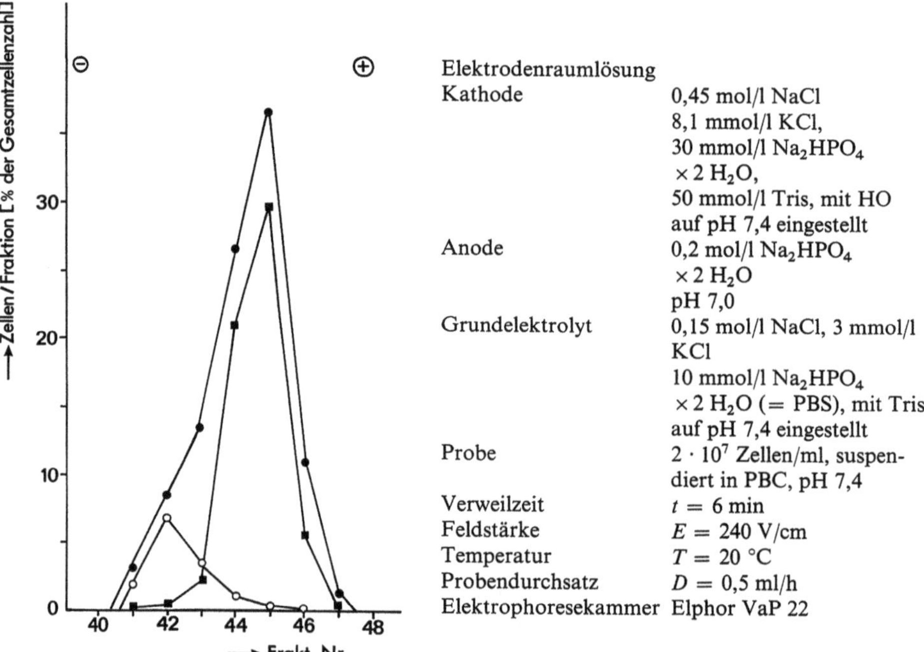

Abb. 10. Zonenelektrophorese menschlicher Lymphozyten im Free-Flow-System
● Gesamtanzahl der Zellen, ○ Anzahl der B-Lymphozyten, ■ Anzahl der T-Lymphozyten

Die isolierten B- und T-Lymphozyten können direkt für weitere immunologische
oder biochemische Studien eingesetzt werden [263].

3.2 Isotachophorese

Obwohl die theoretischen Grundlagen bereits 1897 von Kohlrausch [14] formuliert
wurden und erste Versuche schon ab 1923 beschrieben sind [15], findet die Isotachophorese erst seit den 60er Jahren als analytisches Trennverfahren in Kapillaren
praktische Anwendung.

3.2.1 Prinzip

Bei der Isotachophorese wird ein diskontinuierliches Elektrolytsystem verwendet.
Es setzt sich aus einem Leit- und einem Folgeelektrolyten (leading electrolyte und
terminating electrolyte) zusammen. Für eine Kationentrennung sind die Kationen
des Leit- und Folgeelektrolyten maßgebend, für eine Anionentrennung die Anionen.
Das Leition muß die größte, das Folgeion die kleinste Ionenbeweglichkeit besitzen,
und die Ionenbeweglichkeiten der zu trennenden Ionen müssen dazwischen liegen.
Das jeweilige Gegenion wird so ausgewählt, daß es für den pH-Bereich der Probelösung eine hohe Pufferkapazität besitzt. Das Trennprinzip zeigt die Abb. 11.

Die Probelösung wird zwischen Leit- und Folgeelektrolyt zudosiert. Im Falle
einer Anionentrennung befindet sich der Leitelektrolyt im Anodenraum und als
breite Zone im Trennspalt, der Folgeelektrolyt im Kathodenraum sowie als schmale

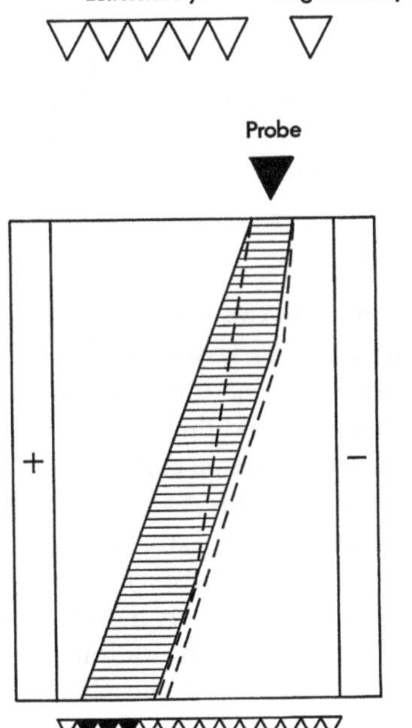

Abb. 11. Schematische Darstellung der Isotachophorese
im Free-Flow-System

Zone im Trennspalt und zwischen beiden Zonen die Probe. Nach Anlegen eines elektrischen Feldes herrscht im Bereich des Leitelektrolyten die geringste, im Bereich des Folgeelektrolyten die höchste und im Probenbereich zunächst eine mittlere Feldstärke. Im weiteren Verlauf trennen sich die Anionen der Probe in einzelne Zonen auf, die nach abnehmender Beweglichkeit, ohne Zwischenräume, hinter dem Leitelektrolyten angeordnet sind. Die unterschiedlichen Beweglichkeiten der Ionen haben einen stufenförmigen Verlauf der Leitfähigkeiten und damit der Feldstärke zur Folge. Außerdem können auch pH-Sprünge auftreten. Sie lassen sich durch die Verwendung von Puffersubstanzen als Gegenionen in großem Maß beeinflussen. Nach Erreichen des stationären Zustandes (steady state) liegen die Probenbestandteile als reine Lösungen vor. Die jeweilige Zonenbreite der getrennten Substanzen ergibt sich nach der Kohlrausch-Beziehung (vgl. Kap 1) aus der Konzentration des Leitelektrolyten und den Konzentrationen der Probesubstanzen und ändert sich nicht mehr. Eine Erhöhung der Verweilzeit bewirkt lediglich eine größere Ablenkung der Zonen. Die zum Erreichen des stationären Zustandes benötigte Verweilzeit hängt u. a. von den Mobilitätsdifferenzen der Ionen und der Zugabebreite der Probezone ab. Geringe Mobilitätsdifferenzen und breite Probezonen führen zu langen Verweilzeiten.

Die Hauptvorteile der Isotachophorese sind:

— hohe Auflösung
— Konzentrierung der Probenbestandteile
— Zonenschärfungseffekt (zone sharpening effect)

Als Nachteile sind zu nennen:

— hoher Schwierigkeitsgrad
— hoher Zeitaufwand
— Entsalzung der Probe, die bei Proteinen zur Denaturierung oder zum Verlust an biologischer Aktivität führen kann.

Da an den Grenzflächen zwischen den getrennten Substanzen bei der Fraktionierung Mischzonen auftreten, setzt man in der Praxis sogenannte Spacersubstanzen dem zu trennenden Gemisch zu. Für Proteintrennungen kommen Aminosäuren, deren Ionenbeweglichkeiten zwischen denen der zu trennenden Komponenten liegen, in Frage.

3.2.2 Anwendung

Die präparative Isotachophorese besitzt ein breites Spektrum an Anwendungsmöglichkeiten, die sich aus der Kapillarisotachophorese [16] ableiten. Es lassen sich Metallkationen, organische Säuren und Aminosäuren, Peptide, Proteine und Antibiotika isotachophoretisch auftrennen und konzentrieren. Sie ist aufgrund ihrer sehr hohen Auflösung als letzter Reinigungsschritt in einem Aufarbeitungsschema einzusetzen.

So gelingt z. B. die Isolierung monoklonaler Antikörper aus Maus Ascites-Flüssigkeit (Priv. Doz. Dr. Schmitz, Inst. für Klinische Chemie und Laboratoriumsmedizin — Zentrallaboratorium — Westf. Wilhelmuniversität, Münster).

Da überwiegend anionische Ladungsträger getrennt werden, existiert hierfür eine große Anzahl an ausgearbeiteten Elektrolytsystemen [17]. Die Trennung kationischer Ladungsträger beschränkt sich größtenteils auf Metallkationen, für die ebenfalls Elektrolytsysteme entwickelt wurden [18].

Grundsätzlich eignen sich alle Substanzen, die die Anforderungen bezüglich Beweglichkeit und Puffereigenschaften erfüllen, als Leit- und Folgeelektrolyte. Im Anhang (Tabelle 2) befindet sich eine Zusammenstellung der relativen Ionenbeweglichkeiten von verschiedenen Anionen und Kationen (vgl. Pospichal et al. [19]) sowie gebräuchlicher Elektrolytsysteme (Tabelle 3, vgl. Shimadzu, Appl. Data [20]).

3.2.3 Beispiele

Einen Einblick in die zahlreichen Anwendungsmöglichkeiten der Isotachophorese geben die folgenden Beispiele.

a) Abtrennung von Immunglobulinen aus Humanserum (Abb. 12)

Die Ergebnisse der Kurzzeitelektrophorese auf Celluloseacetatfolien belegen, daß die Immunglobulinfraktionen frei von Albumin sind.

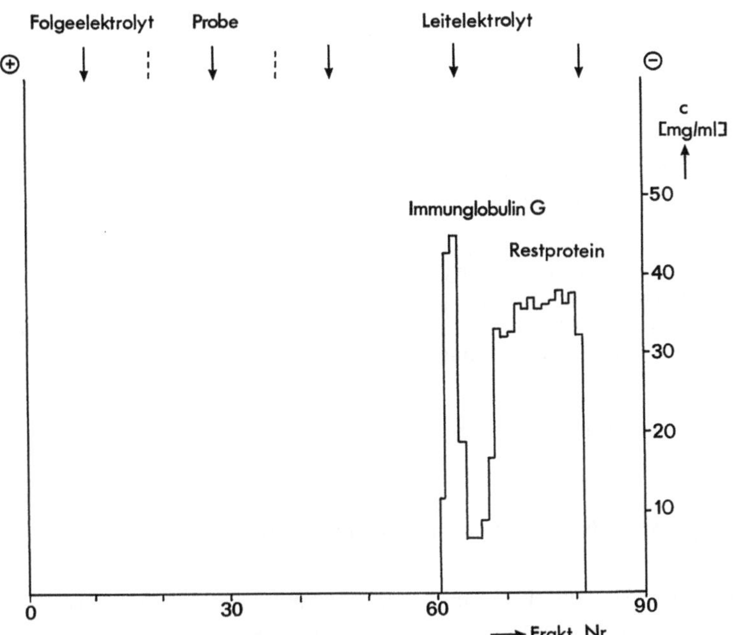

Abb. 12. Reinigung der Immunglobuline G aus menschlichem Serum mit Hilfe der Free-Flow-Isotachophorese

Leitelektrolyt	30 mmol/l HCl, mit Ammediol auf pH 8,8 eingestellt
Folgelektrolyt	60 mmol/l EACA, mit Ammediol auf pH 10,0 eingestellt
Probe	Humanserum, 4,9 g Gesamtprotein/dl
Verweilzeit	$t = 10$ min
Spannung	$U = 2200$ V
Elektrophoresekammer	Elphor VaP 21

b) Trennung eines Carbonsäuregemisches aus Oxalsäure, Ameisensäure, Essigsäure und 6-Aminocapronsäure (Abb. 13)

Im Leitfähigkeitsprofil treten deutlich erkennbare Stufen der einzelnen Substanzzonen auf.

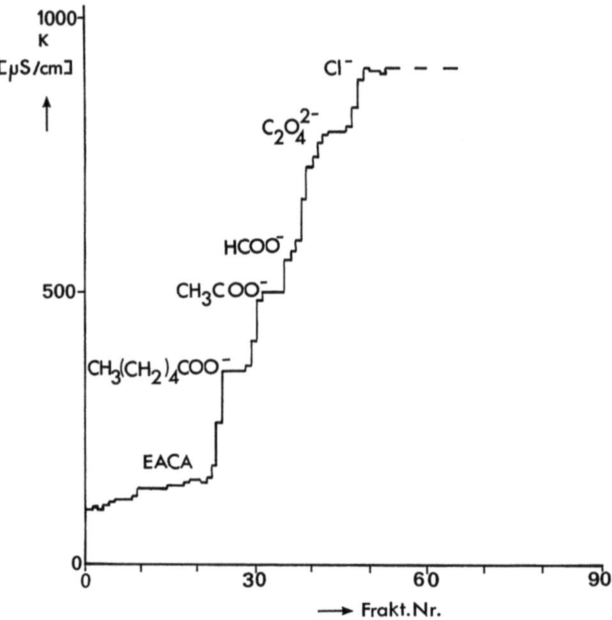

Abb. 13. Trennung eines Carbonsäuregemisches mit Hilfe der Free-Flow-Isotachophorese

Folgeelektrolyt	20 mmol/l EACA, mit Ba(OH)$_2$ auf pH 10,8 eingestellt
Leitelektrolyt	10 mmol/l HCl, mit Ammediol auf pH 8,4 eingestellt
Probe	je 5 mmol/l Oxalsäure, Ameisensäure, Essigsäure und Capronsäure, mit Ammediol auf pH 9,0 eingestellt
Verweilzeit	$t = 30$ min
Spannung	$U = 1500$ V
Elektrophoresekammer	Eigenbauapparatur (Länge 25 cm; Breite 20 cm)

c) Trennung und präparative Isolierung von Rutheniumnitrosylkomplexen
   (Abb. 14)

Durch den Einsatz von Hexamethonium- und Tetramethylammoniumnitrat als Spacersubstanzen gelingt die Abtrennung zweier Rutheniumkomplexe.

3.3 Isoelektrische Fokussierung

Bei der 1954 von Kolin [21] erstmals beschriebenen isoelektrischen Fokussierung lassen sich Ampholyte aufgrund ihrer unterschiedlichen isoelektrischen Punkte trennen.

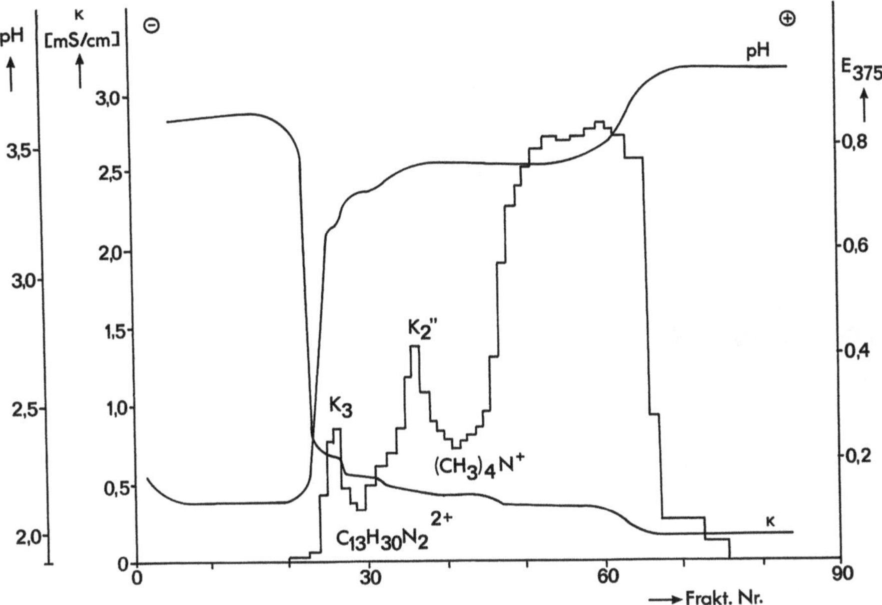

Abb. 14. Trennung und präparative Isolierung zweier Rutheniumnitrosylkomplexe mit Hilfe der Free-Flow-Isotachophorese

Folgeelektrolyt 5 mmol/l $(C_4H_9)_4NNO_3$

Leitelektrolyt 7 mmol/l HNO_3

Probe $0,015$ mol/l $RuNO(NO_3)_3$ $+$ $0,01$ mol/l HNO_3 ($\to$ Bildung verschiedener Rutheniumnitrosylnitratokomplexe): 7 mmol/l $C_{12}H_{30}N_2(NO_3)_2$: 7 mmol/l $(CH_3)_4NNO_3$, $8:1:1$ ($v/v/v$)

Verweilzeit $t = 45$ min

Spannung $U = 2000$ V

Elektrophoresekammer   Eigenbauapparatur (Länge 25 cm, Breite 20 cm)

$K_2 = (RuNO(OH)(H_2O)_4^{2+}$

$K_3 =$ dreifach positiv geladener Rutheniumnitrosylkomplex

Für das Free-Flow-System existieren zwei Methoden, die auf der Trennung von Ampholyten nach ihren pI-Werten beruhen, die IEF im linearen pH-Gradienten [22] und die IEF im stufenförmigen pH-Gradienten.

3.3.1 Isoelektrische Fokussierung im linearen pH-Gradienten

Die isoelektrische Fokussierung im linearen pH-Gradienten ist im Jahre 1961 als leistungsfähiges Trennverfahren von Svensson [23–25] eingeführt worden. Aber erst durch die Entwicklung geeigneter Trägerampholytsysteme [26] kam es zu einer breiten Anwendung des Verfahrens besonders im biochemischen und medizinischen Bereich.

Bei den Trägerampholyten handelt es sich um Gemische synthetischer Polyamino-polycarbonsäuren bzw. -polysulfonsäuren, deren pI-Werte einen weiten pH-Bereich abdecken und die dadurch im elektrischen Feld einen linearen pH-Gradienten aufbauen.

3.3.1.1 Prinzip

Bei der isoelektrischen Fokussierung wird die Trägerampholytlösung über die gesamte Kammerbreite zugegeben (Abb. 15).

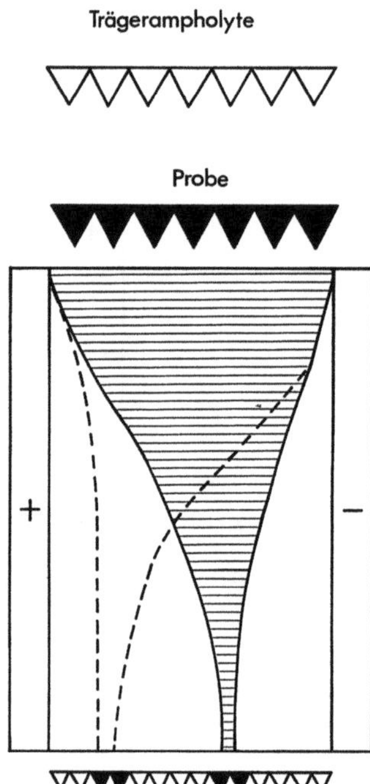

Abb. 15. Schematische Darstellung der isoelektrischen Fokussierung im linearen pH-Gradienten

Das zu trennende Substanzgemisch wird entweder im Trägerampholyten gelöst und über die gesamte Breite des Trennspaltes zugegeben oder als schmale Zone an einer beliebigen Stelle zudosiert. Unter dem Einfluß des elektrischen Feldes bildet sich zunächst der pH-Gradient, dann werden die Proteine an ihren isoelektrischen Punkten fokussiert.

Die Auswahl der jeweiligen Trägerampholyte richtet sich nach dem Trennproblem und der gewünschten Auflösung. Als 0,5–1 %ige Lösung bieten sie eine ausreichende Pufferkapazität.

Die einzusetzende Probenkonzentration ist abhängig von der Löslichkeit der Substanzen an ihrem pI-Wert. Zu hohe Konzentrationen können, verstärkt durch die Entsalzung und die geringe Löslichkeit am isoelektrischen Punkt, zu Präzipitationen und damit zur Inaktivierung führen.

Zu lange Verweilzeiten führen zu einer kathodischen Trift des Gradienten.

Heute bietet eine Reihe von Firmen sehr gut geeignete Trägerampholyte kommerziell an. Nachteilig sind die durchweg hohen Preise dieser Substanzen, so daß bei entsprechend großem Verbrauch auch an die einfache Synthese [27] von geeigneten Trägerampholyten gedacht werden kann.

Billiger sind Vielkomponentenpuffer. Hierbei kommen neben Aminosäuren mit kleiner pI-pK-Differenz vor allem die Good-Puffer [28] in Frage (s. Tabelle 4

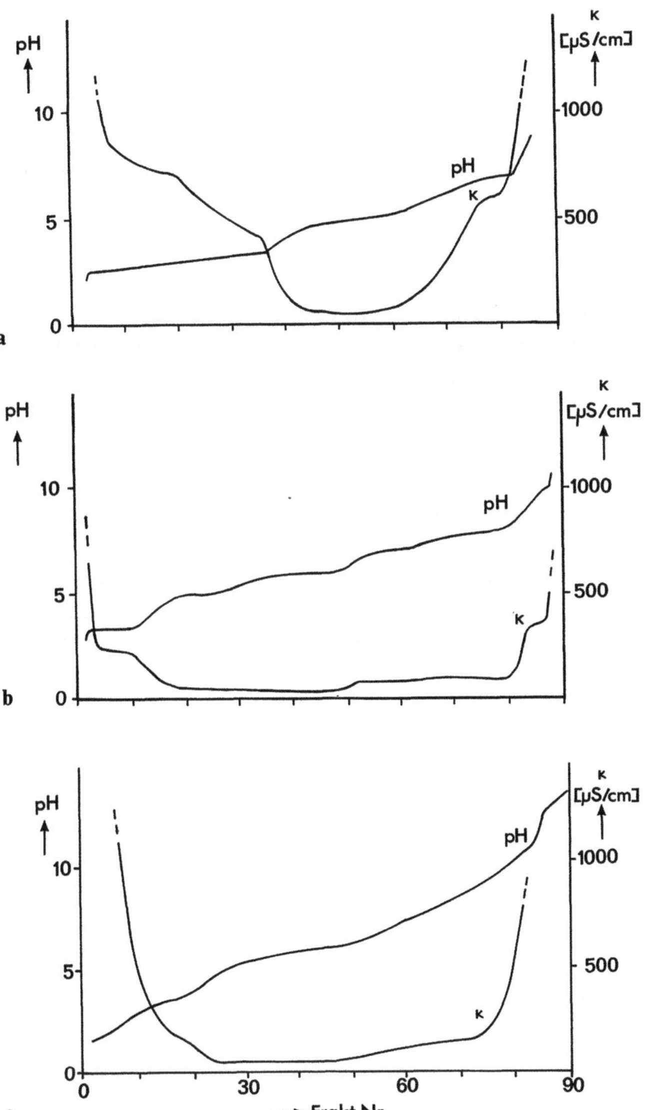

Abb. 16a–c. Abhängigkeit der pH-Gradientenform von der Zusammensetzung der Puffergemische bei der isoelektrischen Fokussierung im linearen pH-Gradienten
Elektrolytkonzentration $c = 0{,}01$ mol/l
a Puffergemisch A (Tab. 4 im Anhang)
b Puffergemisch B (Tab. 4 im Anhang)
c Puffergemisch C (Tab. 4 im Anhang)
Verweilzeit $t = 20$ min
Spannung $U = 1500$ V
Elektrophoresekammer Eigenbauapparatur (Länge 30 cm; Breite 15 cm)

im Anhang). Die Tabelle 5 im Anhang zeigt 3 Beispiele für derartige Puffergemische.

Die Form des pH-Gradienten bei Vielkomponentengemischen ist in erster Linie von der Anzahl der eingesetzten Puffersubstanzen abhängig (Abb. 16).

Bei 9 Puffersubstanzen treten noch deutliche Stufen auf (Abb. 16a). Erst bei einer ausreichenden Anzahl von Einzelverbindungen bildet sich ein linearer pH-Gradient aus (vgl. Abb. 16c).

3.3.1.2 Anwendung

Die isoelektrische Fokussierung im linearen pH-Gradienten eignet sich als Trennmethode für alle amphoteren Substanzen, wie z. B. Aminosäuren, Peptide, Proteine, Hormone, Enzyme und Viren. Die Hauptanwendung liegt im Bereich der Protein- und Peptidtrennung.

3.3.1.3 Beispiel

Durch die vergleichsweise geringe Auflösung der isoelektrischen Fokussierung im Free-Flow-System ist diese Methode prädestiniert für eine erste Fraktionierung von Vielkomponentengemischen. Im folgenden Beispiel ist die Reinigung des Enzyms Phenolsulfattransferase, das die Übertragung einer Sulfatgruppe auf Substrate mit Phenol als Grundkörper katalysiert, aus Kaninchenlebercytosol dargestellt (Abb. 17).

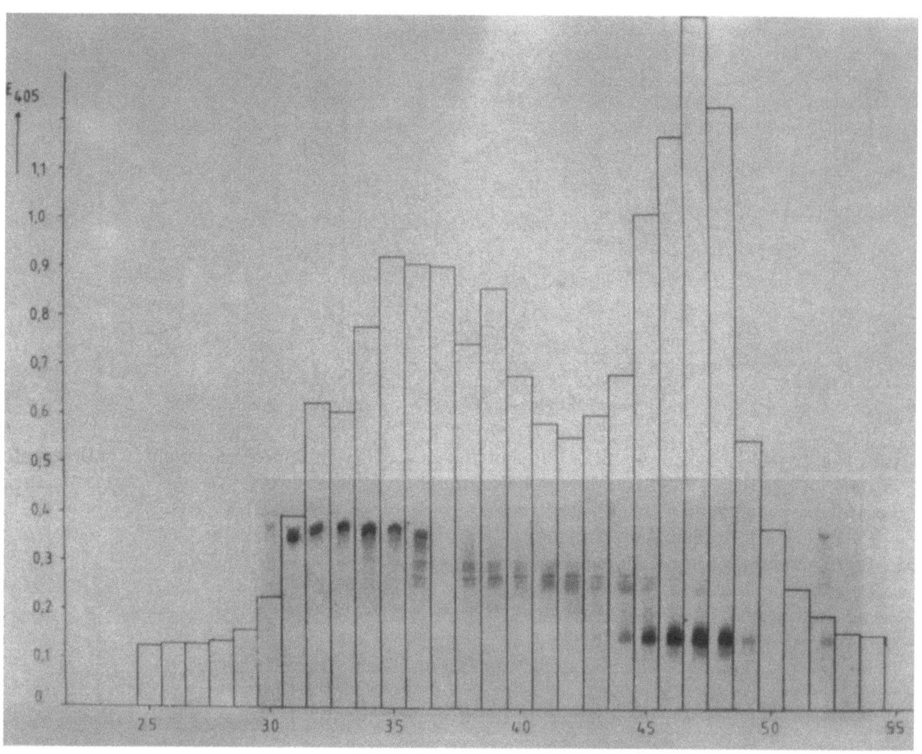

Die Bestimmung der Enzymaktivität erfolgt durch photometrische Messung der Extinktion des bei der enzymatischen Reaktion entstehenden p-Nitrophenols bei 405 nm. Die im Rohcytosol vorhandenen Proteine mit Häm-Gruppe absorbieren ebenfalls bei dieser Wellenlänge. Der Anteil dieser Proteine kann jedoch vor der Inkubation selektiv bestimmt werden.

Die analytische isoelektrische Fokussierung zur Ermittlung der Proteinzusammensetzung in den Fraktionen nach der Fokussierung belegt die Auftrennung des komplexen Proteingemisches. In den Fraktionen 31–41 läßt sich Enzymaktivität nachweisen.

3.3.2 Isoelektrische Fokussierung im stufenförmigen pH-Gradienten (IEFpH)

3.3.2.1 Prinzip

Bei der isoelektrischen Fokussierung im stufenförmigen pH-Gradienten wird ein sprunghafter Verlauf des pH-Gradienten eingestellt. Dies kann sowohl ein natürlicher als auch ein künstlicher pH-Gradient sein.

Beim natürlichen pH-Gradienten wird eine Lösung, die n Ampholyte mit jeweils ausreichender Pufferkapazität am isoelektrischen Punkt enthält, im elektrischen Feld in n verschiedene pH-Stufen aufgelöst. Die Zahl der Ampholyte (n) wird durch die gewünschte Zahl der pH-Stufen festgelegt. Bei künstlichen pH-Gradienten werden die einzelnen pH-Stufen durch verschiedene Pufferlösungen unterschiedlicher pH-Werte vorgegeben, die den Trennspalt gleichzeitig in parallelen Zonen durchströmen (Abb. 18). Die Zahl der pH-Stufen ist durch die Anzahl der Einlässe begrenzt. Durch den so bereits vorgegebenen pH-Gradienten entfällt die zum Aufbau des natürlichen pH-Gradienten benötigte Zeit.

Sowohl für natürliche als auch künstliche pH-Gradienten eignen sich Gemische von Aminosäuren sowie schwachen organischen Säuren und Basen mit geringer Leitfähigkeit (Tabelle 6 im Anhang). Anorganische Puffergemische sind wegen der hohen Beweglichkeit der Ionen ungeeignet.

Bei der Auswahl der verschiedenen Pufferlösungen muß darauf geachtet werden, daß ihre Leitfähigkeiten nicht zu stark voneinander abweichen, damit ein möglichst gleichförmiger Feldstärkeverlauf im Trennsystem gewährleistet ist. Die Stabilität des pH-Gradienten steigt mit zunehmender Konzentration der Pufferlösungen. Gute Ergebnisse erzielt man mit Konzentrationen von 0,002–0,1 mol/l.

Beim natürlichen stufenförmigen pH-Gradienten gelten für die Probenzugabe die gleichen Richtlinien wie bei linearen pH-Gradienten. Bei künstlichen pH-Gradienten kann die Probe wahlweise in einen pH-Sprung oder in eine pH-Stufe zudosiert werden. Eine Konzentrierung der Probe ist nur über eine breite Zudosierung in eine pH-Stufe erreichbar. Durch geeignete Wahl der Zugabestelle kön-

◄ **Abb. 17.** Isoelektrische Fokussierung von Rohcytosol aus Kaninchenleber im Free-Flow-System
Trägerampholytlösung   1 % Servalyt 4–9 T
Probe   40 ml Rohcytosol/l, über Dosierstelle nahe dem Fokusort zugegeben
Verweilzeit $t = 20$ min
Feldstärke $E = 200$ V/cm
Elektrophoresekammer   Eigenbauapparatur (Länge 25 cm, Breite 20 cm)

nen Unterschiede in den Beweglichkeiten ausgeglichen werden, so daß Proteine mit geringer Beweglichkeit einen kurzen, solche mit höherer Beweglichkeit einen längeren Wanderungsweg haben und dadurch etwa gleichzeitig ihren Fokussierungsort erreichen. Die Konzentration der Probe und deren Zugabebreite ist durch die Pufferkapazität des Elektrolytsystems und die Löslichkeit der Proteine an ihren isoelektrischen Punkten begrenzt.

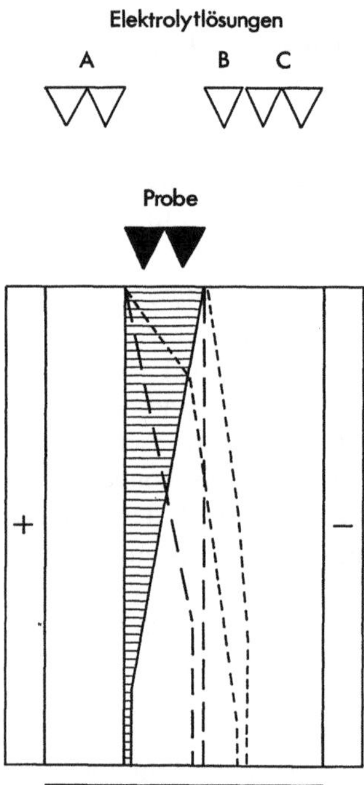

Abb. 18. Schematische Darstellung der isoelektrischen Fokussierung im stufenförmigen pH-Gradienten

Für jedes Trennproblem müssen Verweilzeit und Feldstärke optimiert werden. Bei zu hohen Feldstärken treten Verwirbelungen auf.

Bei diesem Verfahren lassen sich Kosten und Zeitbedarf gegenüber der Fokussierung im linearen pH-Gradienten erheblich senken.

3.3.2.2 Anwendung

Die isoelektrische Fokussierung im stufenförmigen pH-Gradienten hat denselben stofflichen Anwendungsbereich wie die im linearen pH-Gradienten. Sie eignet sich vor allem zur Abtrennung einer bestimmten Komponente aus einem komplexen Gemisch. Da das Gemisch selbst nicht in die verbleibenden Komponenten aufgetrennt wird, handelt es sich um ein sehr schnelles Verfahren.

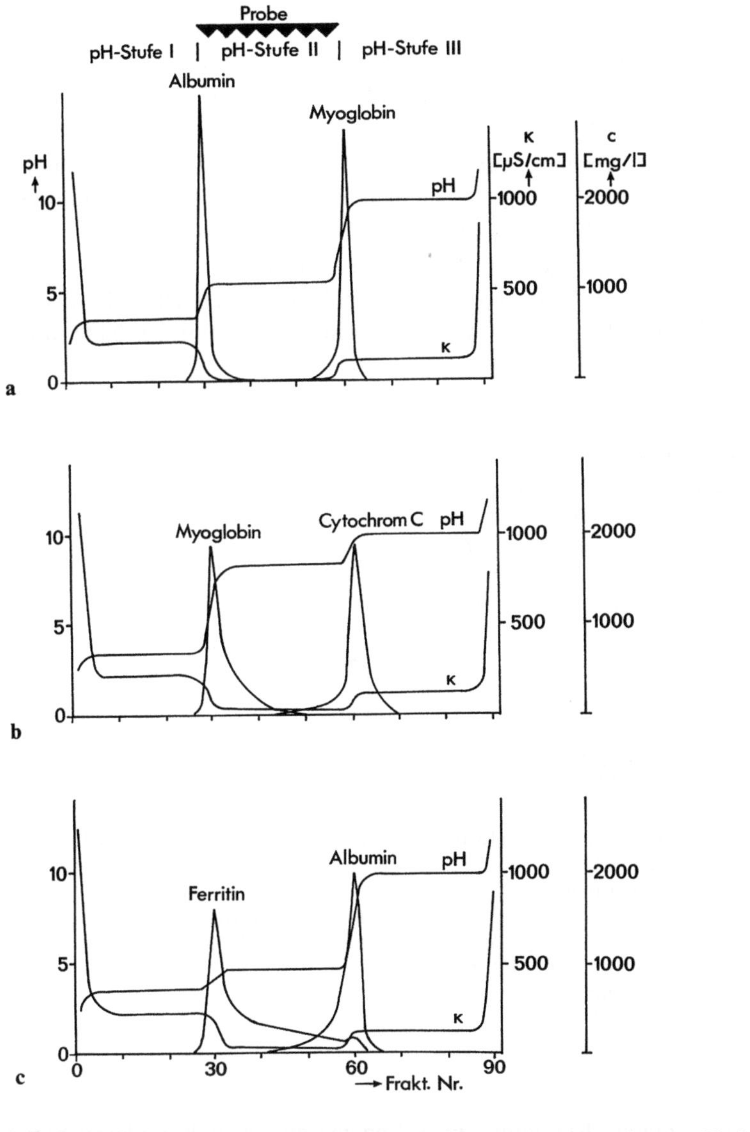

Abb. 19. Isoelektrische Fokussierung im stufenförmigen pH-Gradienten: Einfluß der Differenz der pI-Werte der Proteine auf die Fokussierung

Elektrolytkonzentration $c = 0{,}01$ mol/l

a) Glu — Mops/β-Ala — Arg
b) Glu — Im/Ala — Arg
c) Glu — MES/Gly-Gly — Arg

Probe	je 0,3 mg/ml
a Albumin/Myoglobin	pI-Differenz: 3,6
b Myoglobin/Cytochrom C	pI-Differenz: 2,0
c Ferritin/Albumin	pI-Differenz: 0,5
Verweilzeit	$t = 6$ min
Spannung	$U = 800$ V
Elektrophoresekammer	Elphor VaP 22

3.3.2.3 Beispiele

Anhand der beiden ersten Beispiele wird die Auflösung und Leistungsfähigkeit des Verfahrens an Modellgemischen dokumentiert, während die beiden letzten Beispiele die praktische Anwendung zeigen.

a) Modelltrennungen zweier Proteine mit unterschiedlichen pI-Differenzen (Abb. 19)
Durch geeignete Wahl der pH-Sprünge lassen sich Proteine mit einer pI-Differenz von nur 0,5 pH-Einheiten noch trennen (Abb. 19c).

b) Trennung eines Modellgemisches aus 4 Proteinen (Abb. 20)
Auch Mehrkomponentengemische lassen sich über pH-Stufen schnell und vollständig trennen. Die Verteilung der Proteine wird durch ihre Extinktion bei 280 nm bestimmt.

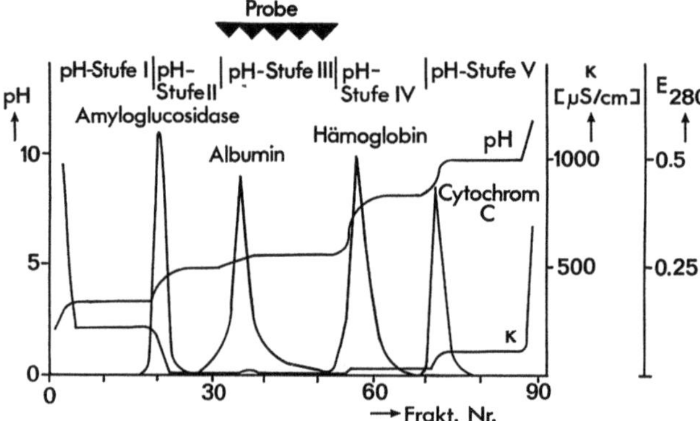

Abb. 20. Isoelektrische Fokussierung im stufenförmigen pH-Gradienten: Trennung von 4 Proteinen in einem vierstufigen pH-Gradienten

Elektrolytkonzentration	$c = 0,01$ mol/l
	Glu — MOPS/Gly-Gly — MOPS/β-Ala — Imi/Ala — Arg
Probe	je 0,1 g/l Amyloglucosidase, Albumin, Hämoglobin, Cytochrom C in MOPS/β-Ala
Verweilzeit	$t = 10$ min
Spannung	$U = 1000$ V
Elektrophoresekammer	Elphor VaP 22

Die schnelle und einfache Reinigung eines Enzyms aus einer komplexen natürlichen Proteinmatrix wird anhand von zwei Beispielen verdeutlicht.

c) Reinigung und Isolierung von Lysozym aus einer natürlichen Proteinmatrix (Abb. 21)
In einem Schritt läßt sich das Lysozym mit einer Reinheit von mehr als 0,95 mg Enzym/mg Gesamtprotein gewinnen. Der Anreicherungsfaktor beträgt 4,75, die Stufenausbeute 75 % bei einem Durchsatz von 8 mg aktives Enzym/h. Lysozym (EC 3.2.1.17) hydrolysiert Teile der Zellwände von Mikroorganismen. Die Messung der Enzymaktivität des Lysozyms basiert auf der Abnahme der Trübung einer Suspension aus lyophilisierten Micrococcus luteus-Zellen, die zu einer Abnahme der Extinktion bei 450 nm führt. Die Änderung der Extinktion (ΔE 450) ist proportional der Lysozymkonzentration.

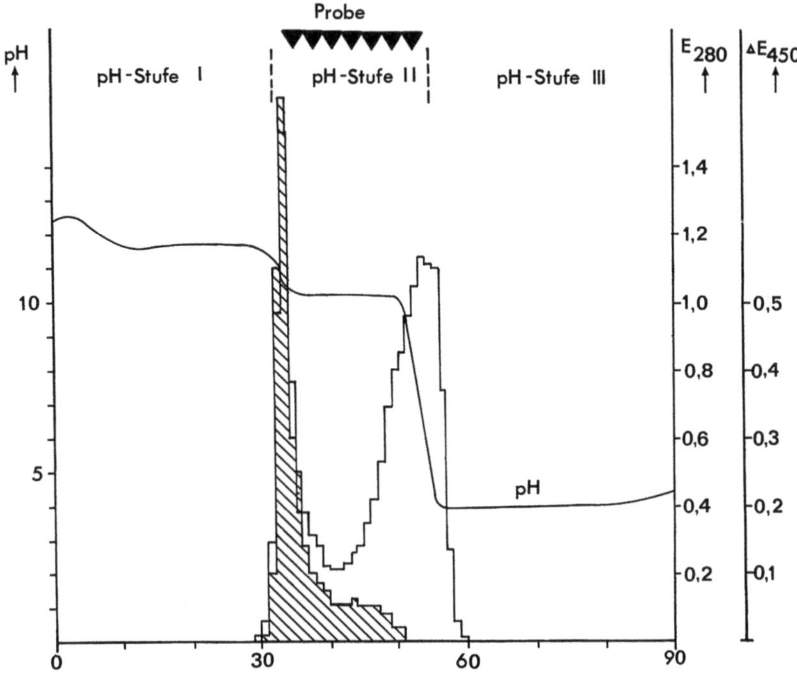

Abb. 21. Isoelektrische Fokussierung im stufenförmigen pH-Gradienten: Reinigung des Lysozyms aus einer E. coli-Proteinmatrix

Elektrodenraumlösung	Kathode: 0,05 mol/l NaOH
	Anode: 0,1 mol/l H_2SO_4
pH-Stufe I	0,05 mol/l Glycin, mit NaOH auf pH 12,3 eingestellt
pH-Stufe II	0,03 mol/l Arg/Glu pH 10,0
pH-Stufe III	0,03 mol/l Asp pH 3,8
Probe	0,2 mg/ml Lysozym + E. coli-Proteine (0,09 mg/ml Gesamtprotein) in Arg/Glu
Alle Lösungen sind 5 mol/l an Harnstoff	
Verweilzeit	$t = 8$ min
Spannung	$U = 300$ V
Elektrophoreseapparatur	Elphor VaP 22
ΔE_{450} schraffiert	

d) Reinigung und Isolierung von α-Amylase aus einer natürlichen Proteinmatrix
   (Abb. 22)

Die Reinheit des Enzyms beträgt 0,6 mg Enzym/mg Gesamtprotein, der Anreicherungsfaktor 4,8. Die Stufenausbeute wurde zu 55% berechnet, der Durchsatz liegt bei 3 mg aktivem Enzym/h.

3.4 Feldsprungelektrophorese

Die Feldsprungelektrophorese ist eine Weiterentwicklung der kontinuierlichen Ionenfokussierung [29–32], bei der die Konzentrierung von Substanzen an Leitfähigkeitsgrenzflächen erfolgt.

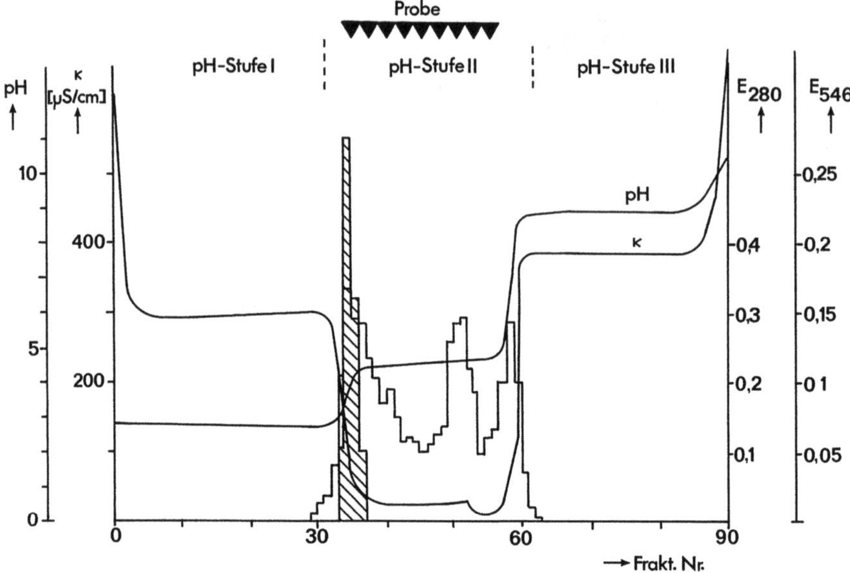

Abb. 22. Isoelektrische Fokussierung im stufenförmigen pH-Gradienten: Reinigung der α-Amylase aus einer E. coli-Proteinmatrix

Elektrodenraumlösung	Kathode: 0,05 mol/l NaOH
	Anode: 0,1 mol/l H_2SO_4
Elektrolytkonzentration	0,03 mol/l Asp — MES/Gly-Gly — Arg
Probe	0,05 mg/ml α-Amylase + E. coli-Proteine (0,4 mg/ml Gesamtprotein) in MES/Gly-Gly
Verweilzeit	$t = 6$ min
Spannung	$U = 800$ V
Elektrophoresekammer	Elphor VaP 22
ΔE_{546} schraffiert	

3.4.1 Prinzip

Bei der Fokussierung an Leitfähigkeitsgrenzflächen gelangt die Probelösung als breite Zone (Analysenbereich) zwischen zwei Randlösungen (Elektrolytlösungen für Anoden- und Kathodenbereich) in den Trennspalt (Abb. 23).

Die beiden Elektrolytlösungen müssen im Vergleich zur Probelösung eine etwa 20-fach höhere Leitfähigkeit besitzen. Im einfachsten Fall können Salzlösungen eingesetzt werden. Bei angelegter Spannung stellt sich ein stufenförmiger Verlauf der Feldstärke ein (Abb. 24).

Probeionen wandern gemäß ihrem Ladungssinn mit hoher Wanderungsgeschwindigkeit in Richtung Kathode bzw. Anode. Mit Erreichen der Grenzfläche kommt es durch den Feldstärkesprung zu einer erheblichen Herabsetzung der Wanderungsgeschwindigkeit und damit zu einer Konzentrierung (Abb. 25).

Durch die sehr hohen Feldstärken im Analysenbereich sind extrem kurze Verweilzeiten und damit hohe Probendurchsätze möglich. Mit zunehmender Trennzeit wandern allerdings die am Leitfähigkeitssprung konzentrierten Substanzen in die Randlösungen, da bei der Fokussierung an Leitfähigkeitsgrenzflächen kein stationä-

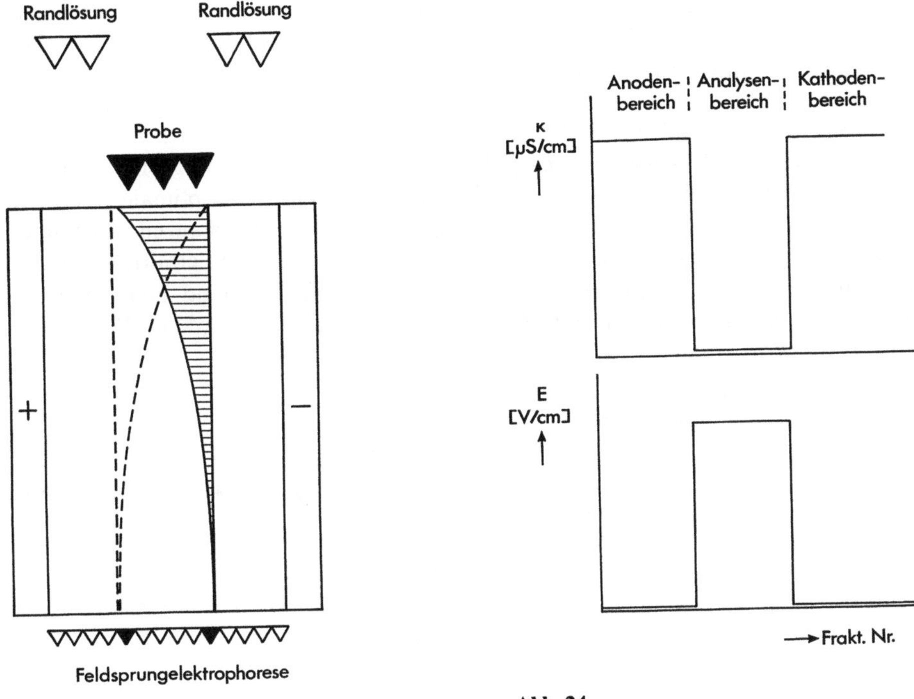

Abb. 23   **Abb. 24**

Abb. 23. Schematische Darstellung der Feldsprungelektrophorese
Abb. 24. Feldsprungelektrophorese: Leitfähigkeits- und Feldstärkeverlauf

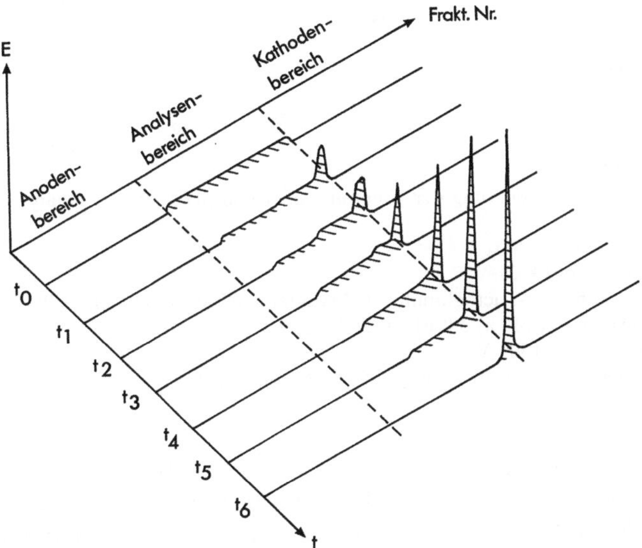

Abb. 25. Feldsprungelektrophorese: Dreidimensionale Darstellung der Fokussierung am Leitfähigkeitssprung

rer Zustand erreicht werden kann. Der theoretisch erreichbare Konzentrierungsfaktor ergibt sich aus dem Verhältnis von Zugabe- und Fraktionsbreite der Probelösung. Bei Proteintrennungen werden durchschnittlich etwa 90% des eingesetzten
Proteins in 2 Fraktionen wiedergefunden. Die Wanderungsrichtung amphoterer
Substanzen wird über den pH-Wert der Analysenlösung gesteuert. Im Idealfall
läßt sich somit durch Variation der pH-Werte der Analysenlösung eine Komponente in nur zwei Schritten aus einem Gemisch isolieren. Der optimale pH-Wert
kann aus den Beweglichkeitskurven der aufzutrennenden Substanzen oder über
Versuchsreihen mit verschiedenen pH-Werten der Analysenlösung ermittelt werden.
Die Steuerung einer Trennung über den pH-Wert wird anhand einer Modelltrennung von β-Lactoglobulin und Myoglobin vom Wal gezeigt (Abb. 26).

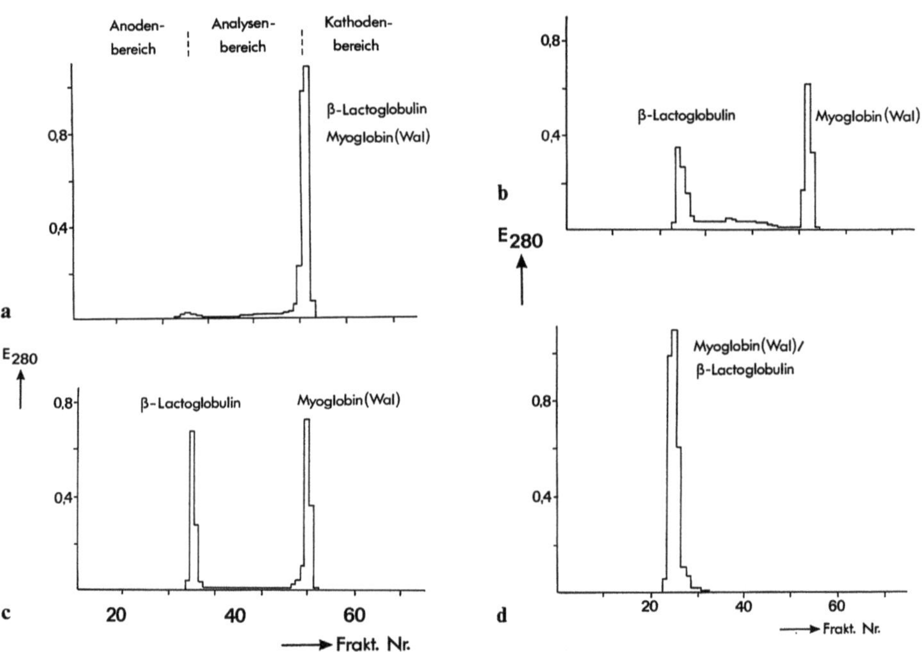

Abb. 26a–d. Feldsprungelektrophorese: Steuerung der Trennung über den pH-Wert der Analysenlösung

Elektrodenraumlösung	0,1 mol/l K_2SO_4
Randlösung	0,02 mol/l KCl
Analysenlösung (Probe)	je 50 mg/l β-Lactoglobulin + Myoglobin (Wal) in 0,05 mol/l Puffer-lösung mit pH a) 3,0 b) 5,0 c) 7,0 d) 9,0
Verweilzeit: t = 3min; Spannung: U = 1500 V	
Elektrophoresekammer	Eigenbauapparatur (Länge 25 cm, Breite 20cm)

Bei pH 3,0 wandern beide Proteine kationisch (Abb. 26a). Bei pH 5,0 beginnt die Trennung (Abb. 26b), welche sich bei pH 7,0 noch verbessert (Abb. 26c).
Bei pH 9,0 wandern beide Proteine an den anodenseitigen Leitfähigkeitssprung
(Abb. 26d). Während der Trennung ändern sich Konzentration und Zusammensetzung der Randlösungen nicht wesentlich.

Anhand von Trennungen farbiger Substanzen, wie z. B. Farbindikatoren oder farbiger Proteine, läßt sich die Fokussierung visuell verfolgen, und eine schnelle Optimierung der Trennparameter (Verweilzeit, Feldstärke) ist möglich. Abbildung 27 zeigt die Fokussierung der Farbstoffe Methylenblau und Fluorescein.

Insgesamt erfordert die Durchführung der Feldsprungelektrophorese einen weitaus geringeren Aufwand als alle anderen Free-Flow-Elektrophoresetechniken. Aufgrund der sehr kurzen Verweilzeiten spielen alle sonst störenden Faktoren, wie z. B. die Elektroosmose und die Thermokonvektion, keine Rolle. Der Ort der Fraktionierung ist zwangsläufig durch die Lage der Grenzflächen gegeben. Um eine vollständige Konzentrierung am Leitfähigkeitssprung zu erzielen, muß eine Mindestverweilzeit eingehalten werden.

Die Konzentration der Probe ist in gewissen Grenzen frei wählbar, wobei zu beachten ist, daß die Löslichkeit der fokussierten Substanzen nach der Konzentrierung nicht überschritten wird. Darüber hinaus darf die Leitfähigkeit der Probelösung nicht so hoch sein, daß die Joule-Wärme nicht mehr abgeführt werden kann.

Die bisher beschriebene Technik trennt die Komponenten nur nach ihrem Ladungssinn. Gleichgeladene Teilchen lassen sich bei genügend großer Differenz der

Abb. 27. Feldsprungelektrophorese: Blick auf die Trennkammer während der Fokussierung zweier Farbstoffe

Beweglichkeiten mit Hilfe einer modifizierten Feldsprungelektrophorese auftrennen. Im Bereich der Randlösungen müssen dabei weitere Leitfähigkeitssprünge durch Zugabe unterschiedlich konzentrierter Elektrolytlösungen vorgegeben werden (Abb. 28).

Während der Elektrophorese kommt es zunächst zu einer Fokussierung am ersten Leitfähigkeitssprung. Bei entsprechend langer Verweilzeit und ausreichendem Unterschied in der Beweglichkeit der zu trennenden Substanzen wandert die Komponente mit der größeren Beweglichkeit durch die Elektrolytzone und wird am nächsten Leitfähigkeitssprung fokussiert (Feldsprungelektrophorese im stufenförmigen Leitfähigkeitsprofil).

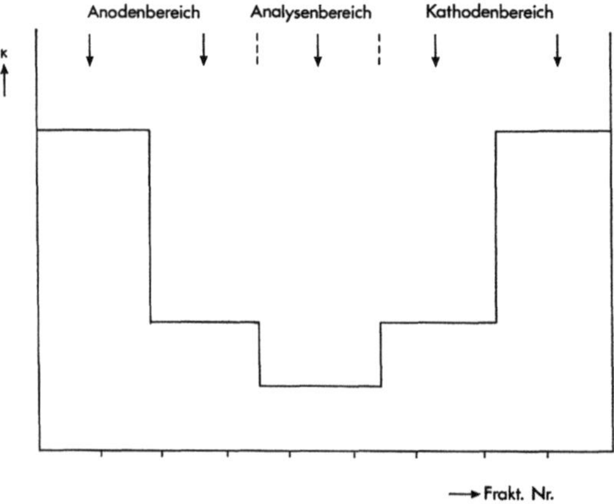

Abb. 28. Leitfähigkeitsverlauf bei der Feldsprungelektrophorese im stufenförmigen Leitfähigkeitsprofil

Sind die Beweglichkeitsunterschiede der zu trennenden Komponenten gering, wird der Analysenbereich unterteilt in den eigentlichen Probenbereich und Elektrolytbereiche gleicher Leitfähigkeit und gleichen pH-Wertes (Kombinierte Feldsprung-Zonenelektrophorese). Die Randlösungen bleiben unverändert (Abb. 29).

In diesem Elektrolytbereich erfolgt eine zonenelektrophoretische Auftrennung der Komponenten mit gleichem Ladungssinn. Die Komponente mit der größeren Beweglichkeit erreicht bei entsprechender Verweilzeit den Leitfähigkeitssprung zur Randlösung (Abb. 30).

Mit dieser Anordnung gelingt auch die Trennung geladener von ungeladenen Substanzen. Die ungeladene Komponente verläßt den Probebereich unverändert.

3.4.2 Anwendung

Die Feldsprungelektrophorese und ihre Modifizierungen sind für die präparative Trennung und Isolierung von anorganischen Ionen, Aminosäuren, Peptiden, Proteinen, Viren und Zellen geeignet. Die sehr hohen Probendurchsätze legen den Einsatz dieses Verfahrens zur industriellen Nutzung nahe. Es kann mehrere klassische Reinigungsschritte im ersten Teil eines Aufarbeitungsschemas ersetzen. Darüber

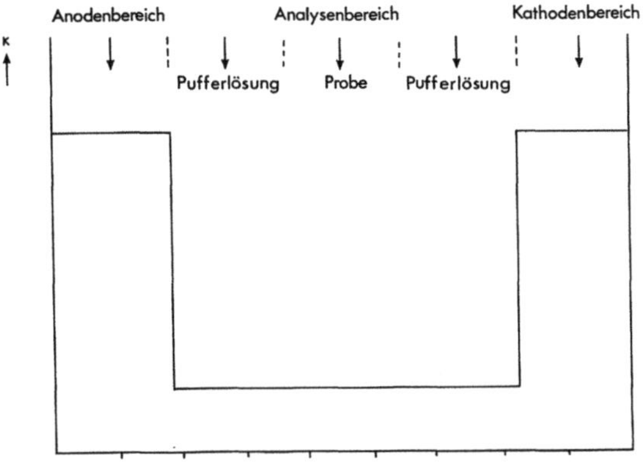

Abb. 29. Leitfähigkeitsverlauf bei der kombinierten Feldsprung-Zonenelektrophorese

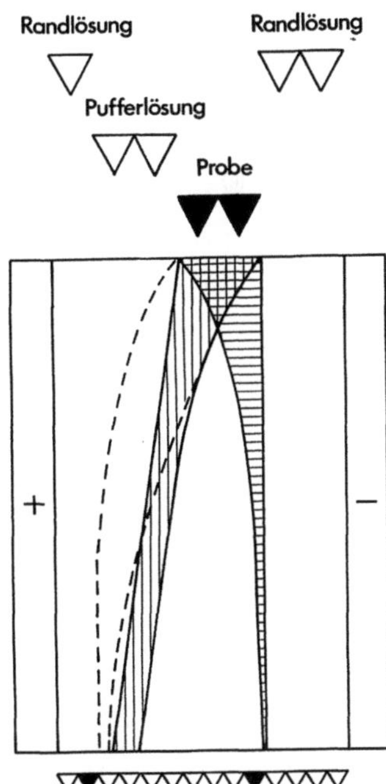

Abb. 30. Schematische Darstellung der kombinierten Feldsprung-Zonenelektrophorese

hinaus eignet sich die Feldsprungelektrophorese auch zu einer einfachen und schonenden Konzentrierung von verdünnten Lösungen.

3.4.3 Beispiele

a) Konzentrierung eines TYMV-Präparates (turnib yellow mosaic virus) in Abhängigkeit von der Breite der Probezone (Abb. 31) [33]

Mit Zunahme der Zugabebreite erhöht sich neben dem Konzentrierungsfaktor auch der Probevolumendurchsatz. Um vergleichbare Werte zu erhalten, wird bei allen Versuchen bei annähernd gleicher Feldstärke gearbeitet.

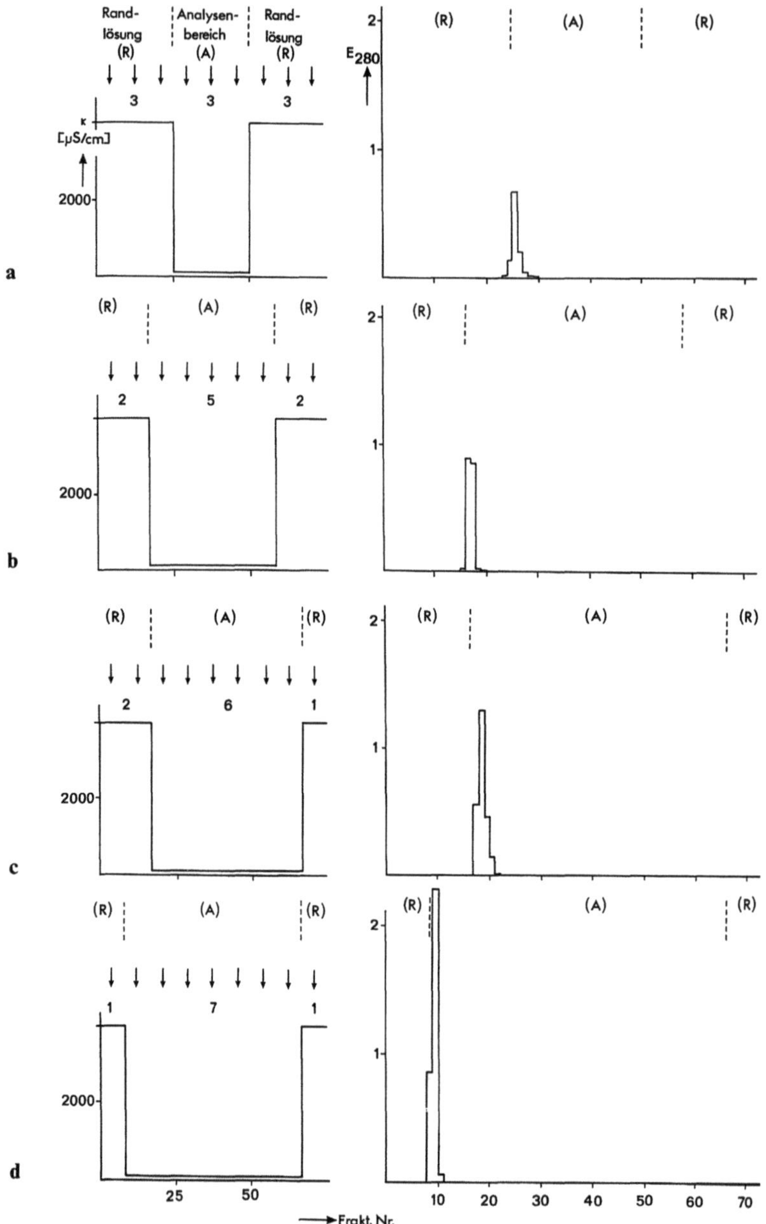

Abb. 31 a–d. Konzentrierung eines TYMV-Präparates mit Hilfe der Feldsprungelektrophorese: Einfluß der Verbreiterung des Analysenbereiches auf die Fokussierung

Elektrodenraumlösung   0,1 mol/l KCl
Randlösung   0,05 mol/l Phosphatpuffer, pH 7,0; $k = 4$ mS/cm
Analysenlösung (Probe)   TYMV (turnib yellow mosaic virus) in Phosphatpuffer, pH 6,9
     $k = 50$ μS/cm
Verweilzeit $t = 3$ min
Spannung   **a** 2000 V, **b** 2500 V, **c** 3000 V, **d** 3500 V
Elektrophoresekammer   Eigenbauapparatur

b) Reinigung und Isolierung von Alkoholdehydrogenase aus dialysiertem Rohextrakt von Saccharomyces cerevisiae (Abb. 32 und 33)

Alkoholdehydrogenase (EC 1.1.1.1) katalysiert die Oxidation primärer Alkohole zu Aldehyden. Als Coenzym der Wasserstoffübertragung dient NAD. Zur Bestimmung der Enzymaktivität wird die Extinktionszunahme ΔE bei 340 nm registriert, die auf die Reduktion des NAD zum NADH zurückzuführen ist. Zur Erhöhung des Durchsatzes wird die Probe über 2 der 5 Zulaufschläuche zudosiert. In jeweils 3 Fraktionen sind 90% des Enzyms enthalten. Der Anreicherungsfaktor beträgt 5 (Abb. 32).

Mit Hilfe der kombinierten Feldsprung-Zonenelektrophorese erzielt man einen Anreicherungsfaktor der Alkoholdehydrogenase von 7 bei einer Enzymausbeute von 82% (Abb. 33).

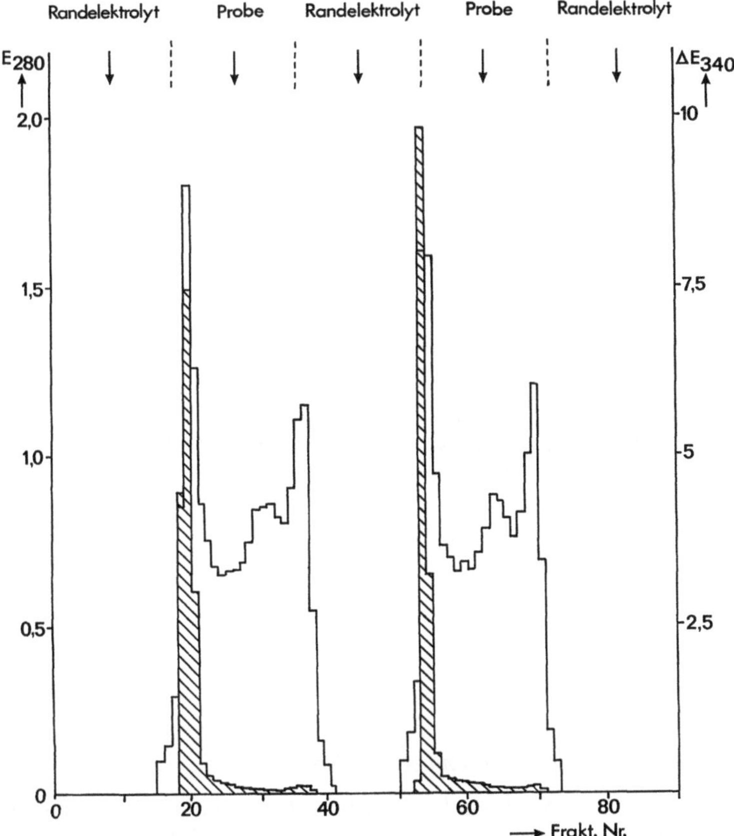

Abb. 32. Reinigung der Alkoholdehydrogenase aus einem Rohextrakt von Saccharomyces cerevisiae mit Hilfe der Feldsprungelektrophorese

Elektrodenraumlösung	0,1 mol/l K_2SO_4
Randlösung	0,02 mol/l K_2SO_4
Analysenlösung (Probe)	dialysierter Rohextrakt, verdünnt mit 0,1 mol/l EACA/Ala $c = 1,5$ mg Gesamtprotein/ml; pH 7,1; $k = 55$ µS/cm
Verweilzeit	$t = 2$ min
Spannung	$U = 800$ V
Elektrophoresekammer	Elphor VaP 22

ΔE_{340} schraffiert

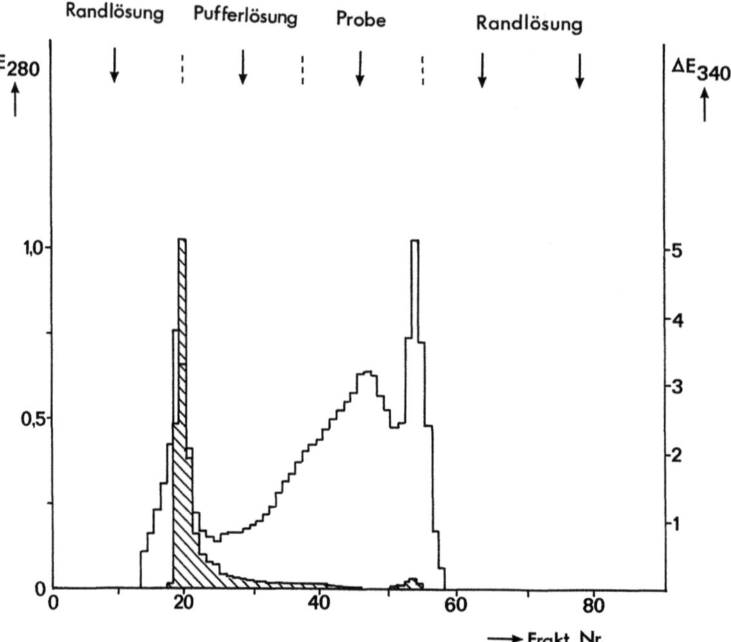

Abb. 33. Reinigung der Alkoholdehydrogenase aus einem Rohextrakt von Saccharomyces cerevisiae mit Hilfe des kombinierten Feldsprung-Zonenelektrophorese

Elektrodenraumlösung	$0{,}1\ \text{mol/l}\ K_2SO_4$
Randlösung	$0{,}02\ \text{mol/l}\ K_2SO_4$
Pufferlösung	$0{,}1\ \text{mol/l}$ EACA/Ala
Analysenlösung (Probe)	dialysierter Rohextrakt, verdünnt mit $0{,}1\ \text{mol/l}$ EACA/Ala
	$c = 1{,}5\ \text{mg Gesamtprotein/ml}; \text{pH} = 7{,}05; \varkappa = 55\ \mu\text{S/cm}$
Verweilzeit	$t = 4\ \text{min}$
Spannung	$U = 800\ \text{V}$
Elektrophoresekammer	Elphor VaP 22

ΔE_{340} schraffiert

c) Trennung der beiden Nukleotide AMP und ADP (Abb. 34)

Die beiden Nukleotide ATP und AMP sind in neutraler Lösung anionisch geladen, unterscheiden sich jedoch in ihrer effektiven Ladung und damit in ihrer Beweglichkeit. Somit können sie durch Einstellung eines stufenförmigen Leitfähigkeitsprofils getrennt werden.

d) Abtrennung von BMV (belladonna mottle virus) von Samsuntabaksaft (Abb. 35)

Das Virus BMV läßt sich durch die kombinierte Feldsprung-Zonenelektrophorese bei neutralen pH-Werten von dem infizierten Pflanzensaft abtrennen, da es in neutraler Lösung nach außen hin ungeladen ist. Der Pflanzensaft wandert aus dem Probenbereich heraus und fokussiert am Leitfähigkeitssprung.

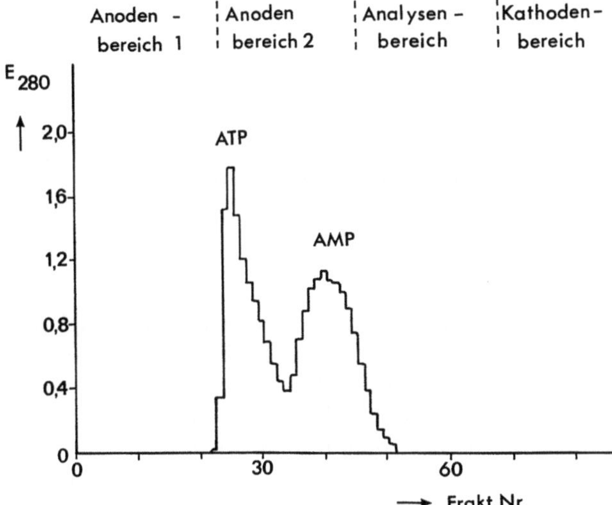

Abb. 34. Trennung der beiden Nukleotide ATP und AMP mit Hilfe der Feldsprungelektrophorese im stufenförmigen Leitfähigkeitsprofil
Elektrodenraumlösung: 0,1 mol/l KCl
Randlösung: 0,02 mol/l KCl
Analysenlösung (Probe): je 0,5 mmol/l AmP und ADP in $H_2O_{dest.}$
Verweilzeit: 4 min
Spannung: 500 V
Elektrophoresekammer: Eigenbauapparatur

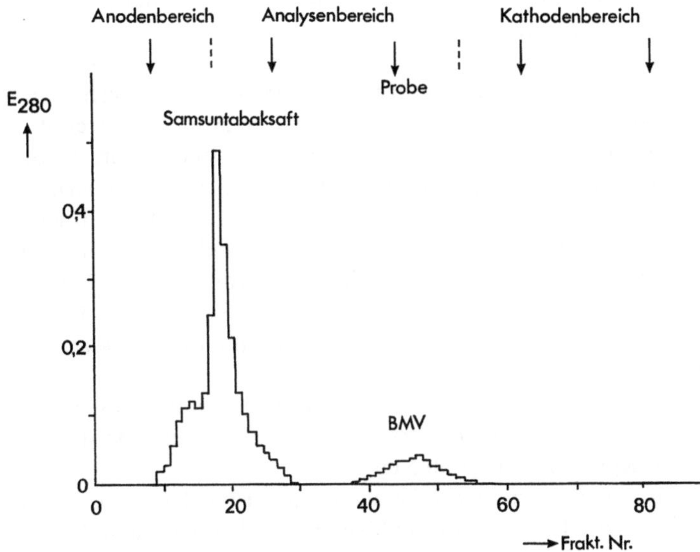

Abb. 35. Reinigung des Belladonna mottle virus (BMV) von Samsuntabaksaft mit Hilfe der kombinierten Feldsprung-Zonenelektrophorese

Elektrodenraumlösung	0,1 mol/l KCl
Randlösung	0,05 mol/l Phosphatpuffer, pH 7,1; $k = 4$ mS/cm
Analysenlösung I	KCl/HCl, pH 6,7; $k = 200$ μS/cm
Analysenlösung II (Probe)	Samsuntabaksaft/BMV, pH 7,0; $k = 200$ μS/cm
Verweilzeit	3 min
Spannung	800 V

4 Spezielle Trennapparaturen

4.1 Einleitung

Neben der bereits beschriebenen „Elphor Vap 22" sind für spezielle Anwendungen
weitere Apparaturen zur Free-Flow-Elektrophorese entwickelt worden und im Handel erhältlich. Hier wird nur auf zwei dieser Apparaturen näher eingegangen.

4.2 Biostream-Apparatur

Die Biostream-Apparatur wird von der Firma CJB Developments Limited, England,
angeboten und ist speziell zur Aufarbeitung sehr großer Probemengen geeignet.
Die Auflösung ist jedoch vergleichsweise gering. Die bisherigen Anwendungen dieser
Apparatur reichen von der Trennung kleiner Moleküle bis zu ganzen Zellen [35, 36].

Das Prinzip beruht auf der trägerfreien Elektrophorese in einem Kreisring. Das
Konzept wurde erstmals von J. St. L. Philpot [34] beschrieben. Der Aufbau der
Biostream-Apparatur ist in der Abb. 36 schematisch wiedergegeben.

Die Elektrophorese findet zwischen einem inneren und einem äußeren Zylinder
statt. Eine Pufferlösung als Grundelektrolyt fließt senkrecht von unten nach oben
durch den von beiden Zylindern gebildeten Trennspalt (Annulus). Da die während
der Elektrophorese entstehende Wärme nicht abgeführt wird, muß die Wärme-
konvektion unterdrückt werden, indem der äußere Zylinder (Rotor) rotiert, während
der innere Zylinder (Stator) unbewegt bleibt.

Konzentrisch zu dem Annulus befinden sich im Rotor und im Stator Aussparungen für die Elektroden und Elektrodenraumlösungen. Die Elektrodenräume
sind durch Dialysemembranen aus regenerierter Cellulose vom Annulus getrennt.

Die zu fraktionierende Probenlösung wird durch einen dünnen Schlitz in den
Grundelektrolyten zudosiert. In Abhängigkeit ihrer Beweglichkeiten wandern die
Komponenten der Probelösung im elektrischen Feld unterschiedlich schnell in Richtung zum äußeren Zylinder. Am Kopfende des Stators befindet sich eine Anordnung von bis zu 30 übereinandergeschichteten Scheiben, von denen jeweils ein
Paar an ihren Ecken einen Schlitz bilden, durch den eine Schicht der Lösung
abfließt und anschließend durch ein System von Kanälen zum Fraktionssammler
mit 30 Fraktionen gelangt.

Die Weite des Annulus von 0,5 cm ergibt sich aus den Radien des Stators
(4,0 cm) und der inneren Begrenzung des Rotors (4,5 cm), seine Länge wird durch
die Elektrodenräume festgelegt und beträgt 30,5 cm.

Alle für die Elektrophorese notwendigen Lösungen, wie Grundelektrolyt, Probelösung und innere und äußere Elektrodenraumlösung, werden vor dem Eintritt
in die Trennapparatur auf ca. 2–3 °C gekühlt. Sie erwärmen sich bei einer Verweilzeit von 30–60 s auf ca. 20–25 °C.

4.3 RIEF-Apparatur

Die „recycling isoelektrische Fokussierung" von Bier et al. [37] basiert auf dem
Prinzip der kontinuierlichen Rückführung des Trennmediums in die Elektrophorese-
kammer bis zur vollständigen Trennung. Daher sind nur verhältnismäßig kleine
Trennkammern mit einer externen Wärmeabführung notwendig.

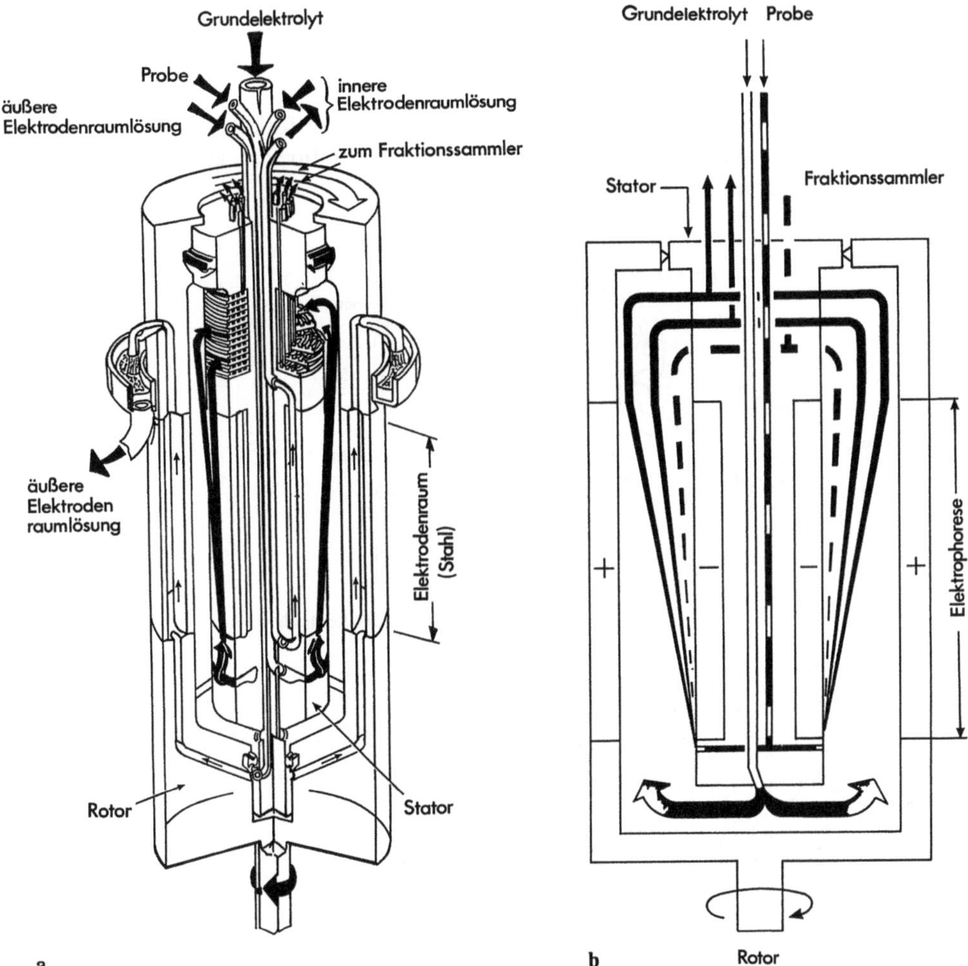

Abb. 36a, b. Schematischer Aufbau der Biostream-Apparatur. **a** Querschnitt durch die Apparatur; **b** Trennung eines Gemisches aus 3 Komponenten

Die „RIEF" wurde erfolgreich bei der Reinigung von mono- und polyklonalen Antikörpern [39] sowie zur Isolierung von Produkten aus der rekombinanten DNA-Technologie eingesetzt.

Die zu fraktionierende Lösung durchströmt die Trennkammer und den Wärmeaustauscher so oft, bis der Gleichgewichtszustand erreicht ist. Bei jedem Durchlauf durch die Trennkammer wandern die Proteine immer näher zu ihrem isoelektrischen Punkt. Die dabei entstehende Joule-Wärme, die zu einem Temperaturanstieg der Lösung führt, wird jedesmal beim Durchgang durch den Wärmeaustauscher abgeführt.

Die Apparatur (Abb. 37) setzt sich im wesentlichen aus drei Komponenten zusammen:

— Trennkammer,
— Multikanal-Peristaltikpumpe für den Transport der zu fraktionierenden Lösung,
— Wärmeaustauscher mit 12 separaten Kanälen, 10 für die zu fraktionierende Lösung, 2 für die Elektrodenraumlösungen.

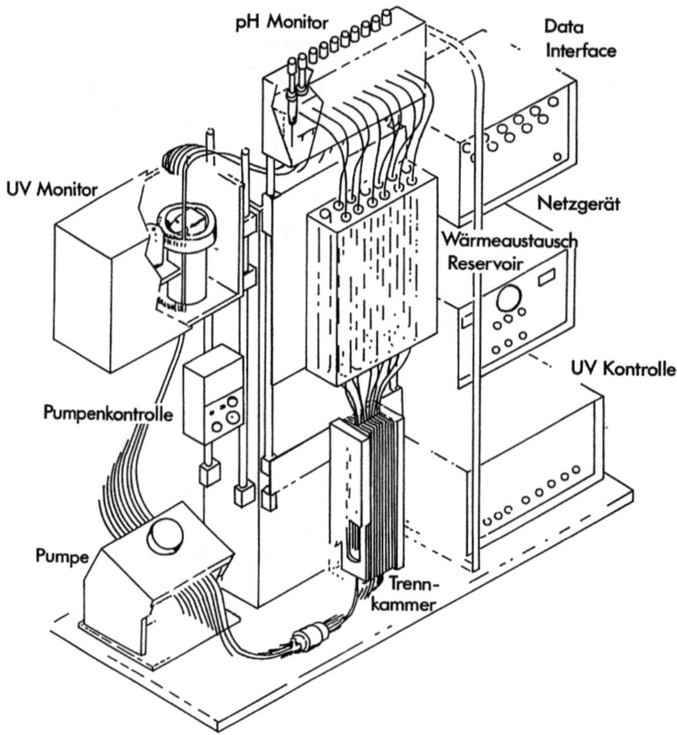

Abb. 37. Schematischer Aufbau der RIEF-Apparatur

Der Trennraum besteht aus 10 nebeneinander angeordneten, quaderförmigen Säulen (Untereinheiten) aus Plexiglas, die oben und unten jeweils eine Bohrung für Zu- und Ablauf der Lösung besitzen. Über durchgehende seitliche Schlitze bilden die 10 Untereinheiten den Trennraum. Jede Untereinheit ist durch eine Nylonfolie mit 10 μm Porengröße von der Nachbareinheit getrennt. Sie stabilisieren das Fließprofil, behindern dagegen nicht die Wanderung der Proteine und der Ampholyte. An die erste und zehnte Untereinheit schließen sich die Elektrodenräume an, die durch Ionenaustauscher-Membranen abgetrennt sind. Der Trennraum hat eine Breite von 3 cm und ein Gesamtvolumen von 25 ml.

Zunächst wird die gesamte Apparatur mit der Lösung, bestehend aus Trägerampholyt und Probe, gefüllt. Das Recycling muß nun solange erfolgen, bis der Gleichgewichtszustand erreicht ist. Für jede Untereinheit werden pH-Wert, Leitfähigkeit, Temperatur und optische Dichte der Lösung gemessen. Diese Meßanordnung erlaubt die Automatisierung des Trennprozesses anhand einer computergesteuerten Kontrolleinheit.

Der Probendurchsatz ist abhängig von der Löslichkeit des Proteins und vom gewählten pH-Bereich [38]. Proteine mit pI-Differenzen von nur 0,1 pH-Einheiten können routinemäßig getrennt werden. Zum Aufbau des pH-Gradienten werden im allgemeinen synthetische Trägerampholyte benutzt.

5 Anhang

5.1 Tabellen

Tabelle 1. Auswahl geeigneter Puffersysteme für die Zonenelektrophorese

pH-Wert	Grundelektrolyt	Elektrodenpuffer	Beispiele
1) Partikeltrennungen			
5,3	5 g/l Na-Acetat + 1 M Essigsäure	15 g/l Na-Acetat + 1 M Essigsäure	Phagen
7,2	2,2 g/l Triethanolamin 0,4 g/l K-Acetat 18,0 g/l Glycin 2,0 g/l Glucose + 1 M Essigsäure, mit Saacharose einstellen auf 310 mOsmol/l	11,2 g/l Triethanolamin 2,0 g/l K-Acetat	Lymphozyten
7,2	1,21 g/l Tris 2,14 g/l Mg-Acetat + 0,5 M Essigsäure	3,0 g/l Tris 6,0 g/l Mg-Acetat + 1 M Essigsäure	Ribosomen
7,2	3,0 g/l Tris 0,9 g/l EDTA 83 g/l Saccharose + 0,5 M Citronensäure	17,5 g/l Tris + 2 M Citronensäure	Blutzellen
7,3	4,0 g/l Tris + 0,5 M Citronensäure	20,0 g/l Tris + 2 M Citronensäure	Bakterien
7,4	1,5 g/l Triethanolamin 0,6 g/l Essigsäure (100 %) 0,37 g/l EDTA 105 g/l Saccharose + 2 M NaOH	16,4 g/l Triethanolamin 6,0 g/l Essigsäure (100 %) + 2 M NaOH	Zellorganellen
7,5	1,64 g/l Triethanolamin 0,66 g/l Essigsäure, 100 % 1 g/l Glucose, 7,4 mg/l $CaCl_2$, 0,1 g/l $MgCl_2$ + 2 M KOH	16,4 g/l Triethanolamin 6,6 g/l Essigsäure, 100 % + 2 M KOH	Nierenzellen

Tabelle 1 (Fortsetzung)

pH-Wert	Grundelektrolyt	Elektrodenpuffer	Beispiele
2) Proteintrennungen			
7,3	4,85 g/l Tris + 1 N HCl	11,5 g/l Tris + 1 N HCl	Enzyme
7,3	1,36 g/l KH_2PO_4 + 1,78 g/l Na_2PO_4 mischen im Verhältnis 435:565 (v/v)	4,08 g/l KH_2PO_4 + 5,3 g/l Na_2PO_4 mischen im Verhältnis 435:565 (v/v)	Enzyme
7,6	1,93 g/l Tris 1,52 g/l Ca-Acetat	4,54 g/l Tris 4,54 g/l Ca-Acetat	Elastase
8,5	TRIS-CITRAT-PUFFER 20 g/l Tris 4 M Harnstoff + Citronensäure	55 g/l Tris + Citronensäure	RNA-Protein-Komplexe
8,8	TRIS-BORAT-PUFFER 70 g/l Tris 17,6 g/l Borsäure	140 g/l Tris 35,2 g/l Borsäure	
10,5	1,5 g/l Glycin + 0,1 M NaOH	4,0 g/l Glycin + 0,1 M NaOH	Tabakmosaik-Virus-Protein
3) Nukleinsäuren und Derivate			
2,0	10,7 ml/l Essigsäure 7,1 ml/l Ameisensäure	32 ml/l Essigsäure 32 ml/l Ameisensäure	
3,5	11,6 g/l NH_4-Acetat 8,7 ml/l Essigsäure	34,7 g/l NH_4-Acetat 26,2 ml/l Essigsäure	
4) Polysaccharide			
2,4	30,0 ml/l Essigsäure	60,0 ml/l Essigsäure	Mucopolysaccharide
4,5	4,53 g/l Na-Acetat 1,1 ml/l Essigsäure	13,6 g/l Na-Acetat 3,4 ml/l Essigsäure	Protein-Polysaccharide

Tabelle 2. Relative Ionenbeweglichkeiten einiger ausgewählter Kationen und Anionen, ermittelt mit Hilfe der Kapillarisotachophorese

u_K = Ionenbeweglichkeit des Kaliumions
u_{Cl} = Ionenbeweglichkeit des Chloridions
c_L = Konzentration des Leitions (K^+ bzw. Cl^-) in mol/l

Substanz	u/u_K	c_L	Substanz	u/u_{Cl}	c_L
Tetramethylammonium	0,6031	1,25	Acetylsalizylat	0,3657	1,9
Tetraethylammonium	0,4335	1,46	Acrylat	0,4150	1,7
Tetrapropylammonium	0,3050	1,79	Adipat	0,5910	1,4
Tetrabutylammonium	0,2524	2,01	o-Aminobenzoat	0,3935	1,7
Phenyltrimethylamm.	0,4664	1,4	m-Aminobenzoat	0,3860	1,8
Ethanolamin	0,5568	1,27	p-Aminobenzoat	0,3899	1,8
Diethanolamin	0,4364	1,46	Acetat	0,5356	1,5
Tris	0,3836	1,57	Barbiturat	0,3983	1,7
Methylamin	0,7868	1,1	Benzoat	0,4134	1,7
Diethylamin	0,4843	1,35	Formiat	0,7185	1,2
Triethylamin	0,4356	1,46	Glutamat	0,3484	1,9
Ethylendiamin	0,5580	1,28	Lactat	0,4589	1,6
Arginin	0,3386	1,65	Malat	0,6965	1,2

Tabelle 2 (Fortsetzung)

Substanz	u/u_K	c_L	Substanz	u/u_{Cl}	c_L
Lysin	0,3537	1,65	Nitrat	0,9364	1,0
Ornithin	0,3623	1,56	Perchlorat	0,8836	1,0
Guanidin	0,7058	1,15	Permanganat	0,8043	1,1
Ammediol	0,3950	1,52	Propionat	0,4656	1,5
Morpholin	0,5301	1,31	Sorbat	0,3736	1,8
Cetyltrimethylamm.	0,1684	1,0	Sulphamidat	0,6131	1,3

Tabelle 3. Elektrolytsysteme für die Isotachophorese von Anionen und Kationen (der pH-Wert des Leitelektrolyten ist angegeben)

pH-Wert	Leitelektrolyt	Folgeelektrolyt	Beispiele
1) Anionentrennungen			
3,0–3,8	0,01 M HCl, mit β-Alanin auf gewünschten pH einstellen	0,01 M n-Capronsäure	Organische Säuren Nukleotide EDTA-Ca Saure Aminosäuren
4,2	0,02 M Histidin-HCl	0,01 M n-Capronsäure	Saure Aminosäuren SDS-Protein
6,2	0,01 M Histidin + 0,01 M Histidin-HCl	0,01 M n-Capronsäure	Organische Säuren Chelatbildner Halogenide
6.5–9.5	0,01 M HCl, mit Ammediol auf gewünschten pH einstellen	0,01 M β-Alanin Ba(OH)$_2$, pH 10,9	Aminosäuren Peptide, Proteine Org. + anorg. Säuren Biochem Substanzen Tenside
9,0	0,05 M 2-amino-2-methyl-1-propanol, mit HCl auf pH 9 einstellen	0,01 M β-Alanin Ba(OH)$_2$, pH 10,9	Aminosäuren Peptide
7,0–9,0	0,05 M HCl, mit Ammediol auf gewünschten pH einstellen	0,05 M 6-Aminocapronsäure, mit Tris auf gewünschten pH einstellen	Peptide Proteine
8,7	0,01 M NH$_4$Cl, mit Ammediol auf pH 8,7 einstellen	0,01 M β-Alanin 0,01 M NH$_3$	Biochem. Substanzen
2) Kationentrennungen			
4,2–5,6	0,01 M Ba(OH)$_2$, mit Glutaminsäure auf gewünschten pH einstellen	0,01 M Histidin, mit HCl auf gewünschten pH einstellen	Amine biochem. Substanzen
4,2	0,01 M K-Acetat, mit Essigsäure auf pH 4,2 einstellen	0,01 M Betain-HCl	Lysozyme
5,4	0,01 M K-Acetat, mit Essigsäure auf pH 5,4 einstellen	0,01 M Tris, mit Essigsäure auf pH 5,0 einstellen	Metallkationen
10,0	0,01 M Ba(OH)$_2$, mit Glutamin auf pH 10,0 einstellen	0,01 M Tris	biochem. Substanzen

Tabelle 4. Zusammenstellung einiger Aminosäuren, Peptide und Good-Puffer

Substanzname	pK_1	pK_2	pK_3	pI
Alanin (Ala)	2,34	9,69		6,0
β-Alanin (β-Ala)	3,6	10,19		6,9
2-Amino-2-methyl-1,3-propandiol (AMMEDIOL)	8,86			
N-(1,1-Dimethyl-2-hydroxyethyl)-3-amino-2-hydroxypropansulfonsäure (AMPSO)				
Arginin (Arg)	2,18	9,04	12,48	10,76
Asparagin (Asn)	2,02	8,80		5,41
Asparaginsäure (Asp)	1,88	3,65	9,6	2,77
N,N-Bis(2-hydroxyethyl)-2-aminoethansulfonsäure (BES)		7,1		
N,N'-Bis(2-hydroxyethyl)-glycin (BICIN)		8,3		
2-(Bis(2-hydroxyethyl)imino)-2-(hydroxymethyl)-1,3-propandiol (BISTRIS)		6,5		
3-(Cyclohexylamino)propan-3-sulfonsäure (CAPS)		10,4		
Carnosin	2,64	6,83	9,51	8,17
2-(Cyclohexylamin)ethan-2-sulfonsäure (CHES)		9,5		
3-(N-Bis(hydroxyethyl)-amino)-2-hydroxypropansulfonsäure (DIPSO)		7,5		
6-Aminocapronsäure (EACA)	4,43	10,75		7,59
4-Aminobuttersäure (GABA)	4,23			
Glutamin (Gln)	2,17	9,13		5,65
Glutaminsäure (Glu)	2,19	4,25	9,67	3,22
Glycin (Gly)	2,34	9,6		5,97
Glycylglycin (Gly-Gly)	3,12	8,17		5,65
N-Ethylmorpholin		7,69		
N-(2-Hydroxyethyl)piperazin-N'-2-ethansulfonsäure (HEPES)		7,5		
N-(2-Hydroxyethyl)piperazin-N'-3-propansulfonsäure (HEPPS)		8,0		
N-(2-Hydroxyethyl)piperazin-N'-2-propansulfonsäure (HEPPSO)		7,8		
Histidin (His)	1,78	5,97	8,97	7,47
Imidazol (Imi)		6,95		
Lysin (Lys)	2,2	8,95	10,53	9,74
Morpholinoethansulfonsäure (MES)		6,1		
Morpholinopropansulfonsäure (MOPS)		7,2		
3-(N-Morpholino)-2-hydroxypropansulfonsäure (MOPSO)		6,9		
Morpholin		8,6		
Ornithin	1,95	8,65	10,53	9,74
2-Picolin		5,95		
3-Picolin		5,7		
Prolin (Pro)	2,0	10,6		6,3
Propansäure	4,9			
Sarcosin (Sar)	2,23	10,0		6,12
Serin (Ser)	2,21	9,15		5,68
N-Tris(hydroxymethyl)methyl-3-aminopropansulfonsäure (TAPS)		8,4		
3-(N-Tris(hydroxymethyl)-methylamino)-2-hydroxypropansulfonsäure (TAPSO)		7,6		
Taurin (Tau)	1,5	8,74		5,12
Threonin (Thr)	2,15	9,12		5,64

Tabelle 4 (Fortsetzung)

Substanzname	pK$_1$	pK$_2$	pK$_3$	pI
N-Tris(hydroxymethyl)methyl-2-aminoethansulfonsäure (TES)		7,4		
N-Tris(hydroxymethyl)methyl-glycin (TRICIN)		8,15		
Tris(hydroxy)aminomethan (TRIS)		8,06		

Tabelle 5. Puffergemische für die isoelektrische Fokussierung im linearen pH-Gradienten (Konzentrationen je 0,01 M)

Puffergemisch A

Asn	HEPPS
BICIN	MES
Gly	Taurin
Gly-Gly	TES
HEPES	

Puffergemisch B

β-Ala	GABA
Arg	HEPPS
Carnosin	His
EACA	MES
Glu	Mops
Gly-Gly	

Puffergemisch C

AMPSO·	HEPPSO
Arg	His
Asn	Lys
BES	MES
BICIN	MOPS
CAPS	MOPSO
CHES	Ornithin
DIPSO	Prolin
EACA	Sarcosin
GABA	TAPS
Glu	TAPSO
Gly	Taurin
Gly-Gly	TES
HEPES	Threonin
HEPPS	TRICIN

Tabelle 6. pH-Werte einiger Puffersysteme für die isoelektrische Fokussierung im stufenförmigen pH-Gradienten und für die Feldsprungelektrophorese

pH-Wert	Pufferlösung (c = 0,01 M)	pH-Wert	Pufferlösung (c = 0,01 M)
2,7	Asp	5,3	HEPES/Gly-Gly
3,3	Glu		HEPPS/Ala
3,6	Propansäure/BICIN		BES/β-Ala
3,7	Propansäure/Ala	5,4	MOPS/β-Ala
	Propansäure/Asn		HEPES/Ala
4,25	MES/BICIN	5,5	HEPPS/Gly-Gly
	Propansäure/β-Ala	5,6	HEPES/β-Ala
4,3	MES/Asn	5,8	HEPPS/β-Ala
4,4	MES/Ala		BES/EACA
4,6	BES/BICIN	5,9	Gly
	ACES/BICIN		
4,7	MES/Gly-Gly	6,0	HEPES/EACA
	ACES/Ala	6,2	HEPPS/EACA
	BES/Asn	6,3	Gly-Gly/EACA
4,8	BES/Ala	6,4	BICIN/EACA
	MOPS/Asn	6,6	Asn/EACA
	MOPS/BICIN	7,0	Ala/EACA
4,9	MOPS/Ala	7,3	β-Ala/EACA
	MES/β-Ala	7,6	BICIN/Imi
	HEPES/BICIN	7,6	His
5,0	ACES/Gly-Gly	7,9	Gly-Gly/Imi
	HEPES/Asn	8,3	Ala/Imi
5,1	HEPPS/BICIN	8,6	β-Ala/Imi
	BES/Gly-Gly	8,9	EACA/Imi
5,2	MOPS/Gly-Gly	10,7	Arg
	ACES/β-Ala		
	HEPPS/Asn		

5.2 Anwendungen der Free-Flow-Elektrophorese

1. Partikeltrennung

1.0.1 Immunkompetente Zellen

Herkunft	Literaturstellen
Mensch	159
Blutzellen	105, 113, 114, 139, 149, 150, 194, 198
Ductus Lymphen	91, 121, 126
Nagetier	135, 159
Lymphknotenzellen	73, 77, 92, 104, 105, 108, 138, 146, 147, 163, 164, 197, 210, 221, 243
Milzzellen	92, 93, 98, 105, 108, 121, 123, 136, 138, 158, 197, 208, 210, 181, 243
Thymuszellen	98, 108, 111, 138, 131, 136, 145, 182
Ductus Lymphen	91, 92, 121
Huhn	
Thymuszellen	109, 117, 135

Fortsetzung

Herkunft	Literaturstellen
Andere	106, 136, 262, 236, 228, 176

Material	Literaturstellen

1.0.2 Menschliche Blutzellen

Leukozyten	67, 177, 207
Lymphozyten	113, 140, 150, 180, 198
Lymphozyten Untergruppen	162, 166, 200
Thrombozyten	179, 226, 227

1.0.3 Knochenmarkszellen

Mensch	101, 106, 145, 152
Nagetier	97, 205

1.0.4 Nierenzellen 154, 99, 174, 184, 185, 209, 217, 242

1.0.5 Tumorzellen

Mensch	107, 128, 153, 180, 191, 233, 234
Nagetier	42, 163, 182, 211, 225, 234, 241

1.0.6 Parasiten 203, 206, 223, 224, 235, 238, 245, 248, 261

1.0.7 Chloroplasten 56, 65, 199

1.0.8 Zellorganellen und -membranen

	119
Lysosomen	75, 124, 214, 232, 239, 240, 241, 247, 258
Nierenzellmembranen	187
	130, 142, 143, 160, 161, 186, 188, 189, 237, 251
Mitochondrienmembranen	76, 78, 129, 198, 218
Thrombozytenmembranen	212, 215, 227, 230
Magenmembranen	157, 170, 172, 171, 183
andere	87, 90, 132, 173, 175, 187, 260

1.0.9 Bakterien, Viren und Hefebakterien 44, 84, 118, 144, 178, 192, 213

1.1.0 Veröffentlichungen ASECS (Antigen-specific electrophoretic cell separation) 244, 246, 249, 250

2. Trennung von Makromolekülen

Trennung von Enzymen	45, 47, 60, 63, 66, 71, 74, 81, 82, 112, 118, 155, 202, 222

Fortsetzung

Herkunft	Literaturstellen
Trennung von Nukleotiden und Nukleosiden	53, 57, 62, 64, 68, 70, 79, 83, 85, 94, 102, 116, 120, 125, 137, 144
Trennung von Proteinen und anderen Makromolekülen	40, 43, 46, 48, 49, 50, 51, 52, 53, 54, 58, 59, 61, 64, 80, 86, 87, 88, 89, 96, 103, 115, 134, 148, 151, 165, 167, 168, 169, 193, 195, 196, 219, 253
3 Isoelektrische Fokussierung	110, 133, 156, 22, 220, 222
4 Isotachophorese	110, 229, 240, 256, 257, 259
5 Ionenfokussierung	29, 30, 31, 252
6 Feldsprungelektrophorese	254, 255, 256, 259
7 Methoden und Theorie der Free-Flow-Elektrophorese	5, 6, 41, 7, 55, 69, 72, 84, 95, 100, 110, 122, 127, 8, 141, 190, 22, 201, 204, 216, 231, 246

Literatur

1. Grassmann W, Hannig K, DBP 805 399, 24. 05. 1949
2. Grassmann W (1950) Über ein Verfahren zur Stofftrennung durch Kataphorese, Angew Chem 62, 170
3. Grassmann W, Hannig K (1950) Ein einfaches Verfahren zur kontinuierlichen Trennung von Stoffgemischen auf Filterpapier durch Elektrophorese. Naturwissenschaften 37, 397
4. Grassmann W (1951) Neue Verfahren der Elektrophorese auf dem Eiweißgebiet. Naturwissenschaften 38, 200
5. Barrolier J, Watzke E, Gibian H (1958) Einfache Apparatur für die trägerfreie kontinuierliche Durchlauf-Elektrophorese. Naturforsch 13B, 754
6. Hannig K (1961) Die trägerfreie kontinuierliche Elektrophorese und ihre Anwendung. Z Anal Chem 181, 244
7. Hannig K (1964) Eine Neuentwicklung der trägerfreien kontinuierlichen Elektrophorese. Hoppe Seyler's Z Physiol Chem 338, 211
8. Hannig K, Wirth H, Meyer B, Zeiller K (1975) Free-flow Electrophoresis I. Theoretical and experimental investigations. Hoppe Seyler's Z Physiol Chem 356, 1209
9. Kolin A (1967) Preparative electrophoresis in liquid columns stabilizised by electromagnetic rotation II. Artefacts, stability and resolution. J Chromatog 26, 180
10. Strickler A, Sachs T (1973) Continuous free-flow electrophoresis Crescent phenomen. Prep Biochem 3, 769
11. Hannig K, Heidrich H G, Die trägerfreie Ablenkungselektrophorese; in: „Handbuch der Elektrophorese". Verlag Chemie, Weinheim, im Druck
12. Barth F, Gruetter M, Kessler R, Manz HJ (1986) The use of free-flow electrophoresis in the purification of recombinant human tissue plasminogen activator expressed in yeast. Electrophoresis 7, 372

13. Kessler R, Manz HJ, Walliser HP (1986) Purification of r-DNA products with free-flow electrophoresis. Thrd. Eng. Found. Conf. on Recovery of Bioproducts, Uppsala, Schweden

14. Kohlrausch F (1897) Über Konzentrationsverschiebungen durch Elektrolyse im Innern von Lösungen und Lösungsmittelgemischen. Ann Phys 62, 209

15. Kendall J, Crittenden FD (1923) Separation of isotopes. Proc Nat Acad Sci 9, 75

16. Acta Isotachophoretica 1976–1979, Reference List, LKB, Bromma, Schweden (1980)

17. Instrument Manual, LKB 2127 Tachophor, LKB, Bromma, Schweden (1977)

18. Kiso Y, Hirokawa T (1979) Correlation between formula weights and absolute mobilities obtained by isotachophoresis for alkylammonium and carboxylate ions. Chem Lets 891

19. Pospichal J, Demi M (1985) Determination of relative ionic mobilities by capillary isotachophoresis. J Chromatog 320, 139

20. Appl. Data No. 1, Capillary Type Isotachophoretic Analyzer, Shimadzu, Tokyo Japan

21. Kolin A (1954) Electrophoresis in density gradients combined with pH and/or conductivity gradients. J Chem Phys 22, 1628

22. Wagner H, Speer W (1978) Kontinuierliche trägerfreie Isoelektrische Fokussierung. J Chromatog 157, 259

23. Svensson H (1961) Isoelectric fractionation, analysis and characterization of ampholytes in natural pH-gradients I. The differential equation of solute concentrations at a steady state and its solution for simple cases. Acta Chem Scand 15, 325

24. Svensson H (1962) Isoelectric fractionation, analysis and characterization of ampholytes in natural pH-gradients II. The buffering capacity and conductance of isoionic ampholytes. Acta Chem Scand 16, 456

25. Svensson H (1962) Description of apparatus for electrolysis in columns stabilized by density gradients and direct determination of isoionic points. Arch Biochem Biophys Suppl 1, 132

26. Vesterberg O, Svensson H (1966) Isoelectric fractionation, analysis and characterization of ampholytes in natural pH-gradients IV. Further studies on the resolving power in connection with separation of myoglobins. Acta Chem Scand 20, 820

27. Binion S, Rodkey IS (1981) Simplified method for synthesizing ampholytes suitable for use in isoelectric focusing of immunoglobulins in agarose gel. Anal. Biochem 112, 232

28. Good NE, Winget GD (1966) Hydrogen ion buffers for biological research. Biochem 5, 467

29. Wagner H, Neupert D (1978) Kontinuierliche elektrophoretische Ionenfokussierung zur Trennung und Anreicherung von Metallionen. J Chromatog 147, 281

30. Wagner H, Neupert D (1978) Kontinuierliche elektrophoretische Ionenfokussierung II. Trennung und Anreicherung von Metallionen. J Chromatog 156, 219

31. Wagner H, Blatt H (1981) Kontinuierliche elektrophoretische Ionenfokussierung. Fresenius Z Anal Chem 306, 208

32. Wagner H, Kessler R (1983) Preparative free-flow protein focusing at the boundaries between solutions of different conductivity: Field step focusing; in „Analytical and Preparative Isotachophoresis", Hrsg. Holloway CJ. Elsevier Scient Publ Comp Amsterdam

33. Wagner H, Heydt A, Paul H, Anwendung der Feldsprungelektrophorese zur Konzentrierung und Reinigung von Pflanzenviren. J Virol Meth, im Druck

34. Philpot JL (1983) in: „Methodological Developments in Biochemistry". Hrsg. Reid E. Longmans England

35. Biostream Appl. Notes, CJB Developments Limited, England

36. Dickerson CH (1980) Developments of biological standardization; in: „3rd gen. Meeting of ESACT", Hrsg. Karger S, Basel

37. Bier M, Egen NB, Allgyer TT, Twitty GE, Mosher RA (1979) in: „Peptides: Structure and Biological Function", Hrsg. Gross E, Meienhofer J. Eds Pierce Chem. Co., Rockford, Illinois

38. Mosher RA, Egen NB, Bier M: Recycling instrumentation for preparative scale electrophoresis; in: „Protein purification: Micro to Macro", Ucla Symp. on molecular and cellular biology, New Series 68, Hrsg. Burgess RLiss AR, New York (1987)

39. Binion SB, Rodkey LS, Egen NB, Bier M (1982) Rapid purification of antibodies to single band purity using recycling IEF. Electrophoresis 3, 284

40. Hannig K, Comsa J (1963) Fractionnement electrophoretic de l'extrait de thymus. Compt Rend Acad Sci 256, 1855

41. Hannig K (1963) Neue Anwendungen der trägerfreien kontinuierlichen Elektrophorese. Angew Chem 75, 1129

42. Hannig K, Wrba H (1964) Isolierung von vitalen Tumorzellen durch trägerfreie Elektrophorese. Naturforsch 19B, 860

43. Braunitzer G, Hobom G, Hannig K (1964) Zur Einheitlichkeit der Proteinstruktur. Z Physiol Chem 338, 276

44. Braunitzer G, Hobom G, Hannig K (1964) Ein einfaches Verfahren zur Selektionierung von Mutanten, Z Physiol Chem 338, 278

45. Mehl E, Jatzkewitz H (1964) Eine Cerebrosidsulfatase aus Schweineniere. Z Physiol Chem 339, 260

46. Guest JR, Yanovsky C (1965): Mutationally induced amino acid substitutions in a tryptic peptide of the tryptophan synthetase A protein. J Biol Chem 240, 679

47. Schlieselfeld LH, van Eys J, Touster O (1964) The purification and properties of a nucleotide pyrophosphatase of rat liver nuclei. J Biol Chem 240, 811

48. Rubin AL, Stenzel KH (1965) In vitro synthesis of brain protein. Proc Nat Acad Sci 53, 963

49. Rubin AL, Drake MP, Davison PF, Pfahl D, Speakman PT, Schmitt FO (1965) Effects of pepsin treatment on the interaction properties of tropocollagen macromolecules. Biochem 4, 181

50. Jaffe WG, Hannig K (1965) Fractionation of proteins from kidney beans. Arch Biochem Biophys 103, 80

51. Mashburn jr. TA, Hoffman P (1966) Preparative continuous-flow electrophoresis of acidic mucopolysaccharides. Anal. Biochem 16, 267

52. Chan SK, Tuloss I, Margollash E (1966) Primary structure of the cytochrom c from the snapping turtle (Chelydra Serpentina). Biochem 5, 2586

53. Bidwell E, Dike GWR, Denson KWE (1966) Experiments with factor VIII separated from fibrinogen by electrophoresis in free buffer film. Brit J Haematol 12, 583

54. Sarkar S (1966) Preparation of native tobacco mosaic virus protein by continuous free-flow electrophoresis. Naturforsch 21B, 1202

55. Hannig K (1967) Preparative electrophoresis; in: „Electrophoresis". Hrsg. Bier M, Acad Press, London

56. Klofat W, Hannig K (1967) Elektrophoretische Trennung von Chloroplastenfragmenten mit unterschiedlichem Verhältnis von Chlorophyll a:Chlorophyll b. Z Physiol Chem 348, 1332

57. Schweiger A, Hannig K (1967) Anwendung der trägerfreien kontinuierlichen Elektrophorese zur Reinigung von Rattenleber-Ribosomen. Z Physiol Chem 348, 1005

58. Francois CJ, Gilmcher MJ (1967) The isolation and amino acid composition of the alpha-chains of chicken-bone collagen. Biochim Biophys Acta 133, 91

59. Francois CJ, Gilmcher MJ (1967) The separation of the alpha-chains of collagen by free-flow electrophoresis. Biochem J 102–148

60. Nordwig AA, Dehm P, Jahn WF (1967) Carrier-free electrophoresis as a useful tool for the purification of mammalian and mold enzymes. Protides Biol Fluids Proc Colloq 15, 531

61. Sayre FW, Lee RT, Sandman RP, Perez-Mendez G (1967) Studies of a growth factor. Fractionation studies and amino acid composition of derived fractions. Arch Biochem Biophys 118, 58

62. Fröhlich C (1967) Arbeitserfahrungen mit einem trägerfreien kontinuierlichen Elektrophoreseverfahren und seine Anwendung auf Bindungsuntersuchungen. Klin Wochsch 45, 461

63. Schultz J, Felberg N, John S (1967) Myeloperoxidase VIII. Separation into ten components by free-flow electrophoresis. Biochem Biophys Res Commun 28, 543

64. Jennings AC, Watt WB (1967) Fractionation of plant material I. Extraction of proteins and nucleic acids from plant tissues and isolation of protein fractions containing hydroxypyroline from broad bean (Vicia faba L.) leaves. J Sci Food Agri 18, 527

65. Klofat W, Hannig K (1967) Elektrophoretische Isolierung von Chloroplasten. Z Physiol Chem 348, 739

66. Heidrich HG, Hannig K (1968) The native form of beet liver catalase. Biochim Biophys Acta 168, 380

67. Hannig K, Krüssmann WF (1968) Die Anwendung der trägerfreien kontinuierlichen Elektrophorese zur Auftrennung der weißen Blutzellen aus Humanblut. Z Physiol Chem 349, 161

68. Schweiger A, Hannig K (1968) The electrophoretic isolation of protein associated with mRNA in rat liver nuclei. Z Physiol Chem 349, 943

69. Hannig K (1968) Die Ablenkungselektrophorese; Jahrbuch der Max-Planck-Gesellschaft, S. 117

70. Kern H (1968) Reindarstellung von Desoxyribonukleinsäure durch Elektrophorese. J Chromatog 32, 790

71. Nordwig A, Jahn WF (1968) A collagenolytic enzyme from Aspergillus oryzae. European J Biochem 3, 519

72. The application of free-flow electrophoresis to the separation of macromolecules and particles of biological importance; in: „Modern Separation Methods of Macromolecules and Particles". Hrsg. Gerritson T, J. Wiley & Sons, Ins, Vol. 2 (1968)

73. Hannig K, Zeiller K (1969) Zur Auftrennung und Charakterisierung immunkompetenter Zellen mit Hilfe der trägerfreien Ablenkungselektrophorese. Z Physiol Chem 350, 748

74. Evans JJ (1969) Increased buffer density as a means of separating peroxidase isoenzymes by preparative continous-flow carrier-free electrophoresis. Anal Biochem 32, 101

75. Stahn R, Maier KP, Hannig K (1970) A new method for the preparation of rat liver lysosomes. J Cell Biol 46, 576

76. Heidrich HG, Hannig K (1970) Isolation of pure inner and outer mitochondrial membranes in preparative scale using a new technique; Advances in automatic analysis 347

77. Zeiller K, Pascher G, Hannig K (1970) The formation of 19S hemolysine producing cells in intestinal lymph nodes of the rat. Z Physiol Chem 351, 435

78. Heidrich HG, Stahn R, Hannig K (1970) The surface charge of rat liver mitochondria and of their membranes. Clarification of some controversis concerning the mitochondrial structure. J Cell Biol 46, 137

79. Schweiger A, Hannig K (1970) Proteins associated with rapidly labeled nuclear RNA and their occurence in rat liver cytoplasmic fractions. Biochim Biophys Acta 204, 317

80. de Groot K, Hoenders HJ, Leon A, Bloemendahl H (1970) Isolation of alpha-cristallin by means of continous-flow electrophoresis in a liquid film. Exp Eye Res 10, 71

81. Wöltgens JHM, Bonting SL, Bijvoet OLM (1970) Relationship of inorganic pyrophosphates and alkaline phosphatase activities in hamster. Molars Cals Tiss Res 5, 333

82. Blancot MT, Han K, Biserte G, Tacquet A (1970) Purification partielle et proprietes exo-peptidasique d'une fraction intracellulaire de mycobacterium phlei. Ann Inst Pasteur 119, 719

83. Alam SN, Alam RA, Harbers E (1970) Studies on deoxyribonucleoproteins VII. Purification of deoxyribonucleoproteins by carrier-free continuous electrophoresis. Biochim Biophys Acta 209, 550

84. Hannig K (1971) Free-flow electrophoresis; in: „Methods in Microbiology". Hrsg. Norris JR, Ribbons DW, Acad. Press, London

85. Gailliard T (1971) The enzymic deacylation of phospholipids and galastolipids in plants; Biochem J 121, 279

86. Leon AE, Gerding JJT, de Groot K, Hoenders HJ, Bloemendal H (1971) The structure of the acidic polypeptide chains from alphacristallin. Amino acid composition, peptide mapping and N-terminus. Intern J Protein Res 3, 19

87. Robinson DS, Monsey JB (1971) Studies on the composition of eggwhite ovomucin. Biochem J 121, 537

88. Pusztal A, Watt WB (1971) Free-flow electrophoresis of proteins in phenol-containing solvents at various pH-values. Biochim Biophys Acta 251, 158

89. Nolan C, Margollasch E, Peterson JD, Steiner DF (1971) The structure of bovine proinsulin. J Biol Chem 246, 2780

90. Ryan KJ, Kalant H, Thomas E (1971) Free-flow electrophoretic separation and electrical surface properties of subcellular particles from guinea pig brain. J Cell Biol 49, 235

91. Zeiller K, Liebich HG, Hannig K (1971) Free-flow electrophoretic separation of lymphocytes. Two thoracid duct lymphozyte subpopulations studied after prolonged cannulation and SRBC immunication. European J Immunol 1, 350

92. Zeiller K, Hannig K (1971) Free-flow electrophoretic separation of lymphocytes. Evidence for specific organ distributions of lymphoid cells. Z Physiol Chem 352, 1162

93. Zeiller K, Hannig K, Pascher G (1971) Free-flow electrophoretic separation of lymphocytes.

Separation of graft versus host reactive lymphocytes of rat spleens. Z Physiol Chem 352, 1168

94. Schweiger A, Hannig K (1971) Studies on the RNA-binding activity of rat liver cytosol. Purified RNA-binding factor of rat liver. Biochim Biophys Acta 254, 255

95. Thompson AR: Recent developments in separation methods. Proc Biochem Sept 1971, S. 35

96. Sotorres AM, Hörman H (1971) Entwicklung neuer Fischmehle in Argentinien II. Löslichkeit und Fraktionierung der Proteine. Arch Fischereiwiss. 22, 280

97. Zeiller K, Schubert JCF, Walther F, Hannig K (1972) Free-flow electrophoretic separation of bone marrow cells. Electrophoretic distribution analysis of in vivo colony forming cells in mouse bone marrow. Hoppe Seyler's Z Physiol Chem 353, 95

98. Zeiller K, Holzberg E, Pascher G, Hannig K (1972) Free-flow electrophoretic separation of T and B lymphocytes. Evidence for various subpopulations of B cells. Hoppe Seyler's Z Physiol Chem 353, 105

99. Heidrich HG, Kinne R, Kinne E, Saffran, Hannig K (1972) The polarity of the proximal tubule cell in rat liver: Different surface charges for the brush-border microvilli and plasmamembranes from the basal infoldings. J Cell Biol 54, 232

100. Hannig K (1972) Fortschritte der Molekularbiologie als Resultat neuer Methoden; Mitteilungen der Max-Planck-Gesellschaft 2, 86

101. Schubert JCF, Zeiller K, Walther F (1972) Zellelektrophoretische Trennung menschlicher Knochenmarkszellen; in: „Leukämien und maligne Lymphome", Hrsg. Stacher A, Urban und Schwarzenberg, München Berlin Wien

102. Schweiger A, Spitzauer P (1972) Identification and partial characterization of a rat liver cytosol-protein with high affinity to RNA and DNA. Biochim Biophys Acta 277, 403

103. Bitar KG, Vinogradov SN, Nolan C, Weiss LJ, Margollasch E (1972) The primary structure of cytochrome c from the rust fungus Ustilago sphaerogena. Biochem J 129, 561

104. Nordling S, Andersson LC, Häyry P (1972) Separation of T and B lymphocytes by preparative cell electrophoresis. European J Immunol 2, 405

105. Häyry P, Andersson LC, Nordling S, Virolainen M (1972) Allograft response in vitro. Transplant Rev 12, 92

106. Rübner H, Hövel H (1972) Einfluß der Ionenstärke und Osmolarität des Nährmediums auf die Membranladung von heteroploiden Kulturzellen. Zelltrennung mit Hilfe der trägerfreien kontinuierlichen Elektrophorese. Hoppe Seyler's Z Physiol Chem 353, 1978

107. Schubert JC, Walther F, Holzberg E, Pascher G, Zeiller K (1973) Preparative electrophoretic separation of normal and neoplastic human bone marrow cells. Klin Wochschr 51, 327

108. Zeiller K, Pascher G. (1973) Detection of T- and B-cells specific heteroantigens on electrophoretically separated lymphocytes of the mouse. European J Immunol 3 614

109. Zucker R, Jauker U, Droege W (1973) Cellular composition of the chicken thymus. Effects of neonatal bursectomy and hydrocortisone treatment. European J Immunol 3, 812

110. Fawcett JS (1973) Continuous isoelectric focusing and isotachophoresis. Ann N Y Acad Sci 200, 112

111. Andersson LC, Nordling S, Häyry P (1973) Fractionation of T and B lymphocytes by preparative cell electrophoresis. Cellular Immunol 8, 235

112. Heidrich HG, Kronschnabel O, Hannig K (1973) Eine Endopeptidase aus der Matrix von Rattenlebermitochondrien; Hoppe Seyler's Z Physiol Chem 354, 1399

113. Stein G, Flad HD, Papst R, Trepel F (1973) Separation of human lymphocytes according to their surface charge; Meeting of the International Society of Experimental Hematology, Paris

114. Stein G, Flad HD, Papst R, Trepel F (1973) Separation of human lymphocytes by free-flow electrophoresis. Biomedicine 19, 388

115. Hamberg U, Stielwagen P, Ervast H-S (1973) Human macroglobulin characterization and trypsin binding, purification methods, trypsin and plasmin complex formations. European J Biochem 40, 439

116. Warnecke P, Kruse K, Harbers E (1973) Studies on deoxyribonucleoproteins VIII. Isolation and characterization of nonhistone proteins from euchromatic and heterochromatic deoxyribonucleoprotein of rat liver. Biochim Biophys Acta 331, 395

117. Droege W, Zucker R, Hannig K (1974) Developmental changes in the cellular composition of the chicken thymus. Cellular Immunology 12, 186

118. Blackburn TH, Hullah WA (1974) The cell-bound protease of bacteroides amylöphilus H 18. Can J Microbiol 20, 435

119. Heidrich HG, Leutner G (1974) Two types of vesicles from the erythrocytes ghost membrane differing in surface charge. Separation and characterization by preparative free-flow electrophoresis. European J Biochem 41, 37

120. Pendyala I, Wellman A (1974) The separation of certain bases, nucleosides and nucleotides related to adenine by continuous-flow electrophoresis. Anal Biochem 59, 634

121. von Boehmer H, Shortman K, Nossal GJV (1974) The separation of different cell classes from lymphoid organs X. Preparative electrophoretic separation of lymphoid subclasses from mousespleen and thoracic duct lymph. J Cell Physiol 83, 231

122. Reis JFG, Lightfood FN, Ho-Lun Lee (1974) Concentration profiles in free-flow electrophoresis. Aichi J 20, 362

123. von Boehmer H (1974) Separation of T and B lymphozytes and their role in the mixed lymphozyte reaction. J Immunol 112, 70

124. Henning R, Heidrich HG (1974) Membrane lipids of rat liver lysosomes, prepared by free-flow electrophoresis. Biochim Biophys Acta 345, 326

125. Olsen WL, Heidrich HG, Hofschneider PH, Hannig K (1974) DNA-envelope complexes isolated from E. coli by free-flow electrophoresis. J Bacteriol 118, 646

126. Marchalonis JJ, Cone RE, von Boehmer H (1974) Surface immunoglobulines of peripheral thymus derived lymphocytes. Immuno-Chem 2, 271

127. Prusik Z (1974) Free-flow electromigration separations. J Chromatog 91, 867

128. Goldstone AH, Urbaniak SJ, Irvine WJ (1974) Clin Exp Immunol 17, 113

129. Albrecht SP, Heidrich HG (1975) Beef heart submitochondrial inner and outer membranes. Biochim Biophys Acta 376, 231

130. Dew ME, Heidrich HG (1975) The isolation of renin granules from rabbit kidney cortex by free-flow electrophoresis. Hoppe Seyler's Z Physiol Chem 356, 621

131. Osmond DG, Miller RG, von Boehmer H (1975) Characterization of immunoglobulin-bearing and other small lymphocytes in mouse bone marrow by sedimentation and electrophoresis. J Immunol 114, 1230

132. Chant S, Silverman M (1975) Free-flow electrophoretic separation of renal tubular membranes from dog kidney. J Clinical Research 23, 650

133. Just WW, Leon-V JO, Werneer G (1975) Isoelectric focusing in continuous-flow electrophoresis I. Separation of mixed red blood cells or different species. Anal Biochem 67, 590

134. Colle A, Tonelle C, Leclerq M, Manuel Y (1975) The use of preparative continuous-flow electrophoresis to study low molecular weight proteins in urine. Clin Chim Acta 65, 223

135. Häyry P, Andersson LC, Gahmberg C, Roberts P, Rankl A, Nordling S (1975) Fractionation of immunocompetent cells by free-flow cell electrophoresis. Israel J Med Sci 11 (N12), 1299

136. Schlegel RA, von Boehmer H, Shortman K (1975) Antigen-initiated B lymphocyte differentiation V. Electrophoretic separation of different subpopulations of AFC progenitors for unprimed IgM and memory IgG responses to the NIP determinant. Cell Immunol 16, 203

137. Harbers E, Hollandt H, Ellsers-König C, Schneider R, Struttmann C, Warnecke P (1975) Studies on deoxyribonucleoprotein IX. Subfractions of deoxyribonucleoproteins from rat and mouse liver. Hoppe Seyler's Z Physiol Chem 356, 671

138. Melcher E, von Boehmer H, Phillips RA (1975) B lymphocyte subpopulations in the mouse. Organ distribution and ontogeny of immunoglobuline-synthezising and of mitogen-sensitive cells. Transpl Rev 25, 26

139. Shortman K, von Boehmer H, Lipp J, Hopper K (1975) Subpopulations of T lymphocytes, physical separation, functional specialization and differentiation, pathways of subsets of thymocytes and thymus-dependent peripheral lymphocytes. Transpl Rev 25, 163

140. Stein G (1975) Separation of human lymphoid cells by preparative cell electrophoresis. Z Immunol Exp 150, 68

141. Zeiller K, Löser R, Pascher G, Hannig K (1975) Free-flow electrophoresis II. Analysis of the

method with respect to preparative cell separation. Hoppe Seyler's Z Physiol Chem 356, 1226

142. Schwartz IL, Scott WN, Kinne R, Wyssbrod H, Roth LB, Walther R (1975) Membrane effects of neurophyseal hormones and related studies on parathyroid hormone; in: „Peptides: Chemistry, Structure and Biology", Proceedings of the 4th American Peptide Symposium, Hrsg. Walter R, Meienhofer J, Ann Arbor Science Publ Inc, Ann Arbor, Michigan

143. Kinne R, Shlatz LJ, Kinne-Saffran E, Schwartz IL (1975) Distribution of membrane-bound cyclic AMP-dependent protein kinase in plasma membranes of cells of the kidney cortex. J Membrane Biol 24, 145

144. Heidrich HG, Olsen WL (1975) DNA complexes from E. coli. J Cell Biol 67, 444

145. Schubert JCF Walther F (1975) Adv Biosci 14, 299

146. Wigzell H (1975) International Union Cancer Tech Rep Sev 20, 140

147. Zeiller K, Schindler R, Liebich HG (1975) The T lymphocyte surface in development. Israel J Med Sci 11, 1242

148. Blumenstock F, Saba TM, Weber P, Cho E (1976) Purification and biochemical characterization of a macophage stimulating alpha-2-globulin opsonic protein. J Reticuloendothelal Soc 19, 157

149. Stein G (1976) Separation of human lymphoid cells by preparative cell electrophoresis III. Studies on cells of lymphoid organs in hematological normal persons. Biomedicine 24, 106

150. Stein G (1976) Separation of human lymphoid cells by preparative cell electrophoresis II. Free-flow electrophoretic separation of human blood cells. Biomedicine 23, 5

151. Dreker L, Schwarz J, Reichel W, Hilschmann N (1976) Die Primärstruktur eines monoklonalen IgI-Immunglobulins I. Reinigung und Charakterisierung des Proteins, der L- und H-Ketten, der Bromcyanspaltprodukte und der Disulfidbrücken. Hoppe Seyler's Z Physiol Chem 357, 1515

152. Walther F, Schubert JCF, Schopow K (1976) Hämatol Bluttransfus 19, 47

153. Schopow K, Walther F, Schubert JCF (1976) European J Clin Invest 6, 312

154. Heidrich HG, Dew M (1976) Current problems in clinical biochemistry VI. Renal metabolism in relation to renal function, Hrsg. Schmidt U, Dubach UC. Hans Huber, Bern

155. Brunner G (1976) Separation of plasma-membranebound enzymes of thymocytes by free-flow electrophoresis. Hoppe Seyler's Z Physiol Chem 367, 253

156. Just W (1976) Continuous-flow isoelectric focusing of the light mitochondrial fraction of rat liver. Hoppe Seyler's Z Physiol Chem 357, 266

157. Sachs G, Chang H, Rabon E, Schackmann R, Lewin M, Saccomani G (1976) A non-electrogenic H^+-pump in plasma membranes of hog stomach. J Biol Chem 251, 7690

158. Zeiller K, Pascher G, Hannig K (1976) B lymphocyte subpopulations in the mouse spleen. A study of the differentiation pathway using free-flow electrophoretically separated subpopulations of direct PFC progenitor cells. Immunology 31, 863

159. Shortman K, Fidler JM, Schlegel RA, Nossal GJV, Howard M, Lipp J, von Boehmer H (1976) Subpopulations of B lymphocytes. Physical separation of functionally distinct stages of B cell differentiation: Contemporary topics in Immunology 5, 1

160. Bode F, Baumann K, Kinne R (1976) Analysis of the pinocytic process in rat kidney II. Biochemical composition of pinocytic vesicles compared to brush border microvilli lysosomes and basalateral plasma membranes. Biochim Biophys Acta 433, 294

161. Heidrich HG, Dew M (1976) Preparative free-flow electrophoresis for isolation of membrane, organelle and cell fractions from rabbit kidney cortex. Current Problems in Clinical Biochemistry 6, 108

162. Jenssen HL, Eckert R, Werner H, Kohler H, Pasternak G, Friemel H (1977) Oncology 34, 159

163. Dumont F, Robert F (1977) Immunology 32, 989

164. Dumont F (1977) Physical properties of mouse peripheral lymph node cells changes during development. Annales d'Immunologie 128, 1053

165. Blumenstock F, Weber P, Saba T (1977) Isolation and biochemical characterization of 2-opsonic glycoprotein from rat serum. J Biol Chem 252, 7156

166. Crockett FT (1977) An evaluation of free-flow electrophoresis as a means of separation of human palatine tonsil cells. Alabama J Med Sci 14, 435

167. Baudner S, Schweiger A, Günther HO (1977) Nachweiß von Sojaeiweiß aus auf 120 °C erhitzten Fleischkonserven. Mitt Gebiete Lebensm Hyg 68, 183

168. Coculescu M, Zooral M, Matulevicus V (1977) Tentative identification of arginine vasotocin in the bovine pineal extract prepared by the milcu-nanu method. Revue romaine de medicine, Ser Endocrinologie 15, 27

169. Schally AV, Redding TW, Arimura A, Dupont A, Linthicum GL (1977) Isolation of gamma-amino butyric acid from pig hypothalami and demonstration of its prolactin release-inhibiting (PIF) activity in vivo and in vitro. Endocronology 100, 681

170. Chang H, Saccomani G, Rabon E, Schackmann R, Sachs G (1977) H^+-transport by gastric membrane vesicles. Biochim Biophys Acta 464, 313

171. Sachs G, Spenney JG, Rehm WS (1977) Gastric secretion; in: „Gastrointestinal physiology, II. Intl. Rev. Physiol 12", Hrsg. Grane RK, University Park Press, Baltimore

172. Saccomani G, Steward HB, Shaw D, Levin M, Sachs G (1977) Characterization of gastric mucosal membranes IX. Fractionation and purification of K-ATPase containing vesicles by zonal centrifugation and free-flow electrophoresis. Biochim Biophys Acta 465, 311

173. Suter DAI, Ferber E, Brunner G (1977) A comparison, after separation by free-flow electrophoresis of thymocyte plasma membrane vesicles prepared using different methods of cell disruption. Hoppe Seyler's Z Physiol Chem 358, 313

174. Heidrich HG, Dew M (1977) Homogenous cell populations from rabbit kidney cortex. J Cell Biol 74, 780

175. Brunner G (1977) Surface charge properties of plasma membranes after enzymic treatment. Hoppe Seyler's Z Physiol Chem 358, 221

176. Bol S, van Vliet M, van Slingerland V (1981) Electrophoretic mobility properties of murine hemopoeitic cells in different stages of development. Exp. Hematol 9, 431

177. Levy EM, Cooperband SR, Bennett M, Schmid K (1977) Separation of natural killer and mitogen induced cellular cytotoxicity effector cells by preparative free-flow electrophoresis. Federation proceedings 36, 1325

178. Sato S, Maeda M, Sando N (1977) Electrophoretic mobility of haploid cells, diploid cells, asci and ascospores of saccharomyces cerevisiae. Plant and Cell Physiol 18, 931

179. Motomiya T, Yomazaki H, Sawasaki Y, Nakajima H (1977) The relationship among plateled age, volume and electrophoretic mobility. Thrombosis and Haemastasis 38, 1

180. Schubert JCF, Schopov K, Walther F (1977) Die elektrophoretische Beweglichkeit der Blutlymphozyten bei chronischer lymphatischer Leukämie. Blut 35, 135

181. Spiegel K, Lutz R (1977) Meßdatenerfassung bei der Elektrophorese. Elektronik 5, 67

182. Levy EM, Yonkosky D, Schmid K, Cooperband SR (1977) Enrichment of the natural killer and mitogen induced cellular cytotoxicity cells using preparative free-flow high voltage electrophoresis. Preparative Biochemistry 7, 467

183. Sachs G, Rabon E, Chang H, Schackmann R, Sarau HM, Saccomani G (1977) A H^+-pump and fusion model in stomach; in: „Hormonal receptors in digestive tract physiology". Hrsg. Bonfils S, Gromageot P, Rosselin G. Elsevier Publ. Co., Amsterdam

184. Kreisberg JI, Sachs G, Pretlow IG, McGuire RA (1977) Separation of proximal tubule cells by free-flow electroophoresis. J Cell Biol 93, 169

185. Kinne R, Schwartz IL (1977) The asymmetrical distribution of renal epithelial cell membrane function in the action of antidiuretic hormone and parathyroid hormone; in: „Disturbances in body fluid osmolarity", Hrsg. Andeoli TE, Grantham JJ, Rector jr. FC, American Physiological Society

186. Kinne R (1977) Die Funktion der Nierenmembranen. Naturwissenschaften 64, 324

187. Brunner G, Heidrich HG, Golechi JR, Bauer HC, Stuter D, Plückhahn D, Ferber E (1977) Fractionation of membrane vesicles II. Method for separation of membrane vesicles bearing different enzymes by free-flow electrophoresis. Biochim Biophys Acta 471, 195

188. Chant S, Silverman M (1977) Immunologic characterization of plasma membranes from the renal proximal tubule of the dog. Kidney International 2, 348

189. Kirk G, Prusiner S (1977) Comparative studies on membranes from bovine choroid plexus and rat kidney cortex. Life Science 21, 833

190. Ostrach S (1977) Convection in continuous-flow electrophoresis. J Chromatog 140, 187

191. Sherbet GV (1978) The biophysical characterization of the cell surface. Academic Press, New York

192. Charlier G, Leunen J. Wellemans G, Strobbe R (1978) A studie of the electrophoretic mobilities of the viruses of swine fever and bovine viral diarrhoea. Veterinary Science Comm 2, 105

193. Ellis S, Vodian MA, Grindeland RE (1978) Studies on the proassayable growth hormone-like activity of plasma. Recent progress in Hormone Research 34, 213

194. Levy EM, Silverman S, Schmid K, Cooperband SR (1978) Mitogen induced cellular cytotoxic activity as a monocycle function in human peripheral blood preparations. Cellular Immunity 40, 222

195. Blumenstock FA, Saba TM, Weber P (1978) Purification of alpha-2-opsonic protein from human serum and its measurement by immunoassay. J Reticuloendothelial Soc 23, 119

196. Yaoral M, Flegel M, Barth T, Machova A (1978) Purification of tengrammes amounts of (1)-Mercaptopropionic acid, 8-D-Arginine Vasopressin on a continuous free-flow electrophoresis. Chemical and pharmacological data of DDAVP and BY-products. Collection Czechoslov Chem Commun 43, 511

197. Zeiller K, Pascher G (1978) Differentiation antigens in rat lymphocyte subpopulations recognized by rabbit antisera against electrophoretically separated cells. European J Immunol 8, 469

198. Heidrich HG, Albracht PJ, Bäckström D (1978) Two iron-sulfur centers in mitochondrial outer membranes from beef hearts as prepared by free-flow electrophoresis. FEBS letters 95, 314

199. Dubacq J-P, Kader JC (1978) Free-flow electrophoresis of chloroplasts. Plant Physiol 61, 465

200. Chollet P, Herve P, Chassagne J, Masse M, Plagne R, Peters A (1978) Application of cell electrophoretic methods (preparative and analytical) in demonstrating the surface heterogenity of T lymphocytes in man. Biomedicine 28, 119

201. Giannovario JA, Griffin R, Gray EL (1978) A mathematical model of free-flow electrophoresis. J Chromatog 153, 329

202. Kuntz G, Stöckel P, Heidrich HG (1978) The conformer nature of the multiple forms of beef liver catalase as obtained by biomedical and small-angle X-ray scattering experiments. A model for the quarternary structure of the beef liver catalase molecule. Hoppe Seyler's Z Physiol Chem 359, 959

203. Heidrich HG, Rüssmann L, Bayer B, Jung A (1979) Free-flow electrophoresis for the separation of malaria infected and uninfected mouse erythrocytes and for the isolation of free parasites (Plasmodium vinckei). A new rapid technique for the liberation of malaria parasites from their host cells. Z Parasitenkunde 58, 151

204. Kolin A, Ellerbroek BL (1979) Theory of simultanous nultiple streak collimation in continuous flow electrophoresis by superposition of electroosmosis and thermal convection. Separation and Purification Methods 8, 1

205. Puzas JE, Vignery A, Rasmussen H (1979) Isolation of specific bone cell types by free-flow electrophoresis. Calsif Tiss Intl 27, 263

206. Suzuki M, Sawasaki Y, Wahl S, Iwaoka H, Asada T, Nakajima H (1979) Separation of plasmodiumberghei-parasitized rat erythrocytes by means of carrier-free electrophoresis. Bull World Health Organization 57, 129

207. Pretlow TG, Pretlow TP (1979) Cell electrophoresis. International Review of Cytology 61, 85

208. Lavrov VF, Shestakova SV, Sitkovskii MV, Gulubeva NN (1979) Electrophoretic separation of lymphocytes from rat spleen and thymus and their response to mitogens in vitro. Bull Exp Biol Med 88, 1035

209. Vandewalle A, Heidrich HG (1979) Characterization of different populations of rabbit kidney cortical cells separated by free-flow electrophoresis using hormonestimulated adenylate cyclases. Intern J Biochem 10, IX Uppsala J Med Sci Suppl 26 no 74

210. Voet L, Hannig K, Zeiller K (1979) Cytofluorometric analysis of R-Thy-1 antigens in various rat lymphocytes with different electrophoretic mobility and organ distributions. J Histochem Cytochem 27, 426

211. Pretlow TP, Steward HB, Sachs G, Pretlow TG, Pitts A (1979) Proc Am Assoc Cancer Res 20, 124

212. Sturk A, Burt L, Heidrich HG, Crawford N (1979) Subfractionation of platelet granules by high voltage continuous electrophoresis in a free flowing buffer film. Thromb Haemost 42, 214

213. Ramsey WS, Nowlan ED, Simpson LB (1980) Resolution of microbial mixtures by free-flow electrophoresis. European J Appl Microbiol Biotechnol 9, 217
214. Harms E, Kern H, Schneider JA (1980) Human lysosomes can be purified from diploid skin fibroplasts by free-flow electrophoresis. Proc Nat Acad Sci 77, 6139
215. Rustin P, Kader MJ (1980) Isolement par electrophorese en veine liquide de mitochondries de feuilles d'epinard. Compt Rend 291, 105
216. Ivory CF (1980) Continuous-flow electrophoresis. The crescent phenomena revisted I. Isothermal effects. J Chromatog 195, 165
217. Vandewalle A, Heidrich HG (1980) Characterization of different populations of rabbit kidney cortical cells separated by free-flow electrophoresis using hormone stimulated adenylate cyclase. Intern J Biochem 12, 61
218. Heidrich HG, Geiger R (1980) Kininogenase activity in plasmamembranes and cell organells from rabbit kidney cortex-subcellularlocalization of renal kallikrein by free-flow electrophoresis and density gradient fractionation. Kideney Intern 18, 77
219. Koubek K, Kristofova H, Rieger M, Hilfert I (1980) Partial purification and separation of H-2 antigens by preparative free-flow electrophoresis. Folia Biologica 26, 123
220. McGuire J, Miller TY, Tipps RW, Snyder RS, Righetti PR (1980) New experimental approaches to the isoelectric fractionation of cells. J Chromatog 194, 323
221. Jilg W, Hannig K, Zeiller R (1980) Radioionidated surface proteins of electrophoretically separated rat lymphocytes. Hoppe Seyler's Z Physiol Chem 361, 389
222. Basset P, Froissart C, Vincendon G, Massarelli DR (1980) A continuous-flow isoelectric focusing system for protein fractionation, its description and application with partial purification of cholinacetyl-transpherase. Electrophoresis 1, 168
223. Heidrich HG, Dansforth H, Beaudoin R (1980) Free-flow electrophoretic separation of whole body plasmodium berghei sporozoites. European J Cell Biol 22, 516
224. Heidrich HG, Rieckmann KH (1980) Free-flow electrophoresis separation of intracellular parasites (Plasmodium falciparum). European J Cell Biol 22, 516
225. Sheeler P, Doolittle MH (1980) Intern. Laboratory 3, 71
226. Menashi S, Weintroub H, Crawford N (1980) Separation of platelet plasma membranes by high voltage electrophoresis. Proc. of the 13th Federation of the European Biochemical Societies Meeting, Jerusalem
227. Menashi S, Crawford N (1980) Isolation of platelet surface and intracellular membranes by high voltage free-flow electrophoresis. European J Cell Biol 22, 598
226. Dumont F, Reichert E (1979) Identification of feline blood B and T lymphocytes by cell electrophoresis. Comparative Immunol Microbiol and infections deseases 2, 23
229. Wagner H, Mang V (1981) Apparatus and application of preparative free-flow isotachophoresis; in: „Analytical Isotachophoresis". Hrsg. Everaets FM, Elsevier Scient Publ, Amsterdam
230. Menashi S, Weintroub H, Crawford N (1981) Characterization of human platelet surface and intracellular membranes isolated by free-flow electrophoresis. J Biol Chem 256, 4095
231. Ivory CF (1981) Continuous-flow electrophoresis. The crescent phenomena revisted II. Non-isothermal effects. Electrophoresis 2, 31
232. Biber J, Stieger B, Haase W, Murer H (1981) Biochim Biophys Acta 647, 169
233. Bischoff P, Robert F, Donner M (1981) British J Cancer 44, 545
234. Pretlow TP, Steward HB, Sachs G, Pretlow TG, Pitts A (1981) British J Cancer 43, 537
235. Heidrich HG (1981) Free-flow electrophoresis in malaria research; in: „Electrophoresis '81". Hrsg. Allen RC, Arnaud P, Walther de Gruyter, Berlin
236. Sabolovic N, Sabolovic D, Guilmin AM (1977) T and B cell surface markers on rabbit lymphocytes. Immunology 32, 581
237. Ilsbroux I, Vanduffel L, de Cuyper M, Joniau M, Teuchy H (1981) Partial purification of Ca^{2+}-ATPase from pig kidney cortex by free-flow electrophoresis. Biochem Soc Trans 9, 136
238. Boltz jr. RC, Schmatz DM, Murray PK (1981) Evaluation of the electrophoretic separability of trypanosoma cruzi parasites stages; in: „Electrophoresis '81". Hrsg. Allen RC, Arnaud P, Walther de Gruyter, Berlin
236. Harms E, Kartenbeck J, Darai G, Schneider J (1981) Purification and characterization of human lysosomes from EB-virus transformed lymphoblasts. Experimental Cell Research 131, 251

240. Harms E, Gocham N, Schneider J (1981) Lysosomal pool of free amino acids. Biochem Biophys Res Commun 99, 830

241. Miller AL, Kress BC, Stein R, Kinnon C, Kern H, Schneider JA, Harms E (1981) Properties of N-acetyl-β-D-hexosaminidase from isolated normal and I-cell lysosomes. J Biol Chem 256, 9352

242. Vandewalle A, Köpfer-Hobelsberger B, Heidrich HG (1982) J Cell Biol 92, 505

243. Hansen E (1982) Blut 44, 141

244. Hansen E, Hannig K (1982) Antigen-specific electrophoretic cell separation (ASECS). Isolation of human T and B lymphocyte subpopulations by free-flow electrophoresis after reaction with antibodies. J Immunol Methods 51, 197

245. Heidrich HG, Mrema JEK, Jagd DLV, Reyes P, Rieckmann KH (1982) Isolation of intracellular parasites (Plasmodium falsiparum) from culture using free-flow electrophoresis. Separation of free parasites according to stages. J Parasitol 68, 443

246. Hannig K (1982) New aspects in preparative and analytical free-flow cell electrophoresis. Electrophoresis 3, 235

247. de Cuyper M, Joniau M, Dangreau H (1982) Mechanism of phospholipid transfer between artificial vesicles. Arch Intern Physiol Biochimie 90b, 15

248. Murray PK, Boltz RC, Schmatz DM (1982) Separation of individual stages of trypanosoma cruzi grown in cell culture by continuous free-flow electrophoresis. J Protozool 29, 109

249. Kempner D, Smolka A, Rembaum A (1982) Electrophoretic cell separation using polyacrolein microspheres. Electrophoresis 3, 109

250. Smolka A, Kempner D, Renbaum A (1982) Electrophoretic separation of human lymphocytes by means of immunmicrospheres. Electrophoresis 3, 300

251. Heidrich HG: Cell population from the renal proximal distal tubule isolated by free-flow electrophoresis; in: „Cell function and differentiation, Teil I", Hrsg. Allan R, Liss Inc. New York

252. Wagner H, Blatt H, Lamberty MA (1982) Trennung und Anreicherung von Metallkationen durch kontinuierliche elektrophoretische Ionenfokussierung; in: „Atomspektrometrische Spurenanalytik", Hrsg. Weltz B, Verlag Chemie, Weinheim

253. Baudner S, Schweiger A, Günther O (1982) Reinigung löslicher Maisproteine nach dem Prinzip der trägerfreien Elektrophorese und Nachweis der Proteine durch immunologische Verfahren in Bier. Lebensmitteluntersuchung und -forschung 175, 17

254. Wagner H, Kessler R: Free-flow field-step focusing — a new method for preparative protein focusing; in: „Electrophoresis '82", Hrsg. Stathakos D, Walther de Gruyter, Berlin New York

255. Wagner H, Kessler R (1983) Preparative free-flow protein focusing at the boundaries between solutions of different conductivity: Fieldstep focusing; in: „Analytical and Preparative Isotachophoresis", Hrsg. Holloway CJ, Elsevier Scient Publ, Amsterdam

256. Wagner H, Mang V, Kessler R, Manzoni R (1983) A free-flow system for preparative isotachophoresis; in: „Analytical and Preparative Isotachophoresis". Hrsg. Holloway CJ, Elsevier Scient Publ, Amsterdam

257. Wagner H, Mang V (1983) Preparative free-flow isotachophoresis; in: „Analytical and Preparative Isotachophoresis". Hrsg. Holloway CJ, Elsevier Scient Publ, Amsterdam

258. de Cuyper M, Joniau M, Dangreau H (1983) Intervesicular phospholipid transfer. A free-flow electrophoresis study. Biochemistry 22, 415

259. Wagner H, Mang V, Kessler R, Heydt A, Manzoni R (1984) Preparative free-flow electrophoresis of proteins, peptides and related compounds; in: „Electrophoresis '83". Hrsg. Hirai H, Walther de Gruyter, Berlin

260. Morre DJ, Morre DM, Heidrich HG (1983) Subfractionation of the rat liver golgi apparatus by free-flow electrophoresis. European J Cell Biol 31, 263

261. Heidrich HG, Dansforth HD, Leef JL, Beaudoin RL (1983) Free-flow electrophoresis separation of pasmodium berghei sporozoites. J Parasitol 69, 360

262. Seller FR, Johannsen R, Sedlacek HH, Zeiller K (1974) Characterization of lymphocyte subpopulations of nonhuman primates separated by free-flow electrophoresis. Transpl Proc 6, 173

263. Baier TG, Weber G, Heinrich U, Hartmann K, Schönberg HD (1988) Analytical Biochemistry 171, 91–95

Sachverzeichnis